技術大全シリーズ

蒸留技術大全

大江修造 著

日刊工業新聞社

はじめに

我々はモノに囲まれて生活している。モノは化学物質である。化学物質の原料・製品は、多くの場合、蒸留技術によって、分離・精製される。しかし、化学原料を直接、目にすることは、ほとんどない。したがって、蒸留技術に直接ふれることも、ほとんどない。しかし、化学物質の製造には必須の技術である。

日本経済の高度成長期は、昭和40～50年代であったといえよう。いまや、安定成長期に入っており、国内で化学プラント、したがって、蒸留プラントが新設されることは、ほとんどない。高度成長期に建設されたプラントに最新技術を融合させながら、運転されている。

このため、蒸留技術に対する関心も、かつては設計などの理論面や新装置の開発にあったが、昨今は、運転技術の改善、例えば能力増強や故障診断に関心が移っている。開発の主体は一部の大企業や専業メーカーに移り、大企業は手を引いている。しかし、これは国内の状況であって、一度、目を海外に転ずれば、かつての国内の高度成長期と変わらず、否、それ以上に、新製品に対する関心は高く、事実、毎年、新製品が生まれている。

著者は、一貫して蒸留技術における研究開発に、55年間従事してきた。前半の19年間は石川島播磨重工業（現IHI）において、蒸留技術の基礎的な物性面、次いで新蒸留装置の研究開発に従事した。後半は大学において、蒸留技術の基礎である気液平衡および応用面の設計法の研究に従事している。

基礎的な面、すなわち、気液平衡の分野で「塩効果」のメカニズムについての提案が、「大江モデル」として認められている。応用面では新製品の「アングル・トレイ」が、開発時において、従来の多孔板トレイに対して倍の能力を有することが評価された。

この間に、新製品の実証試験を通じて、世界の蒸留研究のメッカともいえる米国の蒸留研究機関FRI（Fractionation Research Inc.）との交流関係がうまれ、日本におけるFRIの活動をバックアップしている。また、国の蒸留研究の国家プロジェクトである省エネルギー蒸留の新技術の開発について評価を担当した。以上の研究開発で得た知見と経験を踏まえて、本書を執筆した。

本書は、化学企業に従事する技術者の方々に読んでいただきたい。昨今、大学の講義科目から化学工学が消滅したり、化学工学の講義があったとしても、蒸留技術が必ずしも教授されるとは限らない。全く、蒸留技術のことを知らずに、企業の業務に従事せざるを得ない状況下にある。

本書は、蒸留塔の設計技術に触れているので、実際の蒸留塔の設計や運転に従事する方にも参考となろう。実際の設計ともなれば、細部に至る設計指針も完備されているはずである。しかし、設計のプロセスなど基本的な考え方を本書で習得していただきたい。

蒸留装置の運転でトラブルが発生した時、原因究明に困るが、原点に立って、理論を踏まえて、目前の現象を解析し、トラブルを解消する手立てとして、本書を活用していただければ、幸甚である。

大学院の学生や研究職にある方も本書により、蒸留塔の設計の概要を知ることにより、研究の立ち位置を知ることが出来よう。

蒸留技術を詳述するとなれば、膨大なページ数を必要とするが、「技術大全」としては、蒸留技術の全範囲をカバーすべきとして本書を執筆した。蒸留塔設計の基礎である気液平衡から設計方法まで、さらに、故障診断およびトラブル解消法、新装置の開発手法を述べた。

米国の蒸留研究機関 FRI が保有する試験データの利用を快諾していただいた事に、この場を借りて、同機関に謝意を表します。また、かつて勤務した IHI に、お世話になりましたので謝意を表します。

最後に、本書を執筆するにあたり、適切な助言をいただいた日刊工業新聞社出版局書籍編集部の阿部正章氏に深謝申し上げます。

2017 年 12 月

大 江 修 造

目　次

はじめに……1

第1章　序論

1.1　蒸留塔の計画から運転まで……8

第2章　蒸留技術のための物性推算法

2.1　物性推算法……16
2.2　蒸気圧……20
2.3　気液平衡……29

第3章　蒸留塔の理論段数

3.1　フラッシュ蒸留……96
3.2　水蒸気蒸留……98
3.3　蒸留の原理……99
3.4　マッケーブ・シール法……101
3.5　多成分系の蒸留……110
3.6　トリダイアゴナル・マトリックス法……114

第4章　回分蒸留

4.1　回分単蒸留……138
4.2　回分蒸留……147
4.3　回分蒸留における最小理論段数……158
4.4　多成分系……160
4.5　ホールドアップ量を考慮した多成分系回分蒸留計算……172

第5章　蒸留プロセスの設計法

5.1　共沸蒸留法……180
5.2　抽出蒸留法……184
5.3　塩効果蒸留法……187

第6章　蒸留塔の設計

6.1　蒸留の構造……196
6.2　充填塔……234
6.3　蒸留塔の選定基準……251
6.4　蒸留塔の計装制御……253
6.5　製作・設置上の留意点……256

第7章　蒸留塔の省エネルギー

7.1　蒸気再圧縮法　Vapor recompression（VRC）……258
7.2　分割型蒸留塔　Dividing Wall Column（DWC）……260
7.3　内部熱交換型蒸留塔　Heat Integrated Distillation Column（HIDiC）……273

第8章　蒸留塔の故障と診断技術 ―トラブル・シューティング―

8.1　トラブル対処法 ―トラブル・シューティング―……280
8.2　偏流による効率低下……282
8.3　ガンマスキャン……284
8.4　CAT スキャン……292
8.5　振動による破損……294
8.6　サーモグラフィーによる診断……296

第9章　蒸留プロセスおよび蒸留塔の開発

9.1　蒸留プロセスの開発……300
9.2　水力学的性能試験……313
9.3　実用化試験　パイロットプラント……318
9.4　アングルトレイの開発……333
9.5　蒸留塔の受注……341

第10章　蒸留塔の設計に必要なデータ

10.1　物性データ……350
10.2　棚段塔の効率……363
10.3　充填塔のHETP……368

付表……369

参考文献……375
索引……382

序論

蒸留すべき混合物の種類は多種多様である。蒸留の計画に当たって最も重要なことは、多種多様な混合物の蒸留方法を決定することである。次に重要なことは、その蒸留方法が採算に合うか否かである。この2点がクリアされれば蒸留技術の方法にのっとって、蒸留塔を設計・製作・運転することができる。

1.1
蒸留塔の計画から運転まで

蒸留に適した混合物は成分の沸点が40から120℃であり、融点が－10℃以下のものである。これは、沸騰ならびに凝縮の制限によっている。蒸留塔の塔頂には凝縮器（コンデンサー）が設置されている。凝縮には冷却水を使う。冷却水の温度は、夏には約30℃になってしまう。30℃の冷却水で凝縮できるのは温度差10℃とすれば、40℃位が限界である。これより低い沸点を有する物質、例えば、沸点30℃の物質は凝縮できない。すなわち沸点が約40℃以上の成分でなければ、蒸留は不可能である。

次に沸騰のことを考える。蒸留塔の塔底にはリボイラ―（再沸器）が設置されている。沸騰に過熱水蒸気を使う。過熱水蒸気の沸点は、約130℃である。過熱水蒸気で沸騰できるのは、温度差10℃を考えれば、沸点約120℃以下の物質である。これより、高い沸点の物質、例えば沸点130℃の物質は沸騰できない。すなわち沸点は120℃以下の成分でなければ、蒸留は不可能である。

以上は、大気圧下で操作し、冷却水と過熱水蒸気を使うことが前提となっている場合の制約である。沸点が120℃を超える成分の場合は、減圧下で操作する減圧蒸留あるいは真空蒸留による。あるいは、沸点が40℃以下の成分を含む場合は、冷却に低温用の熱媒体を使う低温蒸留による。加圧して沸点を上げる、加圧蒸留による場合もある。いずれにしても、減圧や加圧は費用を要する。

この他に、蒸留に際し、気をつけねばならない点がある。

混合物の蒸留中にける反応の有無

混合物の腐食性

反応することになれば、反応による成分の変化に対応して、蒸留の方法（蒸留プロセス）を変えなければならない。腐食性があれば、蒸留塔並びに関連の機器の材質を耐腐食性の材料に変えなければならない。

蒸留塔の設計から試運転までの時系列の課程の概要を、以下に示す。

1. 蒸留塔の設計に必要な物性値の調査

蒸留すべき混合物の各成分の蒸気圧データの存在の有無を調べる。各種の便覧ならびにデータベースを調べる。その際、蒸気圧式定数（アントワン定数）の有無も調べる。蒸気圧データの実測値があり、アントワン定数が無いときは、アントワン定数を決定する必要がある。アントワン定数が見つかる場合は実測値はなくとも良い。沸点以外にデータが見つからないときは、本書に記載の推算法により推算しなければならない。

次に混合物の気液平衡データの存在の有無を調べる。その際、注意すべき事は、混合物を構成する各２成分系混合物の気液平衡データが必要である。ここに、混合物を構成する２成分混合物とは、混合物の成分がA,B,Cであるとき、その構成２成分混合物はＡ+Ｂ、Ｂ+ＣおよびＣ+Ａの３組の２成分混合物である。各２成分系の気液平衡データの実測値の有無を各種の便覧ならびにデータベースを調べる。その際、活量係数式定数（ウィルソン定数あるいはNRTL定数など）の有無も調べる。気液平衡データの実測値があり、活量係数式定数が無いときは、その定数を決定する必要がある。活量係数式定数が見つかる場合は実測値はなくとも良い。２成分混合物の気液平衡データが見当たらない場合は推算するか測定しなければならない。

高圧での蒸留の場合は、気液平衡データとして状態方程式定数（ペン・ロビンソン定数など）の有無を調べる。蒸気圧データは必要ない。

2. 蒸留プロセス決定

気液平衡の活量係数式定数により気液平衡計算を行い、混合物が共沸混合物形成の有無を調べる。２成分混合物であれば、x－y曲線により直ちに共沸の有無を知ることができる。３成分以上の混合物であれば、残渣蒸留曲線（全還流蒸留曲線）を描くことにより知ることができる。共沸混合物の場合は、共沸蒸留法あるいは抽出蒸留法により蒸留しなければならない。沸点の近い混合物の場合も抽出蒸留法による事もある。

共沸がなければ、通常の蒸留による分離・精製により、99.9モル％までの精製が可能である。この場合混合物中の分離したい成分数に対して、一般的に、（成分数－1）本の蒸留塔が必要になる。

3. 蒸留塔の設計

蒸留プロセスが決まれば、各蒸留塔の設計に入る。蒸留塔の設計に入る前に蒸留塔の形式を決定せねばならない。すなわち、段塔（トレイ塔）にするか充填塔にするかである。一般的に液量の少ない場合は充填塔が、液量の多い場合は棚段塔が適しているといわれている。

設計の基本は、蒸留塔の塔高と塔径の決定である。

3.1 塔高

塔高の基本は理論段数の決定である。理論段数は2成分系であれば、マッケーブ・シール法による。多成分系の場合は、簡易計算法と正確な計算法とがある。蒸留の仕様に基づいて計算法を選択する。理論段数が決まったら、塔効率、あるいはHETPを推算し、段塔の場合は、塔効率から、実段数を求める。充填塔の場合はHETPから充填層高を決める。充填層高が3mを超える場合は、3mを限度として、単一の充填層高を決め、塔高を決める。

段塔の場合の塔高は、

塔高＝塔頂部＋(実段数－1)×段間隔＋塔底部

により決まる。塔頂部および塔底部は、大略、それぞれ1.5m程度であり、段間隔は0.5m程度である。しかし、設計の仕様に基づいて正確に計算することは、当然必要である。

充填塔の場合は、液分配器、液再分配器、充填層高の制限などにより、段塔ほど簡単には、塔高を決定できないが、理論段数が基本であることは段塔と同じである。

3.2 塔径

塔径の基本は水力学的にフラッディング状態の80％程度の許容蒸気速度により決定する。段塔と充填塔いずれの場合も、フラッディング点を、それぞれの方法で決定して、塔径を決定する。

4. 設計図の作成

段塔の場合、塔径が0.6m程度以下では、塔内へ作業員が入れないので、カートリッジ形式とし、トレイを組み込んだカートリッジを本体に挿入する。

以下に仕様書、設計図面への記載すべき事項を挙げる。

蒸留塔の仕様書（塔径、本体塔高、全塔高、段数、

ノズル［原料］［還流］［蒸気出口］［液出口］［リボイラー蒸気］

［リボイラ液］［安全弁］［液面制御］［安全弁］［温度計］［圧力計］
［マンホール］［覗き窓］、数、寸法、製作精度、取付け精度）
塔本体の外形図の諸寸法が書き込まれ、併せて、各ノズルについて、数値データが表示される（A4用紙）。

棚段の仕様書（数、詳細［開口率（多孔板）］［開口面積（多孔板）］
［開口率］［孔数（多孔板）］［孔ピッチ（多孔板）］［出口堰高さ］
［堰長さ］［ダウンカマー幅］［ダウンカマー・クリアランス］
［トレイ板厚］［材質］［腐食代］［マンホール］［マンウェイ］）
棚段の側面図および断面図に諸寸法が書き込まれ、各項目の数値が表示される（A4用紙）。

蒸留塔本体の詳細図（側面図、断面図、ダウンカマー詳細、
トレイサポートリング詳細、ノズル、パッキング、ボルト寸法、
マンホール、材質、腐食代、製作精度、取付け精度）（段塔）
各部の図が、製作に対応したかたちで表示される（A2以上の図面）。

フローシート（主要機器、温度・圧力・流量・ユーティリティ［冷却水、過熱水蒸気］）
主要機器を配管に見立てた線図で結び、物質の流れを表示する。各機器の出入りについて、物質収支、熱収支およびユーティティが表示される。

Ｐ＆Ｉダイヤグラム（主要機器に配管系と制御系を接続して示す）
主要機器の配管系に制御システムが書き込まれる。

5. **重量計算**：本体の重量ならびに運転液の重量を計算し、基礎の計算に使用する。

6. **価格積算**：主要機器の製作費、付属機器の購入費および建設費から価格の積算を行う。

7. **原単位**：ユーティリティ（冷却水、スチーム使用量、使用電力量など）から製品1kg当たりの費用、すなわち原単位を求めて、装置の減価償却などから、採算性を検証する。検証の結果、採算が取れる、すなわち、利益が確保できるということになれば、建設に着手する。

8. 工場で製作される塔本体やトレイが正確に製造されているか、否かを製品検査を行う。寸法検査、気密検査および水圧検査に立ち会う。

9. 主要機器が完成したら設置場所に輸送され、基礎の打たれたプラットホーム上に建設される。設置が正確か否かを、垂直度、水平度が許容誤差範囲内にあるか否かを検査する。次に配管が正しく行われているか、配管図に基づき検討する。更に電気配線、計測機器についても検討する。

10. **試運転**：装置の据え付けが正しく行われていれば、いよいよ試運転である。しかし、いきなり原料を供給はしない。正しく据え付けてあっても、不具合が残っている危険がある。例えば、フランジの締め付けが悪く、装置内の液が漏れる危険性もありうる。そのために水を使って、試験することが多い。塔底に水を仕込み、リボイラーに過熱水蒸気（スチーム）を送り、全還流状態での試運転に入る。コンデンサーに冷却水を送り、凝縮液が得られているか、各部の温度、圧力、流量などを計測する。蒸留塔に覗き窓が設置されていれば、塔内の気液接触状況を確認する。

水による装置の機能が確認できたら、完全に水を抜き、内部を乾燥させる。原料を塔底に供給し、再度、全還流状態で運転し、塔頂および塔底の温度を計測して、分離が正常に行われているか、否かを確認する。その後、徐々に連続運転に入り、所定の分離が行われているか否かを確認する。

11. **検収**：試運転の結果、所定の分離、収率が確認できたら、装置の引き渡し、あるいは検収を上げて、いよいよ本格操業に入る。

本格操業後に、何らかの不具合が発生すことがある。この場合、故障診断（トラブル・シューティング）などにより、対処せねばならない。操業に影響がないように、蒸留塔の運転を続けながら問題の解決が出来ることが望ましいが、やむを得ず止めなければならないときでも、止める時間を最短にする配慮が必要である。

12. **定期保守**：所定の性能が得られれば定常運転に入り、本格操業を続けるが、消耗品の交換などもあり、2年に一度、装置を止めて定期点検保守を約1ヶ月間にわたり行う。この間に、連続運転時に発生した問題点の解決などを行う。

蒸留塔の企画から運転までの概略の流れを記述した。蒸留塔が運転できるようになるまで、多くの知識と技術とが必要なことを理解していただけたと思う。多くの専門技術者の協力が必須である。物理学、化学、化学工学、機械工学、電気・電子工学、建築学および土木工学などの知識が必要である。これらの学問の中で、蒸留技術は化学工学で習得する。したがって、本書も化学工学を中心とした「技術大全」であることを理解していただきたい。

蒸留技術のための物性推算法

蒸留すべき混合液の気液平衡が分かれば、蒸留の方法は決まったも同然である。それほど、気液平衡は重要である。気液平衡は蒸留の要ということである。気液平衡は混合液の性質を示している。混合液の種類によって、気液平衡は多種多様に変化する。気液平衡の計算に欠かすことが出来ないのが、混合物中の各成分の蒸気圧である。この点から、気液平衡や蒸気圧は蒸留塔の設計に際し必要な物性値といわれる。本章では、蒸気圧と気液平衡の計算法を解説する。

2.1 物性推算法

蒸留塔の設計には気液平衡を始めとして、蒸発潜熱、熱容量、密度、粘度、熱伝導度、表面張力、拡散係数などが必要である。これらの物性値の計算法を物性推算法という。物性推算法によれば、エタノールの蒸発潜熱、熱容量、密度などの物性値を化学構造式と沸点のみから計算することができる（**図2.1**）。

物性推算法は、従来の物理化学の諸理論に基づいているが、それだけでは不十分であり、有力な推算法の原理として、対応状態原理および原子団寄与法をよりどころとしている。

対応状態原理によれば、**図2.2** に示す様に、様々の物質の気体の圧力・容積・温度の関係を対応状態の同一曲線で表示できる。対応状態とは、計算すべき温度、容積、圧力をその物質の臨界温度、臨界容積、臨界圧力で割った値が等しい状態のことをいう。対応状態では、様々の物性を同一の曲線で表示できる。物性を知りたい物質の臨界定数を用いて、様々な物性を計算でき

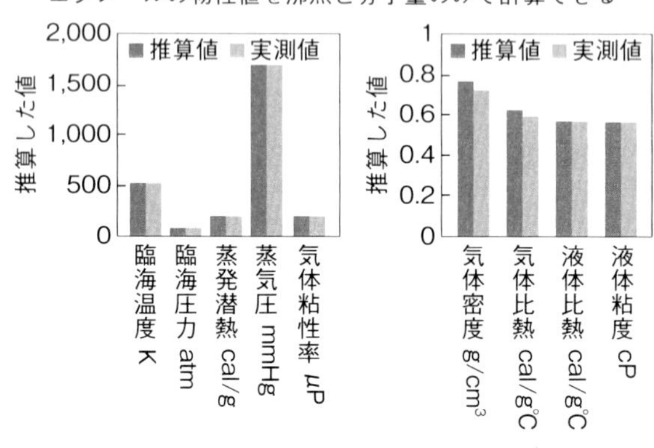

図2.1 物性推算の結果

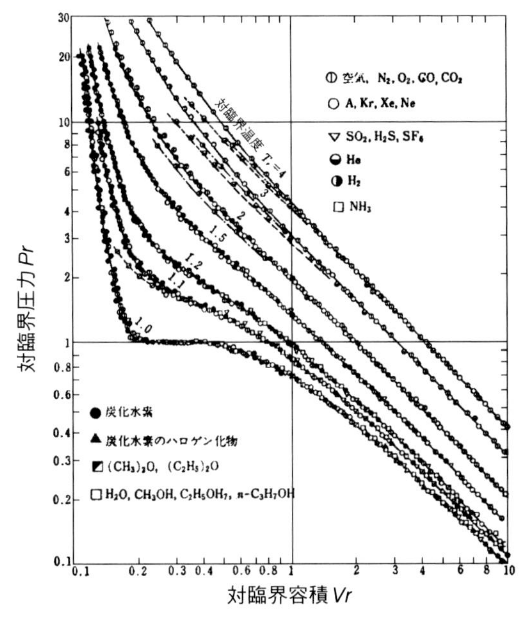

図 2.2　対応状態原理

る。

原子団寄与法の考え方を臨界容積を計算する場合で説明する。飽和炭化水素の臨界容積は原子団：—CH_2—に対して直線的に増加している（**図 2.3**）。

原子団—CH_2—あたりの臨界容積の増分は 55 ml/mol となっている。したがって、炭素数の多い飽和炭化水素の臨界容積を推算式「40＋55×—CH_2—の数」で求めることが可能なのである。有機化合物の物性値であれば、ほとんどの物性値を原子団寄与法で計算することが可能である。

物性推算法を用いて、気液平衡を始め蒸留塔の設計に必要な物性の推算が可能になっている（拙著「物性推算法」データブック出版社）。

気液平衡データ

気液平衡データ集は今でこそ、整備されているが、50 年前は、ドイツのランドルト・ベルンシュタインや米国の ICT（インターナショナル・クリティカル・テーブル）という、物性データ集の中の気液平衡の項目の中にあるものを利用していた。専門データ集としては、オスマー門下のジュー・チ

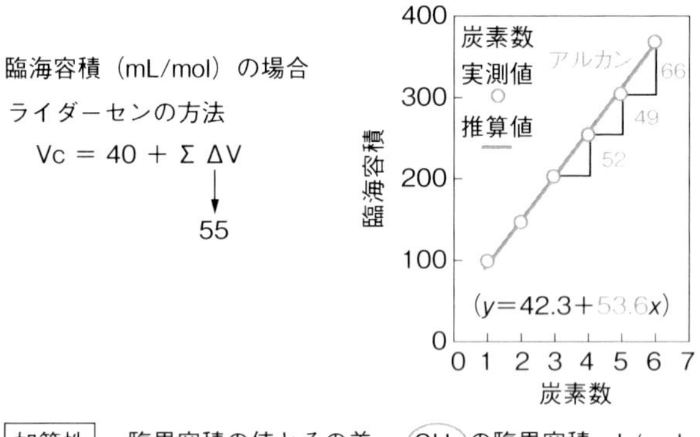

加算性　臨界容積の値とその差 ＝ CH_2 の臨界容積 mL/mol

メタン	CH_4	99.0	
エタン	CH_3-CH_3	148.0	55
プロパン	CH_3-CH_2-CH_3	203.0	52
ブタン	CH_3-CH_2-CH_2-CH_3	255.0	49
ペンタン	CH_3-CH_2-CH_2-CH_2-CH_3	304.0	

図 2.3　原子団寄与法

ン・チュウ編集のものがある程度だった。

気液平衡の推算式として多成分系の気液平衡を推算できる画期的なウィルソン式が脚光を浴びだしたのが 40 年前だ。その当時、学会でも盛んに取り上げられ、実証的な研究報告がなされた。

このウィルソン式を使うためには、使う混合物のウィルソン式の定数が決められていなければ利用できない。個々の学会報告の中には定数が報告されてはいたが、利用の点では不便であった。そして、ウィルソン式の定数は、測定値を非線形最小二乗法により処理しなければ求まらず、高度なコンピュータのプログラムによる処理が必要であった。

そこで、当時、利用が本格化していた大型電子計算機上に FORTRAN によるプログラムを作成し、800 の 2 成分系気液平衡データについてウィルソン定数を決定した。当時、学位論文の指導を受けていた東京都立大学大学院の平田光穂教授の名前を冠して「電子計算機による気液平衡データ」とし、国内および国外の出版社から 1975 年に出版した。

好評を得て、当時、MIT の教授で、斯界の第 1 人者であったリード教授が、米国の学会誌に「最も良く書かれた気液平衡データ集」と書評を書かれた。

遅れること２年、1977年にドイツの学会（DECHEMA）から、同様のデータ集が国の予算で出版された。こちらの方は、現在までに十数冊が出版されて、デヘマのデータ集として良く使われている。プロセス・シミュレータにも採用されている。

当初、筆者らと同じ時期に出版が予定されていたそうであるが、拙著にあるx–y線図が入れてなくて、遅れたと聞いている。拙著が先鞭をつけ点は、誇りである。日本でも、当時の科学技術庁が予算化してデータベースを構築していたが、継続されず終了した。残念なことである。

気液平衡の測定

気液平衡の測定を習得するには３か月程度が必要である。それは原理を理解して、測定技術が身につくために必要な時間が、それだけかかるということである。

ここでは、オスマー型平衡蒸留器で測定する場合について触れる。この装置は、別名、気相循環型気液平衡測定装置ともいわれ、スチル内の測定液を沸騰させ、凝縮してスチルに戻す仕組みのものである。オスマー型は鮫島実三郎氏の測定法を参考にしたといわれている。

オスマーとは、カーク・オスマー「エンサイクロペディア　オブ　ケミカルテクノロジー」で有名なオスマーのことである。筆者は、オスマー教授をニューヨークの大学に訪ねたことがある。44年前だったが、氏の関心は環境問題であった。大変な日本通で、オスマー・プロセスのことで、何度も日本に来たとのことであった。

オスマー型で気液平衡を測定する場合のポイントは加熱の方法である。加熱しすぎると蒸発速度が大きくなり飛沫同伴が増え気相組成が低めになる。逆に低すぎると蒸発速度が小さく、分縮により、気相組成が高めに出る。最も正確と考えられる加熱、すなわち蒸発速度を、既知の測定データで確認して、決める。装置のキャリブレーションに時間がかかるのである。

その蒸発速度は凝縮液の液滴が滴下する数で決める。例えば、10滴８秒などといった具合だ。測定に際して、気を付けねばならないのは突沸だ。突沸は読んで字のごとく、突然に沸騰することである。突沸を防ぐためには沸石を入れるが、マグネチック・スターラーなどで、外部から撹拌してもよい。

筆者の失敗談を述べて突沸について注意を喚起したい。沸石も入れ、加熱し始めて、一時間も経過し、温度も安定してきた頃、昼休みになったので、加熱用ヒーターの電圧を下げて、現場を離れた。昼食から戻り、再び加熱の電圧を上げたのに、沸騰せずに、液面が不気味に揺れていた。のぞき窓に顔を近づけた、その瞬間、すごい勢いで突沸が起こり、上部に挿入してあった温度計が飛び、天井に刺さっていた。部屋中が、測定物の蒸気で充満した。幸い火も出ず、怪我もしなかったが、肝を冷やし、反省した次第であった。

2.2 蒸気圧

蒸気圧とは何か？　コップに水を入れて放置しておくと、コップの中の水は無くなる。これは、水が空気中に蒸発したからだ。水が蒸発するのは、液体である水の分子が運動しているからである。

水の中にインクをたらすと、最初はインクの色が見えるが、しばらくすると、色がうすくなる。これは、水の分子が運動していて、インクの粒子をちらばすからだ。

コップにフタをするとどうなるか？　水分子は蒸発して、空間で飛び回っている。このとき、水の分子がフタやコップに当り、フタを押す。100℃まで加熱すると沸騰してフタを押し上げる程の力となる。この押し上げる力が水の蒸気圧だ。水以外の物質でも液体は蒸気圧を発生している。例えばベンゼンとトルエンを別々のコップに入れて放置すると、両方とも蒸発する。しかし、ベンゼンを入れたコップの方が先に空になる。

その理由はベンゼンの方がトルエンより蒸気圧が大きいので、トルエンより余計に蒸発する。ベンゼンとトルエンの蒸気圧には差がある。

ベンゼンとトルエンを混ぜた場合でもベンゼンの方が余計に蒸発する。混ぜてもベンゼンの蒸気圧の方が大きいことに変わりはないのである。その結果、気相はベンゼンの濃いものとなる。

一回の蒸発で得られた気体を、凝縮して、また蒸発させると、さらにベンゼンの濃度が高いベンゼンとトルエンの混合物を得ることができる。この蒸発、凝縮、蒸発…という繰り返しが蒸留の原理となる。

2.2.1　クラペイロン・クラウジウス式、アントワン式

蒸留は液体の示す蒸気圧の差を用いて、混合物から目的の物質を分離する操作であるから、蒸気圧を正確に計算することが極めて重要であり、蒸留すべき混合物中の成分の蒸気圧データは必要不可欠である。蒸気圧（P）と絶対温度（T）との関係は熱力学により

$$\ln P = A - \frac{B}{T} \tag{2.1}$$

として得られる。AとBは物質ごとに決まる定数である。(2.1)式をクラウジウス・クラペィロンの式という。この式は「理想気体である」ことと「蒸発潜熱は温度により変化しない」という仮定などの下で導かれているので、温度が沸点以下の時は、比較的正確に蒸気圧を表現できるが、沸点を越えた温度では、正確でなくなり、温度範囲を広くすると誤差が大きくなる。

常圧付近の蒸気圧の表示式としてもっともよく用いられているのは、アントワン（Antoine）式である。

$$\ln P = A - \frac{B}{T - C} \tag{2.2}$$

ここに、T、Pは絶対温度、蒸気圧であり、A、B、Cは物質に固有な定数であり、アントワン定数という。アントワン式は3定数の蒸気圧式であるにも拘わらず、精度よく蒸気圧を表現できる。対臨界温度が0.75付近までの精度はかなり高い。対臨界温度0.75を境にして、低温側と高温側に分けてアントワン定数を決定すれば、より正確に蒸気圧を表現できる。アントワン式の適用範囲は、蒸気圧で数kPaから200 kPaである。

アントワン定数は学会誌などで良く使われていて、最も正確である、解析的な最小二乗法を用いて筆者が決定した。表計算ソフトのツールを使えば、容易に探索的に決定できるが、必ずしも正確に決定された定数とはいえない。なぜなら、近似解である可能性が高いからである。解析的な最小二乗法によれば、一義的に正確な定数を決定できる。筆者は3000物質のアントワン定数を決定したが、斯界の権威書から高く評価されている。物性推算法の書と

して米国で発行されている"*The Properties of Gases and Liquids*"に拙著が有益なデータブックとして紹介されている。

温度TをK、蒸気圧PをkPaとしたときのブロモベンゼンの蒸気圧を**図2.4**に示した。図中にアントワン定数A、B、Cを示した。アントワン式(*2.2*)からわかるように、ln Pを1/T−Cに対してプロットすると直線となる。

アントワン式は様々な単位で使われ、蒸気圧を常用対数で表示する場合も多い。例えば、温度tを℃、蒸気圧をmmHgで表現する

$$\log_{10} P = A - \frac{B}{t+C} \tag{2.3}$$

がある。(*2.2*)式と(*2.3*)式における定数A、B、Cは次の関係を有する。

$$A[(2.2)式] = 2.303(A[(2.3)式] - \log_{10} 7.50062) \tag{2.4}$$

$$B[(2.2)式] = 2.303B[(2.3)式] \tag{2.5}$$

$$C[(2.2)式] = C[(2.3)式] - 273.15 \tag{2.6}$$

アントワン式(*2.3*)において、温度tを℃とし、蒸気圧PをmmmHgとatmで使用する場合の定数A、B、Cの間の関係を以下に示す。PをmmHg

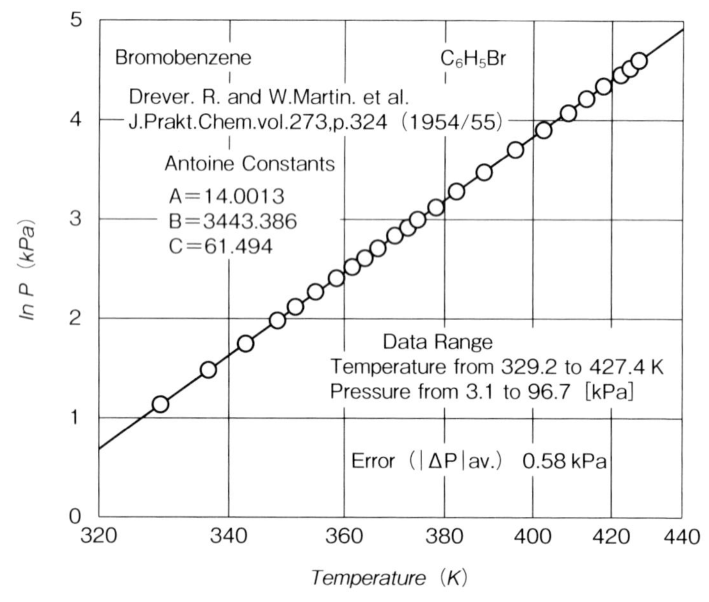

図2.4 ブロモベンゼンの蒸気圧とアントワン定数

単位の蒸気圧とし、温度 t を℃としたときのアントワン式の定数が A、B、C である場合、atm 単位の蒸気圧 P は

$$\log_{10} P = (A - \log_{10} 760) - B/(t + C) \quad (2.7)$$

である。

（1）沸点データのみからの蒸気圧の推算法

蒸気圧データは蒸留塔の設計に必須であるのみならず、気液平衡の計算に欠かすことができない。一方、化学工業において新製品開発や新化学プロセスの登場などにより、蒸気圧の測定されていない物質を扱わなければならない場合も生じる。しかし、蒸気圧の推算法として、“*The Properties of Gases and Liquids*”を参照しても、蒸気圧データの既に存在する物質の相関に関するものがほとんどであり、臨界定数を使う対応状態原理に基づく方法が大半を占めていて、1 点の実測値から推算する法はない。

蒸気圧を沸点などの少ないデータから推算する方法もすでに報告されているが、正確な推算は困難なものが多い。有機化合物の既存の蒸気圧データを参照することによって、沸点もしくは一組の蒸気圧データから正確に有機化合物の蒸気圧を推算できる筆者の方法である。

①従来の推算法

推算式の原点は、熱力学の平衡状態の概念から誘導される

$$\frac{dP}{dT} = \frac{\Delta H}{T\Delta V} \quad (2.8)$$

である。ここに、ΔH は蒸発にともなうエンタルピー変化であり、蒸発潜熱であり、ΔV は気相と液相の体積差である。(2.8)は圧縮係数 z を用いて書き換えると

$$\frac{d(\ln P)}{d(1/T)} = -\frac{\Delta H}{R\Delta z} \quad (2.9)$$

となる。ここに、$\Delta z = \Delta z_{蒸気} - \Delta z_{液}$ である。

(2.8)式を、理想気体の成立、蒸発潜熱の温度変化および液相の体積を無視してクラウジウス・クラペィロンの式(2.1)が誘導される。

3 定数 A、B、C を用いるアントワン式(2.2)は経験式であるが、温度範囲を限定すれば蒸気圧を正確に表現できる。蒸気圧の温度関係式では、定数を

増やすことにより正確に蒸気圧を表現できる。かなりの数の式が提案されているが、例えば、Wagner 式（Wagner, 1973）などがある。一点のデータからの推算式として、佐藤の式（Sato, 1954）などがあり、化学構造式から、標準沸点を求める方法もある。これらの推算法については、拙著「物性推算法」を参照されたい。

②一点のデータから推算する方法

一点のデータとして、沸点が既知の物質は多い。一方、蒸気圧データが既知の物質数も、相当数あるから、蒸気圧既知の物質のデータを推算に利用することが望ましい。

i　クラウジウス・クラペィロン式を利用する方法

クラウジウス・クラペィロン式の A、B2 定数を決定するには 2 点の実測値が必要であるが、同族物質であれば定数 B にかかわる ΔH と ΔV、したがって、$\Delta H/\Delta V$ の値は近い値を示すと考えられる。すなわち、2 定数のうち定数 B は同族物質の値の利用が可能である。したがって、一点のデータがあれば、定数 A を決定できる。

同族物質の蒸気圧の例を**図 2.5** および**表 2.1** に示す（Marina, Khovich, et al., 2012）。図 2.5 は絶対温度の逆数 $1/T$ に対して蒸気圧 P の自然対数値のプロットを示す。図 2.5 において物質（7）と（8）および（4）と（5）とは物質の化学構造が良く似た物質であり、$\ln P$ の $1/T$ に対する勾配はほぼ同一であることが分かる。この 2 組の定数 B は表 2.1 に示すように、近い値となっている。

ii　アントワン式を利用する方法

アントワン式の定数 B および C は

$$\frac{\Delta H}{R\Delta z}=B\left(\frac{T}{T-C}\right)^2 \qquad (2.10)$$

という関係がある（Tezuka, 1957）。したがって、同族物質においては B と C の値は互いに近い。蒸気圧既知の物質の B、C を使うことにより、一点のデータから定数 A を決定できる。

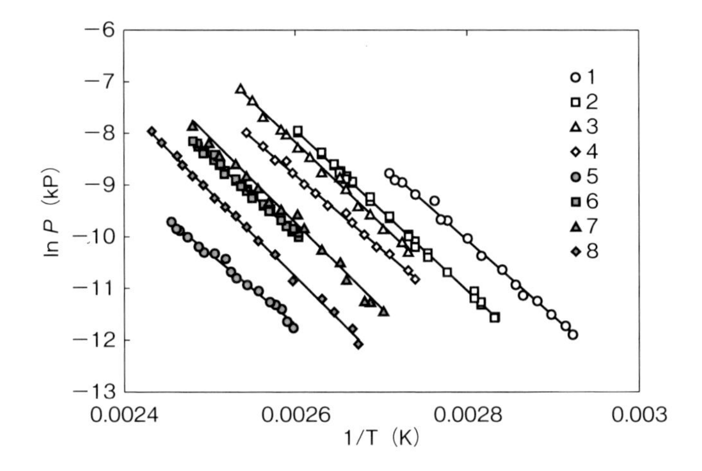

(1) phenyl-(1-thia-3-aza-spiro[5.5]undec-2-en-2-yl)-amine
(2) (4-methyl-phenyl)-(1-thia-3-aza-spiro[5.5]undec-2-en-2-yl)-amine
(3) (4-ethyl-phenyl)-(1-thia-3-aza-spiro[5.5]undec-2-en-2-yl)-amine
(4) (4-isopropyl-phenyl)-(1-thia-3-aza-spiro[5.5]undec-2-en-2-yl)-amine
(5) (3-chloro-4-methyl-phenyl)-(1-thia-3-aza-spiro[5.5]undec-2-en-2-yl)-amine
(6) (1-thia-3-aza-spiro[5.5]undec-2-en-2-yl)-(4-trifluoromethyl-phenyl)-amin
(7) (4-chloro-phenyl)-1-thia-3-aza-piro[5.5]undec-2-en-2-yl)-amine
(8) (4-bromine-phenyl)-1-thia-3-aza-piro[5.5]undec-2-en-2-yl)-amine

物質	R	物質	R
1	—	5	—CH_3, Cl
2	—CH_3	6	—CF_3
3	CH_3	7	—Cl
4	CH_3, H, CH_3	8	—Br

図 2.5　同族物質の蒸気圧

表 2.1 同族物質のクラウジウス・クラペィロン式定数

物質	温度範囲　K	A	B	AAD（kPa）
1	342.15～369.15	31.124	14713.4	$2.93 \cdot 10^{-6}$
2	353.15～384.15	32.703	15627.9	$3.86 \cdot 10^{-6}$
3	366.15～394.15	32.988	15835.1	$1.13 \cdot 10^{-5}$
4	365.15～393.15	28.532	14360.4	$4.38 \cdot 10^{-6}$
5	385.15～407.15	23.629	13584.8	$1.26 \cdot 10^{-6}$
6	384.15～403.15	28.652	14841.3	$6.59 \cdot 10^{-6}$
7	369.15～403.15	32.783	16365.5	$6.80 \cdot 10^{-6}$
8	374.15～411.15	32.299	16568.2	$5.31 \cdot 10^{-6}$

AAD：Average Absolute Deviation（平均絶対誤差）

図 2.6 に示した同族物質のアントワン定数を**表 2.2** に示した（Butrow, Buchanan, et al., 2009）。

表 2.2 から、DMHP と DIMP および DMMP と DEMP のアントワン定数 B は近い値を示しており、Antoine 定数 C は、DMHP を除けば、3 物質と

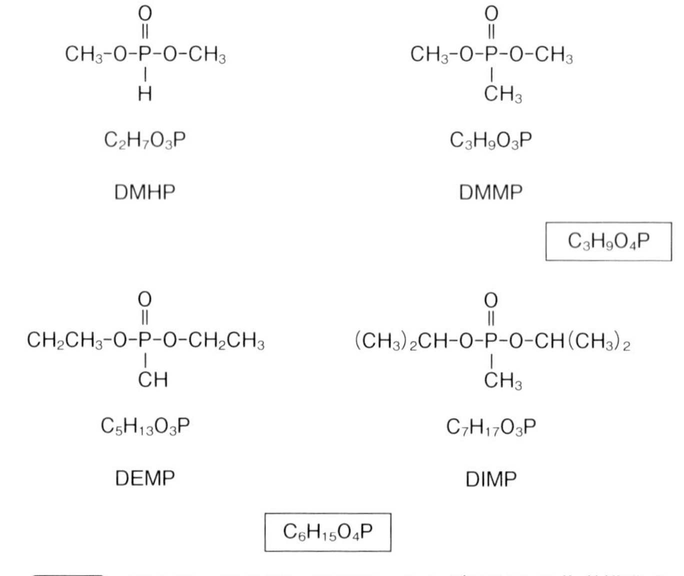

図 2.6 DMHP、DMMP、DEMP、および DIMP の化学構造式

表 2.2　同族物質のアントワン定数

物質	A	B	C	AAD（kPa）
DMHP	23.068	4890	20.0	0.084
DMMP	22.319	4340	51.7	0.093
DEMP	22.471	4500	54.2	0.196
DIMP	23.130	4785	50.5	0.999

DMHP（dimethyl phosphonate），温度範囲：434～489 K
DMMP（dimethyl methylphosphonate），温度範囲：258.2～454.4 K
DEMP（diethyl methylphosphonate），温度範囲：253.2～465.9 K
DIMP（diisopropyl methylphosphonate），温度範囲：253.2～468 K

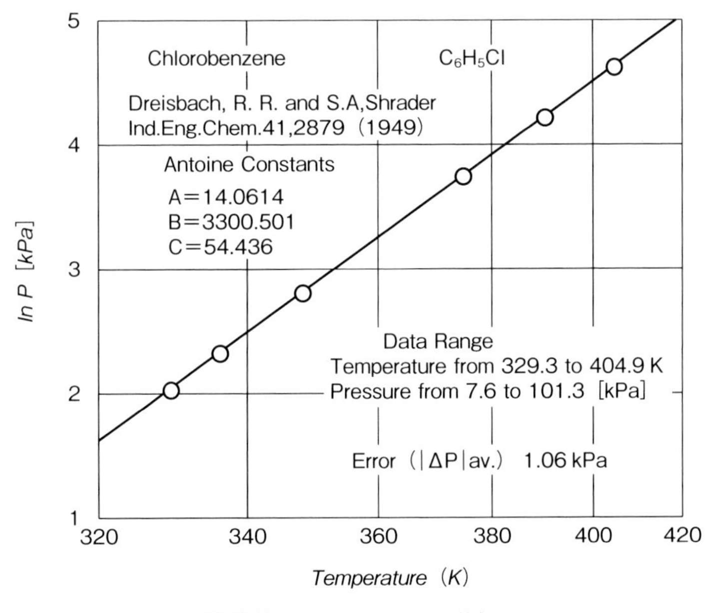

図 2.7　クロロベンゼン蒸気圧

も近い値を示している。特に DMMP と DIMP とは、ほとんど同一である。図 2.4 にブロモベンゼンの蒸気圧を示したが**図 2.7** に、クロロベンゼンの蒸気圧を示した。

両物質のアントワン定数は著者が決定した（Ohe, 2002)。両物質のアントワン定数示せば

	A	B	C
ブロモベンゼン	14.0013	3443.386	61.694
クロロベンゼン	14.0614	3300.501	54.436

である。両物質のアントワン定数は極めて近い値を示している。

ⅲ　推算結果

3種類のシラン化合物ジクロロシラン（SiH_2Cl_2）、トリクロロシラン（$SiHCl_3$）、塩化シリコン（IV）（$SiCl_4$）の蒸気圧データ（Marsh, Morris, et al., 2016）を**図 2.8** に示す。

図から明らかなように、$1/T$ に対する $\ln P$ の勾配はほぼ同一である。クロロジシラン（Si_2H_5Cl）の蒸気圧（Craig, Urenovitch, et al., 1962）を推算する。この物質の沸点は 314.75 K であるから、1/T は 0.00318 となり、ln P は 4.618 であるから、図 2.8 において、塩化シリコン（IV）（$SiCl_4$）の近くにあるので、塩化シリコン（IV）を参照物質とし、その定数 B を使って推算する。結果を、図 2.9 に示した。図から分かるように、良好な推算結果を得ることができた。

本推算法の正確さは、推算に利用する参照物質および温度範囲の選択に依存する。参照物質の性質が推算する物質の性質に近いこと、および推算する物質の温度範囲が推算に利用する参照物質の温度の測定範囲に一致することが望ましい。アントワン式とクラウジウス-クラペイロン式を利用できるが、

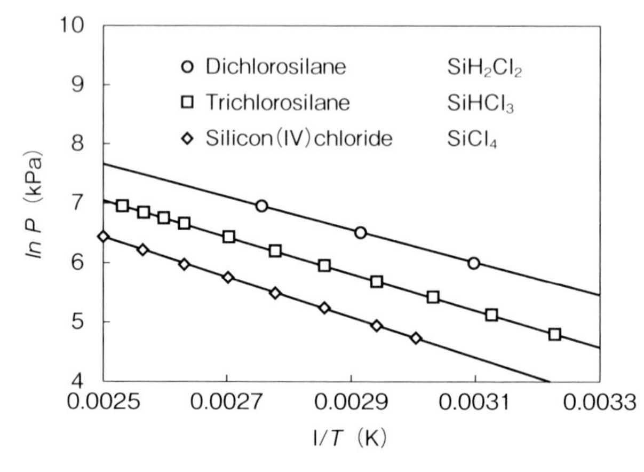

図 2.8　シラン類の蒸気圧

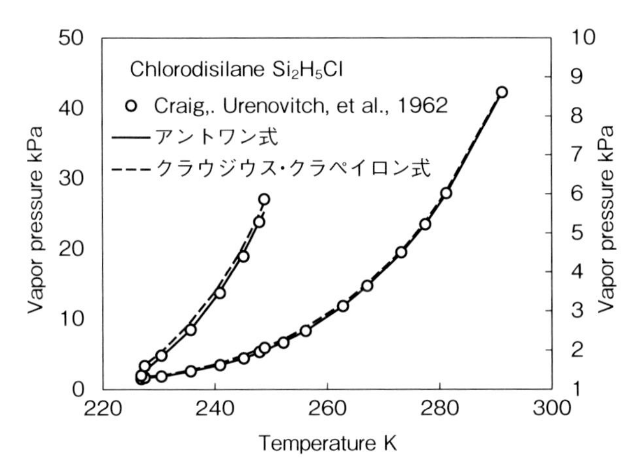

図 2.9　クロロジシラン（Si_2H_5Cl）の蒸気圧の推算結果

アントワン式の方が、概して正確に推算可能である。しかし、推算される物質の温度範囲が推算に利用する参照物質の温度測定範囲と一致する場合は、両式による差はほとんどない。この両温度範囲が一致しないときはアントワン式を使うべきである。

2.3 気液平衡

2.3.1　理想溶液

理想溶液においてはラウール（Raoult）の法則が成立し、ある温度において液相と平衡な状態にある気相の各成分の分圧は次式により表される。

$$p_1 = P_1 x_1,\ p_2 = P_2 x_2,\ p_3 = P_3 x_3,\ \cdots \tag{2.11}$$

p_1, p_2, p_3, …：第 1，第 2，第 3，…成分の気相における分圧

P_1, P_2, P_3, …：第 1，第 2，第 3，…成分が単独で存在するときの蒸気圧

x_1, x_2, x_3, …：第 1, 第 2, 第 3, …成分の液相におけるモル分率

理想気体においてはドルトン（Dalton）の法則が成立し、全圧と各成分のモル分率との間には次の関係がある。

$$p_1 = \pi y_1,\ p_2 = \pi y_2,\ p_3 = \pi y_3,\ \cdots \tag{2.12}$$

π：全圧

y_1, y_2, y_3, …：第 1, 第 2, 第 3…成分の気相におけるモル分率

気液平衡状態では(2.11)式と(2.12)式から、

$$p_1 = P_1 x_1,\ p_2 = P_2 x_2,\ p_3 = P_3 x_3,\ \cdots$$

$$p_1 = \pi y_1,\ p_2 = \pi y_2,\ p_3 = \pi y_3,\ \cdots$$

したがって

$$\left.\begin{array}{l} \pi y_1 = P_1 x_1 \\ \pi y_2 = P_2 x_2 \\ \pi y_3 = P_3 x_3 \\ \quad \cdots \end{array}\right\} \tag{2.13}$$

よって、(2.13)式から

$$y_1 = \frac{P_1}{\pi} x_1,\ y_2 = \frac{P_2}{\pi} x_2,\ y_3 = \frac{P_3}{\pi} x_3, \tag{2.14}$$

となり、液相組成からそれに平衡な蒸気組成を求めることができる。気液平衡関係には、一定温度における気液平衡関係と一定圧力における気液平衡関係とがあり、前者を「定温気液平衡関係」、後者を「定圧気液平衡関係」という。定温、定圧とは、定温あるいは定圧下において液組成、蒸気組成を変えて測定したという意味である。気液平衡においては、次の相律が成立している。

$$f = C - P + 2 \tag{2.15}$$

f：自由度、C：成分数、P：相の数

2 成分系の気液平衡では $C=2$、$P=2$ であるから $f=2$ となる。すなわち、自由度は 2 であり、温度、圧力、気相組成および液組成の 4 変数のうち、任意に決定できる変数は 2 個となる。定温気液平衡では、すでに温度を決定ずみであるから液組成を決定すれば、圧力と蒸気組成とは自由に決定できず、定圧気液平衡では、圧力と液組成とを決定すれば、温度と蒸気組成とは自由に決定できない。定温の気液平衡に対して定圧の気液平衡の計算はやや複雑

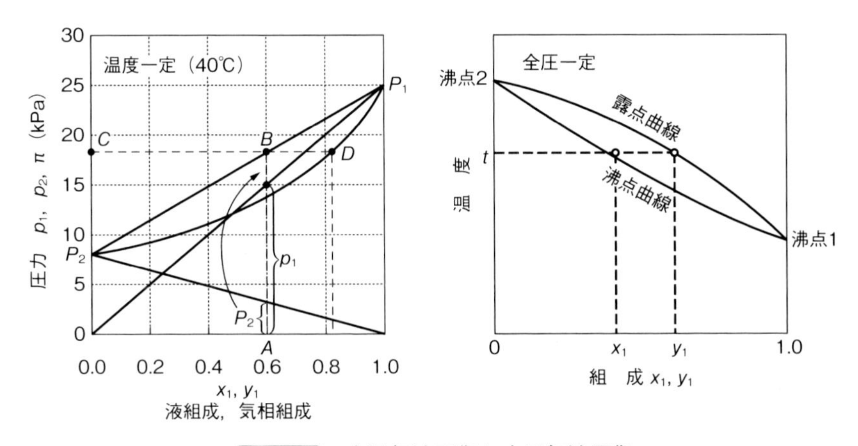

図 2.10　定温気液平衡と定圧気液平衡

である。

気液平衡関係を**図 2.10**（ベンゼン・トルエン系）に示してあるが、定圧気液平衡では第１成分（軽沸点成分）の増加に対して、温度は減少する。

液組成と温度との関係を示す曲線を沸点曲線といい、蒸気組成と温度との関係を示す曲線を露点曲線という。沸点１および沸点２はそれぞれ、第１成分および第２成分の沸点を示す。日本語では純物質、混合物ともに沸点というが、英語では、純物質の沸点を Boiling point、混合物の沸点を Bubbling point と呼び区別している。

全圧を一定とした定圧における気液平衡関係では、温度を簡単に決められない。全圧が設定した圧力になるように試行錯誤法によらねばならない。試行錯誤法により計算する場合に、２通りの方法がある。一つは、液組成から気相組成を求める場合で、これを沸点計算と呼び、あと一つは気相組成から液組成を求める場合で、こちらは露点計算と呼ぶ。

1)　沸点計算

沸点を仮定し、第１および第２成分の蒸気圧を求め、各成分の分圧を計算する。ダルトンの法則により、全圧は各成分の分圧の合計であるから、

$$P_1 x_1 + P_2 x_2 = \pi \qquad (2.16)$$

により、(2.16)式の左辺の値を求める。求めた値が全圧に等しくなるまで、すなわち、(2.16)式が成立するまで仮定した温度を修正する。

2)　露点計算

露点を仮定し、その温度における第1および第2成分の蒸気圧を求めて、(2.13)式から

$$\pi y_1/P_1 = x_1, \qquad \pi y_2/P_2 = x_2 \tag{2.17}$$

により、x_1 および x_2 を求め、

$$x_1 + x_2 = 1 \tag{2.18}$$

となっているか否かを調べる。(2.18)式が成立している場合は仮定が正しかったものとするが、そうでない場合は、露点を仮定し直して、再度、計算する。

試行錯誤法による計算方法は、3成分系以上の多成分系の場合もまったく同様である。

[問題 2.1]

ベンゼン、トルエンからなる2成分溶液の1気圧における気液平衡関係を、ベンゼンの液相におけるモル分率が0.400の場合について、沸点計算により沸点および気相におけるベンゼンの組成を求めよ。

[解]　沸点：95.147 ℃、ベンゼンの気相組成 y_1：0.6218

気液平衡を平衡係数で表示する場合がある。

$$y_1 = K_1 x_1, \quad y_2 = K_2 x_2, \quad y_3 = K_3 x_3, \quad \cdots\cdots \tag{2.19}$$

とおいて、K_1, K_2, K_3, ……を平衡比、あるいは平衡係数といい、気相と液相との組成の「比」を示している。

一方、(2.4)式から $y_1 + y_2 + y_3 + \cdots\cdots = 1$ であるので、

$$\pi = P_1 x_1 + P_2 x_2 + P_3 x_3 + \cdots\cdots \tag{2.20}$$

となる。(2.13)式と(2.14)式とから

$$y_1 = \frac{P_1 x_1}{P_1 x_1 + P_2 x_2 + P_3 x_3 + \cdots\cdots} \tag{2.21}$$

$$y_2 = \frac{P_2 x_2}{P_1 x_1 + P_2 x_2 + P_3 x_3 + \cdots\cdots} \tag{2.22}$$

$$y_3 = \frac{P_3 x_3}{P_1 x_1 + P_2 x_2 + P_3 x_3 + \cdots\cdots} \tag{2.23}$$

n成分を考え、その蒸気圧を P_n として上式を変形すれば、

$$y_1 = \frac{\frac{P_1}{P_n}x_1}{\frac{P_1}{P_n}x_1 + \frac{P_2}{P_n}x_2 + \frac{P_3}{P_n}x_3 + \cdots\cdots} \tag{2.24}$$

$$y_2 = \frac{\frac{P_2}{P_n}x_2}{\frac{P_1}{P_n}x_1 + \frac{P_2}{P_n}x_2 + \frac{P_3}{P_n}x_3 + \cdots\cdots} \tag{2.25}$$

$$y_3 = \frac{\frac{P_3}{P_n}x_3}{\frac{P_1}{P_n}x_1 + \frac{P_2}{P_n}x_2 + \frac{P_3}{P_n}x_3 + \cdots\cdots} \tag{2.26}$$

いま、

$$\alpha_{1n} = \frac{P_1}{P_n}x_1,\ \alpha_{2n} = \frac{P_2}{P_n}x_1,\ \alpha_{3n} = \frac{P_3}{P_n}x_1,\ \cdots\cdots \tag{2.27}$$

とおけば、(2.24)式～(2.26)式は、

$$y_1 = \frac{\alpha_{1n}x_1}{\alpha_{1n}x_1 + \alpha_{2n}x_2 + \alpha_{3n}x_3 + \cdots\cdots} \tag{2.28}$$

$$y_2 = \frac{\alpha_{2n}x_2}{\alpha_{1n}x_1 + \alpha_{2n}x_2 + \alpha_{3n}x_3 + \cdots\cdots} \tag{2.29}$$

$$y_3 = \frac{\alpha_{3n}x_3}{\alpha_{1n}x_1 + \alpha_{2n}x_2 + \alpha_{3n}x_3 + \cdots\cdots} \tag{2.30}$$

と表すことができる。α_{1n}、α_{2n}、α_{3n}、…をｎ成分に対するそれぞれの成分の「相対揮発度」といい、相対揮発度によっても気液平衡関係を求めることができる。

２成分系の場合は

$$\alpha \equiv \frac{P_1}{P_2} \tag{2.31}$$

とおいて、$x=x_1$、$y=y_1$ とすると、$x_2=1-x$、$y_2=1-y$ であるから

$$y = \frac{\alpha x}{1+(\alpha-1)x} \tag{2.32}$$

を得る。

ある温度、つまり一定温度における気液平衡関係は上述のとおりであるが、全圧を一定とした定圧における気液平衡関係では、温度を簡単に決められない。全圧が設定した圧力になるように試行錯誤法によらねばならない。ところが各成分の蒸気圧の温度に対する変化のようすは似ているので、蒸気圧の比である相対揮発度は温度により大きく変化しない（**図 2.11** 左）。したがって、相対揮発度は定圧における気液平衡関係を求めるのに、試行錯誤法による必要がないので便利である。

第 1 および第 2 成分の各沸点における α をそれぞれ、α_1 および α_2 として、その幾何平均値、

$$\alpha_{av} = \sqrt{\alpha_1 \alpha_2} \tag{2.33}$$

を採用する。(2.32) 式の α の代りに、(2.33) 式の α_{av} を用いることにより定圧気液平衡の計算が可能である。

相対揮発度を用いて気液平衡を計算した結果を図 2.11 右に示した。

$\alpha = 100$ の場合は気相組成が極めて大きく、$\alpha = 1.5$ の場合は気相組成が極めて小さいことが分かる。相対揮発度による気液平衡曲線を x–y 線図といい、蒸留の容易さ、あるいは困難さを端的に示すことが出来る。

相対揮発度はラウールの法則が成立する溶液に適用できる。ラウールの法則にしたがう溶液を理相溶液（Ideal solution）という。相対揮発度による気

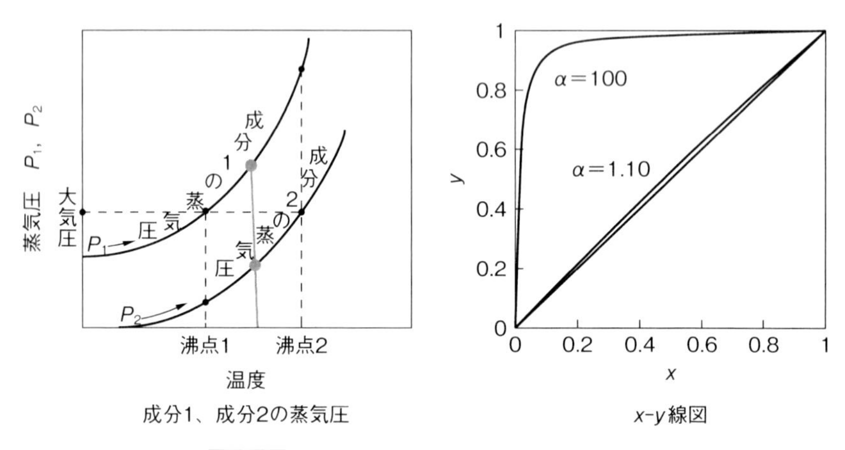

図 2.11 相対揮発度による気液平衡の表現

液平衡の計算は試行錯誤の必要がないので「簡易計算法」である。端的に気相と液相の組成の関係（x–y 関係という）を求める方法であり、沸点の情報は、当然のことながら得られない。

気液平衡の表現には暗黙の了解があり、沸点の最も低い成分を第1成分とし、順に沸点の高い成分を第2、第3成分、…と決め、最も沸点の高い成分を最後の成分とする。よって、(2.27)式の定義から、第1成分の相対揮発度が最も大きく、最後の成分（n成分）の相対揮発度は1である。相対揮発度はrelative volatilityの訳語である。かつては、比揮発度と誤った訳語が広く使われていた。

2.3.2 非理想溶液

化学工業で扱う溶液のほとんどは非理想溶液である。非理想溶液とはラウールの法則にしたがわない溶液のことである。非理想溶液の例を**図2.12**に示す。

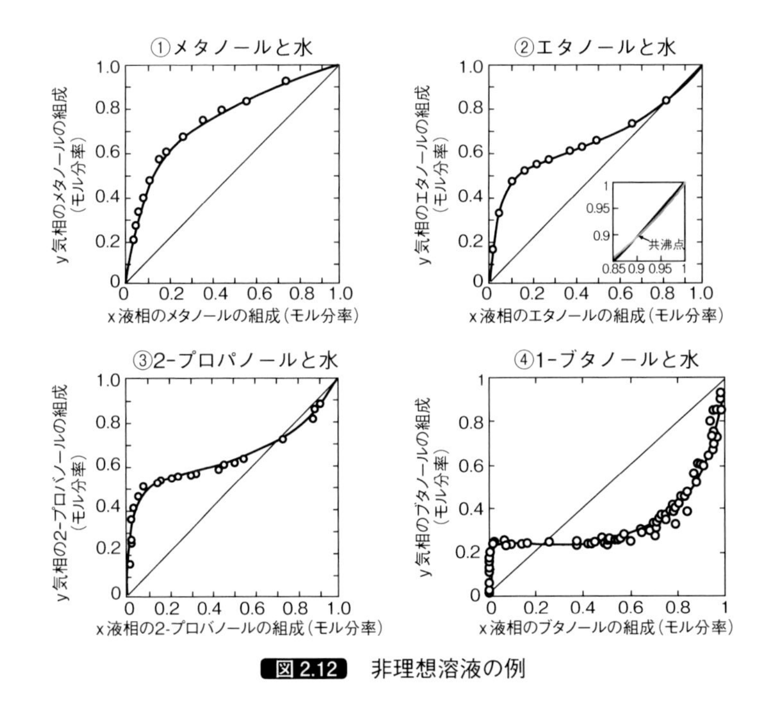

図2.12　非理想溶液の例

図 2.12 ①は沸点の低いメタノールの方が水より蒸気圧は大きいのでメタノールの気相の組成の方が大きい。②はエタノールの蒸気圧も水の蒸気圧より大きいが、①の場合と異なる。エタノールの液相におけるモル分率が 0.88 のとき、気相におけるモル分率も同じ 0.88 となっている。気相と液相の組成が同じである。この組成の点を共沸点といい、共沸点のある混合物を共沸混合物という。共沸混合物は通常の蒸留では分離できず、「共沸蒸留法」によらねばならない。

③の 2–プロパノール（IPA）と水系は、共沸点（2—プロパノールのモル分率 0.69）有している。④の 1–ブタノールの液相におけるモル分率が 0.6 までは、1–ブタノールの液相の組成の増加に対して、1–ブタノールの気相の組成は変わらず、x–y 線図上の対角線と交叉していて、共沸点が見られる。水に対して成分が、メタノール、エタノール、2–プロパノール、1–ブタノールと変わると、気液平衡は大きく変わる。これはアルコールの性質の違いによっている。メタノールから順に炭素数が増えていくと、水との構造の違いが大きくなる。これによって気液平衡も大きく変わる。俗に「水と油」というが、$-CH_2-$の部分が多くなり炭化水素、すなわち油としての性質が強くなっているのが、1–ブタノールである。このように気液平衡は混合物の種類により多様に変化する。

非理想溶液の気液平衡はラウールの法則を補正する形で表現する。(2.13) 式の右辺を補正する。

$$\pi y_1 = P_1 \gamma_1 x_1, \quad \pi y_2 = P_2 \gamma_2 x_2, \quad \pi y_3 = P_3 \gamma_3 x_3, \quad \cdots\cdots \tag{2.34}$$

γ_1, γ_2, γ_3, ……第 1、第 2、第 3…成分の液相における活量係数

気相は液相に比べて、低密度であるために、分子と分子が大幅に離れている。分子間の相互作用を無視できるので、液相のみを補正する。気相の圧力が高くなると、高密度となるために補正の必要が出てくる。(2.34) 式を活量係数について整理すると

$$\gamma_1 = \frac{P_1 x_1}{\pi y_1}, \quad \gamma_2 = \frac{P_2 x_2}{\pi y_2}, \quad \gamma_3 = \frac{P_3 x_3}{\pi y_3}, \quad \cdots\cdots \tag{2.35}$$

活量係数は、気液平衡の実測値を用いて、(2.35) 式により決定する。図 2.12 に示したアルコールと水系の活量係数を**図 2.13** に示す。

図 2.13 から明らかなように、活量係数は 4 種の系とも同一の傾向を示して

いる。図 2.12 の x–y 線図は多種多様に変化するにも拘わらず、活量係数の変化の様子は４種とも同形である。これは気液平衡を計算するときの大きなメリットである。

図 2.13 から、活量係数は次の４つの特長をもっている。

(1) 成分の組成が１に近づくとき、その成分の活量係数は１に近づく。

(2) 成分の組成が０に近づくとき、その成分の活量係数は最大になる。図において、$x_1 \rightarrow 0$ のとき、$\gamma_1 \rightarrow$ 最大（γ_1^0）であり、$x_1 \rightarrow 1$ のとき、$\gamma_2 \rightarrow$ 最大（γ_2^0）である。γ_1^0、γ_2^0 をそれぞれ、成分１および２の無限希釈における活量係数という。

(3) 両成分の組成が等しいとき、活量係数の値もほぼ等しい。

(4) 両成分の活量係数は１より大きい（稀に１より小さい）。

活量係数が１より大きい場合を正に偏奇するといい、１より小さい場合を負に偏奇するという。

図 2.14 により活量係数の挙動を分子レベルで考える。①は分子１、②は分子２とする。$x_1 \rightarrow 0$ のとき①は②で囲まれるので①はどの②とも関わりを持ち、そのため活量係数１(γ_1)は最大となる。

x_1 が増えて $x_1 = x_2$ のとき①と②は同数ずつ存在するので互いの関わり合いは同じであり、活量係数1＝活量係数2となる。

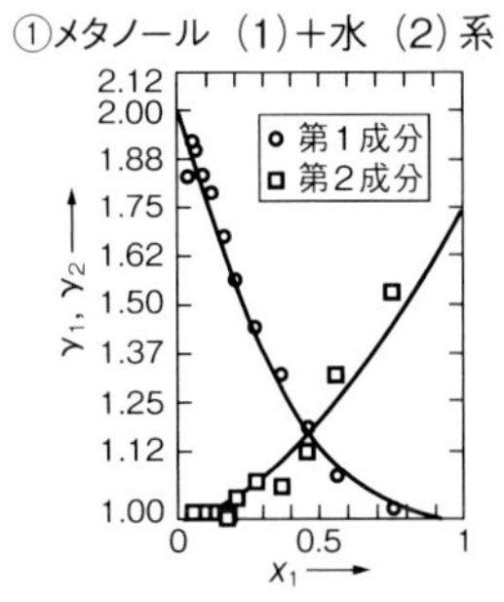

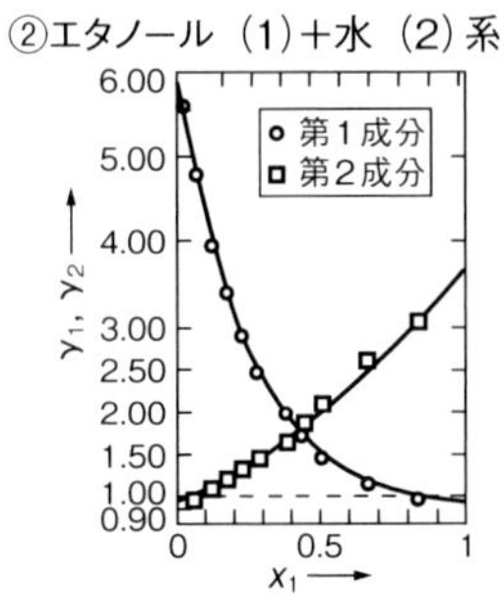

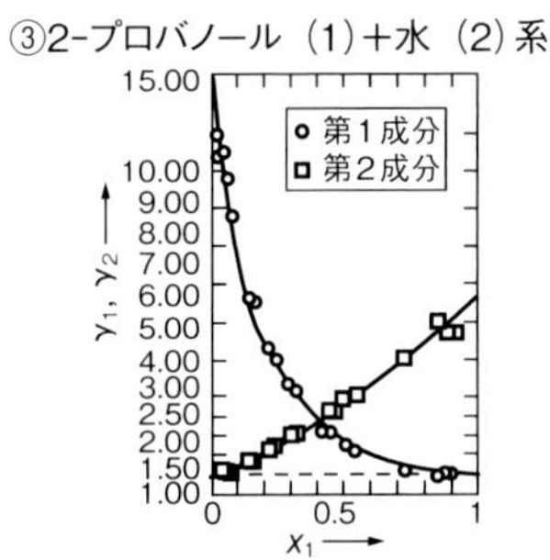

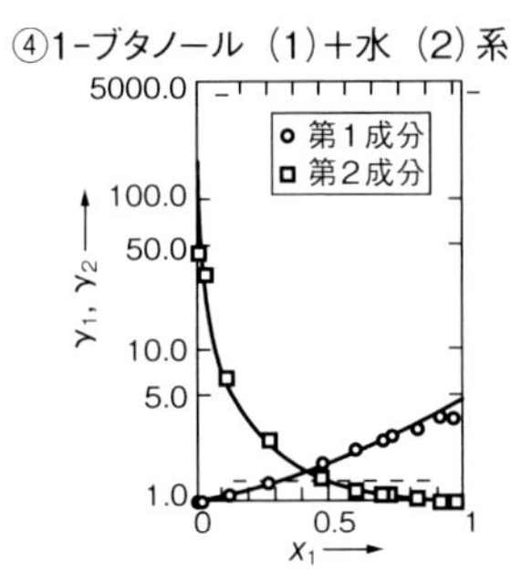

図 2.13　非理想溶液の活量係数

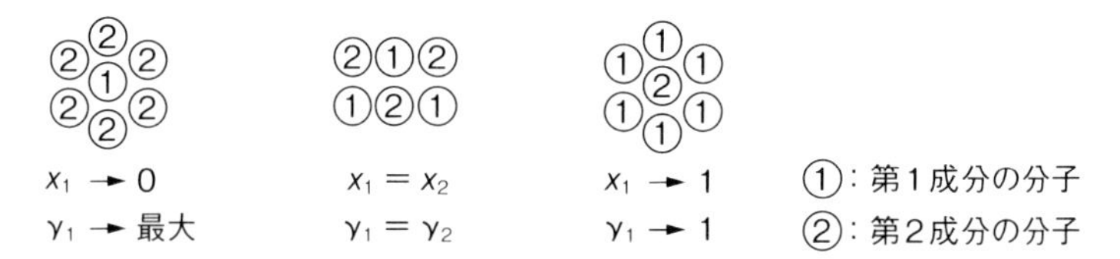

図 2.14 分子レベルにおける活量係数の挙動

x_1が、さらに増えて$x_1 \to 1$のとき①の固囲は①ばかりであるから分子間の相互作用はなく、活量係数$\gamma_1 \to 1$となる。x_2についての挙動は①と②を入れ替えて考える。

(1) 活量係数式

非理想溶液の気液平衡の計算には活量係数が必要になる。最初の活量係数式は1895年にマーギュラスにより提案された実験式である。マーギュラスは活量係数の対数値を液組成の3次式として表現した。1910年にファン・デル・ワールスの弟子のファン・ラールによって、ファン・デル・ワールス力を使って提案された。しかし、ファン・デル・ワールス力によっては、活量係数を精度よく表現することは不可能であったので、今日では、実験式として使われている。活量係数と液相の組成との関係式に以下に示す式がある。

1) ファン・ラール式

$$\left.\begin{aligned}\log \gamma_1 &= \frac{A_{12}}{\left(1+\dfrac{A_{12}x_1}{A_{21}x_2}\right)^2}\\ \log \gamma_2 &= \frac{A_{21}}{\left(1+\dfrac{A_{21}x_2}{A_{12}x_1}\right)^2}\end{aligned}\right\} \tag{2.36}$$

2) マーギュラス式

$$\left.\begin{aligned}\log \gamma_1 &= x_2^2[A_{12}+2x_1(A_{21}-A_{12})]\\ \log \gamma_2 &= x_1^2[A_{21}+2x_2(A_{12}-A_{21})]\end{aligned}\right\} \tag{2.37}$$

A_{12}, A_{21}：ファン・ラール定数、マーギュラス定数

ファン・ラール式、マーギュラス式において$x_1 \to 1$あるいは$x_2 \to 1$とすると次式を得る。

$$\log \gamma^\circ_1 = A_{12},\ \ \log \gamma^\circ_2 = A_{21} \tag{2.38}$$

γ_1^0, γ_2^0：無限希釈における第 1、第 2 成分の活量係数

ファン・ラール式およびマーギュラス式における定数 A_{12}, A_{21} はそれぞれ無限希釈における活量係数の対数を表している。

無限希釈における活量係数からファン・ラール式、マーギユラス式の定数を決定できる。しかし、このようにして決めた定数は全データを活かしていない。全データを活かすにはこれら活量係数を線形化して、定数を決定する（「物性推算法」, p. 101）

ファン・ラール式、マーギユラス式は多成分系への拡張ができないが、次に示すウィルソン（Wilson）式は多成分系への拡張が可能である。

3)　ウィルソン式（2 成分系）

$$\left.\begin{aligned} \ln \gamma_1 &= -\ln(x_1 + \Lambda_{12}x_2) + x_2\left[\frac{\Lambda_{12}}{x_1 + \Lambda_{12}x_2} - \frac{\Lambda_{21}}{\Lambda_{21}x_1 + x_2}\right] \\ \ln \gamma_2 &= -\ln(x_2 + \Lambda_{21}x_1) - x_1\left[\frac{\Lambda_{12}}{x_1 + \Lambda_{12}x_2} - \frac{\Lambda_{21}}{\Lambda_{21}x_1 + x_2}\right] \end{aligned}\right\} \quad (2.39)$$

Λ_{12}, Λ_{21}：ウィルソン定数

4)　ウィルソン式（多成分系）

$$\ln \gamma_k = -\ln\left[\sum_{j=1}^{N} x_j \Lambda_{kj}\right] + 1 - \sum_{i=1}^{N} \frac{x_i \Lambda_{ik}}{\sum_{j=1}^{N} x_j \Lambda_{ij}} \quad (2.40)$$

N：成分数、Λ_{ij}, Λ_{jk}, Λ_{kj}：ウィルソン定数, i, j, k：下付記号

$\Lambda_{ij} \neq \Lambda_{ji}$, $\Lambda_{ii} = 1$, $\Lambda_{jj} = 1$, $\Lambda_{kk} = 1$

ウィルソン定数は、非線形最小二乗法により求めることができるが、無限希釈における活量係数からも比較的簡単に求まる。式(2.39)を無限希釈の活量係数に適用すると

$$\left.\begin{aligned} \ln \gamma_1^0 &= -\ln \Lambda_{12} + 1 - \Lambda_{21} \\ \ln \gamma_2^0 &= -\ln \Lambda_{21} + 1 - \Lambda_{12} \end{aligned}\right\} \quad (2.41)$$

となる。両式から Λ_{12} を消去すると、

$$\ln \gamma_2^0 + \ln \Lambda_{21} - 1 + \frac{e^{1-\Lambda_{21}}}{\gamma_1^0} = 0 \quad (2.42)$$

が得られる。式(2.42)から Λ_{21} を得て、式(2.41)の何れかの式から Λ_{12} を得ることができる。

ウィルソンの式によりエタノール＋水系の気液平衡データを処理した結果を**図 2.15** に示す。非線形最小二乗法により。ウィルソン定数 Λ_{12}、Λ_{21} を決定し、ウィルソンの式により気液平衡を計算した結果を図中の実線で示した。太い実線は沸点曲線、細い実線は露点曲線を示す。プロットで示す実測値をほぼ忠実に表現していることがわかる（拙著「気液平衡データ集」）。

1446 系のウィルソン定数を決定し、データ集としてまとめた。推算結果もプログラムとともに記述されているので参照されたい（図 2.15）。

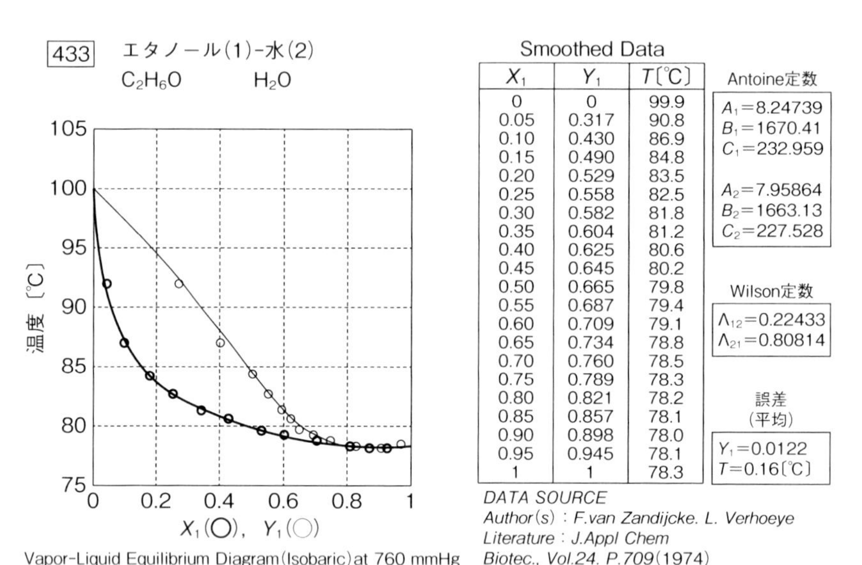

X_1	Y_1	T〔℃〕
0	0	99.9
0.05	0.317	90.8
0.10	0.430	86.9
0.15	0.490	84.8
0.20	0.529	83.5
0.25	0.558	82.5
0.30	0.582	81.8
0.35	0.604	81.2
0.40	0.625	80.6
0.45	0.645	80.2
0.50	0.665	79.8
0.55	0.687	79.4
0.60	0.709	79.1
0.65	0.734	78.8
0.70	0.760	78.5
0.75	0.789	78.3
0.80	0.821	78.2
0.85	0.857	78.1
0.90	0.898	78.0
0.95	0.945	78.1
1	1	78.3

図 2.15　コンピュータとプロッタにより処理した結果

（2）ウィルソン定数の温度依存性

ウィルソン式の提案者であるウィルソンは、最近まで、意欲的・継続的に気液平衡データを測定し、学会誌に発表した。発表データを見ると、一貫して、自ら提案した(*2.39*)式の定数 Λ_{12}、Λ_{21} である。ところが、ウィルソン式が発表された翌年に、Orye と Prausnitz はウィルソン定数 Λij をアルレニウス式的に表現し、液体分子容（v_i^L, v_j^L）の比および λij で表現できるとした［(*2.43*)式］。その上で λij には温度依存性はないとした（Orye, 1965）。

$$\Lambda_{ij} \equiv \frac{v_j^L}{v_i^L} e^{-(\lambda_{ij}-\lambda_{ii})/RT} \tag{2.43}$$

しかし、λ_{ij} といえども、Λ_{ij} と同様に温度依存性のあることが分かった。**図 2.16** はウィルソンの測定値であり、ウィルソンの決めた Λ_{ij} を実線で示した。点線は(2.43)式により、筆者が決めた λ_{ij} を別の縦軸で表示したものである。

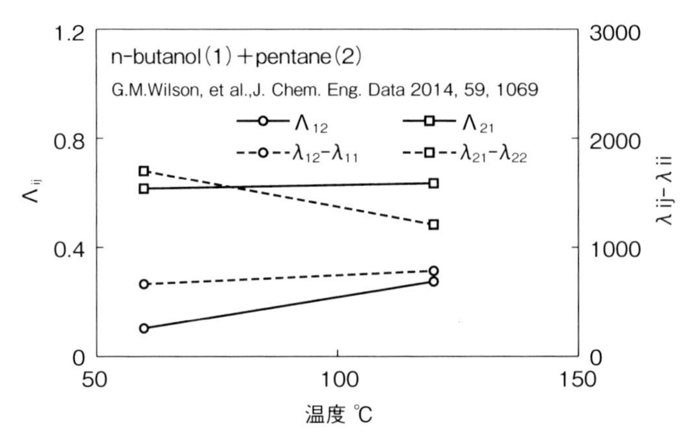

図 2.16　ウィルソン定数の温度依存

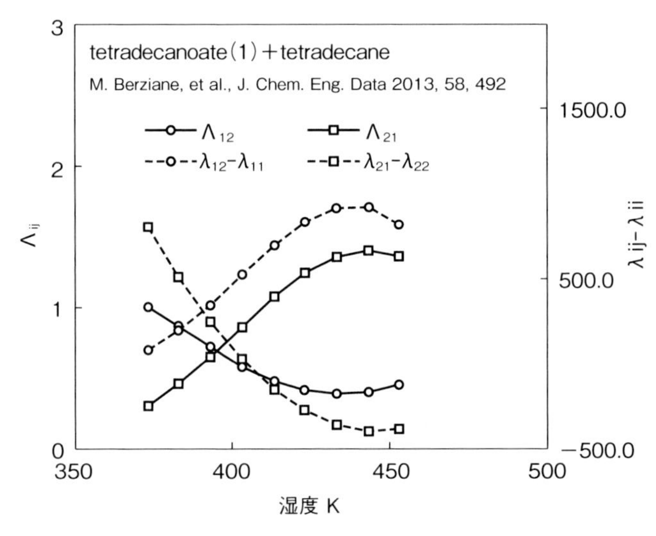

図 2.17　ウィルソン定数の温度依存

表 2.3 ウィルソン定数の温度変化

温度	ウィルソン定数			
	Λ_{12}	Λ_{21}	λ_{12}/R	λ_{21}/R
303.15	0.78925	0.23896	428.50	77.198
323.15	0.83185	0.19486	439.78	148.22
343.15	0.86504	0.17273	453.57	198.76
363.15	0.90524	0.15985	463.51	238.49

R：気体定数

図から明らかなように、λ_{ij}の方が温度変化は大きいといえる。

別の例を**図 2.17** に示す。このデータはウィルソン以外の研究者によるデータである。先の例より、図から明らかなように、Λ_{ij}、λ_{ij}のいずれも、温度に対して大きく変化している。

Walas はエタノール-水系について、表 2.3 に Λ_{ij}、λ_{ij}の温度変化を示している（"Phase Equilibrian in Chemical Engineering", 1985）。

筆者は 16 の 2 成分系について、温度の影響について調べた（「物性推算法」参照）。しかし、Prausnitz らの著書においても、温度変化に控えめに触れているにとどまっている。著名な "The Properties of Gases and Liquids" は、一切、触れていない。筆者らは世界で初めて、ウィルソン定数を掲載したデータ集（1975 年）に、Λ_{12}、Λ_{21}を掲載したが、2 年後に発行された DECHEMA のデータ集では、λ_{12}、λ_{21}を掲載している。しかし、(*2.43*) 式から分かるように、λ_{12}、λ_{21}を使用するには、分子容の情報を必要としている。これは、分子容に含まれる誤差の影響を考慮すれば薦められない（**図 2.18**）。

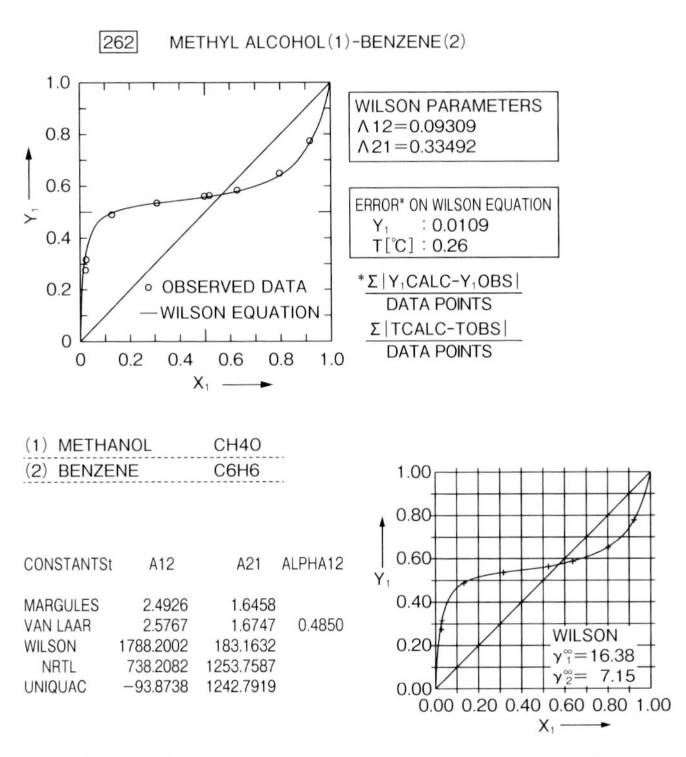

図 2.18　大江のデータ集と DECHEMA のデータ集

Gmehling, J., *et al.*, "*Vapor–liquid data collection*", DECHEMA, 1977.

(3)［問題 2.2］

エタノール＋ヘキサン系の 760 mmHg における気液平衡関係をエタノールの液相におけるモル分率 0.2 場合について求めよ。計算に必要なアントワン定数(*2.7*)式およびウィルソン定数(*2.39*)式は以下に示した値を使え。

	アントワン定数			ウィルソン定数	
	A	B	C		
エタノール	8.04494	1554.3	222.65	Λ_{12}	0.08936
ヘキサン	6.87776	1175.53	224.366	Λ_{21}	0.20175

［解］　$x_1 = 0.2$ の場合、沸点 58.18 ℃、エタノールの気相組成（0.3370）、

（3）気液平衡における多成分系への拡張

気液平衡における多成分系への拡張がウィルソン式により可能となったことを前節で述べた。本節で4成分系の具体例につき説明する。多成分系である4成分系の気液平衡を、構成する各2成分系の実測値（ウィルソン定数）から推算する。

4成分系として、メタノール、エタノール、イソプロピルアルコールおよび水を考える。まず、この4成分系を構成する2成分系の数は「組み合わせ」の公式により6となる。

n成分系を構成する2成分系の組の数　$_nC_2 = n!/2(n-2)!$

具体的には図中に示した、メタノール＋エタノール、メタノール＋イソプロピルアルコール…などの6系である。

次に、これら6系のウィルソン定数が必要になる。1つの系につき2つのウィルソン定数が必要である。ウィルソン定数を、気液平衡データ集などで

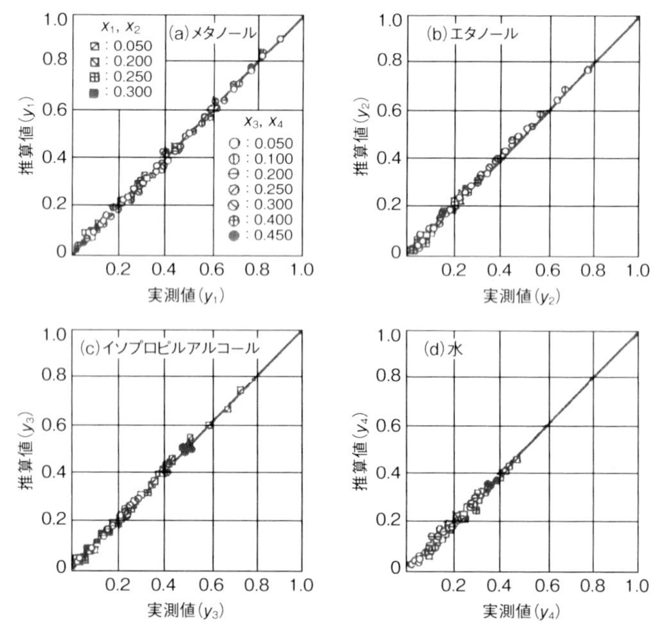

図2.19　気液平衡における多成分系への拡張

検索する。データ集にない場合は、気液平衡の実測値から活量係数を求めて、決定する。

その際、無限希釈における活量係数より決めることもできる。蒸気圧計算式であるアントワン式定数を各成分につき検索しておくことも必要である。

推算結果を４成分について**図 2.19** に示す。各図の横軸は気相成分の組成の実測値であり、縦軸はウィルソン式により計算した推算値である。一致する場合は、点は対角線上に乗る。各図から分かるように、ほぼ対角線上に点はある。多少ずれているものもあるが、その違いは５％程度であり、この程度であれば、実験誤差の範囲内といえる。すなわち、多成分系の気液平衡は、実測しなくとも構成する２成分系のデータから推算できる。この４成分系は、ウィルソン式検証のために、筆者の研究室で測定した。

[問題 2.3]

1 atm におけるアセトン、メタノール、水からなる３成分非理想溶液の気液平衡関係を求めよ。ただし、液相におけるアセトンのモル分率 0.112、メタノールのモル分率 0.758、水のモル分率 0.130 とする。推算に必要な定数は以下に示すとおりである。

アントワン定数（大江，1976）

	A	B	C
アセトン	7.29958	1312.25	240.705
メタノール	8.07919	1581.34	239.650
水	8.02754	1705.62	231.405

ウィルソン定数（大江，1988）

	Λ_{ij}	Λ_{ji}
アセトン＋メタノール系	0.83312	0.60678
メタノール＋水	0.45826	0.99224
アセトン＋水	0.15813	0.42161

[解]

$\gamma_1 = 1.7232$,　$\gamma_2 = 1.0047$,　$\gamma_3 = 1.6786$,　沸点 62.81 ℃

$y_1 = 0.2403$,　$y_2 = 0.7109$,　$y_3 = 0.0488$

実測値：$y_1 = 0.231$,　$y_2 = 0.718$,　$y_3 = 0.051$

多成分系気液平衡は２成分系から本当に推算して良いか？

質問には「２成分系から」となっている。これは、非理想溶液を想定した質問である。何故なら理想溶液は２成分系、多成分系に係わらずラウールの法則により計算できるからである。

２成分系からという以上、「２成分系の式定数を用いて」という意味である。

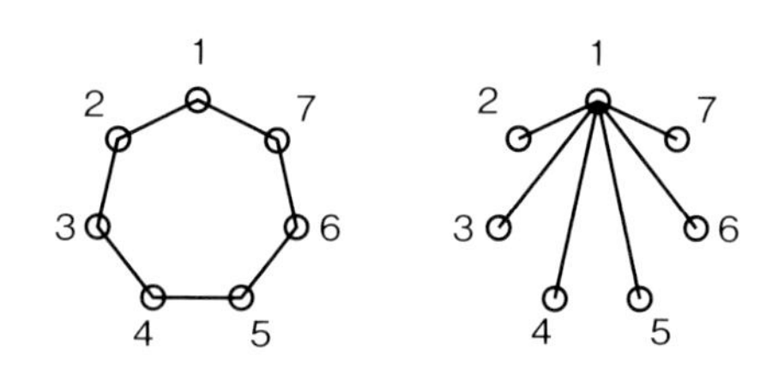

図 2.20 多成分系気液平衡推算の考え方

質問の内容を「非理想溶液多成分系の気液平衡は多成分系を構成する2成分系の式定数のみを用いて推算して良いのか？」と限定する。

この質問に対しての答えは、概ねイエスとなる。多成分系の気液平衡の推算に良く使われる式はウィルソン式である。ウィルソン式の出現によって多成分系の気液平衡の推算が、実用レベルで始めて可能となったといえる。

ウィルソン式の特徴は、溶液の非理想性を示す活量係数を極めて忠実に表現できる。ウィルソン式を3成分以上の多成分系に適用して多成分のウィルソン式を展開しても、ウィルソン定数としては Λ_{ij}, Λ_{jk}, Λ_{kl}…など下付記号は2個のみである。すなわち、多成分系の活量係数を2成分系の定数のみから推算できる。

ウィルソン定数の使われ方を**図 2.20** で考える。7成分系を考えると、7成分系を構成する2成分系の組み合わせは ${}_7C_2=21$ 組となる。各2成分系には2組のウィルソン定数があるから42個の定数を使う。図 2.20 の左側は7成分系をリング状に表現したものであるが、ウィルソン式では図 2.20 の右側のように定数を組み合わせて使う。図 2.20 の右側は第1成分と第2～7成分間の組み合わせの定数を示すが、第2成分以下と他成分との間にも同様の組み合わせを使う。

この様な組み合わせで活量係数を求めると、多成分間の各成分相互間の作用を考慮した活量係数が求まる。これによって、精度良く多成分系の気液平衡の計算が可能となる。

（4）NRTL 式（NRTL：Non-Random Two Liquids）

ウィルソンの活量係数の式は、液相が2液相となるような非理想性の高い系には適用できない。2液相を形成する混合液に対しては、次に示す NRTL

式が適用できる（Renon, 1968）。

5）NRTL 式（2 成分系）

$$\ln\gamma_1 = x_2^2\left[\tau_{21}\left(\frac{G_{21}}{x_1+x_2G_{21}}\right)^2+\frac{\tau_{12}G_{12}}{(x_2+x_1G_{12})^2}\right]$$

$$\ln\gamma_2 = x_1^2\left[\tau_{12}\left(\frac{G_{12}}{x_2+x_1G_{12}}\right)^2+\frac{\tau_{21}G_{21}}{(x_1+x_2G_{21})^2}\right] \tag{2.44}$$

$$\tau_{12}=\frac{g_{12}-g_{22}}{RT},\quad \tau_{21}=\frac{g_{12}-g_{11}}{RT}$$

$$G_{12}=\exp(-\alpha_{12}\tau_{12}),\quad G_{21}=\exp(-\alpha_{12}\tau_{21}) \tag{2.45}$$

τ_{12}、τ_{21}：NRTL 式の定数

α_{12}：混合物系により決まる定数

NRTL 式もウィルソン式同様に 2 成分系から多成分系への拡張が可能である。NRTL 式は液液平衡の推算にも適用できる。以上の諸式の詳細については拙書、「物性推算法」を参照されたい。

NRTL 式（多成分系）

$$\ln\gamma_i=\frac{\sum_{j=1}^{N}\tau_{ji}G_{ji}x_j}{\sum_{l=1}^{N}G_{li}x_l}+\sum_{j=1}^{N}\left[\frac{x_jG_{ij}}{\sum_{l=1}^{N}G_{lj}x_l}\left(\tau_{ij}-\frac{\sum_{r=1}^{N}x_r\tau_{rj}G_{rj}}{\sum_{l=1}^{N}G_{lj}x_l}\right)\right] \tag{2.46}$$

$$G_{ij}\equiv\exp(-\alpha_{ij}\tau_{ij})\qquad \tau_{ij}=\frac{g_{ij}-g_{ii}}{RT},\quad \tau_{ji}=\frac{g_{ij}-g_{ii}}{RT} \tag{2.47}$$

τ_{ji}、τ_{lj}：NRTL 式の定数（2 成分データから決定）

α_{ij}：混合物系により決まる定数

R：気体定数

T：絶対温度（K）

α_{ij} は NRTL 式の提案者レノンによる推奨値（表 2.4）を使う。しかし、実測値から最適な NRTL 定数を決定した場合、多くの場合、推奨値とは異なる。NRTL 定数 τ_{12}, τ_{21} に対する α の影響を調べた結果を**図 2.21** および **2.22** に示した。

NRTL 式は定数につき非線形であるため、最適化手法により探索を行う。探索に利用した

表 2.4 NRTL 定数 α_{12} の推奨値

	系のタイプ	例	α_{12} の推奨値	調べた系の数
(Ⅰ)	理想系からの偏倚があまり大きくない系で $\lvert \Delta G^{R}$(最大値)$\rvert < 0.35\,RT$ のもの。			
Ⅰ-a	無極性液体からなる系 ただしフルオロカーボン＋パラフィンは除く	炭化水素＋四塩化炭素		8
Ⅰ-b	無極性液体＋会合を持たない極性液体 負に偏倚する系、若干正に偏倚する系	*n*-ヘプタン＋メチルエチルケトン ベンゼン＋アセトン 四塩化炭素＋ニトロエタン	0.30	10
Ⅰ-c	極性液体からなる系	アセトン＋クロロホルム クロロホルム＋ジオキサン アセトン＋酢酸メチル エタノール＋水		11
(Ⅱ)	飽和炭化水素＋会合を持たない極性液体	*n*-ヘキサン＋アセトン イソオクタン＋ニトロエタン	0.20	9
(Ⅲ)	飽和炭化水素＋そのフッ素置換体	*n*-ヘキサン＋ペルフルオロ-*n*-ヘキサン	0.40	3
(Ⅳ)	自己会合性液体＋無極性液体 系の特徴：ΔG^{E} 対 x 曲線が最大値付近でフラット。 また、γ が大きいものは 2 液相を形成。	アルコール＋炭化水素（四塩化炭素）	0.47	13
(Ⅴ)	極性物質＋四塩化炭素	アセトニトリル＋四塩化炭素 ニトロメタン＋四塩化炭素	0.47	2
(Ⅵ)	水＋会合しない極性液体	水＋アセトン 水＋ジオキサン	0.30	2
(Ⅶ)	水＋自己会合する極性液体	水＋ブチルグリコール 水＋ピリジン	0.47	2

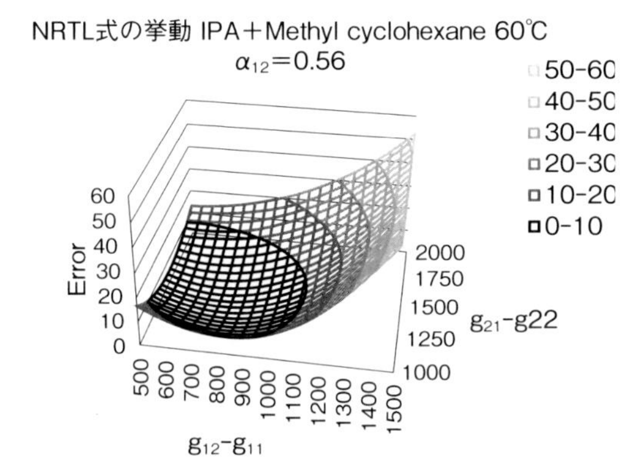

図 2.21　NRTL 式の挙動（α_{12}＝0.56）

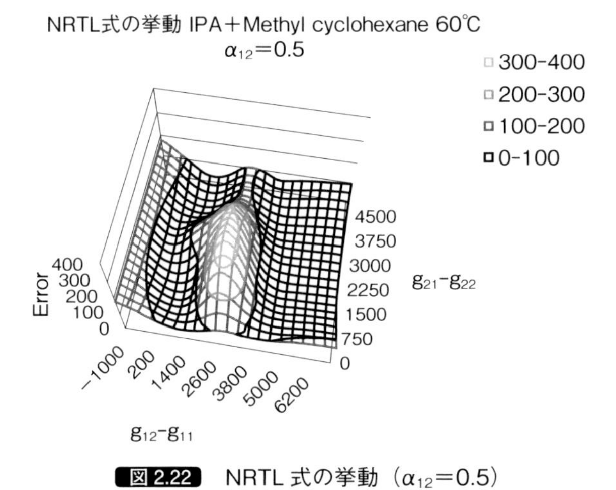

図 2.22　NRTL 式の挙動（α_{12}＝0.5）

目的関数を以下に示す。

$$目的関数1=\sum(\gamma_{1計算}-\gamma_{1実測})^2+\sum(\gamma_{2計算}-\gamma_{2実測})^2$$

$$目的関数2=\sum(\Delta G^{E}{}_{計算}-\Delta G^{E}{}_{実測})^2$$

$$目的関数3=目的関数1+目的関数2$$

ここに、$\Delta G^E=x_1\,RT\ln\gamma_1+x_2\,RT\ln\gamma_2$ である。

図 2.21 の場合は目的関数の最小値が見られるが、図 2.22 の場合は、明確な最小値を見出しにくい。水-ブタノール系の場合に NRTL 定数を決定した

結果を**図 2.23** および **2.24** に示す。Gmehling、大江による決定の結果はほとんど同じである。

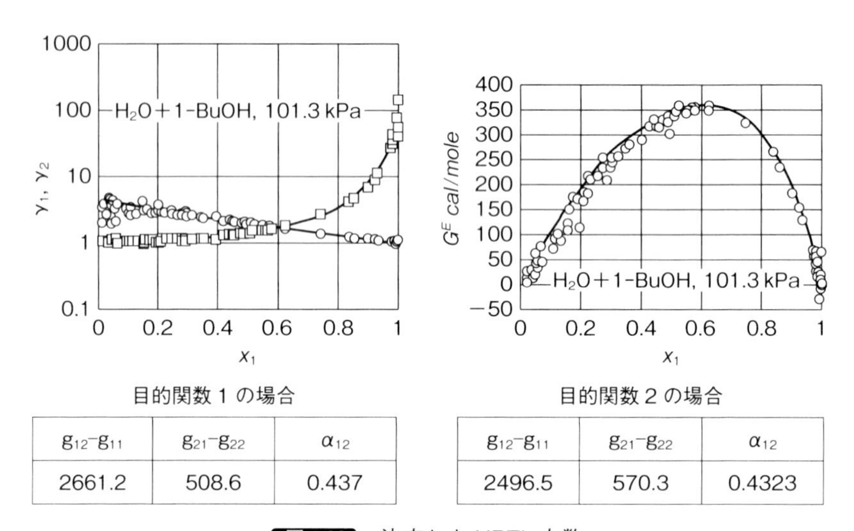

目的関数 1 の場合

$g_{12}-g_{11}$	$g_{21}-g_{22}$	α_{12}
2661.2	508.6	0.437

目的関数 2 の場合

$g_{12}-g_{11}$	$g_{21}-g_{22}$	α_{12}
2496.5	570.3	0.4323

図 2.23 決定した NRTL 定数

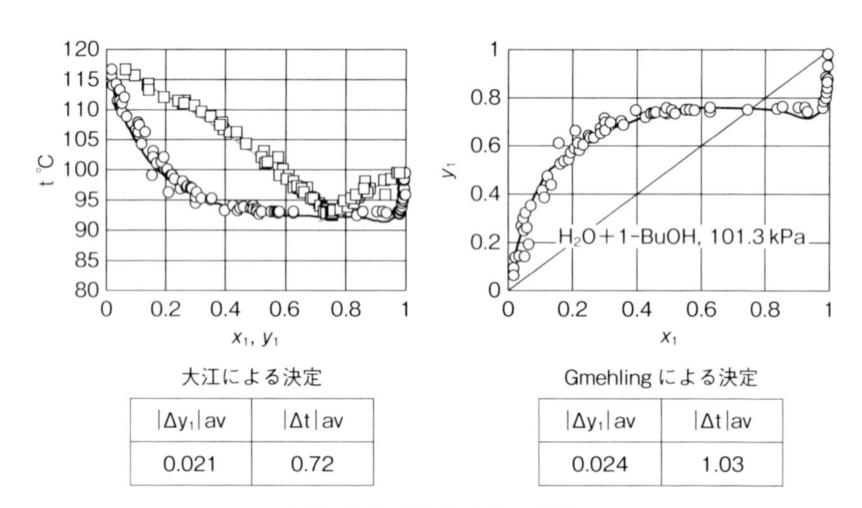

大江による決定

$\lvert\Delta y_1\rvert$av	$\lvert\Delta t\rvert$av
0.021	0.72

Gmehling による決定

$\lvert\Delta y_1\rvert$av	$\lvert\Delta t\rvert$av
0.024	1.03

図 2.24 NRTL 定数の比較

Gmehling J. *et al.*, *Vapor–Liquid Equilibrium Data Collection*, 1a, DECHEMA (1977)

（５）共沸混合物の形成

分離すべき混合物が共沸混合物か否かは重要な問題である。共沸混合物を形成するか否かを知る方法はあるか。また、共沸混合物は如何なる場合に形成されるのか。

分離すべき混合物が共沸混合物を形成する場合は、通常の蒸留操作による分離は不可能となる。この場合、何らかの方法により共沸組成をはずす必要がある。一般的には、エントレーナーといわれる第３の物質を添加する。

共沸混合物を形成するか否かを知る方法を２成分系と多成分系の２つの場合について説明する。まず、多成分系混合物の場合は、多成分系を構成する各２成分系の気液平衡データがあれば正確に推算することが可能である。例えば、ウィルソン式およびその定数により、推算出来る。

次に、２成分系混合物の場合であるが、実測値のない場合は、原子団寄与法（UNIFAC 法、ASOG 法）による推算が可能である。原子団寄与法のデータも不足している場合は不可能である。しかし、定性的に、共沸するか否かだけでも知りたい場合は、無限希釈活量係数のデータがあれば、予測は可能である。

２成分系の場合を考えると、共沸点においては

$$\alpha_{12} = P_1 \gamma_1 / P_2 \gamma_2 = 1 \tag{2.48}$$

である。したがって

$$P_1/P_2 = \gamma_2/\gamma_1 \tag{2.49}$$

が成立する。

(2.49)式の関係を**図 2.25** に示す。図 2.25 において、共沸混合物を形成する場合、$\ln(P_1/P_2)$は、$-\ln \gamma_1{}^0$ と $\ln \gamma_2{}^0$ とで囲まれた範囲にある。したがって、$\ln \gamma_1{}^0$、$\ln \gamma_2{}^0$（無限希釈活量係数）を知ることによって共沸混合物を形成するか否かを知ることが可能である。P_1/P_2 の値は、組成の変化によっても殆ど変わらない。これは、定圧気液平衡において組成（x_1）により沸点は大幅に変化するものの蒸気圧の比（P_1/P_2）はほとんど変化しないことによっている。したがって、両端組成（$x_1 = 0$、$x_1 = 1$）における P_1/P_2 と $\ln \gamma_2{}^0/\ln \gamma_1{}^0$ の値によって、共沸の有無を確認できる。最近は無限希釈活量係数（$\gamma_1{}^0$、$\gamma_2{}^0$）のみを測定した学会報告も多いので、気液平衡データの見当たらない場合に検討の価値のある方法である。

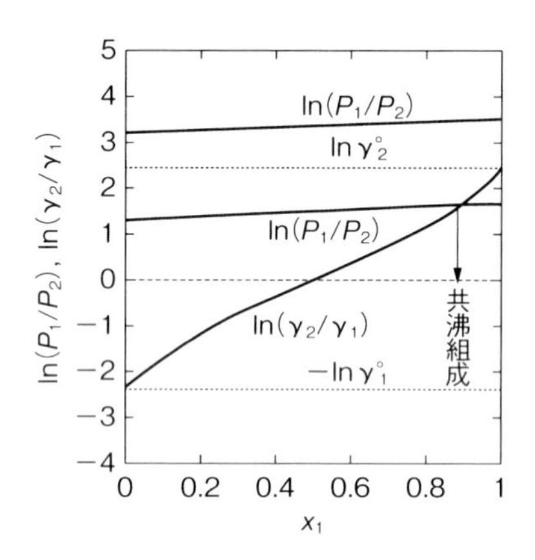

図 2.25 共沸の有無を確認する図

最後に、共沸混合物はどのような場合に形成されるか？　端的にいえばは分子間の相互作用によるということになる。一般的には物性の差によるといえる。有機化合物同士の場合より、有機化合物と水の場合の方が共沸混合物は多い。

▶ 2.3.3　理想溶液と非理想溶液との関係

2成分系の気液平衡関係において液相の組成が50 mol %前後のとき、非理想溶液の x–y 関係は理想溶液の x–y 関係に近い挙動を示し、特定の液相の組成において両 x–y 関係は一致する（**図 2.26**）。一方、活量係数も、液相の組成が50 mol %前後のとき、第1成分と第2成分の活量係数が等しくなる。

実測値から求めた非理想溶液の x–y 曲線とラウールの法則から求めた理想溶液の x–y 曲線との交点における第1成分の液相の組成を x_c とし、第1、第2各成分の活量係数を求め、x_1 に対してプロットし、両成分の活量係数の等しくなるときの液相の組成を x_{GM} とすると、定圧気液平衡では、

$$x_c \fallingdotseq x_{GM} \qquad (2.50)$$

また、定温気液平衡では、

$$x_c = x_{GM} \qquad (2.51)$$

という事実が認められる。

(2.50)、(2.51)式の関係は、ほとんど、すべての2成分系の気液平衡で成

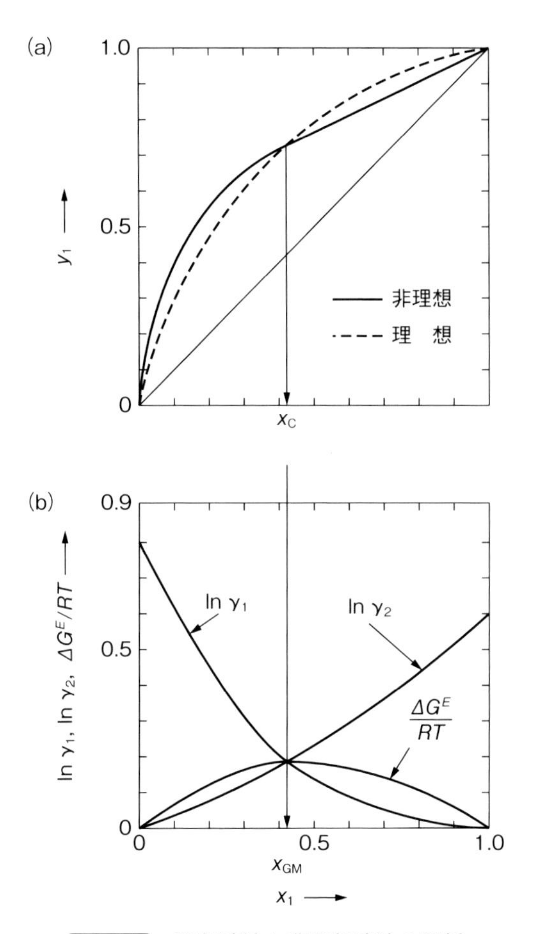

図 2.26　理想溶液と非理想溶液の関係

立する。メチルエチルケトン–水系、アセトン–クロロホルム系などかなり特異な系においても、この関係の成立していることがわかる。さらに、熱力学により、(2.50)、(2.51)式の成立の必然性を説明することができる。両成分の活量係数の等しくなる液組成 x_{GM} は、実は、非理想性を示す過剰自由エネルギー（ΔG^E）が最大となる液組成である（図 2.26）。

2.3.4　気液平衡における塩効果

揮発性成分の溶液に塩類を溶解させると、相対揮発度が変化する。この現

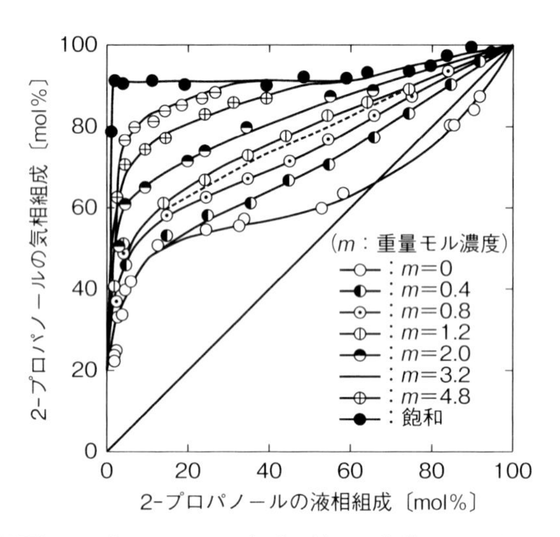

図 2.27 2-プロパノール-水系に対する塩化カルシウムの効果

象を気液平衡における塩効果といい、溶液中の揮発性成分のうち、塩類との親和力の大きな成分の蒸気圧降下が大きいので相対揮発度が変化する。

2-プロパノール-水系に塩化カルシウムを添加した場合の気液平衡の測定結果を**図 2.27** に示した。図 2.27 において、2-プロパノール-水系の共沸点は塩化カルシウムの添加により消滅している。塩化カルシウムを飽和させた場合、塩を除外した2-プロパノールと水のみによる液相組成の表示を′を付けて表わことにすると、$x_1' = 0.010 \sim 0.630$ モル分率の範囲で 2 液相を形成し、その間、気相組成は $y_1 = 0.913$ モル分率の一定値を示している

図 2.27 において、塩濃度が高いほど塩効果は大きい。この関係は塩の種類を変えた場合にも見られ、2-プロパノール-水系に 12 種の塩を飽和に溶解させた場合、塩効果の大きさは塩の濃度（溶解度）に正比例することがわかった。

塩効果の表現法　salt free basis

液相は 2-プロパノール（x_1）、水（x_2）、塩化カルシウム（x_3）の 3 成分系となるが

$$x_1' = \frac{x_1}{x_1 + x_2}, \quad x_2' = \frac{x_2}{x_1 + x_2} \tag{2.52}$$

として、液相の組成を表示する。つまり塩（x_1）を除外して表示する。これを salt free basis という。

（1）塩効果の原因（蒸気圧降下）

塩類を水に溶解させると、蒸気圧は降下する。2成分以上の系の混合液に塩を溶解させると、同様に蒸気圧は降下するが、各純粋成分への溶解度が異なるために、蒸気圧降下の程度が成分により異なり、相対揮発度の変化をもたらす。2成分系溶液の場合は、塩の溶解度が低沸点成分より高沸点成分に対して大きい時は、高沸点成分の蒸気圧降下が大きくなるので、低沸点成分の高沸点成分に対する相対揮発度は増大する。逆に、塩の溶解度が低沸点成分に対して高沸点成分より大きい時は、低沸点成分の蒸気圧降下がより大きいので、低沸点成分の高沸点成分に対する相対揮発度は減少する。

（2）塩濃度と塩効果との相関関係

x–y 線図に見られるように、塩濃度が高いほど塩効果も大きい（図 2.27）。したがって、塩濃度を高くすれば大きな塩効果を期待できるから、この両者の関係を明らかにすることが、塩効果を求めるために必要になる。塩効果として相対揮発度の比 α_s/α を、塩濃度としてモル分率（x_3）をとる。ここに、α は塩のない時の相対揮発度であり、α_s は塩が存在する時の相対揮発度である。

Furter らの提案したアルコール＋水＋塩系についての半実験式

$$\log \frac{\alpha_s}{\alpha} = kx_3 \tag{2.53}$$

は、比較的塩濃度の低いところで適用できるが、高いところでは適用できない。ここに、k は定数である（Furter, 1976）。

（3）気液平衡における選択的溶媒和モデル

図 2.28 は、メタノール–酢酸エチル系に塩化カルシウムを添加した例である。塩化カルシウムはメタノールには溶解するが、酢酸エチルにはほとんど溶解しない。したがって塩化カルシウムの添加により、メタノールが蒸気圧降下して、メタノールの酢酸エチルに対する相対揮発度が減少する（Ohe, 1976）。

図 2.28 の例では、塩化カルシウムはメタノールと選択的溶媒和を形成するので、メタノール–酢酸エチル系に対する塩化カルシウムの溶解度は**図**

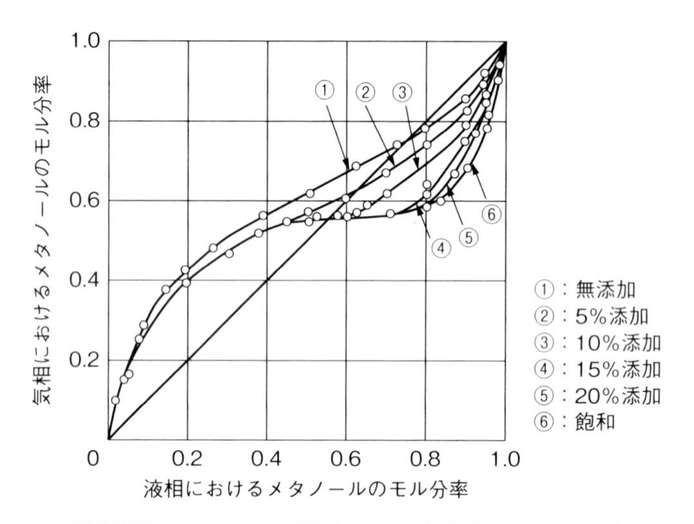

図 2.28　メタノール–酢酸エチル系–塩化カルシウム系

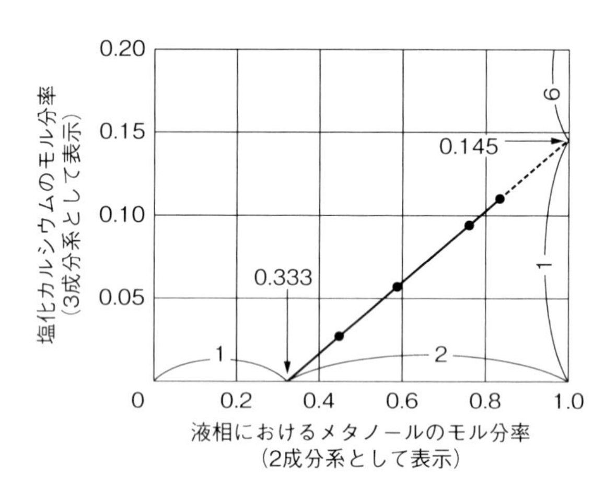

図 2.29　塩化カルシウムのメタノール–酢酸エチルに対する溶解度

2.29 のようになる。この溶解度の関係から、**図 2.30** に示すように、次の溶媒和

$CaCl_2$–$6CH_3OH$

と、さらに次に示す会合物質

$CH_3OH \cdot (CH_3COOC_2H_5)_2$

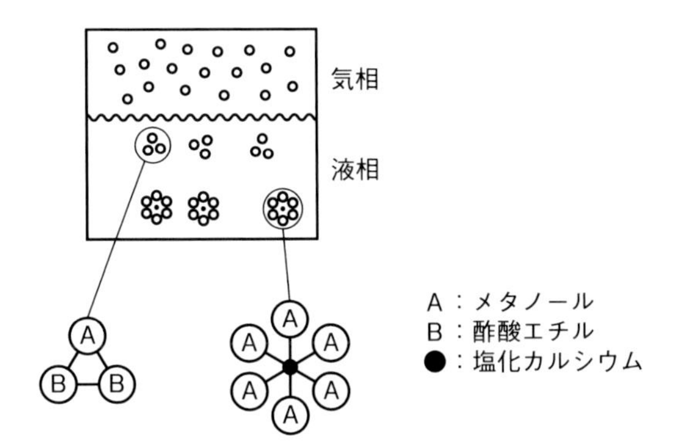

図 2.30　塩効果と選択的溶媒和

を形成していることがわかる。

塩効果の実測値から選択的溶媒和数を求める。溶媒和された分子の数だけ溶媒の濃度は下がるので、気液平衡に関与する実際の組成は変わる。塩が第1成分と溶媒和を形成するものとすれば、実際の組成 x_{1a} は

$$x_{1a}=\frac{x_1-Sx_3}{(x_1-Sx_3)+x_2} \tag{2.54}$$

となり、$x_1=x_1'(1-x_3)$、$x_2=x_2'(1-x_3)$ で、かつ $x_1'+x_2'=1$ であるから、(2.54)式は

$$x_{1a}'=\frac{x_1'(1-x_3)-Sx_3}{(1-x_3)-Sx_3} \tag{2.55}$$

となる。(2.55)式をSについてとけば、

$$S=\frac{1-x_3}{x_3}\cdot\frac{x_1'-x_{1a}'}{1-x_{1a}'} \tag{2.56}$$

となる。実測値から、塩の添加されていない気液平衡値によって x_{1a}' を求めれば、溶媒和数を算出できる。塩が第２成分と溶媒和を形成する場合も同様にして、次の３式を得る。

$$x_{1a}=\frac{x_1}{x_1+(x_2-Sx_3)} \tag{2.57}$$

$$x_{1a}'=\frac{(1-x_3)x_1'}{(1-x_3)-Sx_3} \tag{2.58}$$

$$S=\frac{1-x_3}{x_3}\cdot\frac{x_{1a}'-x_1'}{x_{1a}'} \quad (2.59)$$

選択的溶媒和数

選択的熔媒和の形成は塩のイオン化により起こり、イオンの溶液中での安定度は溶媒の誘電率の大きさによる。Debyeは塩析（salting out）を選択的溶媒和の形成により説明しており、溶媒の誘電率との間に次の関係があることを導いている。

$$v_1\ln\frac{x_2}{x_2^0}-v_2\ln\frac{x_1}{x_1^0}=-v_2\frac{z_i^2e_i^2}{8\pi kT}\frac{1}{\varepsilon^2r^4}\frac{\partial\varepsilon}{\partial n_1} \quad (2.60)$$

式(2.60)において、x_1^0、x_2^0はおのおの$r=\infty$におけるx_1、x_2であり、第1成分は非電解質で第2成分は電解質（たとえば水）である。すなわち、x_1、x_2はおのおの塩の近傍における組成、したがって溶媒和されている組成を示す。ここに、v_1、v_2は各成分の分子容、z_iはイオンの電荷数、e_iは電子の荷電、kはボルツマン定数、rはイオン間の距離である。いま、溶媒の組成変化に対する誘電率εの変化が直線関係にあるものとすれば、$(\partial\varepsilon/\partial n_1)=(\Delta\varepsilon/\Delta n_1)$とおける。そこで2、3の溶媒について$(1/\varepsilon^2)(\Delta\varepsilon/\Delta x_1)$の値を比較してみる（**表2.5**）。

$(1/\varepsilon^2)(\Delta\varepsilon/\Delta x_1)$の絶対値は酢酸エチル＋メタノール系が最も大きく、エタノール＋水系、メタノール＋水系の順に小さくなっている。式(2.60)において、右辺の値の大きな溶媒系ほどx_2/x_2^0の値は大きく、x_1/x_1^0は小さい。すなわち、メタノールあるいは水による選択的溶媒和が起こりやすい。次に、塩効果の実測値から求めた純溶媒（水）の溶媒和数S_0を各溶媒の差に対してプロットした結果を**図2.31**に示す。図から、$\Delta\varepsilon$の大きな系（2-PrOH＋H_2O＞EtOH＋H_2O＞MeOH＋H_2O）ほどS_0も大きなことがわかり、式(2.60)

表2.5 選択的溶媒和と誘電率

系	ε_1	ε_2	$\Delta\varepsilon/\Delta x_1$	$(1/\varepsilon_2)(\Delta\varepsilon/\Delta x_1)$
酢酸エチル(1)＋メタノール(2)	6.02	32.63	−26.61	−0.0712
メタノール(1)＋水(2)	32.63	78.54	−45.91	−0.0088
エタノール(1)＋水(2)	24.3	78.54	−54.24	−0.0205

（注）ε_1、ε_2：20℃における各成分の誘電率、$\Delta\varepsilon=\varepsilon_1-\varepsilon_2$、$\varepsilon$：$x_1^0=x_2^0=0.5$における値。

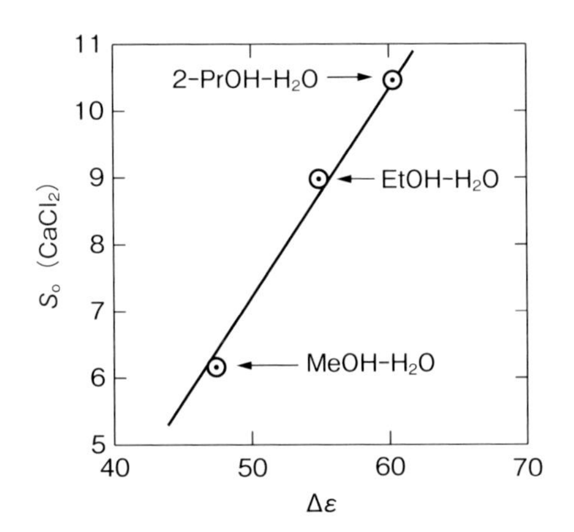

図 2.31　選択的溶媒和と誘電率

と同一の傾向を示していることがわかる。

（4）気液平衡における塩効果の溶媒和モデル

アルコール水溶液に塩化カルシウムを溶解させると、カルシウムイオン Ca^{++} と２つの塩素イオン Cl^{-} とに電離する。各イオンは親和力の差に応じて、アルコールや水と溶媒和をつくる。溶媒和されたアルコールや水は蒸発できないので、気液平衡に関与することはできない。

したがって、溶媒和していないアルコールと水だけが気液平衡に関与するのであるが、その組成は、塩が溶解していない時の組成とは異なる。アルコール水溶液の場合は水の方が塩との親和力が大きいので、水の組成が減ってアルコールの組成が増える（Ohe, 1998）。したがって気相のアルコール濃度が高くなるのである。

このような考え方を「溶媒和モデル」と呼び、1975 年に筆者により提案された。

最近では、他の研究者により「大江モデル」と呼ばれるようになった。溶媒和モデルにおける仮定は以下の通りである。

1. 両溶媒成分は各イオンと溶媒和をつくる。
2. 塩は完全解離する。
3. 溶媒和は気液平衡に貢献しない。
4. 溶媒和しない成分が気液平衡に貢献する。

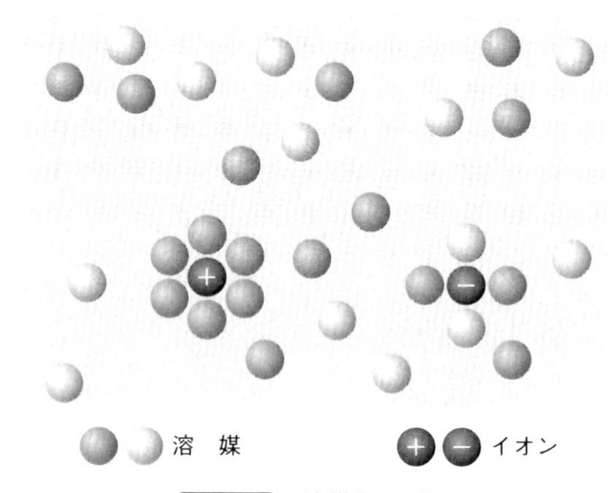

図 2.32　溶媒和モデル

5. 溶媒和しない成分は溶媒和の影響を受けない。
6. 活量係数は非理想性を表現するものと蒸気圧降下を表現するものの２種に分かれる。

これらの仮定により以下の基礎式 S_0 が得られる。

純溶媒＋塩系における溶媒和数と活量 $a_{solvent}$ の関係は

$$a_{solvent}=\frac{n_{solvent}-n_{salt}\cdot S_0}{n_{total}-n_{salt}\cdot S_0}$$

n_{total}：全モル数，$n_{solvent}$：溶媒のモル数，n_{salt}：塩のモル数

モル数をモル分率で表現すれば

$$a_{solvent}=\frac{x_{solvent}-S_0\cdot x_{salt}}{1-S_0\cdot x_{salt}} \tag{2.61}$$

$x_{solvent}$：溶媒組成（モル分率）、x_{salt}：塩の組成（モル分率）

による。ここに、a_{solvent} は溶媒の活量、x_{solvent} は溶媒の組成（モル分率）、x_{salt} は塩の組成（モル分率）、$\mathrm{S_0}$ は純溶媒に対する塩の溶媒和数である。よって、$a_{\mathrm{solvent}}=\gamma_{\mathrm{solvent}}\cdot x_{\mathrm{solvent}}$ であるから、

$$\gamma_{solvent}=\frac{x_{solvent}-x_{salt}\cdot S_0}{(1-x_{salt}\cdot S_0)\cdot x_{solvent}} \tag{2.62}$$

$\gamma_{solvent}$：溶媒の活量係数

純溶媒の溶媒和数は式(2.61)を溶媒和数について整理して、

$$S_0=\frac{1-x_{salt}}{x_{salt}}\cdot\frac{1-\gamma_{solvent}}{1-\gamma_{solvent}\cdot x_{solvent}} \tag{2.63}$$

で与えられる。気液平衡に寄与する液相組成 x_{ia}'（$'$ は塩を除外した溶媒のみで表した組成）は、溶媒和された溶媒分子を考慮して、モル数基準では

$$x_{ia}'=\frac{(n_{i,\,solvent}-S_i\cdot n_{salt})/n_{total}}{\left(n_{total}-n_{salt}-\sum_{k=1}^{N-1}S_k\cdot n_{salt}\right)\Big/ n_{total}}$$

モル分率基準では、N を成分数とすると

$$x_{ia}'=\frac{x_i-S_{i0}\cdot x_i\cdot x_{salt}}{1-x_{salt}-\sum_{k=1}^{N-1}S_{k0}\cdot x_k'\cdot x_{salt}} \tag{2.64}$$

で与えられる。S_i、S_k は塩の成分 j、k に対する溶媒和数である。混合溶媒中の溶媒和数と液相組成の間には

$$S_i=S_{i0}\cdot x_i' \tag{2.65}$$

なる関係が成立していると考える。

混合溶媒＋塩系の全圧 P と混合溶媒系の全圧 $P_{mix.solvent}$ との間には

$$P=P_{mix,\,solvent}\cdot\gamma_{mix,\,solvent}\cdot(1-x_{salt}) \tag{2.66}$$

なる関係があるとする。$\gamma_{mix,\,solvent}$ は混合溶媒の蒸気圧降下を示す活量係数である。

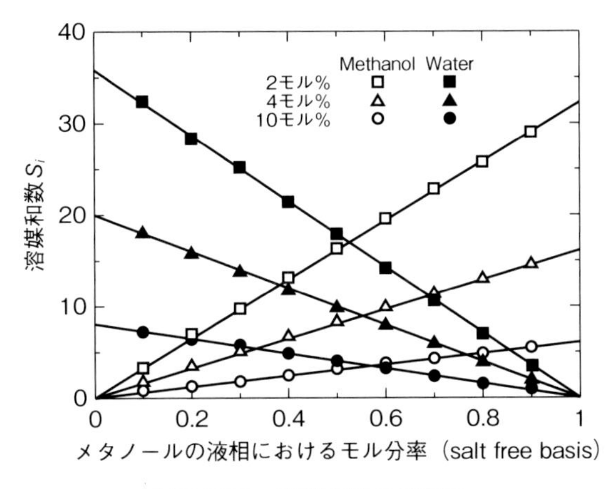

図2.33　溶媒和数の直線性

$\gamma_{\mathrm{mix,\,solvent}}$ は、各純溶媒成分と塩との間の活量係数から、次式により求める。

$$\gamma_{mix,\,solvent} = \sum_{i=1}^{N-1} \gamma_{i,\,solvent} \cdot x_i' \tag{2.67}$$

混合溶媒系の全圧 $P_{\mathrm{mix,\,solvent}}$ は、x_{ia}' を混合溶媒系の活量係数式、たとえば、ウィルソンの式に適用して活量係数を求め、次式により計算する。

$$P_{mix,\,solvent} = \sum_{i=1}^{N-1} P_i \cdot \gamma_i' \cdot x_{ia} \tag{2.68}$$

従来の活量係数 γ_{i} は、溶媒和モデルの活量係数との間に

$$\gamma_i = \gamma_i' \cdot x_{ia}' \cdot \gamma_{mix,\,solvent} \cdot (1 - x_{salt}) / x_i \tag{2.69}$$

なる関係がある。

塩効果の実測値から x_{ia}' を求めて、式(2.64)により溶媒和数 Si（したがって S_{i0}）を最適化法により探索する。メタノール＋水＋塩化カルシウム系の大気圧下における実測値（大江、学位論文）から求めたイオン溶媒和数 $S_{i0\,\mathrm{ion}}$ とイオン濃度との関係 x_{ion} を、**図 2.34** に示した。

図 2.34 において、イオン濃度 $x_{\mathrm{ion}} = 0$ におけるイオン溶媒和数は、Stokes 半径から決定されたものである（**表 2.6**, Marcus, 1985）。これは、筆者のモデルにより決定したイオン溶媒和数の外挿値とほぼ一致している。これによって、筆者の溶媒和モデルは物理化学的に意味を有しているものといえる。溶媒和数 S_i^0 とイオン溶媒和数 Sioion との間には、

$$S_{i0\ \mathrm{salt\,(solvent)}} = \sum_{i=1}^{N-1} S_{i0\ \mathrm{ion\,(solvent)}} \tag{2.70}$$

の関係がある。

このようにして決定したイオン溶媒和数から求めたメタノール＋水＋塩化カルシウム系（$x_3 = 0.1$、大気圧下）の塩効果の推算結果を、**図 2.35** に示した。推算に用いた溶媒和数は $S_{10} = 5.82$、$S_{20} = 7.79$（$x_3 = 0.1$）である。誤差は △$|y_1|$av. = 0.006、△$|t|$av. = 0.8 ℃である。

［例題］

メタノール＋水＋$CaCl_2$（4 mol %）系の推算を溶媒和法により行え。ただし、メタノールの組成は salt free として 60 mol %とし、1 気圧下の定圧平衡とする。$CaCl_2$ が 4 mol %存在する時のメタノールに対する $CaCl_2$ の溶

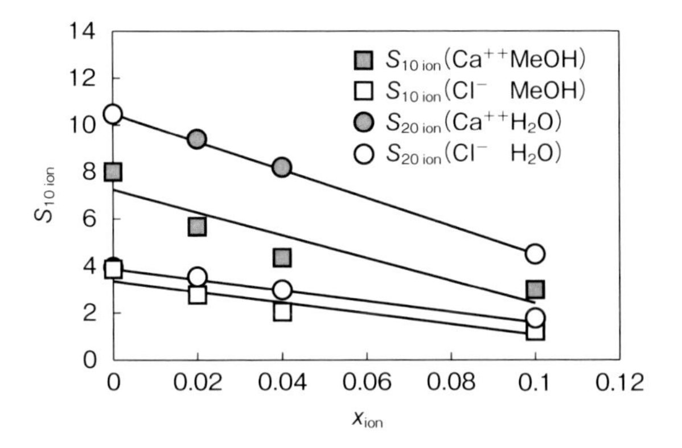

図 2.34　イオン溶媒和数（メタノール＋水＋塩化カルシウム系。大気圧下）とイオン濃度。

表 2.6　Stokes 半径から決定したイオン溶媒和数

イオン	水	メタノール	エタノール	プロパノール	アセトン
Li^+	7.4	5.0	5.8	4.0	2.7
Na^+	6.5	4.6	3.8	4.2	2.6
K^+	5.1	3.9	3.3	3.0	2.5
Rb^+	4.7	3.7	3.1	2.6	
Cs^+	4.3	3.3	2.9	2.4	
Ag^+	5.9				
Tl^+	5.0				
NH_4^+	4.6	3.7	3.7		2.2
Me_4N^+	1.8				
Mg^{2+}	11.7	11.0		19.1	18.7
Ca^{2+}	10.4	8.0			11.9
Sr^{2+}	10.4	8.0			
Ba^{2+}	9.6	7.9			11.4
Zn^{2+}	11.3	10.4			
F^-	5.5	5.0			2.4
Cl^-	3.9	4.1	3.0		2.0
Br^-	3.4	3.8	2.9		1.8
I^-	2.8	3.4	2.6		1.8
NO_3^-	3.3	3.4	2.7		

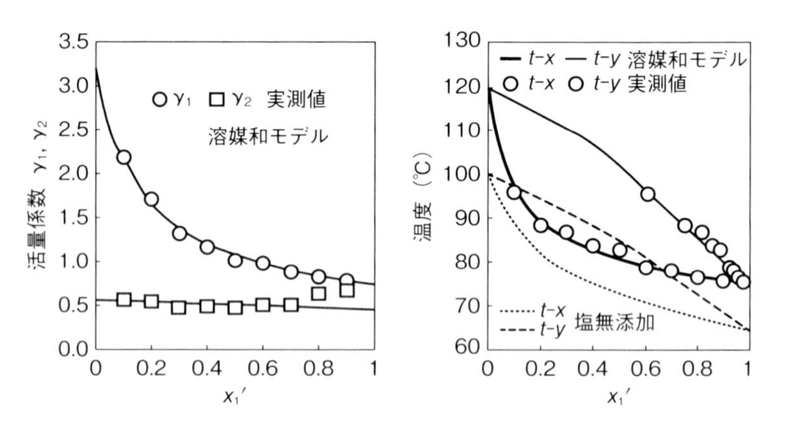

図 2.35　溶媒和法による塩効果の推算（メタノール＋水＋$CaCl_2$系。x_3＝0.1、大気圧下）

媒和数は 15.395、水に対する $CaCl_2$ の溶媒和数は 18.784 である。

［解答］

題意により、

$$x_1' = 0.6,\ \ x_{salt} = 0.04,\ \ x_{total.solvent} = 0.96$$

であるから、式(2.52)により

$$x_1 = 0.6 \times 0.96 = 0.576,\ \ x_2 = 0.4 \times 0.96 = 0.384$$

となる。各溶媒成分に対する溶媒和数は $S_{10} = 15.395$、S20 = 18.7844 と与えられているので、式(2.65)から

$$S_1 = 15.395 \times 0.6 = 9.237,\ \ S_2 = 18.784 \times 0.4 = 7.514$$

となる。

次に、塩効果に有効な溶媒各成分の組成は、式(2.65)から

$$x'_{1a} = \frac{0.576 - 9.237 \times 0.04}{1 - 0.04 - 9.237 \times 0.04 - 7.514 \times 0.04} = 0.7122$$

となり。同様に $x_{2a}' = 0.2878$ を得る。

x_{1a}'、x_{2a}' に対する活量係数 γ_1'、γ_2' を、ウィルソンの式を用いて求める。メタノール＋水系のウィルソン定数は、

$$\Lambda_{12} = 0.5515,\ \ \Lambda_{21} = 0.8978$$

である。ウィルソンの式（式((*2.39*))）の x_1、x_2 に x_{1a}'、x_{2a}' を適用して

$$\ln \gamma_1' = -\ln(x_{1a}' + \Lambda_{12}x_{2a}') + x_{2a}'\left(\frac{\Lambda_{12}}{x_{1a}' + \Lambda_{12}x_{2a}'} - \frac{\Lambda_{21}}{\Lambda_{21}x_{1a}' + x_{2a}'}\right)$$

$$= -\ln(0.7122 + 0.5515 \times 0.2878) + 0.2878$$

$$\times\left(\frac{0.5515}{0.7122 + 0.5515 \times 0.2878} - \frac{0.8978}{0.8978 \times 0.7122 + 0.2878}\right)$$

$$= 0.0418$$

$$\ln \gamma_2' = -\ln(x_{2a}' + \Lambda_{21}x_{1a}') - x_{1a}'\left(\frac{\Lambda_{12}}{x_{1a}' + \Lambda_{12}x_{2a}'} - \frac{\Lambda_{21}}{\Lambda_{21}x_{1a}' + x_{2a}'}\right)$$

$$= 0.3142$$

が得られ、よって

$$\gamma_1' = 1.0427,\quad \gamma_2' = 1.3691$$

が得られる。

さらに、蒸気圧降下に対応する活量係数 $\gamma_{\mathrm{mix,\,solvent}}$ を決定する。まず純溶媒の溶媒和数 S_{10}、S_{20} を用いて、式(*2.62*)から純溶媒の $\gamma_{\mathrm{1,\,solvent}}$、$\gamma_{\mathrm{2,\,solvent}}$ を求める。式(*2.62*)から、

$$\gamma_{\mathrm{1,\,solvent}} = \frac{(x_{\mathrm{solvent}} - S_{10}\cdot x_{\mathrm{salt}})/(1 - S_{10}\cdot x_{\mathrm{salt}})}{x_{\mathrm{solvent}}}$$

$$= \frac{(0.96 - 15.395 \times 0.04)/(1 - 15.395 \times 0.04)}{0.96} = 0.9332$$

$$\gamma_{\mathrm{2,\,solvent}} = \frac{(x_{\mathrm{solvent}} - S_{20}\cdot x_{\mathrm{salt}})/(1 - S_{20}\cdot x_{\mathrm{salt}})}{x_{\mathrm{solvent}}} = 0.8741$$

が求まる。

混合溶媒の活量係数 $\gamma_{\mathrm{mix,\,solvent}}$ は、式(*2.67*)により

$$\gamma_{\mathrm{mix,\,solvent}} = 0.9332 \times 0.6 + 0.8741 \times 0.4 = 0.9096$$

となり、従来の活量係数は、式(*2.69*)より

$$\gamma_1 = 1.0427 \times 0.9096 \times 0.7122 \times 0.96/0.576 = 1.1258$$

$$\gamma_2 = 1.3691 \times 0.9096 \times 0.2878 \times 0.96/0.384 = 0.8960$$

となる。これによって塩効果の計算が可能である。

各純溶媒成分の蒸気圧を Antoine の式により計算する。メタノールおよび水の Antoine 定数は

$A_1 = 8.07919,\ \ B_1 = 1{,}581.341,\ \ C_1 = 239.65$

$A_2 = 8.02754,\ \ B_2 = 1{,}705.616,\ \ C_2 = 231.405$

である。これらの Antoine 定数を用いた試行錯誤法による沸点計算の結果、沸点を 72.58 ℃として全圧を求める。メタノールの蒸気圧 P_1 と水の蒸気圧 P_2 はそれぞれ

$$P_1 = 10^{\{8.07919 - 1{,}581.341/(72.58+239.65)\}} = 1{,}034.01\ \mathrm{mmHg}$$

$$P_2 = 10^{\{8.02754 - 1{,}705.616/(72.58+231.405)\}} = 261.03\ \mathrm{mmHg}$$

となる。したがって、メタノールおよび水の分圧

$$p_1 = 1{,}034.01 \times 1.1258 \times 0.576 = 670.51\ \mathrm{mmHg}$$

$$p_2 = 261.03 \times 0.8961 \times 0.384 = 89.82\ \mathrm{mmHg}$$

から、全圧

$$\pi = p_1 + p_2 = 760.33\ \mathrm{mmHg}$$

を得る。以上より、メタノールおよび水の気相組成 y_1, y_2 は

$$y_1 = p_1/\pi = 670.51/760.33 = 0.882,\ \ y_2 = 0.118$$

となる。実測値は沸点が 72.6 ℃、メタノールの気相組成 0.884 モル分率であるから、誤差の絶対値はそれぞれ 0.02 ℃、0.002 であり、良好な結果となっている。

溶媒和法の適用に必要な溶媒和数を**表 2.7** に示す。本法はイオン液体に対

表 2.7 塩効果の推算に必要な溶媒和数（Iliuta, Calvar, Orchille）

番号	成分 1	成分 2	塩	条件	塩濃度	溶媒和数	
				〔kPa〕	モル分率	S_{10}	S_{20}
1	メタノール	水	$CaCl_2$	101.3	0.04	2.8	13
2	エタノール	水	NH_4Cl	101.3	0.03	2.9	12.1
3	1-プロパノール	水	$CaCl_2$	100	0.06	1.8	7.7
4	エタノール	水	イオン液体	101.3	0.054	2.8	13
5	1-プロパノール	水	イオン液体	100	0.05	2.9	12.1
6	アセトン	メタノール	イオン液体	100	0.06	1.8	7.7
7	酢酸メチル	メタノール	イオン液体	100	0.055	1.2	7.6
8	酢酸エチル	エタノール	イオン液体	100	0.055	0.8	6.9

＊イオン液体：1-エチル-3-メチルイミダゾリウムトリフルオロメタンスルフォネート

しても適用可能である。イオン液体は塩であるから、無機の塩（$CaCl_2$ など）と同様に気液平衡における塩効果を発揮する。ただし、イオン液体は両溶媒成分に無機塩よりよく溶解するので、無機塩より効果が小さくなる場合もある。

（５）電解質 NRTL 式の問題点

塩効果の推算法として、Chen らは非理想溶液電解質系の局所組成モデルにもとづく Renon らの NRTL 式（2.46 式参照）を修正した（Chen, 2004）。局所組成モデルは**図 2.36** に示すように溶媒分子、イオンが均一にではなく局所的に存在するという仮定にもとづいている。イオンと溶媒分子はばらばらに存在していて、イオンの周囲に溶媒分子が集中的に引き寄せられているわけではない。

Chen らは、NRTL 式の右辺に電解質の項を追加した電解質 NRTL 式を提案した。

$$\ln\gamma_m=\frac{\sum_j X_j G_{jm}\tau_{jm}}{\sum_k X_k G_{km}}+\sum_{m'}\frac{X_{m'}G_{mm'}}{\sum_k X_k G_{km'}}\left(\tau_{mm'}-\frac{\sum_k X_k G_{km'}\tau_{km'}}{\sum_k X_k G_{km'}}\right)$$

$$+\sum_c\sum_{a'}\frac{X_{a'}}{\sum_{a''}X_{a''}}\frac{X_c G_{mc,a'c}}{\sum_k X_k G_{kc,a'c}}\left(\tau_{mc,a'c}-\frac{\sum_k X_k G_{kc,a'c}\tau_{kc,a'c}}{\sum_k X_k G_{kc,a'c}}\right)$$

$$+\sum_a\sum_{c'}\frac{X_c'}{\sum_{c''}X_{c''}}\frac{X_a G_{ma,c'a}}{\sum_k X_k G_{ka',c'a}}\left(\tau_{ma,c'a}-\frac{\sum_k X_k G_{ka,c'a}\tau_{ka,c'a}}{\sum_k X_k G_{ka,c'a}}\right)\quad(2.71)$$

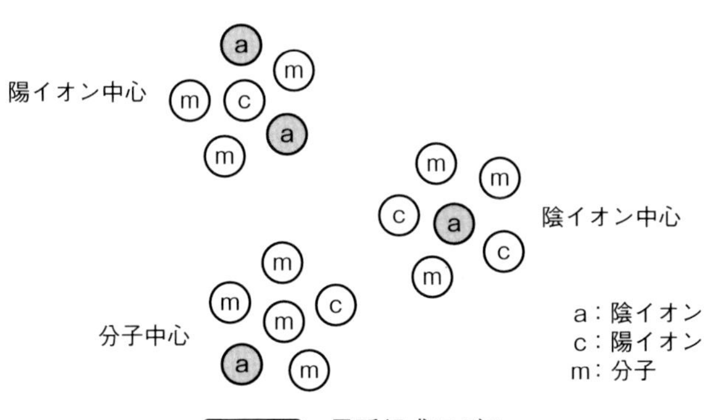

図 2.36　局所組成モデル

ここに、X は液のモル分率、G、τ は NRTL 定数、m、m′ は分子種、i、j、k は塩を含む任意の成分、a、a′、a″ は陰イオン、c、c′、c″ は陽イオンである。ただし、$X_j = x_j C_j$ であり、分子では $C_j = 1$ であり、z_j は価数である。

しかし、この修正は無理があるといわざるを得ない。すなわち、非電解質系と電解質系とでは、もともと溶液構造が大きく相違しているわけで、非電解質系の式の拡張は無理であり、「木に竹を接ぐ」ようなものだからである。

電解質 NRTL 式の問題点の例を示す。式(*2.71*)の第 1、2 項は非電解質の項であり、第 3 項以降は電解質の項を示すとされている。しかし、式(*2.71*)はその機能を有していない。

電解質 NRTL 式（式(*2.71*)）の第 1、2 項は非電解質を、第 3、4 項は電解質を表している。この式の適用を考えた場合、NRTL 定数に一貫性がなければならない。すなわち第 1、2 項は非電解質系から決定した定数を用いるべきであるが、電解質系のデータを用いないと結果はよくない。つまり非電解質系の定数を用いた一貫性が保たれていない。次にその例を示す。

図 2.37 は、1-プロパノール＋水＋塩化銅系の 100 kPa における気液平衡の測定値を処理した結果である。一見、問題なくデータが処理されているように見える。図 2.37 の点線は塩を含まない場合、実線が塩を含む場合で、式(*2.71*)により処理したと報告されている。式(*2.71*)で処理するならば、第 1、2 項の非電解質の NRTL 定数を使って塩の入っている場合を表現できるはずである。しかし、第 1、2 項に使っている NRTL 定数を使って計算すると、

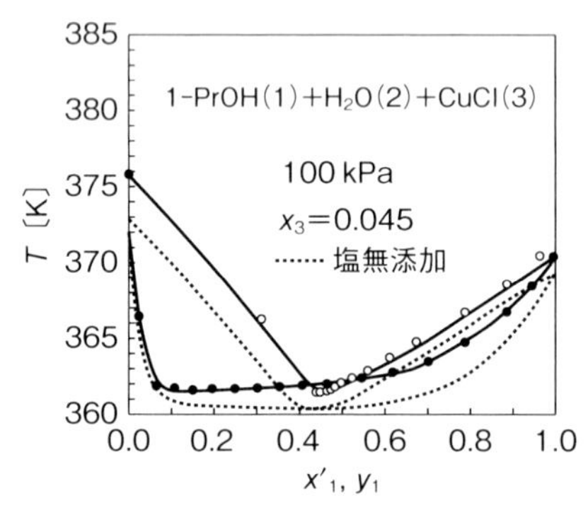

図 2.37 電解質 NRTL 式により決定した定数の整合性

図 2.38 の実線となる。すなわち、電解質 NRTL 定数は**表 2.8** に報告されているが、この定数を使うと、図 2.38 の実線となる。表 2.8(a)に NRTL 原式用の定数を示した。図 2.38 の 1-プロパノール＋水系（点線）は別個に用意した NRTL 原式の定数で計算されたものである。すなわち、式(*2.71*)は非電解質と電解質の両方を表現できないことがわかる。つまり一貫性のない式となっている。

しかし、電解質 NRTL 式は塩効果の相関はできる。電解質 NRTL 式によらずとも NRTL 原式（式(*2.46*)）によって、十分に塩効果を相関することができる。**図 2.39** を見てみよう。NRTL 原式の第１および第２成分を非電解質、第３成分を電解質として適用すると、式（(*2.71*)が得られる。すなわち電解質 NRTL 式を使わなくとも、NRTL 原式のみによって電解質を含む

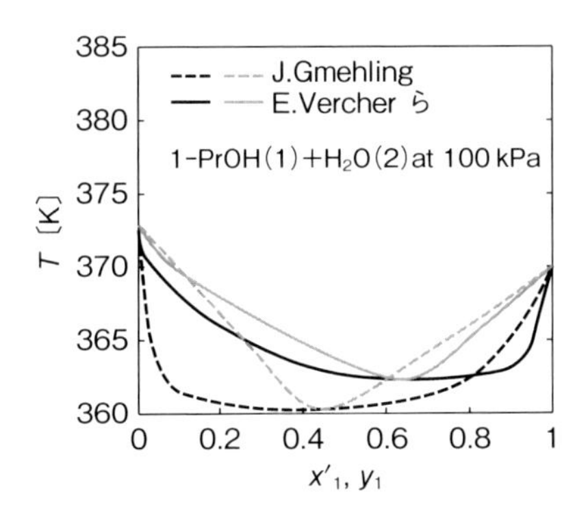

図 2.38　電解質 NRTL 式の問題点

表 2.8　NRTL 定数の整合性（Vercher. et al., 2005）

(a) J. Gmehling, 1977

g_{12}	g_{21}	α
500.4	1,636.6	0.508
τ_{12}	τ_{21}	
0.6995	2.2876	
G_{12}	G_{21}	
0.7009	0.3127	

(b) Vercher, et al., 2005

g_{12}	g_{21}	α
1,648.8	7,896.7	0.477
τ_{12}	τ_{21}	
2.3047	11.038	
G_{12}	G_{21}	
0.3331	0.0052	

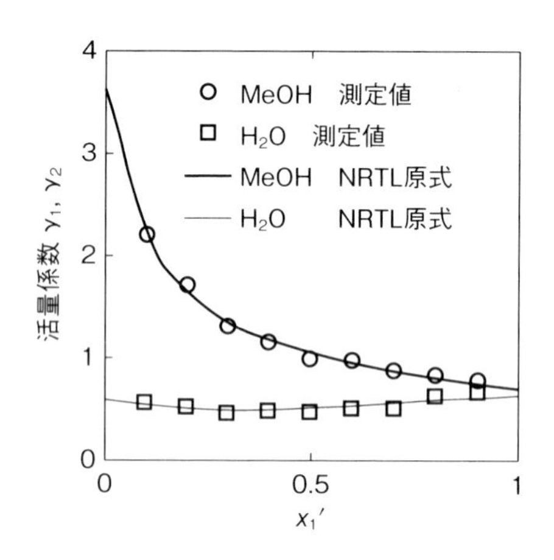

図 2.39 NRTL 原式による塩効果の相関

系の活量係数を求めることができるのである。NRTL 原式の定数をフィッティングすると、図 2.39 に示す結果を得ることができる。これは NRTL 原式自体が塩効果を表現する能力は有していることを意味し、電解質項の追加は不要であるということになる。NRTL 原式において塩を第 3 成分として適用した NRTL 原式と電解質 NRTL 式とが同じであることもわかる。

▶ 2.3.5 不溶解系の気液平衡

互いにまったく溶解しないベンゼンと水の混合液は「2 液相」を形成する。このような混合液を不溶解系という。有機化合物の多くが水と溶解しない。有機化合物は水蒸気蒸留を用いて回収することが多いが、そのような場合の気液平衡の計算法について、根拠を熱力学的に明らかにする。

不溶解系は 2 液相共沸混合物を形成する。この共沸点の推算は不溶解系の気液平衡の計算そのものであるが、推算結果を実測値と比較してみると、きわめて上く一致することがわかる。その結果、データブックの誤りを発見することもできる。

不溶解系、たとえばベンゼン(1) + 水(2)系では、ベンゼンおよび水の分圧 p_1、p_2 は

$$p1 = P1 \tag{2.72}$$

$$p_2 = P_1 \tag{2.73}$$

により求める。ここに、P_1 および P_2 はベンゼンおよび水の純物質としての蒸気圧である。したがって、全圧 π は

$$\pi = P_1 + P_2 \tag{2.74}$$

である。すなわち、液組成とは無関係に各成分の分圧および全圧が決まる。

ベンゼン＋水系の25℃におけるベンゼンおよび水の無限希釈活量係数は、それぞれ458および430である。一方、25℃におけるベンゼンの水への溶解度はベンゼンのモル分率で0.00042であり、水のベンゼンへの溶解度は水のモル分率で0.00016である。すなわち溶解度はきわめて小さく、活量係数はきわめて大きい。にもかかわらず式(2.72)、(2.73)には活量係数の項はない。

ベンゼンと水は互いにほとんど溶け合わないので、ベンゼンと水の２液相に分離して存在する（**図2.40**）。

２液相を形成しているベンゼン相（A液相）および水相（B液相）について考える。ベンゼン相はほとんどがベンゼンで、水はわずかに溶解している。したがつて、ベンゼン相におけるベンゼンおよび水の組成を $x_1{}^{A}$、$x_2{}^{A}$ とすると

$$x_1{}^{A} \rightarrow 1,\ x_2{}^{A} \rightarrow 0$$

となる。活量係数は一般に図2.13のように変化するから、無限希釈における活量係数を $\gamma_2{}^{A0}$ とすると

$$\gamma_1{}^{A} \rightarrow 1,\ (\gamma_2{}^{A} \rightarrow \gamma_2{}^{A0})$$

なる関係が得られる。したがって、ベンゼン相においては

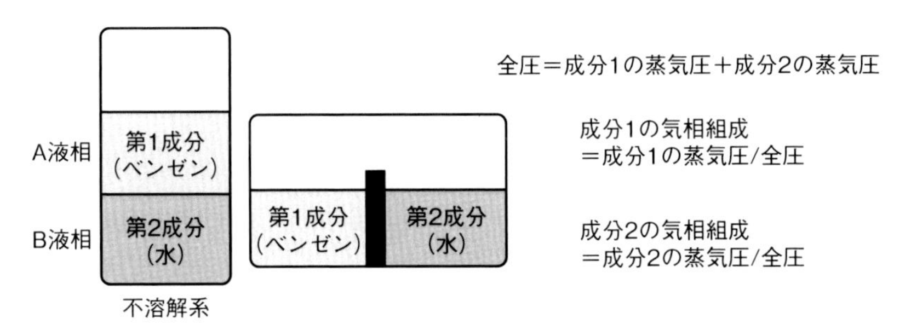

図2.40　不溶解系のモデル

$$P_1\gamma_1{}^A x_1{}^A + P_2\gamma_2{}^A x_2{}^A = P_1 \qquad (2.75)$$

となる。

水相についても同様にして、水相におけるベンゼンおよび水の組成を $x_1{}^B$、$x_2{}^B$ とすると

$$x_1{}^B \to 0,\quad x_2{}^B \to 1$$

であり、活量係数の一般的な挙動から、無限希釈における活量係数を $\gamma_{1B}{}^0$ とすると

$$\gamma_2{}^B \to 1,\quad (\gamma_1{}^B \to \gamma_1{}^{B0})$$

なる関係が得られる。したがって、水相（B 液相）においては

$$P_1\gamma_1{}^B x_1{}^B + P_2\gamma_2{}^B x_2{}^B = P_2 \qquad (2.76)$$

となる。

よって、2 液相を形成する系の全圧 π は式(2.75)および(2.76)から

$$\pi = P_1\gamma_1{}^A x_1{}^A + P_2\gamma_2{}^A x_2{}^A + P_1\gamma_1{}^B x_1{}^B + P_2\gamma_2{}^B x_2{}^B = P_1 + P_2 \qquad (2.77)$$

が得られ、式(2.74)を導出することができる。完全溶解系の気液平衡の計算式

$$\pi = P_1\gamma_1 x_1 + P_2\gamma_2 x_2$$

には液相組成 x_1、x_2 が含まれているが、式(2.74)には液相組成 x_1、x_2 が含まれていない。つまり液相組成に関係なく式(2.74)が成立していることになり、不溶解系の気液平衡関係には、液相の組成は関与していないことになる。

第 1 成分および第 2 成分の気相組成を y_1 および y_2 とすると

$$y_1 = \frac{P_1}{P_1 + P_2},\quad y_2 = \frac{P_2}{P_1 + P_2} \qquad (2.78)$$

となる。

定圧における気液平衡は、式(2.77)を満足する温度を沸点計算により求めて、式(2.78)により気相組成を決定する。ベンゼン(1)＋水(2)系における計算結果を x–y 線図として**図 2.41** に示す。図 2.41 の x–y「曲線」の縦軸の値から、ベンゼンの気相組成は 0.704 モル分率である。図 2.41(b)の x–y「曲線」と対角線との交点 B から、共沸点の液相組成と気相組成とはベンゼン 0.704 モル分率である。図 2.41(a)の沸点曲線上の点 A は共沸点の液相組成となっている。実測値もこの値に近い。平衡温度は 69.1 ℃であり、ベンゼンの沸点よりさらに 10 ℃ほど低くなる。水蒸気蒸留では、この原理を利用して蒸

留温度を下げているわけである。

図 2.41(a) 中に示した点 A および図 2.41(b) 中に示した点 B は、不溶解系の共沸点となる。x–y 曲線が対角線と交わる点を求めれば、共沸組成を求めることができる。様々な不溶解系について共沸組成を計算し、Horseley の Azeotropic Data Ⅲ（1972）で調べてみると、**図 2.42** 右に示すように 3 系ほど著しく結果の異なるものがある。この 3 系は Horseley が単位換算を間違えたものと考えられる。なぜなら、Horseley のデータ集は質量％で表示されているが、この 3 系は筆者の計算したモル％と一致しているからである。すなわち、質量％で表示すればほとんど一致する。

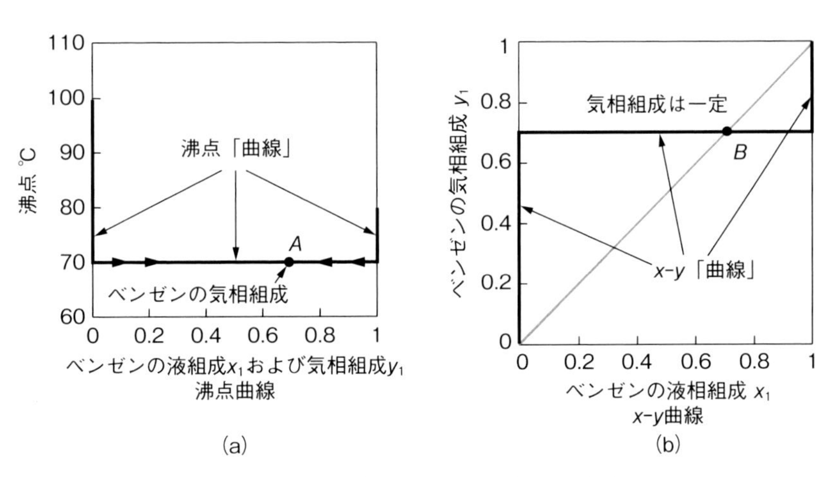

図 2.41　不溶解系の気液平衡の推算結果

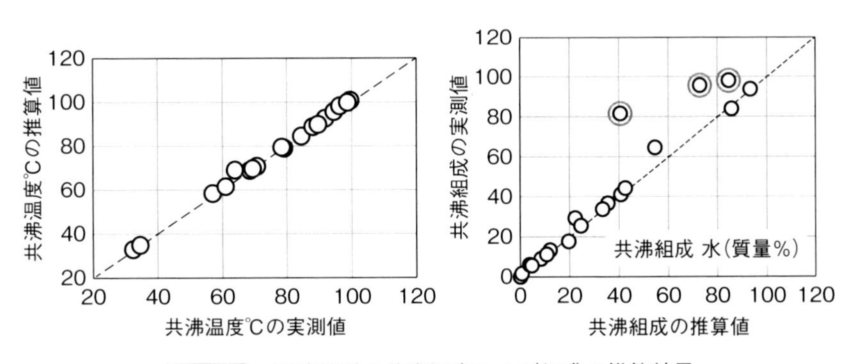

図 2.42　不溶解系の共沸温度および組成の推算結果

3系を除けば、推算した共沸組成の値はHorseleyのデータ集の値ときわめてよく一致しており、上述の計算法は精度の高い推算法といえる。

▶ 2.3.6 気液平衡測定値の熱力学的健全性の検討法

気液平衡値の測定には様々な困難が伴う。測定に際して発生する誤差の主要な原因は、「分縮」と「飛沫同伴」である。分縮は、発生した平衡にあるべき蒸気の一部が平衡蒸留器内の器壁に凝縮し、器壁からあらためて蒸気が発生する現象である。分縮により平衡な蒸気組成より揮発性の高い成分の組成が高くなる。飛沫同伴は、本来は蒸気のみが発生すべき蒸発面で微小な液滴が発生し、蒸気に同伴して気相に混入する現象である。飛沫同伴による液滴は液相の組成であるから、平衡な蒸気組成より揮発性の高い成分の組成が低くなる。

すなわち、気液平衡の測定値は、本来あるべき平衡組成と異なる誤差を含む。この誤差を測定技術により最小とする努力が払われる。そこで、誤差の大小を熱力学の原理により評価する必要がある。それを気液平衡測定値の熱力学的健全性の検討法という。

定温・定圧状態において成立するGibbs-Duhemの式は、一般的な2成分系について

$$x_1 \mathrm{d}(\ln \gamma_1) + x_2 \mathrm{d}(\ln \gamma_2) = -\frac{\Delta v}{RT}\mathrm{d}P + \frac{\Delta H}{RT^2}\mathrm{d}T \tag{2.79}$$

で与えられる。ここに、Δv、ΔHは混合の分子容およびエンタルピーである。式(2.79)の積分により、

$$\int_0^1 \ln\frac{\gamma_1}{\gamma_2}\mathrm{d}x_1 = -\int_{P_2^0}^{P_1^0}\frac{\Delta v}{RT}\mathrm{d}P + \int_{T_2^0}^{T_1^0}\frac{\Delta H}{RT^2}\mathrm{d}T \tag{2.80}$$

が得られる。定圧の気液平衡状態では

$$\int_0^1 \ln\frac{\gamma_1}{\gamma_2}\mathrm{d}x_1 = -\int_0^1 \frac{\Delta H}{RT^2}\frac{\mathrm{d}T}{\mathrm{d}x_1}\mathrm{d}x_1 \tag{2.81}$$

が導かれる。Heringtonは式(2.81)を使って、$\ln(\gamma_1/\gamma_2)$対x_1の曲線関係から定圧の気液平衡データの熱力学的健全性を検討する方法を提案した。ΔHの最大値をΔHmとすると、式(2.80)の右辺は

$$\frac{1}{R}\left|\int_{T_1^0}^{T_2^0}\frac{\Delta H}{T^2}\,\mathrm{d}T\right|<\frac{1}{R}\frac{|\Delta H_m|}{T_i^2}|\theta| \tag{2.82}$$

であるから、

$$\int_0^1 \ln\frac{\gamma_1}{\gamma_2}\,\mathrm{d}x_1<\frac{1}{R}\frac{|\Delta H_m|}{T_i^2}|\theta|$$

であればそのデータは熱力学的に健全である。ここに、θ は測定した系の最高沸点と最低沸点の差である。

$$\int_0^1 \ln\frac{\gamma_1}{\gamma_2}\,\mathrm{d}x_1=I \tag{2.83}$$

とし、その全面積を Σ（**図 2.43** を参照、面積 Σ＝面積 A＋面積 B）とすれば、式(2.82)は次のように変形できる。すなわち

$$100\frac{|I|}{\Sigma}<100\frac{1}{R}\frac{|\Delta H_m|}{T_i^2}\frac{|\theta|}{\Sigma} \tag{2.84}$$

となる。

ここで $\Sigma \fallingdotseq |2\Delta G_m{}^{\mathrm{E}}|/RT_i$ であるから、式(2.84)の右辺は

$$100\frac{1}{R}\frac{|\Delta H_m|}{T_i^2}\frac{|\theta|}{\Sigma}\fallingdotseq 50\frac{|\Delta H_m|}{|\Delta G_m{}^{\mathrm{E}}|}\frac{|\theta|}{|T_i|} \tag{2.85}$$

となり、多くの系では $|\Delta H_m/\Delta G_m{}^{\mathrm{E}}|\fallingdotseq 3$ となるから、

$$100\frac{|I|}{\Sigma}<150\frac{|\theta|}{T_i} \tag{2.86}$$

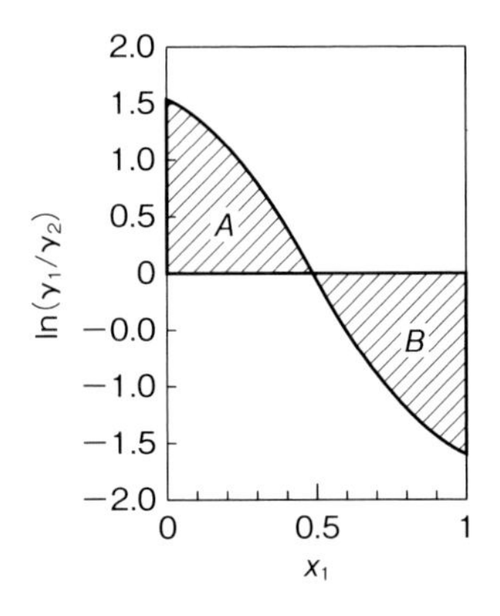

図 2.43　測定値の熱力学健全性の検討

がデータの健全性に必要な条件となる。式(2.86)により気液平衡データの熱力学的健全性を検討する方法を Herington の方法という（Herington, 1951）。

Herington の方法によって測定したデータの熱力学的健全性の検討を行う。すなわち、式(2.83)の I は図 2.43 に示すように、面積 A、B の代数的和として与えられる。

いま、$|A|+|B|=\Sigma$ として

$$D=\frac{|I|}{\Sigma}\times 150 \tag{2.87}$$

と D を定義する。

最低沸点を T_{min}(K) として、

$$J=\frac{|\theta|}{T_{min}}\times 150 \tag{2.88}$$

と J を定義する。Herington によれば、D＜J より条件をゆるめた

$$D<J+10 \tag{2.89}$$

の関係が満足されれば、その実測値は熱力学的に健全であるとしている。

ベンゼン＋シクロヘキサン系の定温気液平衡データの熱力学的健全性を検討した結果を**図 2.44** に示す。定温の場合は $dT/dx_1=0$ であるから、式(2.81)の右辺はゼロである。したがって式(2.83)から I＝0 であるから、式(2.87)により D＝0 が健全の条件である。図 2.44 には上部に x–y 線図と活量係数線図を示した。図 2.44 の①から⑥は、それぞれ異なる測定者の文献に報告されたデータを検討した結果である。調べたデータは D＝1.665〜7.697 となっている。②のデータの熱力学的健全性が最もよく、③のデータの熱力学的健全性が最も悪い。

気液平衡データの健全性の検討法は数種あるが、最も新しい方法の 1 つである van Ness の直接法（van Ness, 1995）がある。面積テストは健全性の必要条件ではあっても十分条件ではない。それは活量係数の比を用いるために、誤差が相殺されることによっている。この van Ness の直接法は活量係数の比を用いてはいるが、誤差を相殺しないよう過剰 Gibbs エネルギーを用いている。この検討法は、Herington の方法で健全性の高いとされたデータでも健全とはいえない。

この方法は、「真の」活量係数を過剰 Gibbs エネルギーの相関により得て、

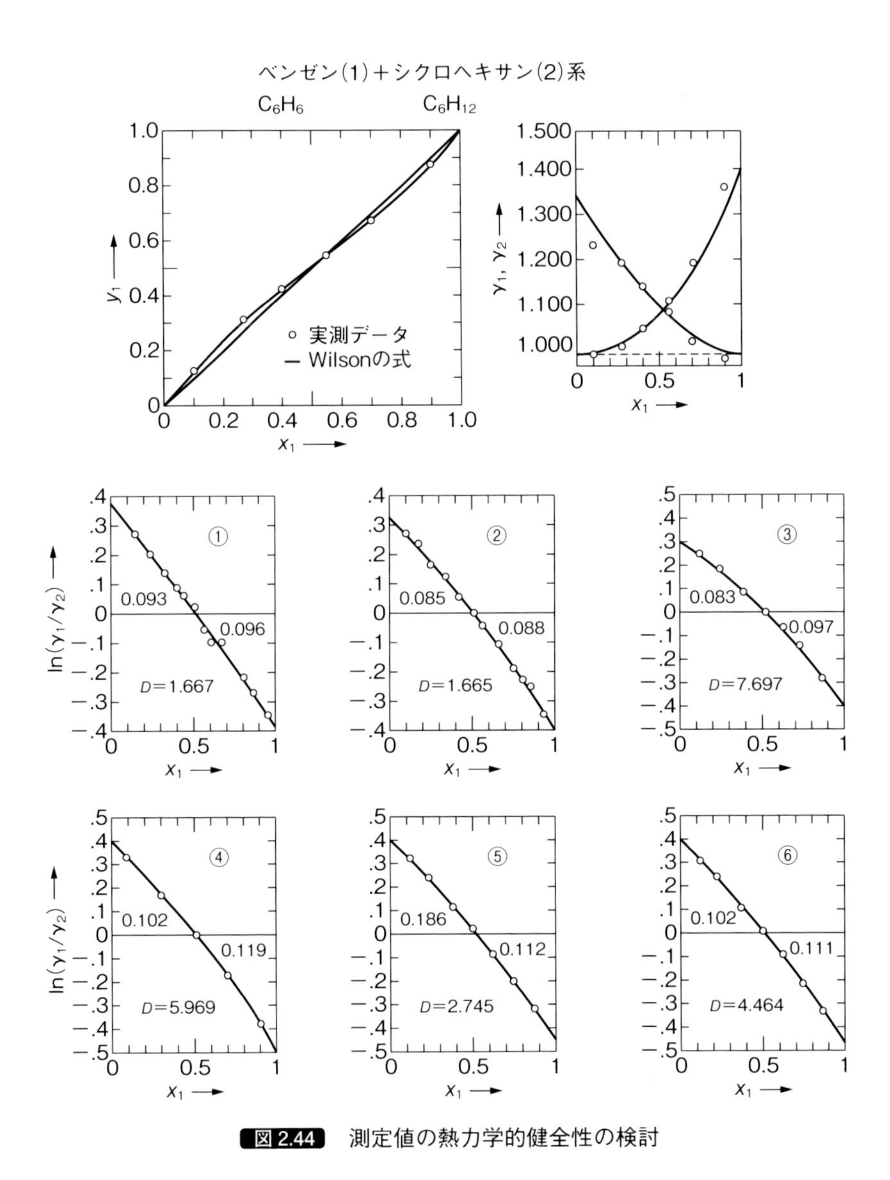

図 2.44　測定値の熱力学的健全性の検討

測定した活量係数の「真の」活量係数からのずれを求め、ずれの程度（RMS：二乗平均平方根）により健全性を評価している。これにより、従来の検討法で見られる活量係数における誤差の相殺を防いでいる。しかし、学会誌では、ほとんど用いられておらず、Heringtonの方法が相変わらず用いられているので、本書では掲載しないことにした。興味のある方は、拙著（「分離のための相平衡の理論と計算」、6.8.2　van Nessの直説法）を参照されたい。

2.3.7　高圧における気液平衡

高圧における気液平衡の計算法は、低圧における気液平衡の計算法とは根本的に異なる。その理由は、

1.　気相が理想気体ではない、
2.　成分が臨界点を超えている場合がある、

という2点だ。特に、成分が臨界点を超えた場合、蒸気圧そのものがないので、蒸気圧を基礎としたRaoultの法則を使えない。エタンとプロパンの蒸気圧曲線を**図2.45**に示した。

たとえば、0℃ではエタンおよびプロパンともに臨界温度以下であるので、この温度における蒸気圧を確定することができる。しかし、50℃ではエタンの臨界温度32℃を超えているので、蒸気圧を決めることはできない。プロパンの臨界温度は97℃以下であるから、蒸気圧を決めることは可能である。

エタン＋プロパン系の－20、38、50および82℃における定温の気液平衡を**図2.46**に示した。エタンの臨界温度は32℃であり、プロパンの臨界温度は97℃である。図2.46の気液平衡データの中で－20℃のデータのみが、臨

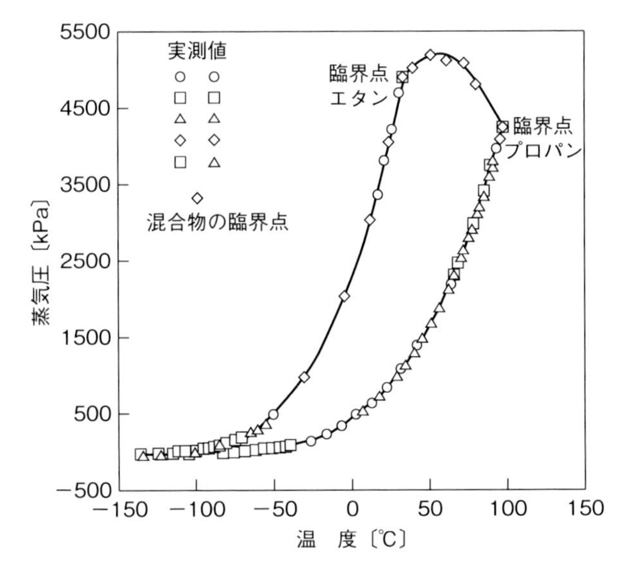

図2.45　エタンとプロパンの蒸気圧曲線と臨界軌跡

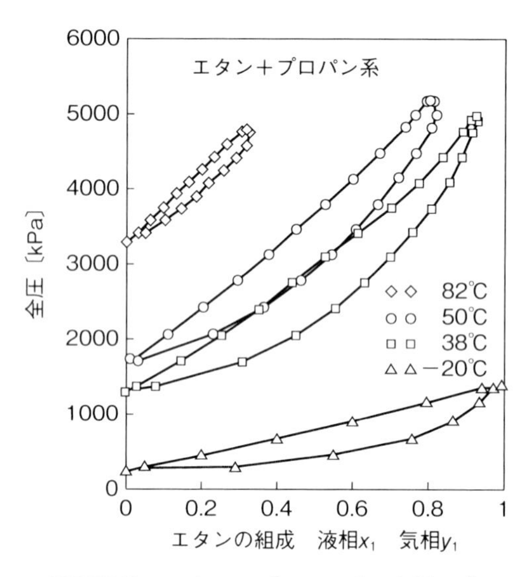

図 2.46　エタン＋プロパン系の気液平衡

界温度以下のデータである。それ以外のデータは、エタンが臨界温度以上、プロパンが臨界温度以下のデータである。図 2.46 において、横軸は気液各相のエタンの組成を示す。エタンの組成がゼロの時、すなわち、プロパンのみが存在するところでは、全圧はプロパンの蒸気圧となっている。これに対して、エタンのみが存在するエタンの組成 1 のところでは、エタンの臨界温度を超えたデータでは気液平衡は成立していない。その上、たとえば 50 ℃の場合を見ると、エタンの組成が 0.81 mol 分率の時、気相と液相の組成は一致している。この時の全圧は 5,185 kPa である。この点はエタンとプロパン混合物の臨界点である。すなわち、50 ℃で気液平衡が存在するのはエタンの組成が 0 から 0.81 mol 分率までの範囲である。他のデータの混合物の臨界点は 38 ℃で 4,985 kPa、82 ℃で 4,797 kPa である。これらの臨界点を図 2.45 中に菱形◇の点としてプロットしてある。

図 2.45 において、混合物の臨界点は上に凸の曲線上にある。これを臨界軌跡という。ほとんどの混合物において臨界軌跡は上に凸の曲線、すなわち、混合物の臨界圧力の中には組成によっては純物質の臨界圧力より大きくなるものがある。

さて、高圧気液平衡の挙動は、上述したように低圧の場合とは大幅に異なる。したがって、Raoult の法則あるいは補正した Raoult の法則は適用できない。では、いかにして気液平衡を表現するのかということになる。そこで登場するのが状態方程式である。この状態方程式を混合物に適用すれば気液平衡を表現できるのである。すなわち、各成分の蒸気圧を使わずに気液平衡を計算できる。方法は、気液両相の組成と温度、圧力から状態方程式の定数を両相につき決定する。次に、両相の体積について状態方程式を解いて、フガシティーを求める。平衡であれば求めた両相のフガシティーは等しい。

気相が高圧になると、分子間の距離が短くなり、混合物中の成分の分圧は圧力の影響を受けて、蒸気圧による分圧とは異なってくる。この異なる成分の分圧を成分の「フガシティー」と定義する。フガシティーは低圧下では蒸気圧の分圧に等しいので、平衡の条件をフガシティーにより一般化して表現する。そこで、低圧下での平衡の条件は

気相中の成分 i の分圧 (p_i^V) = 液相中の成分 i の分圧 (p_i^L)

であったが、高圧下での平衡の条件は

気相中の成分 i のフガシティー (f_i^V) = 液相中の成分 i のフガシティー (f_i^L)

と表現する。

(1) フガシティー係数

高圧気液平衡の条件は、気液各相の温度、圧力および各成分のフガシティーが等しいことである。

$$f_i^L = f_i^V \tag{2.90}$$

が成立する。ここに、f_i^L および f_i^V は i 成分の液相および気相におけるフガシティーである。フガシティーは理想気体においては「蒸気圧」と同一になる。(2.90)式およびフガシティについては拙著「物性推算法」を参照されたい。

液相および気相における i 成分の組成を x_i および y_i で示し、全圧を P とすると(2.90)式は

$$P\phi_i^L x_i = P\phi i^V y_i \tag{2.91}$$

と表せる。ただし、ϕ_i^L、ϕi^V はそれぞれ液相および気相におけるフガシティー係数と定義される。

高圧気液平衡の計算は、気液各相の各成分のフガシティー係数を求める問

題に帰結する。

(2.90)および(2.91)式から

$$f_i^L = P\phi_i^L x_i \tag{2.92}$$

$$f_i^V = P\phi i^V y_i \tag{2.93}$$

となる。したがって

$$\phi_i^L = f_i^L / Px_i \tag{2.94}$$

$$\phi_i^V = f_i^V / Py_i \tag{2.95}$$

を得る。

さて、(2.92)、(2.93)式から、

$$Px_i = f_i^L / \phi_i^L \tag{2.96}$$

$$Py_i = f_i^V / \phi_i^V \tag{2.97}$$

となるから、全成分につき各式の両辺の和を求めると、

$$\sum_{i=1}^{N} Px_i = \sum_{i=1}^{N} \frac{f_i^L}{\phi_i^L} \tag{2.98}$$

$$\sum_{i=1}^{N} Py_i = \sum_{i=1}^{N} \frac{f_i^V}{\phi_i^V} \tag{2.99}$$

が得られる。ただし、N は成分数である。ところで、

$$\sum_{i=1}^{N} Px_i = P(x_1 + x_2 + \cdots + x_N) = P$$

$$\sum_{i=1}^{N} Py_i = P(y_1 + y_2 + \cdots + y_N) = P$$

であるから

$$P = \sum_{i=1}^{N} \frac{f_i^L}{\phi_i^L} = \sum_{i=1}^{N} \frac{f_i^V}{\phi_i^V} \tag{2.100}$$

を得る。式(2.100)によって全圧 P を求めることができる。

気液平衡において“平衡比”K_i、は y_i/x_i として定義されるから、式(2.91)より

$$K_i = \frac{\phi_i^L}{\phi_i^V} \tag{2.101}$$

を得る。さらに式(2.91)から

$$y_i = \frac{\phi_i^{\mathrm{L}}}{\phi_i^{\mathrm{V}}} \cdot x_i \tag{2.102}$$

となるので、気液両相のフガシティー係数と液相組成（x_{i}）より気相組成（y_{i}）を求められる。

式(2.100)～(2.102)から、気液平衡の計算にはフガシティー(f_i^{V}, f_i^{L})およびフガシティー係数(ϕ_i^{V}, ϕ_i^{L})が必要であることがわかる。

次に、フガシティー係数を計算するための関係式を誘導する。温度一定の条件下で、2つの圧力 P_{A}、P_{B} 間における Gibbs のエネルギー変化は

$$G_{\mathrm{B}} - G_{\mathrm{A}} = RT \ln \frac{P_{\mathrm{B}}}{P_{\mathrm{A}}}$$

で与えられる。フガシティーについてのまったく同じ関数形

$$G_{\mathrm{B}} - G_{\mathrm{A}} = RT \ln \frac{f_{\mathrm{B}}}{f_{\mathrm{A}}} \tag{2.103}$$

を変形すると、

$$\ln f_{\mathrm{B}} = \frac{G_{\mathrm{B}}}{RT} + \ln f_{\mathrm{A}} - \frac{G_{\mathrm{A}}}{RT}$$

となる。状態 A を理想気体状態とすると、$f_{\mathrm{A}} = P_{\mathrm{A}}$ となるから、

$$\ln f_{\mathrm{B}} = \frac{G_{\mathrm{B}}}{RT} + \lim_{P_{\mathrm{A}} \to 0} \left(\ln P_{\mathrm{A}} - \frac{G_{\mathrm{A}}}{RT} \right)$$

となる。上式によりフガシティーを定義する。上式の右辺の第2項は温度一定の時一定となるから、上式の微分形は

$$\mathrm{d}(\ln f) = \frac{\mathrm{d}G}{RT} \quad （温度一定） \tag{2.104}$$

となる。変形すると

$$\mathrm{d}G = RT\mathrm{d}(\ln f) \quad （温度一定） \tag{2.105}$$

である。一方、熱力学において、次の関係

$$\mathrm{d}G = v\mathrm{d}P \quad （温度一定）$$

があるから、式(2.104)と式(2.105)から dG を消去すると

$$RT\mathrm{d}(\ln f) = v\mathrm{d}P$$

となり、さらにこの式の両辺に $-RT(\mathrm{d} \ln P)$ を加えて整理すると

$$RT\mathrm{d}\left(\ln\frac{f}{P}\right)=\left(v-\frac{RT}{P}\right)\mathrm{d}P$$

を得る。圧力0からPまで上式を積分する。P=0では$f/P=1$であるから

$$\ln\frac{f}{P}=\int_0^P\left(\frac{v}{RT}-\frac{1}{P}\right)\mathrm{d}P \tag{2.106}$$

となる。式(2.106)の右辺のカツコ内にP、v、Tの変数があるので、PVT関係が与えられれば右辺の値を求めることができる。すなわち、状態方程式により純物質のフガシティーを求めることができる。

同様にして、混合物のフガシティーf_iを求める次式を熱力学的に誘導できる。

$$\ln\frac{f_i}{Px_i}=\int_0^P\left(\frac{v_i}{RT}-\frac{1}{P}\right)\mathrm{d}P \tag{2.107}$$

式(2.107)によって成分iのフガシティー係数（$\phi i=f_i/Px_i$）を、成分iについて状態方程式を適用することにより求めることができる。ただし、f_iは成分iのフガシティーであり、v_iは成分iの分子容である。

式(2.106)、(2.107)の右辺の計算によってフガシティーが求められる。式(2.106)、(2.107)は気液両相について成立するもので、気液各相を示す添え字V、Lは省略してある。両式とも右辺にP、v、Tを含んでおり、流体のPVT関係より計算可能なことを示している。ゆえに、流体のPVT関係を表現できる実在気体の状態方程式によりフガシティーを求めることが可能となる。

式(2.106)、(2.107)においてf/P、f_i/Px_iはフガシティー係数（ϕ、ϕi）を示すから、結局、フガシティー係数を実在気体の状態方程式から求めることになる。

（2）SRK式による高圧気液平衡の計算

実在気体の状態方程式であるソアヴェ・レドリッヒ・クォンの式（SRK式）を示す（Soave, 1972）。

$$P=\frac{RT}{V-b}-\frac{a(T)}{V(V+b)} \tag{2.108}$$

純物質のフガシティー係数は、式(2.106)の圧力PにSRK式(2.108)を代入

すると、

$$\ln\phi=\ln\frac{f}{P}=\ln\frac{v}{v-b}-\frac{a(t)}{b}\frac{1}{RT}\ln\frac{v+b}{v}-\ln z+z-1 \qquad (2.109)$$

を得る。ここで、式(2.109)中の v は $v=zRT/P$ として置換し、かつ分母分子に P/RT をかけることにより

$$\ln\phi=\ln\frac{f}{P}=z-1-\ln(z-B)-\frac{A}{B}\ln\frac{z+B}{z} \qquad (2.110)$$

となり、SRK 式によりフガシティー係数が得られる。ただし、$A=a(T)P/R^2T^2$、$B=bP/RT$ である。

混合物のフガシティー係数も同様に、式(2.107)に式(2.108)を適用することにより、導出できる（式(2.111)）。

$$\ln\phi_i=\ln\frac{f_i}{P_ix_i}=\frac{b_i}{v-b}-\frac{a(T)b_i}{bRT}\frac{1}{v+b}+\ln\frac{v}{v-b}$$
$$+\ln\frac{v}{v+b}\left[\frac{a(T)b_i}{b^2RT}-\frac{a_i(T)}{bRT}\right]-\ln z \qquad (2.111)$$

ここに $a(T)$ および b は混合物としての定数であり、$a_{\mathrm{i}}(T)$ および b_{i} は混合物中の成分 i の定数である。

$z=PV/RT,\ A=aP/R^2T^2,\ B=bP/RT$ とすると(2.108)式は

$$z^3-z^2+z(A-B-B^2)-AB=0 \qquad (2.112)$$

となり、式(2.111)は

$$\ln\phi_i=\ln\frac{f_i}{Px_i}=\frac{b_i}{b}(z-1)-\ln(z-B)-\frac{A}{B}\left\{\frac{2(a_i(T))^{0.5}}{(a(T))^{0.5}}-\frac{b_i}{b}\right\}\ln\frac{z+B}{z} \qquad (2.113)$$

となる。

(2.113)式によりフガシティー係数を求めるには、(2.112)式を解いて z を求める。(2.113)式を気液両相に適用し、各相の圧縮係数 z を(2.112)式を解いて得る。気相における係数 A、B をあらかじめ決定しておいて、(2.112)式の根のうち、最大の根を気相における z（圧縮係数）とする。次いで、液相における係数 A、B をあらかじめ代入しておいて、求めた根のうち、最小の根を液相における z（圧縮係数）とする。

SRK 式を混合物に適用する場合の定数は、次の混合則を用いる。

$$a(T) = \{\sum x_i (a_i(T))^{0.5}\}^2 \qquad (2.114)$$

$$b = \sum x_i b_i \qquad (2.115)$$

$$a_{ij}(T) = (1 - k_{ij})(a_i(T) a_j(T))^{0.5} \qquad (2.116)$$

ここに、各成分の任意温度における a(T)、b(T)は次式による。

$$a(T) = a(T_c)\alpha(T_r, \ \omega) \qquad (2.117)$$

$$b(T) = b(T_c) \qquad (2.118)$$

これらの混合則により、式(2.113)中の$(a_i(T))^{0.5}/(a(T))^{0.5}$、$b_i/b$、$A$、$B$ は

$$\frac{(a_i(T))^{0.5}}{(a(T))^{0.5}} = \frac{a_i^{0.5} T_{ci}/P_{ci}^{0.5}}{\sum(x_i a_i^{0.5} T_{ci}/P_{ci}^{0.5})} \qquad (2.119)$$

$$\frac{b_i}{b} = \frac{T_{ci}/P_{ci}}{\sum(x_i T_{ci}/P_{ci})} \qquad (2.120)$$

$$A = 0.42747 \frac{P}{T^2} \left\{\sum\left(x_i \frac{T_{ci}\alpha_i^{0.5}}{P_{ci}^{0.5}}\right)\right\}^2 \qquad (2.121)$$

$$B = 0.08664 \frac{P}{T^2} \sum\left(x_i \frac{T_{ci}}{P_{ci}}\right) \qquad (2.122)$$

となる。式(2.121)中の α_i は偏心因子 ω_i により次の２つの式から求められる。

$$\alpha_i^{0.5} = 1 + m_i(1 - T_{r_i}^{0.5}) \qquad (2.123)$$

$$m_i = 0.480 + 1.574\omega_i - 0.176\omega_i^2 \qquad (2.124)$$

ここに

$$T_{ri} = T/T_{ci}$$

であり、T は平衡温度 K、T_{ci} は i 成分の臨界温度 K である。(2.108)式を臨界点(T_c, P_c, T_C)に適用すると

$$a(T_c) = \Omega_a \frac{R^2 T_c^2}{P_c} \qquad (2.125)$$

$$b = \Omega_b \frac{R T_c}{P_c} \qquad (2.126)$$

が得られる。ここに、$\Omega_a = 0.42747$、$\Omega_b = 0.08664$ である。

(2.116)式中のパラメータ k_{ij} は、補正係数であり、活量係数と似た性格のものである。分子間の性質に大差がない炭化水素系の場合などはゼロとしてかまわない。分子間の性質に差がある場合は、計算結果が実測値に近い値となるように、試行錯誤により決定する。

［問題 2.4］

純ブタンの 600 K、100 atm におけるフガシティー係数を SRK 式により求めよ。計算に必要な物性値を以下に示す。臨界温度：$T_c = 425.2$ K、臨界圧力：$P_c = 37.5$ atm、偏心因子：$\omega = 0.193$。

［解］　$z = 0.825$、$\phi = 0.800$（実測値 0.774）

［問題 2.5］

プロパン＋ペンタン系の 121.1℃における気液平衡を SRK 式により求めよ。ただし、液相におけるプロパンの組成は 0.272、また $k_{ij} = 0$ とする。計算に必要な物性値は次の通りである。

	プロパン	ペンタン
臨界温度［K］	369.8	469.6
臨界圧力［atm］	41.9	33.31
偏心因子	0.152	0.251

［解］

$P = 19.456$ atm,　$y_1 = 0.5491$

$f_1^L = f_1^V = 9.5480$ atm,　$f_2^L = f_2^V = 5.9687$ atm

測定値は $y_1 = 0.546$、$P = 20.4$ atm である。

（3）ペン・ロビンソン式による高圧気液平衡の計算

ペン・ロビンソン式は SRK 式と良く似ているが、式の構築に当たって、極性物質を含む溶液を採用している点である。SRK 式は炭化水素系の溶液を主にパラメータを決定している。したがって、炭化水素系の溶液の推算には SRK 式が適しており、ペン・ロビンソン式は非極性物質の推算に適している。さらに、両式ともに、フィッティング・パラメータ k_{ij} を採用していて、実験データの表現を確かなものにしている。**図 2.47** は k_{ij} の効果を示している。k_{ij} を 0.130 とすることにより、フィッティングは格段に良くなっている (Peng, 1976)。

ペン・ロビンソン式を次に示す。

$$P = \frac{RT}{v-b} - \frac{a(T)}{v(v+b)+b(v-b)} \tag{2.126}$$

混合物のフガシティー係数は、式(2.107)に式(2.126)を適用することによ

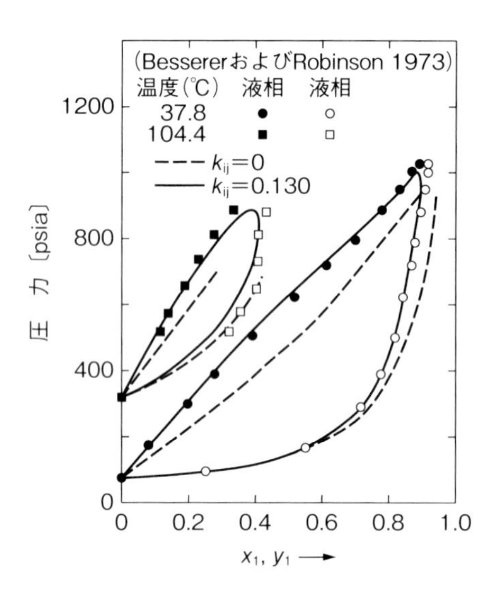

図 2.47 ペン・ロビンソンの式における k_{ij} の有効性（CO_2＋イソブタン系）(Peng, 1976)

り導出される。SRK 式の場合と同様に、z、A、B を用いて、フガシティ係数 ϕ_i の次式変形する。

$$\ln \phi_k = \frac{b_k}{b}(z-1) - \ln(z-B) - \frac{A}{2\sqrt{2}B}\left(\frac{2\sum_{i=1}^{N} x_i a_{ik}}{a} - \frac{b_k}{b}\right)\ln\left(\frac{z+2.414B}{z-0.414B}\right) \tag{2.127}$$

混合物の場合における定数 a、b は各成分 (i) の定数 a_i、b_i から、SRK 式の場合と同様に、(2.114)～(2.116)式により求める。

(2.67)式を展開すると a_{ii}、a_{jj}、a_{ij} が発生してくるが、a_{ii}、a_{jj} はすでに述べた a_i、a_j であり、a_{ij} は(2.116)式により決定する。(2.116)式における k_{ij} は実測値により決定されるパラメーターである。

ペン・ロビンソンの状態方程式により気液平衡の推算を行う際には、計算の便宜上、(2.126)式を SRK 式の場合と同様に、z、A、B を用いて変形して使う。

$$z^3 - (1-B)z^2 + (A-3B^2-2B)z - (AB-B^2-B^3) = 0 \tag{2.128}$$

上式を解いて z を得ることができるが、気液平衡状態における z を求めるには、気相における係数 A、B をあらかじめ決定しておいて、(2.128)式の根のうち、最大の根を気相における z（圧縮係数）とする。次いで、液相における係数 A、B をあらかじめ代入しておいて、求めた根のうち、最小の根を液相における z（圧縮係数）とする。

(2.126)式を臨界点(T_c, P_c, T_C)に適用すると

$$a(T_C) = 0.45724\frac{R^2T_C{}^2}{P_C} \tag{2.129}$$

$$b(T_C) = 0.07780\frac{RT_C}{P_C} \tag{2.130}$$

$$z_c = 0.307$$

臨界温度以外の温度では

$$a(T) = a(T_c)\alpha(T_r, \omega) \tag{2.131}$$

$$b(T) = b(T_c) \tag{2.132}$$

によって、a、b を決定する。b は(2.132)式から臨界点の値をそのまま利用し、a は、α により任意の温度における値を計算する。

a は、対臨界温度 $T_r(=T/T_c)$ と分子の形状を表す偏心因子（ω）との関数であり、次の２式により求める。

$$\alpha^{1/2} = 1 + m(1 - T_r{}^{1/2}) \tag{2.133}$$

$$m = 0.37464 + 1.54226\omega - 0.26992\omega^2 \tag{2.134}$$

(2.134)式は実測データに基づく相関式であるが、ペン・ロビンソン式を蒸気圧データに適用して最適な係数を決定したものである。

ペン・ロビンソン式の２成分定数 k_{ij} を求め、コンピュータ、プロッタにより処理した結果の例を**図 2.48** に示した。大江「気液データ集—高圧編」には、代表的な２成分系 700 系の２成分定数 k_{ij} を決定した結果が表示されており、推算結果もプログラムとともに記述されているので参照されたい。

高圧の気液平衡を正確に表現できるようにペン・ロビンソンの式の２成分定数 k_{ij} をメタン＋炭酸ガス系の実測値から求めた結果の例を図2.48に示した。図 2.48 の例は－43.15 ℃の場合（230 K）であるが、この温度 230 K はメタンの臨界温度 190.6 K を超えている。したがって、純メタンの気液平衡状態は存在しない。このため、この温度においては、メタンの液組成 0.6～0.7 の

メタン(1)＋二酸化炭素(2)系

CH_4　　　CO_2

Data from J.Davalos, M.R.Anderson, R.E.Phelps, A.J.Kidnay:J.Chem.Eng.Data,vol.21,p.81(1976)

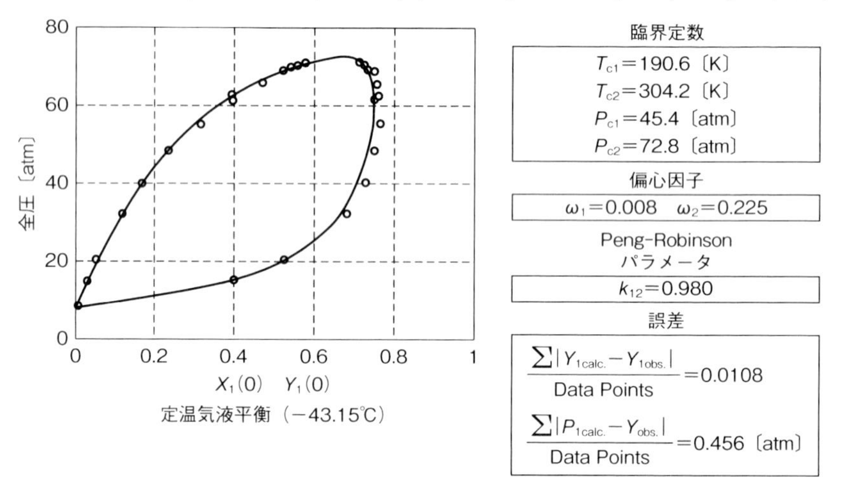

図 2.48　ペン・ロビンソンの式による高圧気液平衡データの表現

間、73 atm 付近に混合物としての臨界点があると考えられる。

①ペン・ロビンソン　パラメータ

ペン・ロビンソンの式による高圧の気液平衡を推算する際にも重要な役割を果たすのが、式(*2.116*)の k_{ij} である。これをペン・ロビンソンパラメータという。すでに述べたように、k_{ij} は通常は2成分系の実測値により決定される。k_{ij} は同じ系においても、温度により変化する。**図 2.49** に k_{ij} と温度との関係を「気液平衡データ：高圧編」記載の系番号とともに H_2+メタン、メタン+ブタン、メタン+デカン系の場合について示した。H_2+メタン系は温度による k_{ij} の変化が大きい。メタン+ブタン系、メタン+デカン系では k_{ij} 対温度の関係において極小値が認められる。この極小値については様々な解釈が可能と思われる。液相、気相における非理想性の現れ方が温度によって異なるものと考えられる。すなわち、比較的低温においては液相の非理想性が支配的であるために、温度の上昇とともに液相の非理想性の程度が減少することによると考えられる。

一方、比較的高温においては、気相の非理想性が支配的であるために、温

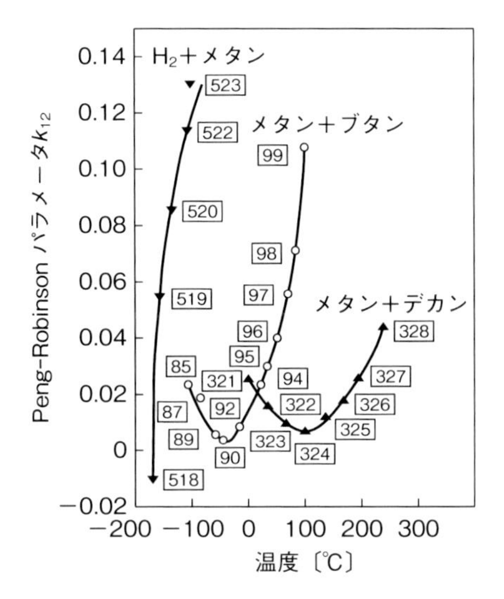

図 2.49　ペン・ロビンソンパラメータ kij と温度との関係（大江，1989）

度の上昇に伴う圧力増加の結果、気相の非理想性の程度が増大するためと考えられる。

2.3.8　気液平衡計算式選定の基準

気液平衡の計算式は多数あり、選択に迷う場合がある。しかしそれぞれの計算式には使われるべき条件がある。

先ず、計算式選択の基準の第１は操作圧である。これは気液平衡を計算する必要のある蒸留方法によっている。高圧か、低圧かにより計算方法が分かれる。高圧では、成分の中で臨界温度を超えるものがあり、蒸気圧を決められないので状態方程式（SRK 式など）を使う。低圧の場合の計算が圧倒的に多いので、計算法は細かく分かれる。

最も計算しやすいのは理想溶液の場合だ。溶液が理想か、非理想の判断は成分がすべて同族物質であれば、理想溶液といえる。しかし、逆は必ずしも真ならずであるから、注意が必要である。

最も計算する必要性の多いのが、非理想溶液の場合である。この場合、重要なことは実測値の有無である。実測値の有無とは、使用する計算式の定数が用意されているか否かということになる。通常は便覧（化学便覧など）類や気液平衡データ集（拙著、DECHEMA など）などで調べる。プロセスシミュレーターを使える場合は、データが内蔵されているので調べる必要はないが、その場合、数十ある計算式の中から選択しなければならない。しかし、その場合でも、基本的には、以下に示す選択基準を基本とすれば、選択も容易となるはずである。

非理想溶液の場合、実測値が見つからない場合は原子団寄与法（UNIFAC、ASOG）による。次に検討すべきは成分の溶解性である。全く溶解しない不溶解系の場合（2.3.5 節）は、蒸気圧のみで計算が可能だ。問題は溶解、部分溶解（2 液相）の場合である。溶解する場合は、2 成分系のみの計算か多成分系かにより分かれる。部分溶解（2 液相）の場合は NRTL 式による。この式は多成分系にも使える。最も、よく使われるのは、完全溶解系の多成分用であるウィルソン式だ。

高圧の場合は、炭化水素系であれば SRK 式、極性物質を含む場合はペンロビンソン式を使う。

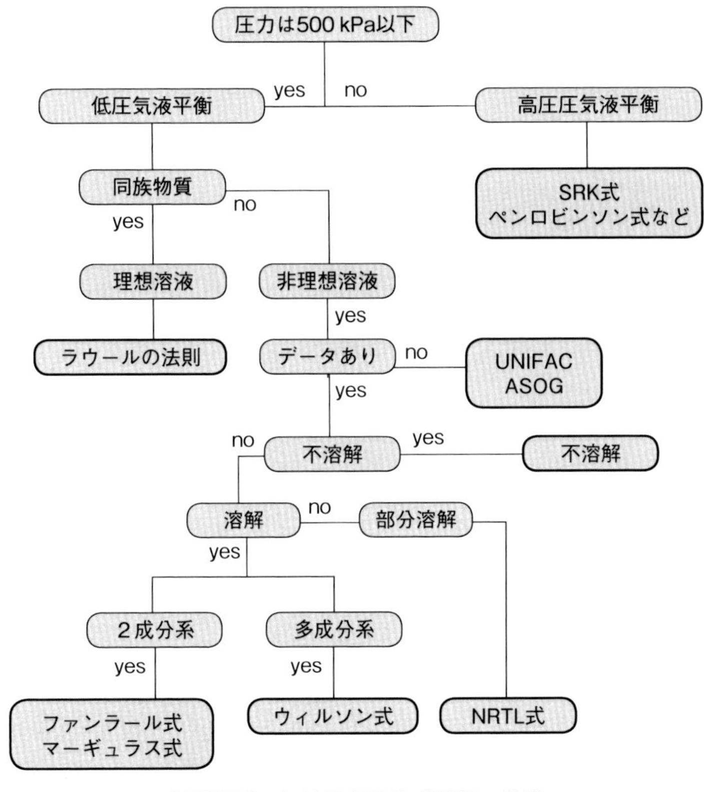

図 2.50　気液平衡計算式選択の基準

蒸留塔の理論段数

蒸留により混合物を分離・精製するときの純度は、蒸留塔の理論段数により決定する。したがって、蒸留塔の理論段数の決定は蒸留塔の計算において、最も重要なものの一つである。したがって、理論段数の計算は注意深く行わなければならない。蒸留塔に段塔と充填塔とがあるが、いずれも、本章の理論段数の計算が必要であり、共通に行われる。

3.1
フラッシュ蒸留

低沸点成分と高沸点成分とをあらく分離する際に用いられる方法で、**図3.1** に示すように1段の分離装置である。原料を加熱し減圧弁を経て分離器内に噴射させると温度、圧力に対応して気体と液体に分離される。フラッシュ蒸留は連続操作であるため分離器内は平衡関係にあると考えてよいので、物質収支により気液の量的関係を求めることができる。

2成分系の場合を考えると全体の物質収支は

$$F = D + L \tag{3.1}$$

F：原料供給量（kg-mol/h）、L：塔底液量（kg-mol/h）、

D：塔頂蒸気量（kg-mol/h）

低沸点成分の物質収支は

$$Fz = Dy + Lx \tag{3.2}$$

z：原料中の低沸点成分のモル分率

x：塔底液中の低沸点成分のモル分率

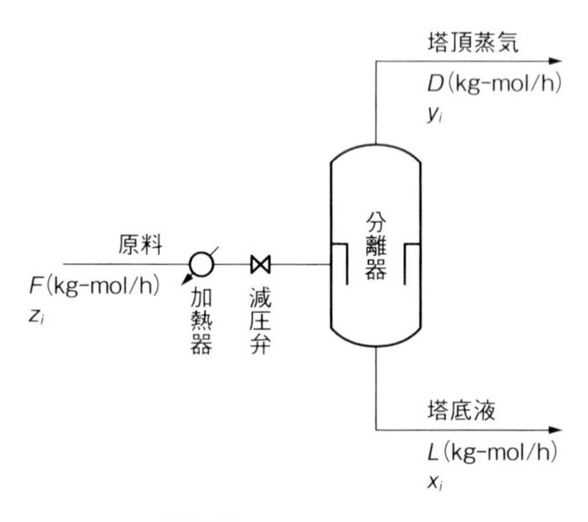

図3.1 フラッシュ蒸留

y：塔頂蒸気中の低沸点成分のモル分率

上記の両式から

$$\frac{L}{D}=\frac{y-z}{z-x} \tag{3.3}$$

を得る。2成分系の気液平衡関係は自由度から温度、圧力を決定すると一義的に決まるから、(3.3)式によりL/Dが求まる。このL/Dの値を使って(3.1)式から気液の量を決定できる。

多成分系の場合を次に考える。全体の物質収支は多成分系の場合も(3.1)式が成立する。気液平衡関係は

$$y_i=K_i x_i \tag{3.4}$$

x_i：i成分の液相におけるモル分率、K_i：i成分の平衡比、

y_i：i成分の気相におけるモル分率、i：i番目の成分

で与えられるものとする。

i成分について物質収支は

$$Fz_i=Dy_i+Lx_i \tag{3.5}$$

z_i：i成分の原料中のモル分率

となる。(3.4)式を(3.5)式に代入して整理すると、

$$x_i=\frac{\left(\frac{L}{D}+1\right)z_i}{K_i+\frac{L}{D}} \tag{3.6}$$

を得る。多成分系の気液平衡関係は温度・圧力を仮定しても一義的には決まらない。そこで(3.6)式においてL/Dを仮定して試行錯誤法により

$$\sum_{i=1}^{N}x_i=1 \tag{3.7}$$

となるときのL/Dを求める。ここに、Nは成分数である。

3.2 水蒸気蒸留

水蒸気を直接蒸留塔に送り、水に溶けない物質を留出させる方法を水蒸気蒸留といい、高沸点物の分離などに使われる。水蒸気蒸留により蒸留温度を下げることができるので、通常の蒸留によっては分解する物質の分離に適している。

水蒸気蒸留において目的成分以外の不純物は不揮発性とすると、ドルトンの法則により

$$\pi = p_A + p_S \tag{3.8}$$

π：全圧（mmHg）、p_s：水蒸気の分圧（mmHg）、

p_A：目的成分の分圧（mmHg）

また、目的成分と水蒸気の気相におけるモル分率は

$$y_A = \frac{p_A}{\pi}, \quad y_S = \frac{p_S}{\pi} \tag{3.9}$$

y_A：目的成分の気相におけるモル分率、y_S：水蒸気の気相におけるモル分率

上式から、単位重量の目的成分とともに留出する水蒸気の量は次式により得られる。

$$\frac{W_S}{W_A} = \frac{p_S}{p_A}\frac{M_S}{M_A} \tag{3.10}$$

W_A：留出する目的成分の重量（kg）、M_A：目的成分の分子量、

Ws：留出する水蒸気の質量（kg）、Ms：水の分子量

さらに、不溶解性成分混合物の気液平衡関係において分圧 p_A および p_s は

$$p_A = P_A, \quad p_S = P_S \tag{3.11}$$

P_A：目的成分の蒸気圧（mmHg）、Ps：水蒸気の蒸気圧（mmHg）

であり、Ps/P_A は相対揮発度 α_{SA} であるから

$$\frac{W_S}{W_A}=\frac{P_S}{P_A}\frac{M_S}{M_A}=\alpha_{SA}\frac{M_S}{M_A} \tag{3.12}$$

により、目的成分を留出させるのに必要な水蒸気量を求めることができる。

蒸留温度の決定は試行錯誤法により(3.8)式を満足する温度とする。温度により相対揮発度が大きく変化しない場合や概算でよい場合は、仮定した温度における相対揮発度 α_{SA} を用いてもよい。(3.10)および(3.12)式により得られる水蒸気の必要量は理論上の値であり「最小水蒸気消費量」といわれる。

3.3 蒸留の原理

蒸留の本命は精留である。精留とは精密な蒸留を約した語と考えられる。英語では fractionation といい、分留と訳されている。いずれにしても、混合液中の成分を純度高く分ける蒸留のことである。しかし、最近は単に蒸留ということが多くなっている。

図 3.2 の A は連続式の１段の働きをする蒸留器を連ねたものである。２成分原料 F は１番の蒸留器に入り蒸発液 V_1 と残液 L_1' を生じる。V_1 は目的成分の濃度が上がり、L_1' は濃度が下がる。V_1 は凝縮後２番へ V_2 は３番へと進み、同様にして V_4、V_5 と蒸留が進むうちに濃度の高い成分が得られる。ところで、各蒸留器の残液中に目的成分が含まれているので戻して、目的成分を回収する。それが L_5、L_4、…L_4'、L_5'、の流れである。つまり、この L の流れが還流液の流れである。精留と単蒸留（4.1）の違いは精留には還流があるのに、単蒸留には還流がないという点が大きな違いである。この還流により２成分をそれぞれの成分にほぼ完全に分離精製することができる。

図 3.2B は A を縦に連結したものである。さらに気体と液の流れと蒸発・凝縮の仕組みを一つの塔の形（蒸留塔）にしたものが図 3.2C である。

図 3.2 は蒸留塔の各部の流れを示したものである。原料は、その組成に応じた段の位置に供給されるが、原料中に２つの成分が等量含まれている場合

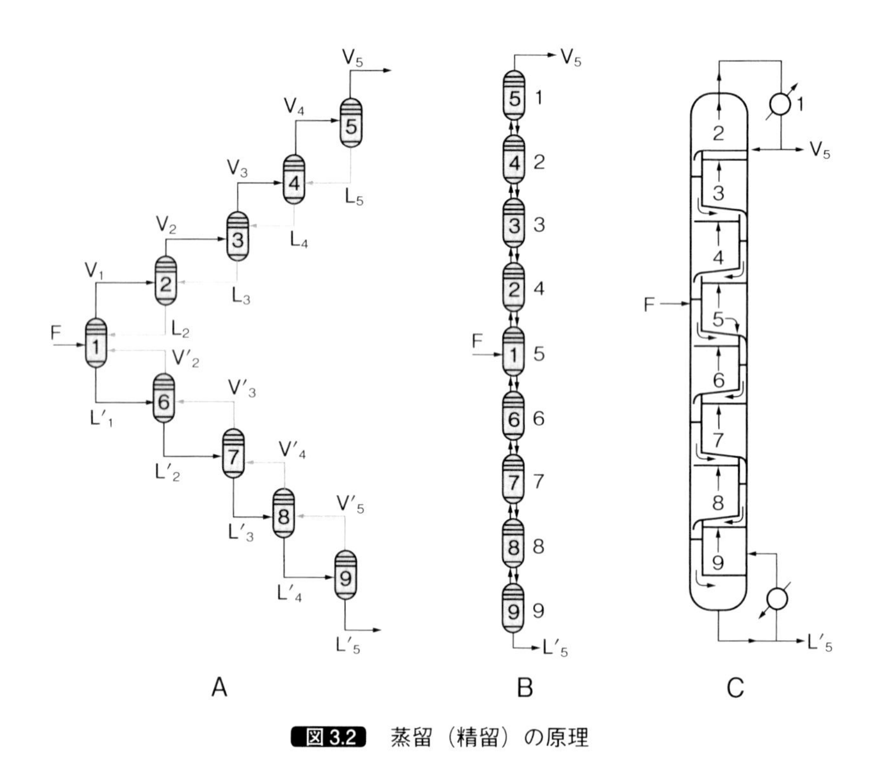

図3.2　蒸留（精留）の原理

は、塔の中央に供給する。それぞれの成分がほぼ完璧に分離された場合は塔頂と塔底から等量の分離された成分が得られる。

連続式に蒸留する場合、時間当たりの流量をkg-mol/hで計算する。記号であるが、原料供給量はFeedのF、留出液量はDistillateのD、缶出量はBottomのB（昔はWasteのWであった）、蒸気量はVaporのV、液量はLiquidのLを使う。

3.4 マッケーブ・シール法

理論段数の計算にあたり、1）蒸留塔からの熱損失はない、2）各成分のモル蒸発潜熱は等しい、3）各成分の混合熱はない、4）各段の液の顕熱の差はない、と仮定する。この仮定により各段では等モルの蒸気、液が流れているとすることができる。

図 3.3 に示す蒸留塔を考え、その理論段数を求めるマッケーブ・シール（MacCabe-Thiele）法を説明する。まず濃縮部について物質収支を点線で囲まれた部分でとる。

全物質収支　$V = L + D$　(3.13)

低沸点成分の物質収支　$Vy_{n+1} = Lx_n + Dx_D$　(3.14)

(3.14)式を変形して

$$y_{n+1} = \frac{L}{V}x_n + \frac{D}{V}x_D \quad (3.15)$$

を得るが、これを濃縮部の操作線の式と呼び、(n+1)段における蒸気組成とn段の液組成との関係を示している。

塔頂では全縮器を用い、過冷却を行わないとすると $L = L_R$ とおくことができ、次式が成立する。

$$r = \frac{L_R}{D} = \frac{L}{D} \quad (3.16)$$

r を「還流比」といい、理論段数の決定に大きな影響を与える。還流比 r を用いて、(3.15)式を表現すれば

$$y_{n+1} = \frac{r}{r+1}x_n + \frac{1}{r+1}x_D \quad (3.17)$$

を得る。通常、上式により濃縮部の理論段数を求める。

図 3.2 の回収部について物質収支を点線の範囲でとる。

全物質収支　$\bar{L} = \bar{V} + B$　(3.18)

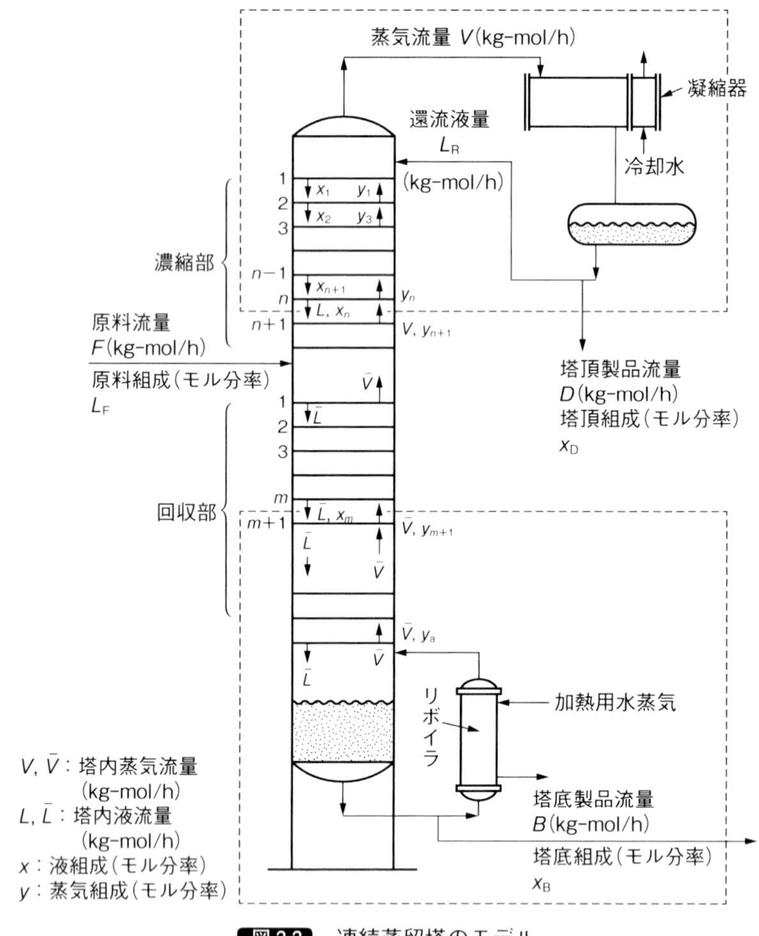

図3.3 連続蒸留塔のモデル

低沸点成分の物質収支　$\bar{L}x_m = \bar{V}y_{m+1} + Bx_B$　(3.19)

(3.19)式を変形して

$$y_{m+1} = \frac{\bar{L}}{\bar{V}}x_m - \frac{B}{\bar{V}}x_B \tag{3.20}$$

を得る。上式を回収部の操作線の式と呼び、(m＋1)段の蒸気組成とm段の液組成との関係を示している。

次に、原料の供給状態を考えてみると、沸点液で供給される場合もあるが、露点蒸気で供給される場合もあり、これにより上記の V、L、$\bar{V}$、$\bar{L}$ の量が変わる。これらの間には次に示す関係がある。

$$\bar{L} = L + qF \tag{3.21}$$

$$\bar{V} = V - (1-q)F \tag{3.22}$$

$$q = \frac{\text{原料1モルを飽和蒸気とするための熱量}}{\text{原料のモル蒸発潜熱}}, \quad \begin{pmatrix} \text{沸点液：} q=1, \\ \text{露点蒸気：} q=0 \end{pmatrix}$$

濃縮部と回収部の操作線の交点の式は、(3.14)、(3.19)、(3.21)、(3.22)式および全塔の物質収支

$$\mathrm{F \cdot z_F = D \cdot x_D + B \cdot x_B} \tag{3.23}$$

から、交点では、$y_{n+1} = y_{m+1} = y$、$x_n = x_m = x$ とおいて

$$y = -\frac{q}{1-q}x + \frac{z_F}{1-q} \tag{3.24}$$

となる。上式を q 線の式と呼ぶ。

上述の関係を使い、図上で理論段数を作図により求めることができる。以下にその方法を述べる。

1）x–y 曲線を描く。

2）$x = x_D$ における対角線上の点から $x = 0$、$y = \dfrac{x_D}{r+1}$ に直線を引き、濃縮部の操作線とする。

3）$x = z_F$ における対角線上の点から $-q/(1-q)$ の勾配の直線を引き、2）で引いた直線との交点を求める。

4）3）で求めた交点から $x = x_B$ における対角線上の点に直線を引く。

5）$x = x_D$ における対角線上の点から、x–y 曲線と操作線との間で階段作図を行い、作図の回数からステップ数を求める。

6）理論段数を（ステップ数－1）として求める。

(3.17)式において $r \to \infty$ とすると、$r/(r+1) \to 1$ となり、濃縮部操作線の勾配は1となり、このとき理論段数はもっとも少ない。このような運転を「全還流」状態の運転という。r を小さくすると濃縮部操作線の勾配は小さくなり、z_F より x の大きいところで x–y 曲線と交わる。そのような状態では還流液が不足で蒸留は不可能である。蒸留可能な還流比の最小の値を「最小

還流比」といい、濃縮部操作線と x–y 曲線とが原料供給状態で交わる点から求められる。その交点の座標を $(x_c,\ y_c)$ とし、最小還流比を r_{min} とすると、

$$\frac{r_{min}}{r_{min}+1}=\frac{x_D-y_c}{x_D-x_c} \tag{3.25}$$

となる。x_c は q 線の式と x–y 曲線との交点の x 座標であるから、理想溶液の場合は、相対揮発度を α とすると、

$$\mathrm{q}=1 \text{ のとき、} x_C=z_F \tag{3.26}$$

$$q=0 \text{ のとき、} x_c=\frac{z_F}{\alpha-z_F(\alpha-1)} \tag{3.27}$$

$q\neq0$、$q\neq1$ のとき

$$x_c=\frac{-b+\sqrt{b^2-4ac}}{2a} \tag{3.28}$$

$$\left.\begin{aligned} a&=q(\alpha-1)\\ b&=q-\alpha(q-1)-z_F(\alpha-1)\\ c&=-z_F \end{aligned}\right\} \tag{3.29}$$

また、両操作線の交点の x 座標を x_i とおけば、

$$x_i=\frac{\dfrac{x_D}{r+1}+\dfrac{Bx_B}{\bar{V}}}{\dfrac{\bar{L}}{\bar{V}}-\dfrac{r}{r+1}} \tag{3.30}$$

q 値と原料の熱的状態との関係を**図 3.4** に、q 値の計算法との関連などを**表 3.1** に示す。

[例題 3.1]

ヘプタンとエチルベンゼンの原料 100 kg-mol/h（ヘプタン 42 mol %、エチルベンゼン 58 mol %）を常圧で連続蒸留して塔頂よりヘプタン 97 mol %を留出させ、塔底よりヘプタン 1 mol %の缶出液を得たい。

(1) 最小還流比を決定せよ。

(2) 最小還流比の 1.5 倍を還流比として濃縮部、回収部における液流量、蒸気流量を求めよ。

(3) マッケーブ・シール法により理論段数を決定せよ。

ただし、ヘプタンのエチルベンゼンに対する相対揮発度を 2.92 とし、原料

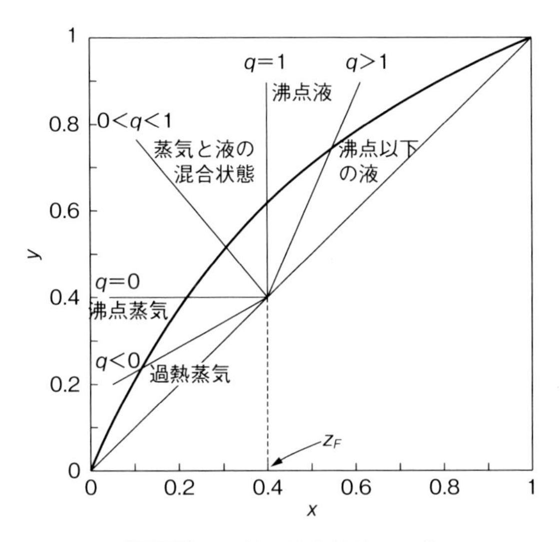

図 3.4　原料の熱的状態と q 値

表 3.1　原料の熱的状態（q 値）と塔内流量

q 値	塔内の流量		q 値の算出方法	記号説明
	L と $\bar{L}$	V と $\bar{V}$		
$q>1$	$\bar{L}>L$	$\bar{V}>V$	$q=1+\dfrac{C_p{}^L(T_b-T_F)}{\Delta H_v}$	$C_p{}^L$ 液体の分子熱、T_b：沸点、T_F：原料の温度、ΔH_v,：モル蒸発熱
$q=1$	$\bar{L}>L$	$\bar{V}=V$	$q=1$	—
$0<q<1$	$\bar{L}>L$	$\bar{V}<V$	q＝原料中の液のモル数の率	—
$q=0$	$\bar{L}=L$	$\bar{V}<V$	$q=0$	—
$q<0$	$\bar{L}<L$	$\bar{V}<V$	$q=-\dfrac{C_p{}^V(T_F-T_F)}{\Delta H_v}$	$C_p{}^V$ 気体の分子熱、T_E：露点、T_F：原料の温度、ΔH_v：モル蒸発熱

の 40 ％が蒸気で 60 ％が液で供給されるものとし、塔頂は全縮器（コンデンサ）を使うものとする。

［解］

（1）最小還流比の決定

題意により、$q=0.6$ である。

(*3.29*)式により

$$a=(0.6)(2.92-1)=1.152$$

$$b=0.6-(2.92)(0.6-1)-(0.42)(2.92-1)=0.9616$$

$$\mathrm{c}=-0.42$$

(*3.28*)式から

$$x_{\mathrm{c}}=\frac{-0.9616+\sqrt{0.9616^2-(4)(1.152)(-0.42)}}{(2)(1.152)}=0.3167$$

(*2.32*)式から

$$y_{\mathrm{c}}=\frac{(2.92)(0.3167)}{1+(2.92-1)(0.3167)}=0.5751$$

したがって、$x_{\mathrm{D}}=0.97$ であるから、(*3.25*)式より

$$\frac{r_{\mathrm{min}}}{r_{\mathrm{min}}+1}=\frac{0.97-0.5751}{0.97-0.3167}=0.6045$$

$$r_{\mathrm{min}}=\frac{0.6045}{1-0.6045}=1.528$$

題意により、還流比 r は

$$r=1.5r_{\mathrm{min}}=(1.5)(1.53)=2.292$$

(2) 塔内の液流量、蒸気流量の決定

物質収支により

$$D=F\cdot\frac{z_{\mathrm{F}}-x_{\mathrm{B}}}{x_{\mathrm{D}}-x_{\mathrm{B}}}=100\cdot\frac{0.42-0.01}{0.97-0.01}=42.71\,(\mathrm{kg\text{-}mol/h})$$

したがって

$$B=F-D=100-42.71=57.29\ (\mathrm{kg\text{-}mol/h})$$

濃縮部における液流量 L は(*3.16*)式より

$$L=r\,D=(2.292)(42.71)=97.89\ (\mathrm{kg\text{-}mol/h})$$

濃縮部における蒸気流量 V は(*3.13*)式により

$$V=L+D=r\cdot D+D=(r+1)D$$

$$V=(2.292+1)(42.71)=140.60\ (\mathrm{kg\text{-}mol/h})$$

回収部における液流量 $\bar{L}$ は(*3.21*)式により

$$\bar{L}=97.89+(0.6)(100)=157.89\ (\mathrm{kg\text{-}mol/h})$$

回収部における蒸気流量 $\bar{V}$ は(*3.22*)式により

$\bar{V} = 140.60 - (1 - 0.6)(100) = 100.60$ （kg-mol/h）

(3) 理論段数の決定

1)　濃縮部の操作線を $x = x_D$ から $x = 0$ における y 軸上の切片に向かって引く。

$x = 0$ における y 軸上の切片の値は(*3.17*)式において $x_n = 0$ とおいて、

$$y = \frac{x_D}{r+1} = \frac{0.97}{2.292+1} = 0.2947$$

2)　q 線と濃縮部の操作線との交点の x 座標を(*3.30*)式により求める。

$$x_i = \frac{\dfrac{0.97}{2.292+1} + \dfrac{(57.29)(0.01)}{100.6}}{\dfrac{157.89}{100.60} - \dfrac{2.292}{2.292+1}} = \frac{0.2947 + 0.0057}{1.5695 - 0.6962} = 0.3440$$

次に y 座標を濃縮部の操作線の式により求める。

q 線を(z_F, z_F)から(x_i, y_i)まで引く。

3)　回収部の操作線を(x_i, y_i)から(x_B, x_B)まで引く。

4)　平衡曲線（x–y 曲線）と操作線との間で、階段作図を行う。

作図の結果を**図 3.5** に、また、回収部の塔底部部分の拡大結果を**図 3.6** に示した。図 3.6 に示したように、塔頂から作図を行った場合、13 段では x_B

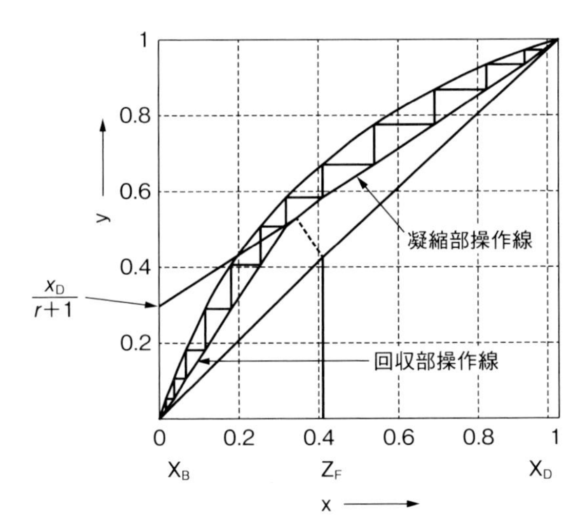

図 3.5　マッケーブ・シール法による理論段数の決定（その 1）
（ヘプタン–エチルベンゼン系の場合）

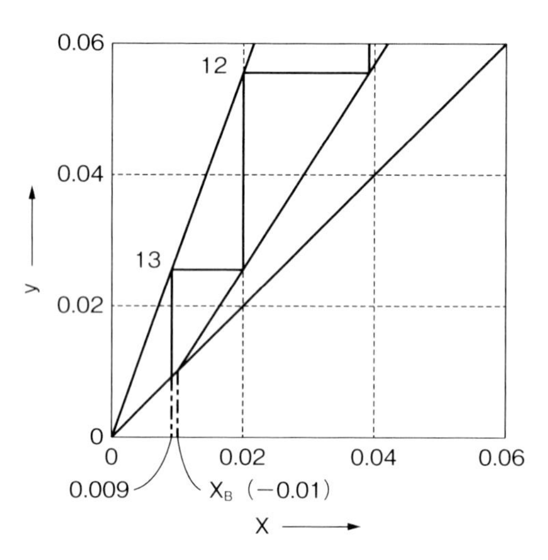

図 3.6 マッケーブ・シール法による理論段数の決定（その 2）
（ヘプタン-エチルベンゼン系の場合）

=0.01 より低い組成（=0.009）の塔底液が得られる。この部分については段数を(0.02－0.01)/(0.02－0.009)=0.9 とする。

理論段数としては（ステップ数－1）として、作図結果より、

理論段数=(12+0.9)－1=11.9

となる。供給段の位置は、図 3.5 より上から 6 段目となる。

作図によらずに計算した場合の結果を、参考のために以下に示す。

ステップ数	液組成	蒸気組成
	濃縮部	
1	0.91717	0.97000
2	0.82715	0.93321
3	0.69721	0.87053
4	0.54844	0.78005
5	0.41725	0.67645
6	0.32567	0.58511
	回収部	
7	0.25921	0.50538

8	0.18655	0.40108
9	0.12118	0.28706
10	0.07190	0.18447
11	0.03947	0.10713
12	0.02000	0.05625
13	0.00895	0.02570

3.4.1　最適還流比

最適な還流比どのようにして、決めるのか？　それは経済上の理由により決める。還流比 r と蒸留塔内を上昇する蒸気との関係を見る。蒸留塔では、図 3.3 に示したように

蒸気量＝(還流比＋1)×留出量

という関係がある。留出量は一定であるから

還流比→大　により　蒸気量→大

となる。還流比を大きくすると蒸気量が増える。これはリボイラーで発生させる蒸気量が増えると、リボイラーで使用する加熱水蒸気量が増えることになる。加熱水蒸気はボイラーで発生させるので、ボイラーで使用する燃料が増えることになり、運転費が増えることになる。

還流比→大、蒸気量→大、運転費→大

一方、還流比を増やすと理論段数は減少し、蒸留塔の製作費が減少するから

還流比→大、理論段数→小、装置費→小

となる。これを費用と還流比の関係で見ると、**図 3.7** のようになる。還流比を大きくすると運転費は増大するが、装置費は減少する。しかし、この両費用の合計である全費用には最小値の存在することがわかる。このときの還流比を最適還流比という。

理論段数の計算のたびに、様々な還流比につきこれら費用を計算することは相当の労力を要する。そこで、経験値により還流比を決定する。この経験則も図 3.7 に示した。

経験則　最適還流比＝最小還流比×1.5〜2　　(3.31)

この最適還流比は経済の状況により変動する。仮に燃料である重油の価格

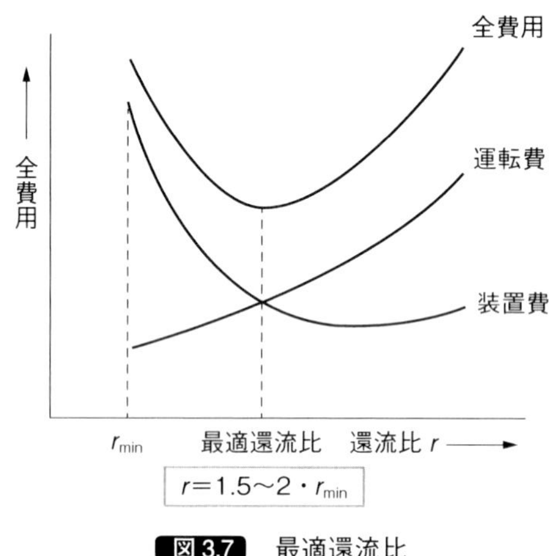

図 3.7 最適還流比

が上がったとすると、運転費の曲線は上方向に移動するから、装置費の曲線との交点は還流比の低い方に移動し、逆に価格が下がると、交点は還流比の高い方へ移動する。

3.5 多成分系の蒸留

蒸留すべき混合物は、多くの場合、多成分系である。蒸留の考え方を学習するには2成分系でよろしいが、実務となると多成分系の理論段数計算が必要となる。多成分系の理論段数計算は、2成分系の場合と2点ほど異なっている。第1は2成分系のように仕様を決めることができない点である。すなわち、原料に対して留出液、缶出液の組成を指定できない。これを設計型に対して操作型という。

第2は理論段数計算（正確には蒸留計算）は2成分系に対して、はるかに複雑であるという点である。蒸留塔内の組成と温度を仮定した、多元の非線形連立方程式を解く作業となり、コンピュータを使わなければ解を得ることができない。

しかし、蒸留計算法のアルゴリズムが優れていること、および多成分系の気液平衡を正確に計算できることにより、多成分蒸留計算の結果は工場の運転結果と良く一致するといわれている。

3.5a　多成分系の最小還流比

多成分系の最小還流比は、2成分系のように作図により簡単には求められない。理想溶液の多成分系については、次に示すアンダーウッド(Underwood) の方法がよく使われる。

まず、次式の θ を試行錯誤法により求める。

$$\sum_{i=1}^{n} \frac{x_{F_i}}{(\alpha_i-\theta)/\alpha_i}=1-q=\frac{\alpha_1 x_{F_1}}{\alpha_1-\theta}+\frac{\alpha_2 x_{F_2}}{\alpha_2-\theta}+\cdots\cdots+\frac{\alpha_n x_{F_n}}{\alpha_n-\theta} \qquad (3.32)$$

x_{F_i}：原料中のｉ成分のモル分率

α_i：ｉ成分の相対揮発度（通常は最高沸点物に対する相対揮発度）

q：原料１モル中に含まれる飽和液のモル数（沸点液：$q=1$、露点蒸気：$q=0$）

n：成分数

次に(3.32)式で求めた θ から次式により最小還流比を計算する。

$$R_{\min}+1=\sum_{i=1}^{n} \frac{x_{D_i}}{(\alpha_i-\theta)/\alpha_i}=\frac{\alpha_1 x_{D_1}}{\alpha_1-\theta}+\frac{\alpha_2 x_{D_2}}{\alpha_2-\theta}+\cdots\cdots+\frac{\alpha_n x_{D_n}}{\alpha_n-\theta} \qquad (3.33)$$

$R_{\min}$：最小還流比、x_D：留出液中のｉ成分のモル分率

ただし、θ の値は次の条件を満足する値を選ぶ。

$\alpha_{hk}<\theta<\alpha_{lk}$

α_{lk}：低沸点限界成分（缶出液中に含まれる成分のうちで、もっとも沸点の低い成分）の相対揮発度

α_{hk}：高沸点限界成分（留出物中に含まれる成分のうちで、もっとも沸点の高い成分）の相対揮発度

3.5b　多成分系の最小理論段数

多成分系溶液の全還流状態における理論段数は、溶液が理想溶液で相対揮発度が一定とみなしてよい場合には、次のフェンスケ（Fenske）の式により求めることができる。

$$S_{\min} = N_{\min} + 1 = \frac{\log\left(\frac{x_{\mathrm{lkD}}}{x_{\mathrm{hkD}}}\right)\left(\frac{x_{\mathrm{hkB}}}{x_{\mathrm{lkB}}}\right)}{\log \alpha_{\mathrm{lh}}} \quad (3.34)$$

$S_{\min}$：最小ステップ数、$N_{\min}$：最小理論段数、

α_{lh}：低沸点限界成分の高沸点限界成分に対する相対揮発度

x_{lkD}、x_{hkD}：留出液中の低沸点限界成分および高沸点限界成分のモル分率

x_{lkB}、x_{hkB}：缶出液中の低沸点限界成分および高沸点限界成分のモル分率

2成分系の場合にフェンスケの式を適用すると

$$S_{\min} = N_{\min} + 1 = \frac{\log\left[\frac{x_{\mathrm{D}}}{(1-x_{\mathrm{D}})} \cdot \frac{(1-x_{\mathrm{B}})}{x_{\mathrm{B}}}\right]}{\log \alpha_{12}}$$

となる。

α_{12}：第1成分の第2成分に対する相対揮発度

x_{D}：第1成分の留出液中（塔頂蒸気の凝縮液）の組成（モル分率）

x_{B}：第1成分の缶出液中（塔底液）の組成（モル分率）

[例題3.2]

相対揮発度1.57の2成分系を全還流下で蒸留したところ

$x_{\mathrm{D}} = 0.9095$

$x_{\mathrm{B}} = 0.3800$

なる結果を得た。この塔の理論段数を求めよ。

[解]

題意により

$$S_{\min} = \frac{\log\left[\frac{0.9095}{(1-0.9095)} \cdot \frac{(1-0.3800)}{0.3800}\right]}{\log 1.57} = \frac{\log 16.4}{\log 1.57} = 6.2$$

したがって、$N_{\min} = S_{\min} - 1 = 5.2$（段）である。

3.5c 多成分系の理論段数1（ギリランドの相関）

最小理論段数および最小還流比から理論段数を求めるには、これらの間の

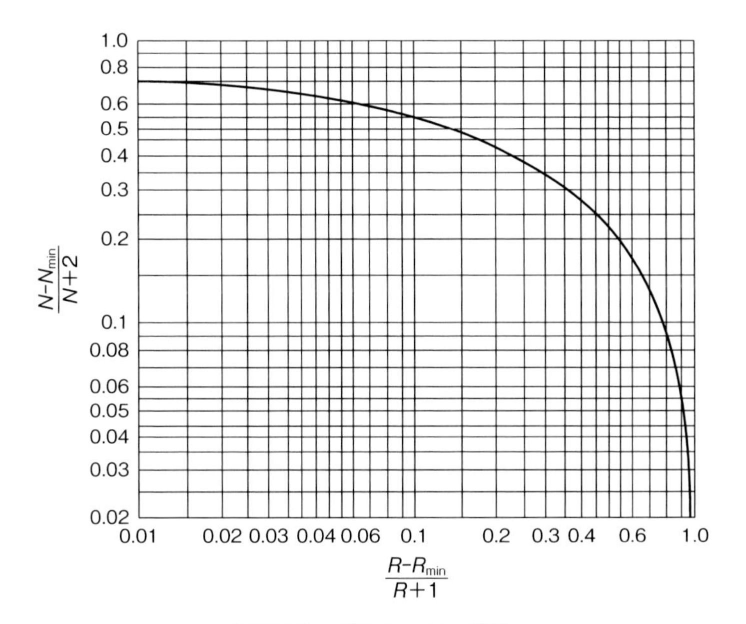

図3.8　ギリランドの相関
Gilliland, Ind. Eng. Chem., 32, 1101（1940）

関係を必要とするが、実測データによるギリランド（Gilliland）の相関がよく知られている。**図3.8**にその相関を示した。後に、平田により式化され次式により最小理論段数および最小還流比と還流比から理論段数を求めることができる。

$$\log \frac{N-N_{\mathrm{min}}}{N+2} = -0.9\left(\frac{R-R_{\mathrm{min}}}{R+1}\right) - 0.17 \tag{3.35}$$

N：理論段数、R：還流比、N_{min}：最小理論段数、R_{min}：最小還流比
上式の適用範囲は$(R-Rmin)/(R+1) < 0.7$であり、非理想溶液にも適用可能である。

3.6 トリダイアゴナル・マトリックス法

代表的な多成分系蒸留計算法としてトリダイアゴナル・マトリックス法がある（Wang, 1966）。基本はMESH式を解くことにある。MESHとはMass balance, Equilibrium, Summation, Heat balanceの頭文字をとったものである。蒸留塔の段数、還流比、原料組成などを与えて収束解を得る方法である。

トリダイアゴナル・マトリックス法における蒸留塔のモデルを**図3.9**に示す。コンデンサ、リボイラ、棚段を有し、コンデンサを1段目、最上段を2段目とし、最下段を(n－1)段目、リボイラをn段目とする。

塔内の各段は、原料供給（F_j）、サイドストリーム蒸気（W_j）、サイドスト

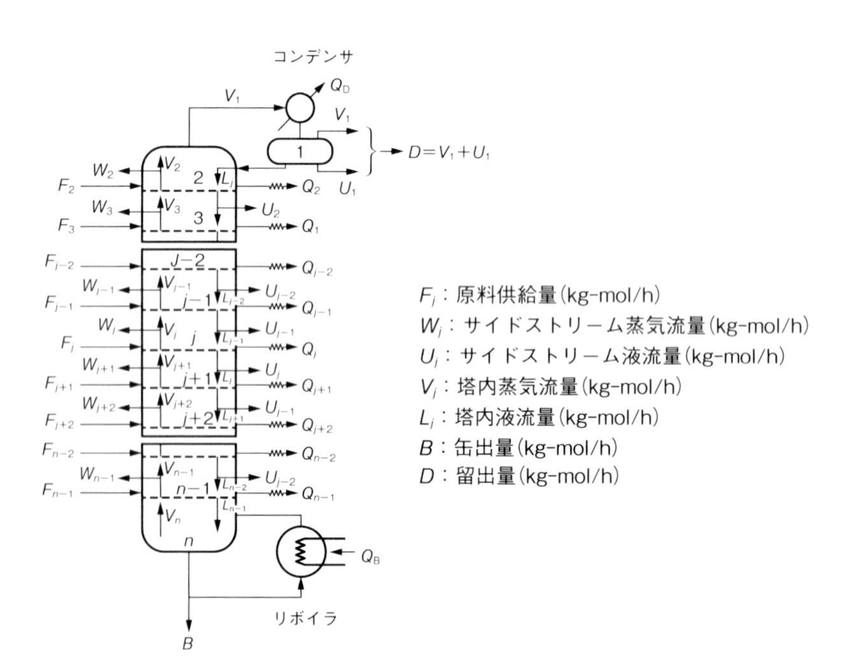

図3.9 トリダイアゴナル・マトリックス法における蒸留塔のモデル

リーム液（U_j）、インタークーラ（インターヒータ）（Q_j）を有するものとするが、不要のものはゼロとする。したがって、通常の蒸留塔では、F_j、Q_D、Q_B、D、B 以外はゼロである。

各段は、平衡にあるものとし、**図 3.10** にそのモデルを示す。各段において発生する蒸気は、その段における液と平衡状態にある。

MESH 式

段数計算には通常 MESH といわれる 4 式が必要になる。物質収支式（M）、平衡式（E）、各成分の組成（モル分率）の合計式（S）、熱収支式（H）が必要である。

図 3.8、3.9 のモデルにおける MESH 式を以下に示す。

M 式

$$M_{ij}(x_{ij},\ V_j,\ T_j) = L_{j-1}x_{i,j-1} - (Vj + Wj)y_{ij} - (L_j + U_j)x_{ij} + V_{j+1} + Fjz_{ij} = 0 \tag{3.56}$$

E 式　$$Ej(x_{ij},\ V_j,\ T_j) = y_{ij} - K_{ij}x_{ij} = 0 \tag{3.57}$$

S 式　$$S_j(x_{ij},\ V_j,\ T_j) = \sum_{i=1}^{m} y_{ij} - 1.0 = 0 \tag{3.58}$$

あるいは　$$S_j(x_{ij},\ V_j,\ T_j) = \sum_{i=1}^{m} x_{ij} - 1.0 = 0 \tag{3.59}$$

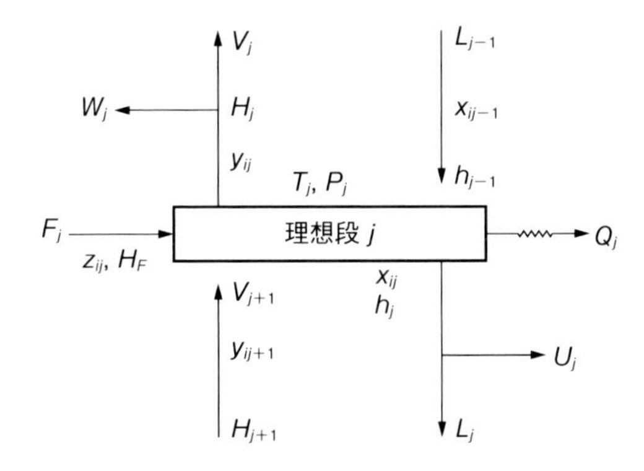

図 3.10　理想段としてのモデル

H式

$$H_j(x_{ij}, V_j, T_j) = L_{j-1}h_{j-1} - (V_j + W_j)H_j - (L_j + U_j)h_j + V_{j+1}H_{j+1} + F_jH_{Fj} - Q_j = 0 \quad (3.60)$$

M_{ij}：物質収支関数、(3.56)、(3.73)式

E_j：平衡関数、(3.57)式

S_j：合計関数、(3.58)、(3.83)式

H_j：熱収支関数、(3.60)式

x_{ij}：j段におけるi成分の液組成（モル分率）

y_{ij}：j段におけるi成分の気相組成（モル分率）

Hj：j段における気相のエンタルピー（Btu/kg-mol）

h_j：j段における液相のエンタルピー（Btu/kg-mol）

K_{ij}：j段における平衡比$=y_{ij}/x_{ij}$

m：成分数

(3.56)、(3.57)式からLについて整理すると、コンデンサからj段目では

$$L_j = V_{j+1} + \sum_{k=2}^{j}(F_k - W_k - U_k) - D, \quad 2 \leqq j \leqq n-1 \quad (3.61)$$

ここに、

$$D = V_1 + U_1 \quad (3.62)$$

したがってM式は三項方程式として

$$B_1x_{i1} + C_1x_{i2} = D_1 \quad (3.63)$$

$$A_jx_{i,j-1} + B_jx_{ij} + C_jx_{i,j+1} = D_j, \quad 2 \leqq j \leqq n-1 \quad (3.64)$$

$$A_nx_{i,n-1} + B_nx_{in} = D_n \quad (3.65)$$

あるいはマトリックス式として

$$\begin{bmatrix} B_1 & C_1 & & & \\ A_2 & B_2 & C_2 & & \\ & A_j & B_j & C_j & \\ & & A_{n-1} & B_{n-1} & C_{n-1} \\ & & & A_n & B_n \end{bmatrix} \begin{bmatrix} x_{i1} \\ x_{i2} \\ x_{ij} \\ x_{i,n-1} \\ x_{in} \end{bmatrix} = \begin{bmatrix} D_1 \\ D_2 \\ D_j \\ D_{n-1} \\ D_n \end{bmatrix} \quad (3.66)$$

したがって、

$$\{A_{Bc}\}\{x_{ij}\} = \{D_j\}, \quad 1 \leqq i \leqq m \quad (3.67)$$

ここに、

$$B_1 = -(V_1 K_{i1} + L_1 + U_1)\ ;\ C_1 = V_2 K_{i2}\ ;\ D_1 = 0 \tag{3.68}$$

$$A_j = L_{j-1} = V_j + \sum_{k=2}^{j-1}(F_k - W_k - U_k) - D, \quad 2 \leqq j \leqq n-1 \tag{3.69}$$

$$\begin{aligned} B_j &= -[(V_j + W_j)K_{ij} + (L_j + U_j)] \\ &= -[(V_j + W_j)K_{ij} + V_{j+1} + \sum_{k=2}^{j}(F_k - W_k - U_k) - D + U_j], \\ &\qquad 2 \leqq j \leqq n-1 \end{aligned} \tag{3.70}$$

$$C_j = V_{j+1} K_{i,j+1}, \quad 2 \leqq j \leqq n-1 \tag{3.71}$$

かつ

$$A_n = V_n + B\ ;\ B_n = -(V_n K_{in} + B)\ ;\ D_n = 0 \tag{3.72}$$

同様にして、S式、H式についてもE式を用いて、

$$\mathrm{M}_{ij}(x_{ij}, V_j, T_j) = [A_{\mathrm{Bc}}]\{x_i\} - \{D\} = 0, \quad 1 \leqq i \leqq m \text{ かつ } 1 \leqq j \leqq n \tag{3.73}$$

$$\mathrm{S}_j(x_{ij}, T_j) = \sum_{i=1}^{m} K_{ij} x_{ij} - 1.0 = 0, \quad 1 \leqq j \leqq n \tag{3.74}$$

$$\begin{aligned} \mathrm{H}_j(x_{ij}, V_j, T_j) = (H_{j+1} - h_j)V_{j+1} - (H_j - h_j)(V_j + W_j) - (h_j - h_{j-1})L_{j-1} \\ + F_j(H_{\mathrm{F}j} - h_j) - Q = 0, \quad 1 \leqq j \leqq n \end{aligned} \tag{3.75}$$

が得られる。成分数をm、段数をnとすると、式の数は$n(m+2)$となる。これらの式を解いて、x_{ij}、V_j、T_jを決定することになる。

ところで、上式は非線形であるので、一般には直接解けない。そこで、繰り返し計算により解く。その場合、収束を早めるために以下のようにする。

まず、原料供給量とその組成が与えられて、F_j、z_{ij}、W_{ij}、U_j、D、Bを決める。

次に、V_j、T_jの初期値を仮定する。

$$\begin{bmatrix} B_1 & C_1 & & & & D_1 \\ A_2 & B_2 & C_2 & & & D_2 \\ & A_j & B_j & C_j & & D_j \\ & & A_{n-1} & B_{n-1} & C_{n-1} & D_{n-1} \\ & & & A_n & B_n & D_n \end{bmatrix};\ 1 \leqq i \leqq m \tag{3.76}$$

$[A_{\mathrm{Bc}}]$、$\{D\}$も決まるので、M式（(3.73)式）は線形化できる。

このようにすると、ガウスの消去法を用いて(3.73)式を解ける。この際、p_1、q_1なる量を最初に求めると、順次、p_j、q_jを以下のようにして決められる。

$$p_1 = C_1/B_1 \;;\; q_1 = D_1/B_1 \tag{3.77}$$

$$p_j = C_j/(B_j - A_j p_{j-1}), \quad 2 \leqq j \leqq n-1 \tag{3.78}$$

$$q_j = (D_j - A_j q_{j-1})/(B_j - A_j p_{j-1}), \quad 2 \leqq j \leqq n \tag{3.79}$$

このようにすると、n 段目の q_{n} より x_{in} が求まる。j を減らしていくことにより、x_{ij} が求まり、最後に x_{i1} が決まる。

$$x_{\mathrm{in}} = q_{\mathrm{n}} \tag{3.80}$$

$$x_{ij} = q_j - p_j x_{i,j+1}, \quad 1 \leqq j \leqq n-1 \tag{3.81}$$

このようにして決定した x_{ij} を S 式(3.74)に代入する。平衡比 K_{ij} が温度 T_{j} の関数として(3.82)式で表されるとすると、

$$K_{ij} = a_{1i} + a_{2i}T_j + a_{3i}T_j^2 + a_{4i}T_j^3, \quad 1 \leqq i \leqq m \tag{3.82}$$

S 式は T のみの関数となり

$$\mathrm{S}_j(T_j) = \sum_{i=1}^{m}\left(\sum_{k=1}^{4} a_{ki}T_j^{k-1}\right)x_{ij} - 1.0 = 0, \quad 1 \leqq j \leqq n \tag{3.83}$$

(3.83)式は試行錯誤法により解き、各段における沸点 T_{j} を決定する。

そのときの収束判定条件を ε とすると、

$$S_{ik} = S_j(T_{ik}) \leqq \varepsilon$$

を満足するまで、試行錯誤法を繰り返す。

x_{ij} を決定し、T_{j} が求まったならば、H 式(3.75)こよって V_{j} を直接計算することができる。エンタルピーは理想溶液として求まるものとすれば

$$H_j = \sum_{i=1}^{m} y_{ij}(b_{1i} + b_{2i}T_j + b_{3i}T_j^2 + b_{4i}T_j^3), \quad 1 \leqq j \leqq n \tag{3.84}$$

$$h_j = \sum_{i=1}^{m} x_{ij}(c_{1i} + c_{2i}T_j + c_{3i}T_j^2 + c_{4i}T_j^3), \quad 1 \leqq j \leqq n \tag{3.85}$$

計算手順

1) 最初の蒸気流量（V_j）$_0$ を仮定する。その際、各段における温度は、各段において直線的に変化するものとする。

2) K_{ij} を(3.82)式により決定する。次に、マトリックスの要素[A_{Bc}]を(3.68)～(3.72)式から求める。

3) トリダイアゴナル・マトリックス法（(3.77)～(3.81)式）によつて、M 式を解き x_{ij} を求める。

4) x_{ij}、K_{ij} を(3.83)もしくは(3.74)式に代入して、(T_{j})$_{\mathrm{k}}$ を修正する。

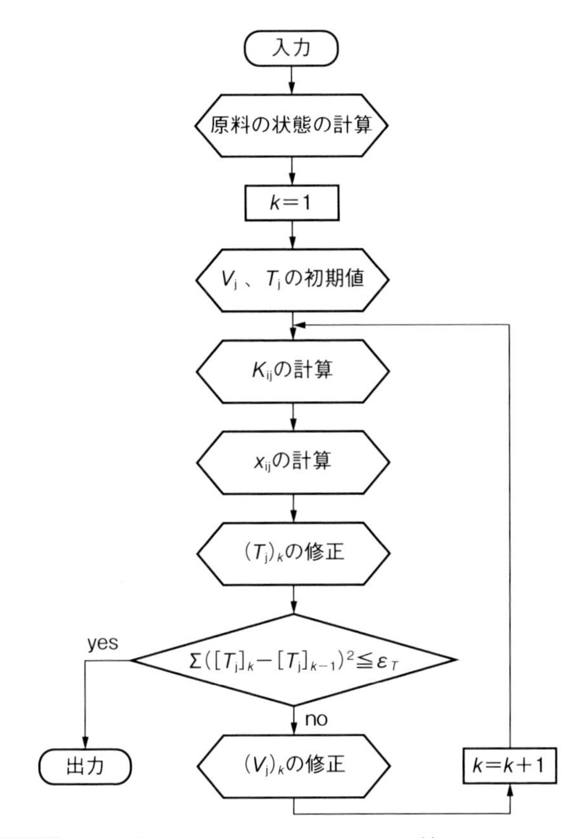

図3.11　トリダイアゴナル・マトリックス法のフローチャート

5)　エンタルピーを(*3.84*)、(*3.85*)式により求める。

6)　(*3.75*)式により V_j を修正する。

7)　2) から 6) までを

$$((T_j)_k-(T_j)_{k-1})^2\leqq\varepsilon_T$$

を満足するまで繰り返す。ε_T は収束判定条件である。以上の手順をフローチャートとして**図3.11** に示した。

[例題3.3]

2成分系溶液を理想段3段の蒸留塔により、還流比4で連続蒸留するとき、蒸留塔各部における組成を決定せよ。原料供給は沸点液の状態で、両成分と

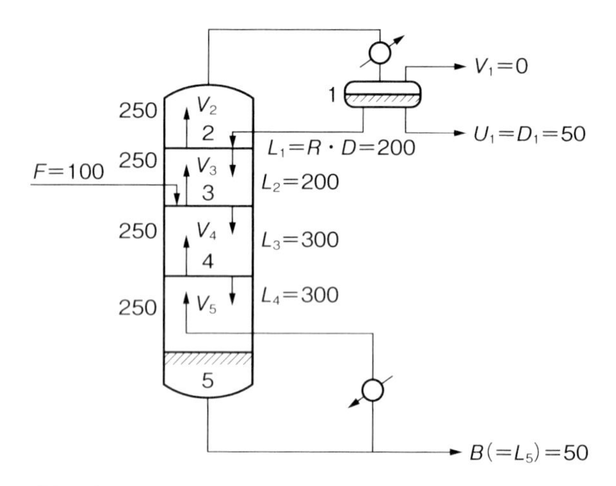

図 3.12 トリダイアゴナル・マトリックス法の計算例

も等モルで塔頂から2段目に100 kg-mol/h で供給され、塔頂は全縮器を用いるものとする。留出量、缶出量はともに50 kg-mol/h である。第1成分の第2成分に対する相対揮発度は2.5とする。

[解]

塔内各部の流量を**図 3.12**のように決める。原報では、塔内各部の温度と熱収支をも収束判定の条件としているが、相対揮発度のみによるもっとも単純な場合によって、トリダイアゴナル・マトリックス法を理解することにする。

j=1としてM式（(3.56)式）から、

$$V_2K_{i2}x_{i2}-(V_1K_{i1}+L_1+U_1)x_{i1}=0$$

(3.68)式から

$$B_{11}=B_{12}=-(L_1+U_1)=-(200+50)=-250$$

$$C_{11}=V_2K_{12}=250\times1.429=357$$

$$C_{12}=V_2K_{22}=250\times0.571=143$$

$$357x_{12}-250x_{11}=0 \qquad ①$$

$$143x_{22}-250x_{21}=0 \qquad ①'$$

j=2としてM式（(3.56)式）から

$$L_1x_{i1}+V_3K_{i3}x_{i3}-(V_2K_{i2}+L_2)x_{i2}=0$$

(*3.69*)～(*3.71*)式から

$$A_{21}=A_{22}=L_1=200$$

$$C_{21}=V_3K_{13}=357$$

$$C_{22}=V_3K_{23}=143$$

$$B_{21}=-(V_2K_{12}+L_2)=-(357+200)=-557$$

$$B_{22}=-(V_2K_{22}+L_2)=-(143+200)=-343$$

$$200x_{11}+357x_{13}-557x_{12}=0 \quad ②$$

$$200x_{21}+143x_{23}-343x_{22}=0 \quad ②'$$

j＝3 として M 式((*3.56*)式)から

$$L_2x_{i2}+V_4K_{i4}x_{i4}+F_3z_{i3}-V_3K_{i3}x_{i3}-L_3x_{i3}=0$$

(*3.69*)～(*3.71*)式から

$$A_3=200$$

$$C_{31}=250\times 1.429=357$$

$$C_{32}=250\times 0.571=143$$

$$D_{31}=-100\times 0.5=-50$$

$$D_{32}=-50$$

$$B_{31}=-(250\times 1.429+300)=-(357+300)=-657$$

$$B_{32}=-(250\times 0.571+300)=-(143+300)=-443$$

$$200x_{12}+357x_{14}+50-657x_{13}=0 \quad ③$$

$$200x_{22}+143x_{24}+50-443x_{23}=0 \quad ③'$$

j＝4 として M 式((*3.56*)式)から

$$L_3x_{i3}+V_5K_{i5}\mathrm{x}_{i5}-(V_4K_{i4}+L_4)x_{i4}=0$$

(*3.69*)～(*3.71*)式から

$$A_4=300$$

$$C_{41}=V_5K_{15}=250\times 1.429=357$$

$$C_{42}=143$$

$$D_{41}-D_{42}=0$$

$$B_{41}=-(357+300)=-657$$

$$B_{42}=-(143+300)=-443$$

$$300x_{i3}+357x_{15}-657x_{14}=0 \quad ④$$

$$300x_{23}+143x_{25}-443x_{24}=0 \quad ④'$$

$j=5(=n)$としてM式（(3.56)式）から

$$L_4 x_{i4}-(V_5 K_5+L_5)x_{i5}=0$$

(3.72)式から

$$A_n=300$$

$$B_{1n}=-(V_5 K_{15}+B)=-(250\times1.429+50)=-(357+50)=-407$$

$$B_{2n}=-(V_5 K_{25}+B)=-(250\times0.571+50)=-(143+50)=-193$$

$$300x_{14}-407x_{15}=0 \quad ⑤$$

$$300x_{24}-193x_{25}=0 \quad ⑤'$$

第1成分について、次の三項連立方程式を解く。

$$\begin{cases} -250x_{11}+357x_{12}=0 & ① \\ 200x_{11}-557x_{12}+357x_{13}=0 & ② \\ 200x_{12}-657x_{13}+357x_{14}=-50 & ③ \\ 300x_{13}-657x_{14}+357x_{15}=0 & ④ \\ 300x_{14}-407x_{15}=0 & ⑤ \end{cases}$$

①÷(−250)

$$x_{11}-1.429x_{12}=0 \quad ①$$

②−①×200

$$-271.4x_{12}+357x_{13}=0 \quad ②$$

②÷(−271.4)

$$x_{12}-1.315x_{13}=0 \quad ②$$

③−②×200 $\quad -394x_{13}+357x_{14}=-50 \quad ③$

③÷(−394) $\quad x_{13}-0.906x_{14}=0.127 \quad ③$

④−③×300 $\quad -385x_{14}+357x_{15}=-38.1 \quad ④$

④÷(−385) $\quad x_{14}-0.927x_{15}=0.0988 \quad ④$

⑤−④×300 $\quad -129x_{15}=-29.7 \quad ⑤$

⑤÷(−129) $\quad x_{15}=0.230 \quad ⑤$

$$x_{11}-1.429x_{12}=0 \quad ①$$

$$x_{12}-1.315x_{13}=0 \quad ②$$

$$x_{13}-0.906x_{14}=0.127 \quad ③$$

$$x_{14}-0.927x_{15}=0.0988 \quad ④$$

$$x_{15}=0.230 \quad ⑤$$

⑤式を④式に代入して、

$$0.0988-(-0.927)(0.230)=0.311(=x_{14})$$

x_{14} を③式に代入して、

$$0.127-(-0.906)(0.311)=0.409(=x_{13})$$

x_{13} を②式に代入して、

$$0-(-1.315)(0.409)=0.538(=x_{12})$$

x_{12} を①式に代入して、

$$0-(-1.429)(0.538)=0.768(=x_{11})$$

これによって、１回目の x_{ij} の値が得られた。

同様にして第２成分について

$$\begin{cases} -250x_{21}+143x_{22} = 0 & ①' \\ 200x_{21}-343x_{22}+143x_{23} = 0 & ②' \\ 200x_{22}-443x_{23}+143x_{24} = -50 & ③' \\ 300x_{23}-443x_{24}+143x_{25} = 0 & ④' \\ 300x_{24}-193x_{25} = 0 & ⑤' \end{cases}$$

①′〜⑤′ に①〜⑤と同様の計算を行うと

$$\begin{cases} x_{21}-0.571x_{22} = 0 & ①' \\ x_{22}-0.625x_{23} = 0 & ②' \\ x_{23}-0.449x_{24} = 0.157 & ③' \\ x_{24}-0.463x_{25} = 0.153 & ④' \\ x_{25} = 0.856 & ⑤' \end{cases}$$

①′〜⑤′ より

$$x_{21}=0.144$$
$$x_{22}=0.253$$
$$x_{23}=0.404$$
$$x_{24}=0.550$$
$$x_{25}=0.856$$

これによって、１回目の x_{2j} の値が得られた。

各段の液組成 x_{ij} の第１回目の近似値が得られたが、結果を見ると

$$x_{1j}+x_{2j}\fallingdotseq 1$$

であるから、液組成の正規化

$$x_{1j}=\frac{x_{1j}}{x_{1j}+x_{2j}}, \quad x_{2j}=\frac{x_{2j}}{x_{1j}+x_{2j}}$$

を行う。

$$x_{11}=0.768/(0.768+0.144)=0.842, \quad x_{21}=0.158$$
$$x_{12}=0.538/(0.538+0.253)=0.680, \quad x_{22}=0.320$$
$$x_{13}=0.409/(0.409+0.404)=0.503, \quad x_{23}=0.497$$
$$x_{14}=0.311/(0.311+0.550)=0.361, \quad x_{24}=0.639$$
$$x_{15}=0.230/(0.230+0.856)=0.212, \quad x_{25}=0.788$$

これによって、1 回目の x_{ij} の値が得られた。**表 3.2** の 1 回目の欄に上記の結果を示した。同様の計算を繰り返して、計算の前後で x_{ij} の値に変化がないとみなされたならば計算を終了させる。**表 3.3** の収束の結果は、計算の前後における Σx_{ij} の差が 0.0046 となった場合であり、計算の繰り返し回数は 13 回であった。マッケーブ・シール法によっても表 3.3 と同一の結果が得られた。

表 3.2 トリダイアゴナル・マトリックス法による蒸留計算の途中の結果

棚段の番号	各段における液組成（x_{ij}）									
	初期値	1 回目	2 回目	3 回目	4 回目	5 回目	6 回目	7 回目	8 回目	9 回目
1	0.5	0.842	0.837	0.831	0.830	0.829	0.828	0.828	0.828	0.828
2	0.5	0.680	0.672	0.664	0.661	0.659	0.658	0.658	0.658	0.658
3	0.5	0.503	0.489	0.480	0.476	0.474	0.474	0.473	0.473	0.473
4	0.5	0.361	0.331	0.321	0.317	0.315	0.314	0.314	0.314	0.314
5	0.5	0.212	0.184	0.177	0.174	0.173	0.172	0.172	0.172	0.172

表 3.3 トリダイアゴナル・マトリックス法による蒸留計算の収束した結果

棚段の番号		液　組　成		蒸気組成	
		x_{1j}	x_{2j}	y_{1j}	y_{2j}
コンデンサ	1	0.82782	0.17218	0.92320	0.07680
	2	0.65791	0.34209	0.82782	0.17218
原料供給段	3	0.47319	0.52681	0.69189	0.30811
	4	0.31378	0.68622	0.53340	0.46660
リボイラ	5	0.17218	0.82782	0.34210	0.65790

［例題 3.4］

ヘプタン–エチルベンゼン系を理想段 14 段（全縮器、リボイラを含む）の蒸留塔により、還流比 2.293 で連続蒸留するとき、蒸留塔各部における組成を決定せよ。原料は 40 %が蒸気で 60 %が液で供給されるものとし、ヘプタン 42 モル%を含んでいる。原料供給量は 100 kg–mol/h であり、全縮器から数えて 7 段目に供給する。ヘプタンのエチルベンゼンに対する相対揮発度を 2.92 として気液平衡関係を決定せよ。ただし、留出量を 42.71 kg–mol/h、缶出量を 57.229 kg–mol/h としたい。

［解］

本例は、マッケーブ・シール法を適用した［例題 3.1］をトリダイアゴナル・マトリックス法により解いて比較してみようというものである。

［例題 3.1］の解によって、

$$L = 97.89\ \text{(kg–mol/h)}$$

$$V = 140.60\ \text{(kg–mol/h)}$$

$$\bar{L} = 157.89\ \text{(kg–mol/h)}$$

$$\bar{V} = 100.60\ \text{(kg–mol/h)}$$

である。

［例題 3.3］と同様にして三項方程式を作成し、それを解く。初期値は全段を原料組成とする。計算結果を**図 3.13** に示した。図中の 1、2、3 は計算回数を示す。**図 3.14** には、途中の計算結果をすべて示した。

最初の数回において、組成の変化は大きいが、計算回数が増加すると収束する方向に変化していることもあって、変化の程度は小さい。本例では Σx_{ij} の計算前後での差が 93 回目で 0.00012 となった。

収束結果を**表 3.4** に示した。［例題 3.1］の結果との比較を次に示す。

		ヘプタンのモル分率
留出組成	マッケーブ・シール法	0.97000
	トリダイアゴナル・マトリックス法	0.97058
原料段液組成	マッケーブ・シール法	0.32567
	トリダイアゴナル・マトリックス法	0.32807
缶出液組成	マッケーブ・シール法	0.00895
	トリダイアゴナル・マトリックス法	0.00954

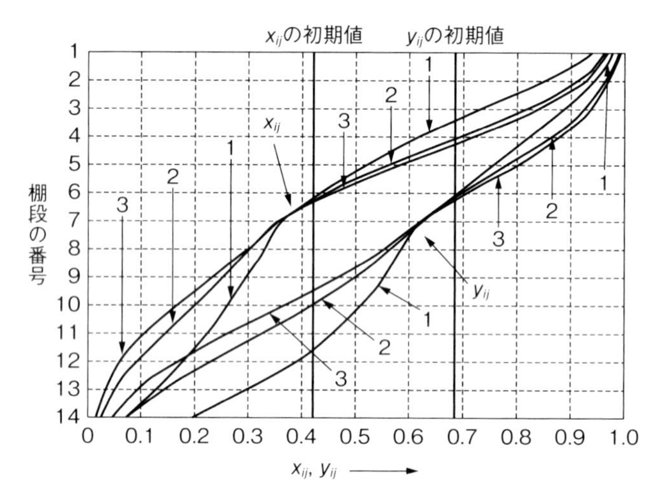

図 3.13　トリダイアゴナル・マトリックス法による蒸留計算（ヘプタン–エチルベンゼン系）

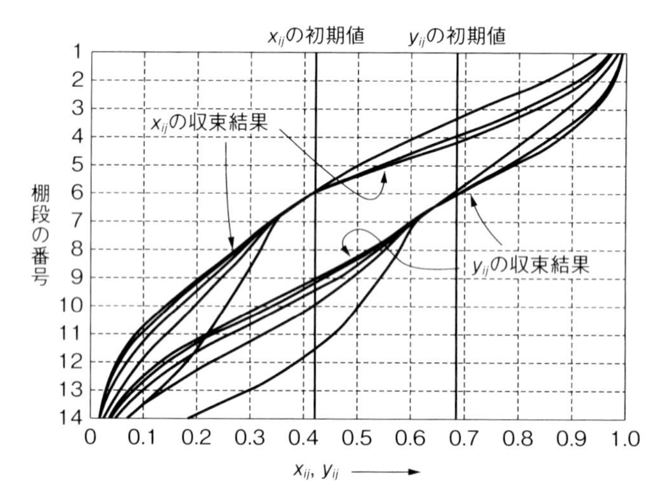

図 3.14　トリダイアゴナル・マトリックス法による蒸留計算（ヘプタン–エチルベンゼン系）

表 3.4　トリダイアゴナル・マトリックス法による蒸留計算の結果（ヘプタン－エチルベンゼン系（相対揮発度）の場合）

棚段の番号		液相組成（x_{ij}）		気相組成（y_{ij}）	
		ヘプタン	エチルベンゼン	ヘプタン	エチルベンゼン
コンデンサ	1	0.97058	0.02943		
塔　頂	2	0.91867	0.08133	0.97058	0.02943
	3	0.82996	0.17005	0.93443	0.06557
	4	0.70121	0.29879	0.87266	0.12734
	5	0.55273	0.44727	0.78301	0.21699
	6	0.42078	0.57922	0.67962	0.32038
	7	0.32807	0.67194	0.58774	0.41226
	8	0.26230	0.73770	0.50938	0.49062
	9	0.18979	0.81021	0.40617	0.59383
	10	0.12397	0.87603	0.29239	0.70761
	11	0.07396	0.92605	0.18910	0.81090
	12	0.04086	0.95915	0.11062	0.88938
塔　底	13	0.02090	0.97910	0.05868	0.94132
リボイラ	14	0.00954	0.99046	0.02737	0.97263

[例題 3.5]

[例題 3.4] においては、相対揮発度によって気液平衡関係を決定したが、気液平衡関係を理想溶液として、各成分の蒸気圧から決定し、各段の温度を決定する。蒸気圧を求めるためのアントワン定数を以下に示す。

	A	B	C
ヘプタン	6.89798	1,265.23	216.533
エチルベンゼン	6.96257	1,127.41	213.521

ただし、連続蒸留は大気圧下にて行うものとする。

[解]

計算結果を**図 3.15**、**図 3.16**、**表 3.5** に示した。図 3.13 には、最初の 3 回分を示した。x_{ij}、y_{ij} に加えて、Tj も示した。前例と同じように、図中の 1、2、3 は計算回数を示す。図 3.14 には、途中の計算結果をすべて示した。両図から、最初の数回でかなり収束の方向に向かっていることが認められる。本例では、149 回で収束している。

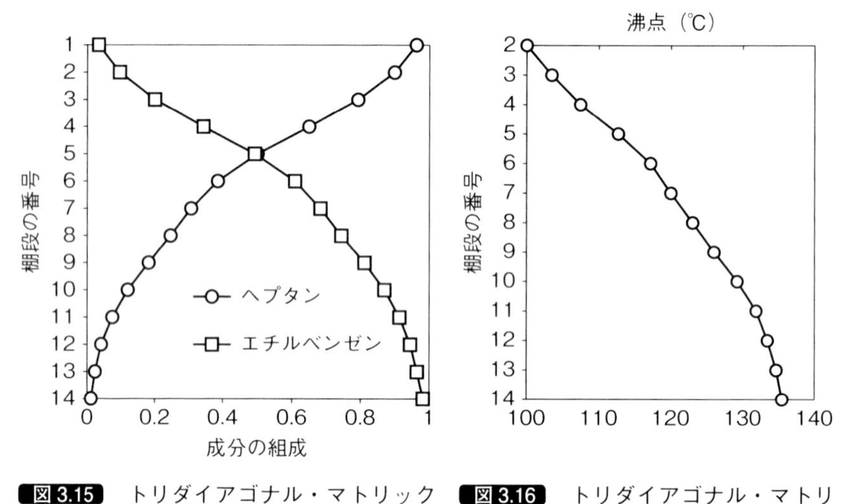

図3.15 トリダイアゴナル・マトリックス法による蒸留計算（ヘプタン-エチルベンゼン系（蒸気圧）の場合（1））

図3.16 トリダイアゴナル・マトリックス法による蒸留計算（ヘプタン-エチルベンゼン系（蒸気圧）の場合（2））

表3.5 トリダイアゴナル・マトリックス法による蒸留計算の結果（ヘプタン-エチルベンゼン系（蒸気圧）の場合）

棚段の番号		液相組成（x_{ij}）		沸点（℃）	気相組成（y_{ij}）	
		ヘプタン	エチルベンゼン		ヘプタン	エチルベンゼン
コンデンサ	1	0.9674	0.0326		0.9893	0.0107
塔頂	2	0.9056	0.0944	100.68	0.9674	0.0326
	3	0.8001	0.1999	103.41	0.9244	0.0756
	4	0.6555	0.3445	107.57	0.8509	0.1491
	5	0.5053	0.4947	112.48	0.7502	0.2498
	6	0.3867	0.6133	116.90	0.6456	0.3544
	7	0.3110	0.6890	120.02	0.5630	0.4370
	8	0.2472	0.7528	122.86	0.4812	0.5188
	9	0.1808	0.8192	126.05	0.3812	0.6188
	10	0.1218	0.8782	129.10	0.2769	0.7231
	11	0.0763	0.9237	131.61	0.1844	0.8156
	12	0.0448	0.9552	133.45	0.1130	0.8870
塔底	13	0.0244	0.9756	134.67	0.0635	0.9365
リボイラ	14	0.0119	0.9881	135.44	0.0315	0.9685

表 3.5 に収束した結果を示した。塔頂温度は、ブタンの沸点に近く、塔底の温度はエチルベンゼンの沸点に近い。留出液、原料供給段液、缶出液の組成が［例題 3.1］の場合とやや異なるが、相対揮発度によらず、蒸気圧によった結果と考えられる。

［例題 3.6］

ベンゼン–エチルベンゼン–パラキシレン系を理想段 8 段（全縮器、リボイラを含む）の蒸留塔により、還流比 3、大気圧下で連続蒸留するとき、蒸留塔各部における組成と温度を決定せよ。原料は沸点液で供給され、その組成はベンゼン 50 モル％、エチルベンゼン 25 モル％、パラキシレン 25 モル％である。原料供給量は 100 kg–mol/h であり、全縮器から数えて 4 段目に供給する。留出量は 52.1 kg–mol/h、缶出量は 47.9 kg–mol/h である。気液平衡は理想溶液として各成分の蒸気圧から決定する。各成分のアントワン定数を以下に示す。

	A	B	C
ベンゼン	7.60093	1,660.65	271.689
エチルベンゼン	6.96257	1,427.41	213.521
パラキシレン	7.02063	1,474.40	217.773

［解］

塔内各部の流量は

$$L = 156.3 \ (\text{kg–mol/h})$$

$$V = 208.4 \ (\text{kg–mol/h})$$

$$\bar{L} = 256.3 \ (\text{kg–mol/h})$$

$$\bar{V} = V = 208.4 \ (\text{kg–mol/h})$$

である。

最初の 3 回目までの y_{ij}、T_j の計算結果を**図 3.17** に示した。収束結果の中から y_{ij}、T_j を**図 3.18** に示した。図 3.18 は 88 回目の計算結果である。

［例題 3.7］

原料（シクロペンタン、ベンゼン、トルエン、m–キシレン、トリメチル

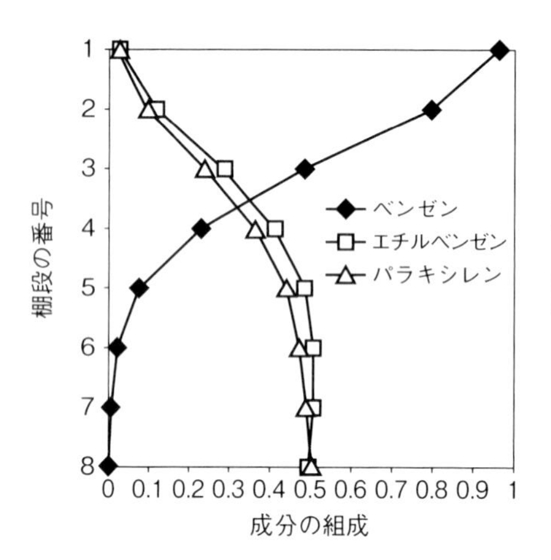

図 3.17 トリダイアゴナル・マトリックス法による蒸留計算（ベンゼン-エチルベンゼン-パラキシレン系（蒸気圧）の場合）

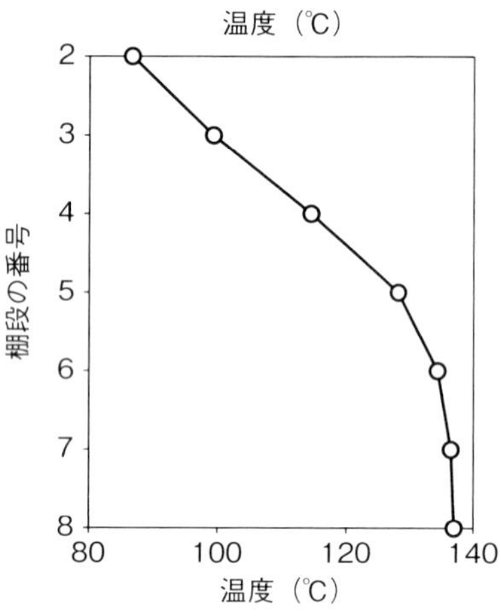

図 3.18 トリダイアゴナル・マトリックス法による蒸留計算の収束結果（ベンゼン-エチルベンゼン-パラキシレン系（蒸気圧）の場合）

表 3.6 トリダイアゴナル・マトリックス法による蒸留計算の結果（ベンゼン-エチルベンゼン-パラキシレン系（蒸気圧）の場合）

棚段の番号	液相組成（x_{ij}）			沸点（℃）	気相組成（y_{ij}）		
	ベンゼン	エチルベンゼン	パラキシレン		ベンゼン	エチルベンゼン	パラキシレン
1	0.9583	0.0241	0.0176		0.9930	0.0042	0.0029
2	0.7947	0.1150	0.0902	86.30	0.9583	0.0241	0.0176
3	0.4812	0.2828	0.2361	98.96	0.8356	0.0923	0.0721
4	0.2294	0.4084	0.3622	114.30	0.6005	0.2181	0.1815
5	0.0765	0.4853	0.4381	128.08	0.2818	0.3883	0.3299
6	0.0219	0.5067	0.4713	134.40	0.0938	0.4829	0.4233
7	0.0059	0.5054	0.4886	136.46	0.0266	0.5093	0.4641
8	0.0015	0.4957	0.5027	137.07	0.0070	0.5077	0.4854

ベンゼンを各 10、30、40、15、5 kg-mol/h で供給）を蒸留し、塔頂でトルエンのモル分率 0.005 以下、塔底でベンゼンのモル分率 0.01 以下としたい。原料量：100 kg-mol/h、理論段数：17、原料段は塔頂から 9 段目、原料は沸点液、還流比：2、操作圧 1 気圧であるとき、蒸留計算により、可能性を検討せよ。必要なアントワン定数を以下に示す。

	アントワン定数		
シクロペンタン	6.90626	1,134.481	232.565
ベンゼン	7.60093	1,660.652	271.689
トルエン	6.96554	1,351.272	220.191
m-キシレン	7.01117	1,463.218	215.159
トリメチルベンゼン	7.06105	1,585.143	209.852

［解］

留出量　$D=40$ kg-mol/h とし、全縮器を使うとして

$$V=(r+1)D=3\times40=120\ \text{kg-mol/h}$$

$$L=rD=2\times40=80\ \text{kg-mol/h}$$

$q=1$ であるから

$$\bar{V}=V+(1-q)F=120\ \text{kg-mol/h}$$

$$\bar{L}=L+qF=80+1\times100=180\ \text{kg-mol/h}$$

トリダイアゴナル・マトリックス法による計算結果を**図 3.19** に示す。

塔頂および塔底の組成を以下に示す。

	シクロペンタン	ベンゼン	トルエン	m-キシレン	トリメチルベンゼン
塔頂	0.253036	0.742650	0.004313	0.000000	0.000000
塔底	0.000001	0.008296	0.659561	0.249080	0.083062

塔頂におけるトルエンのモル分率は 0.004313 であり 0.005 以下である。塔底におけるベンゼンのモル分率は 0.008296 であり 0.01 以下である。これにより、この蒸留塔は条件を満足している。

［例題 3.8］

メタノール-2-プロパノール-水系を理想段 20 段（全縮器、リボイラを含

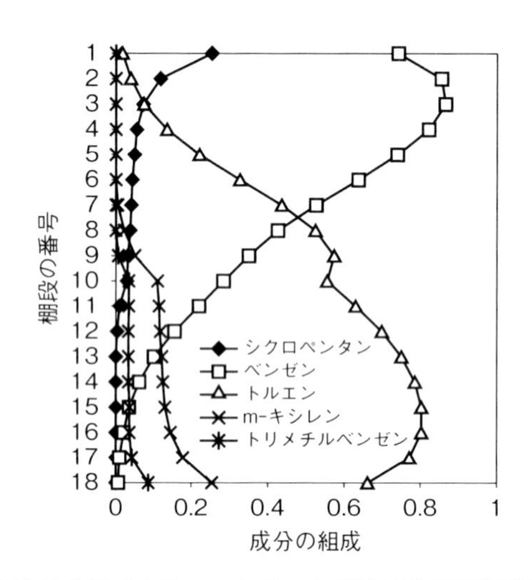

図 3.19 トリダイアゴナル・マトリックス法による蒸留計算の収束結果

む）の蒸留塔により還流比5、大気圧下で連続蒸留するとき、蒸留塔各部における組成と温度を決定せよ。原料は沸点液で供給され、その組成はメタノール50モル％、2-プロパノール25モル％、水25モル％である。原料供給量は100 kg-mol/hであり、全縮器から数えて11段目に供給する。留出量、缶出量ともに50 kg-mol/hである。気液平衡は非理想溶液として、ウィルソン式により決定せよ。必要なアントワン、ウィルソン定数を以下に示す。

アントワン定数

	A	B	C
メタノール	8.07919	1,581.341	239.650
2-プロパノール	7.73610	1,357.427	197.336
水	8.02754	1,705.616	231.405

ウィルソン定数

	Λij	Λji
メタノール-水系	0.55148	0.89781
メタノール-2-プロパノール系	1.03116	1.08036
2-プロパノール-水系	0.04857	0.77714

［解］

非理想溶液３成分系にトリダイアゴナル・マトリックス法を適用した例である。

塔内の流量は

$L = 250$（kg-mol/h）

$V = 300$（kg-mol/h）

$\bar{L} = 350$（kg-mol/h）

$\bar{V} = V = 300$（kg-mol/h）

である。

収束結果を**図 3.20**、**表 3.7** に示した。表 37 からメタノールを純度 98 モル％以上で精製できることがわかる。缶出液中のメタノール組成は２％以下となっている。

［例題 3.9］

メタノール–エタノール–2–プロパノール–水系を理想段 15 段（全縮器、リ

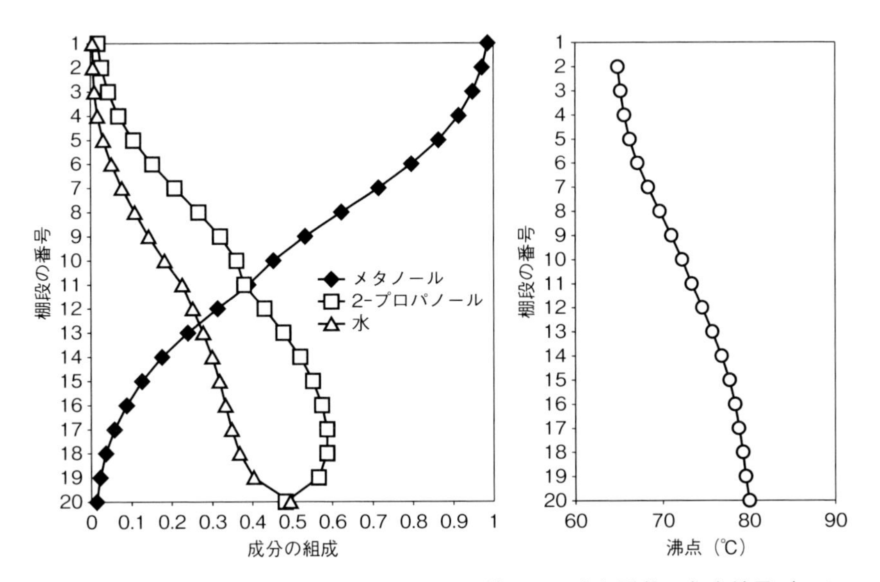

図 3.20　トリダイアゴナル・マトリックス法による蒸留計算の収束結果（メタノール–2–プロパノール–水系（ウィルソン式）の場合）

表 3.7 トリダイアゴナル・マトリックス法による蒸留計算の結果（メタノール 2-プロパノール-水系（ウィルソン式）の場合）

棚段の番号	液相組成（xij）			温度（C）	気相組成（yij）		
	メタノール	2-プロパノール	水		メタノール	2-プロパノール	水
1	0.9842	0.0138	0.0020	—	0.9917	0.0074	0.0009
2	0.9699	0.0256	0.0045	64.92	0.9842	0.0138	0.0020
3	0.9476	0.0433	0.0092	65.20	0.9723	0.0236	0.0041
4	0.9136	0.0692	0.0172	65.64	0.9537	0.0384	0.0080
5	0.8641	0.1055	0.0304	66.29	0.9253	0.0600	0.0147
6	0.7971	0.1528	0.0501	67.20	0.8841	0.0902	0.0257
7	0.7144	0.2090	0.0767	68.37	0.8283	0.1297	0.0421
8	0.6232	0.2679	0.1089	69.71	0.7594	0.1764	0.0642
9	0.5339	0.3212	0.1449	71.09	0.6834	0.2255	0.0911
10	0.4554	0.3610	0.1836	72.34	0.6089	0.2700	0.1211
11	0.3924	0.3800	0.2276	73.41	0.5435	0.3031	0.1533
12	0.3144	0.4317	0.2539	74.68	0.4551	0.3623	0.1826
13	0.2414	0.4798	0.2789	75.91	0.3642	0.4226	0.2132
14	0.1783	0.5208	0.3009	76.99	0.2790	0.4787	0.2423
15	0.1275	0.5532	0.3193	77.87	0.2054	0.5266	0.2680
16	0.0887	0.5763	0.3349	78.56	0.1461	0.5643	0.2895
17	0.0603	0.5897	0.3500	79.07	0.1009	0.5913	0.3078
18	0.0400	0.5906	0.3694	79.45	0.0677	0.6070	0.3253
19	0.0258	0.5689	0.4053	79.77	0.0440	0.6080	0.3479
20	0.0158	0.4862	0.4980	80.24	0.0275	0.5827	0.3899

ボイラを含む）の蒸留塔により還流比 5、大気圧下で連続蒸留するとき、蒸留塔各部における組成と温度を決定せよ。原料は沸点液で供給され、その組成は、メタノール 50 モル％、エタノール 5 モル％、2-プロパノール 8 モル％、水 37 モル％である。原料供給量は 100 kg-mol/h であり、全縮器から数えて 10 段目に供給する。留出量、缶出量はともに 50 kg-mol/h である。気液平衡は非理想溶液として、ウィルソン式により決定せよ。必要なアントワン、ウイルソン定数を以下に示す。

アントワン定数

	A	B	C
メタノール	8.07919	1,581.341	239.650
エタノール	8.12187	1,598.673	226.726
2-プロパノール	7.73610	1,357.427	197.336
水	8.02754	1,705.616	231.405

ウィルソン定数

	Λij	Λji
メタノール-水系	0.55148	0.89781
メタノール-エタノール系	1.35386	0.60908
メタノール-2-プロパノール系	1.03116	1.08036
エタノール-2-プロパノール系	0.61855	1.50043
エタノール-水系	0.18165	0.78386
2-プロパノール-水系	0.04857	0.77714

［解］

非理想溶液4成分系にトリダイアゴナル・マトリックス法を適用した例である。

塔内の流量は

$L = 250$（kg-mol/h）

$V = 300$（kg-mol/h）

$\bar{L} = 350$（kg-mol/h）

$\bar{V} = V = 300$（kg-mol/h）

である。

収束結果を**図3.21**、**表3.8**に示した。塔頂におけるメタノールの純度はほぼ94モル％になっているが、これ以上の純度とするには、段数、還流比のいずれか一方、あるいは両方を増す必要がある。留出液中の水は1モル％以下になっている。

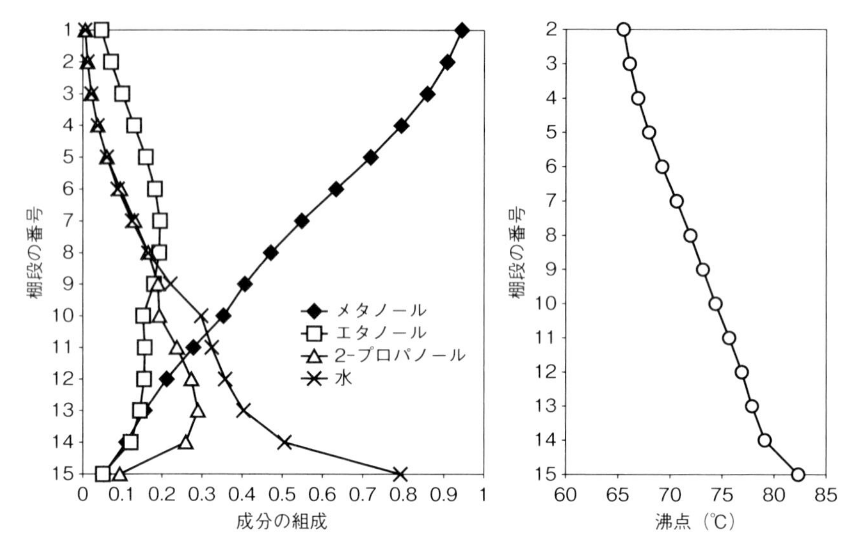

図 3.21 トリダイアゴナル・マトリックス法による蒸留計の収束結果（メタノール–エタノール–2–プロパノール–水系（ウィルソン式）の場合）

表 3.8 トリダイアゴナル–マトリックス法による蒸留計算の結果（メタノール–エタノール–2–プロパノール–水系（ウィルソン式）の場合）

段数	液相組成（x_{ij}）				温度（C）	気相組成（y_{ij}）			
	メタノール	エタノール	2-プロパノール	水		メタノール	エタノール	2-プロパノール	水
1	0.9436	0.0469	0.0045	0.0050		0.9651	0.0307	0.0020	0.0022
2	0.9081	0.0707	0.0103	0.0109	65.51	0.9436	0.0469	0.0045	0.0050
3	0.8600	0.0987	0.0205	0.0208	66.09	0.9140	0.0667	0.0094	0.0099
4	0.7972	0.1293	0.0373	0.0363	66.89	0.8739	0.0901	0.0179	0.0182
5	0.7205	0.1588	0.0622	0.0585	67.95	0.8216	0.1155	0.0318	0.0311
6	0.6351	0.1823	0.0948	0.0878	69.23	0.7577	0.1402	0.0526	0.0496
7	0.5496	0.1951	0.1315	0.1237	70.61	0.6865	0.1598	0.0797	0.0740
8	0.4723	0.1948	0.1663	0.1667	71.95	0.6152	0.1704	0.1104	0.1040
9	0.4077	0.1809	0.1909	0.2205	73.19	0.5508	0.1701	0.1393	0.1397
10	0.3541	0.1534	0.1946	0.2979	74.37	0.4970	0.1586	0.1598	0.1846
11	0.2788	0.1577	0.2378	0.3258	75.69	0.4037	0.1702	0.2111	0.2151
12	0.2129	0.1559	0.2734	0.3578	76.87	0.3158	0.1751	0.2615	0.2476
13	0.1578	0.1465	0.2907	0.4050	77.91	0.2390	0.1730	0.3031	0.2850
14	0.1108	0.1221	0.2603	0.5068	79.10	0.1747	0.1621	0.3232	0.3400
15	0.0564	0.0531	0.0955	0.7950	82.28	0.1198	0.1335	0.2878	0.4588

回分蒸留

一般に、処理量の多い場合は連続蒸留が使われ、処理量の少ない場合は回分蒸留が使われる。例えば石油精製は連続蒸留であり、農薬などは回分蒸留が使われる。連続蒸留は1から2年間、工場を止めずに運転される。定期保守のために、一か月程度運転を休止し、工場の消耗品の交換や機器の点検・修理を行う。回分蒸留は1日単位から1週間単位が多い。回分蒸留のメリットは多成分系の蒸留において1本の蒸留塔で、成分ごとに分離できる点にある。

4.1 回分単蒸留

回分操作により液体促合物を蒸発し、凝縮液を取り出して低沸点成分の濃縮を行う方法を単蒸留（あるいは回分単蒸留）という。単蒸留では蒸留装置内の沸点、組成および留出液の組成は時々刻々変化する。

単蒸留は古くから行なわれている方法で、代表的なのは蒸留酒の製造法である。かつて、単蒸留の計算法が分かっていなかった時代には、「芸術的」あるいは「職人的」な技（わざ）により単蒸留が行われていた。計算法は1902年になり、イギリスのレイリー郷により明らかにされ、レイリーの式といわれている。単蒸留はレイリーの式により現在では、正確な計算が行われる。

単蒸留における缶液組成、留出組成、留出量、缶残量との間には

$$\frac{\mathrm{d}D}{\mathrm{d}x}=\frac{B}{x-y} \tag{4.1}$$

なる関係が成立する。

x：缶液中の低沸点成分のモル分率

y：留出液中の低沸点成分のモル分率

D：留出量（kg-mol）

B：缶残量（kg-mol）

単蒸留の開始。終了時の関係を得るために(4.1)式を開始時、終了時の区間で積分すると、「レイリーの式」

$$\int_{x_B}^{x_F}\frac{\mathrm{d}x}{y-x}=\ln\frac{F}{B} \tag{4.2}$$

が得られる。

x_F：仕込液中の低沸点成分のモル分率

x_B：缶残液中の低沸点成分のモル分率

F：仕込液量（kg-mol）

B：缶残液量（kg-mol）

単蒸留の結果を求めるには(4.1)式を解くか、(4.2)式の積分値を得るかいずれかの方法による。

留出液中における低沸点成分の平均組成は

$$x_D = \frac{F \cdot x_F - B \cdot x_B}{F - B} \tag{4.3}$$

により求まる。

x_D：留出液中の低沸点成分のモル分率

収率（η）は次式で算出できる。

$$\eta = \frac{D \cdot x_D}{F \cdot x_F} \tag{4.4}$$

エタノール水溶液の単蒸留計算を示す。エタノール２モル％の水溶液を残量組成が１モル％となるまで単蒸留した場合の留出液中に含まれるエタノール濃度を計算する。仕込量 F は 100［kg-mol］とする。エタノール＋水の x-y 曲線から $1/(y-x)$ を求めて**図 4.1** 中に示す。

図積分の便を考慮して、液組成の間隔（ΔX）を 0.001 モル分率とした。図積分の分割した面積は台形の公式により求める。最初の部分を図4.1に示す。このようにして求めた個々の面積の合計が積分値となり、図中に示した全面積 s は 0.06668 となる。

(4.2)式の左辺を s として求めたので、缶残量 B は 93.55［k-mol］となる。よって物質収支により留出量 D は $F-B=100-93.55=6.45$［k-mol］となる。留出液組成 x_D は(4.3)式より、0.165、すなわち、16.5 モル％のエタノールを得た。重量％に換算すると 33.6 重量％であり、容量％に換算すると 39.1 容量％となっている。酒類の濃度は、一般に容量％を度として濃度を表わしているから、39.1 すなわち約 40 度のアルコールを得たわけである。

エタノール＋水系の気液平衡は 2.3.1 節図 2.12 に示した。エタノールの液相における濃度が２モル％でも、発生する気相の濃度は 20.8 モル％もあるので、蒸留酒の製造には好都合である。

▶ 4.1.1　回分単蒸留の計算

気液平衡関係において、相対揮発度（α）を一定として表現できる場合には、

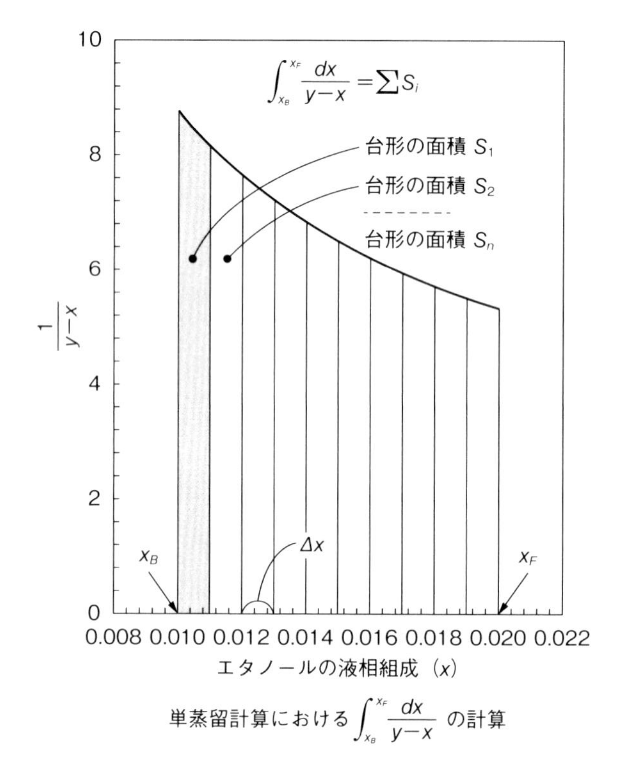

図 4.1 レイリーの式の図積分

レイリーの式(4.2)から

$$\ln\frac{F}{B} = \frac{1}{\alpha - 1}\ln\frac{x_{\mathrm{F}}(1-x_{\mathrm{B}})}{x_{\mathrm{B}}(1-x_{\mathrm{F}})} + \ln\frac{1-x_{\mathrm{B}}}{1-x_{\mathrm{F}}} \tag{4.5}$$

を得る。(4.5)式により、原液組成、缶残組成、原液量より相対揮発度（α）によって直ちに缶残量（B）を得ることができる。

[例題 4.1]

原液量 100 kg-mol、原液の低沸点成分の組成 0.6 モル分率、2 成分溶液を缶残液組成が 0.3 モル分率となるまで単蒸留した場合の缶残量ならびに留出液組成を求めよ。ただし、相対揮発度は 3.0 とする。

［解］

各留出量に対する留出液組成（％）の缶液組成（％）、収率（％）を求めた結果を**図 4.2** に示した。

公式の右辺	1.186
留出量	69.46（kg-mol）
缶残量	30.54（kg-mol）
留出液組成	0.7319（モル分率）
収　　率	84.73（％）

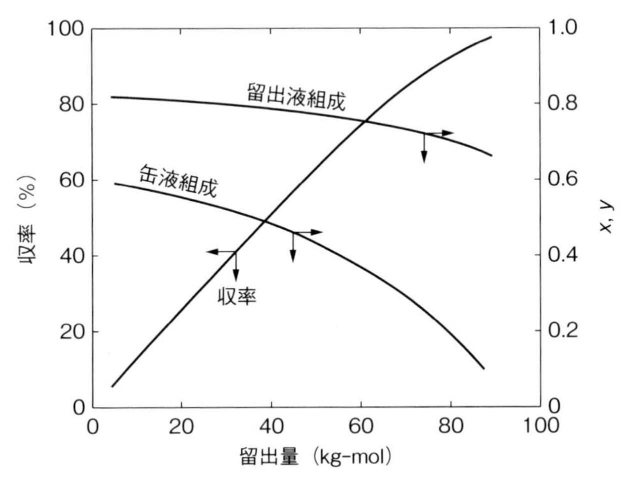

図 4.2　２成分単蒸留の計算結果

［例題 4.2］

ベンゼン 60 モル％、トルエン 40 モル％からなる溶液がある。大気圧下における単蒸留により缶残液中のベンゼンを 30 モル％とするとき、缶残量、留出組成、留出平均組成、沸点、収率を求めよ。ただし、ベンゼン、トルエンのアントワン定数は 6.89326、1,203.83、219.921 および 6.96554、1,351.27、220.191 とし、ラウールの法則が成立するものとする。

［解］

単蒸留の式(*4.1*)をルンゲ・クッタ法により解いた結果を**表 4.1** に示す。ルンゲ・クッタ法の適用に際し $\Delta x = -0.025$ とした。

表 4.1　単蒸留の計算結果

缶残組成（モル分率）	留出量（kg-mol）	缶残量（kg-mol）	留出組成（モル分率）	留出平均組成（モル分率）	沸　点（℃）	収　率（%）
0.600	0.00	100.00	0.7905	0.0000	89.3	0.0
0.575	12.09	87.91	0.7725	0.7818	90.0	15.8
0.550	22.39	77.61	0.7537	0.7734	90.7	28.9
0.525	31.24	68.76	0.7341	0.7651	91.4	39.8
0.500	38.91	61.09	0.7136	0.7570	92.1	49.1
0.475	45.60	54.40	0.6922	0.7491	92.8	56.9
0.450	51.48	48.52	0.6698	0.7414	93.6	63.6
0.425	56.68	43.32	0.6463	0.7338	94.4	69.3
0.400	61.30	38.70	0.6218	0.7263	95.1	74.2
0.375	65.43	34.57	0.5961	0.7189	95.9	78.4
0.350	69.14	30.86	0.5691	0.7116	96.8	82.0
0.325	72.49	27.51	0.5408	0.7044	97.6	85.1
0.300	75.53	24.47	0.5111	0.6972	98.5	87.8

［例題 4.3］

［例題 4.2］を(*4.2*)式により解け。

［解］

(*4.2*)式の左辺の積分値をシンプソンの公式により求めて得た結果を以下に示す。シンプソンの公式の適用に際し、成分区間は 20 等分にした。

$1/(y-x)$の積分値	1.408
留出量	75.43（kg mol）
缶残量	24.47（kg mol）
留出液の平均組成	0.6972（モル分率）
収　　率	87.8（%）

［例題 4.4］

2-プロパノール 25 モル%の水溶液がある。単蒸留によって 2-プロパノールの缶残液中の濃度を 3 モル%とするときの、留出量、缶残量、留出液の平均組成、収率を求めよ。2-プロパノール-水系は非理想溶液であるために、ウイルソン式により気液平衡関係を決定せよ。必要な定数を以下に示す。

	アントワン定数		
	A	B	C
2-プロパノール	7.73610	1,357.43	197.336
水	7.95864	1,663.13	227.528

ウィルソン定数

$\Lambda_{12}=0.04109$　　$\Lambda_{21}=0.77311$

(4.2)式の左辺の積分値をシンプソンの公式により前例と同様に求めて得た結果を以下に示す。ただし、本例では、気相の組成（y）を得るのにウィルソン式を用いている。

$1/(y-x)$の積分値	0.630	(—)
留　出　量	46.73	(kg-mol)
缶　残　量	53.27	(kg-mol)
留出液の平均組成	0.5008	(モル分率)
収　　　率	93.6	(%)

［例題 4.5］

［例題 4.4］において、単蒸留の過程における留出組成、留出平均組成、沸点、缶残組成、収率、留出量を求め、留出量に対しプロットして示せ。

［解］

計算式として(4.1)式を用いる。ルンゲ・クッタ法により(4.1)式を解き、問題で求めている各項目を計算する。ルンゲ・クッタ法におけるΔx は－0.01 とした。結果を**図 4.3** に示した。

(4.5)式を変形することにより

$$\ln\frac{F\cdot x_F}{B\cdot x_B}=\alpha\cdot\ln\frac{F(1-x_F)}{B(1-x_B)} \tag{4.6}$$

が得られる。

$F\cdot x_F$、$F(1-x_F)$は原液中の低沸点成分、高沸点成分のモル数（kg-mol）であり、$B\cdot x_B$、$B(1-x_B)$は缶残中のそれぞれの成分のモル数である。$F\cdot x_F=F_1$、$F(1-x_F)=F_2$、$B\cdot x_B=B_1$、$B(1-x_B)=B_2$とおけば(4.6)式は

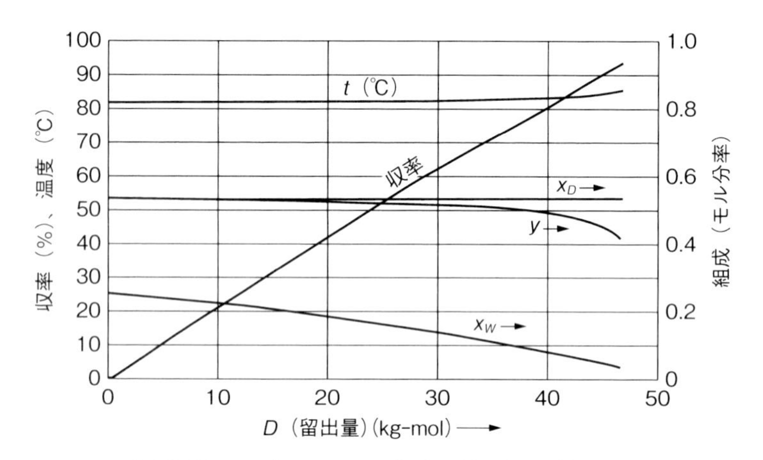

図 4.3　2-プロパノール水系の単蒸留の計算結果

$$\ln \frac{F_1}{B_1} = \alpha_{12} \ln \frac{F_2}{B_2} \tag{4.7}$$

と書ける。α_{12} は成分2に対する成分1の相対揮発度である。

これまでの考え方は、多成分系にも適用できるので、(4.7)式も多成分系に対し適用可能である。

［例題 4.6］

3成分溶液を単蒸留して 70 %を留出させるとき、各成分の留出液組成、缶残液組成、収率を求めよ。ただし、各成分の相対揮発度を $\alpha_{11} = 1$、$\alpha_{12} = 5$、$\alpha_{13} = 10$ とし、原液中の各成分の組成を $x_{F_1} = 0.6$、$x_{F_2} = 0.2$、$x_{F_3} = 0.2$ とする。

「解」

(4.7)式を第2、第3成分に適用し、第1成分の缶残組成 x_B を仮定することにすると、

$$\ln x_{B_2} = -\frac{1}{\alpha_{12}} \ln \frac{F_1}{B_1} + \ln \frac{F_2}{B}$$

$$\ln x_{B_3} = -\frac{1}{\alpha_{13}} \ln \frac{F_1}{B_1} + \ln \frac{F_3}{B}$$

によって、第2、第3成分の缶残組成を決定することができる。各成分の留出組成は(4.3)式を各成分に適用することによって算出できる。相対揮発度のもっとも大きな第1成分の収率を求めることにする。計算結果を以下に示す。

留　出　量	70.00	(kg-mol)
缶　残　量	30.00	(kg-mol)
留出液組成（1）	0.8062	（モル分率）
留出液組成（2）	0.1234	（モル分率）
留出液組成（3）	0.0704	（モル分率）
缶残液組成（1）	0.1189	（モル分率）
缶残液組成（2）	0.3788	（モル分率）
缶残液組成（3）	0.5023	（モル分率）
収　　　率	94.06	（%）

留出量 10–70（率（%））の範囲の途中の計算結果を**図 4.4** に示した。

x_{B_1}、x_{B_2}、x_{B_3} はニュートン・ラプソン法により求めた。

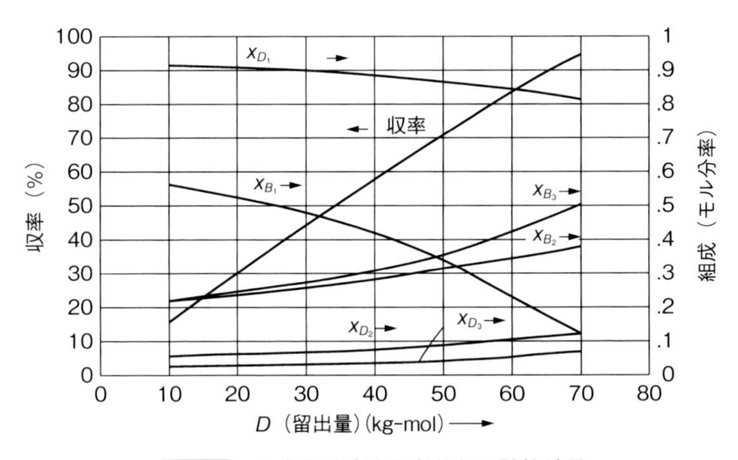

図 4.4　3 成分系溶液の単蒸留の計算結果

▶ 4.1.2　塩効果による回分単蒸留

“2.3.4 気液平衡における塩効果”に示したように、塩効果のきわめて大きい場合には、単蒸留のみによってもかなりの分離が可能なことを示している。

[例題 4.7]

2–プロパノール–水溶液に塩化カルシウムを飽和に溶解させて、単蒸留により2-プロパノールを回収したい。2-プロパノール25モル%の水溶液を缶夜中の2-プロパノール1モル%となるまで単蒸留を行った場合の留出量、缶残量、留出液の平均組成、収率を求めよ。ただし、塩化カルシウムを溶解させた場合の気液平衡関係はy1＝0.913とせよ。

［解］

題意により

$$\int_{x_B}^{x_F} \frac{dx}{y-x} = \int_{0.01}^{0.25} \frac{dx}{0.913-x} = [-\ln(0.913-x)]_{0.01}^{0.25} = \ln 1.362$$

を得る。したがって、計算結果は以下の通りとなる。

1/(y−x)の積分値	0.309	
留　出　量	26.58	(kg-mol)
缶　残　量	73.42	(kg-mol)
留出液の平均組成	0.913	(モル分率)
収　　　率	97.1	(%)

塩効果を利用すれば、単蒸留のみによって、かなりの高濃度まで2プロパノールを濃縮できることがわかる。仕込時の2-プロパノール60モル%の場合の各留出量に対する留出液の平均組成、缶残液の組成、収率を求めて**図4.5**に示した。

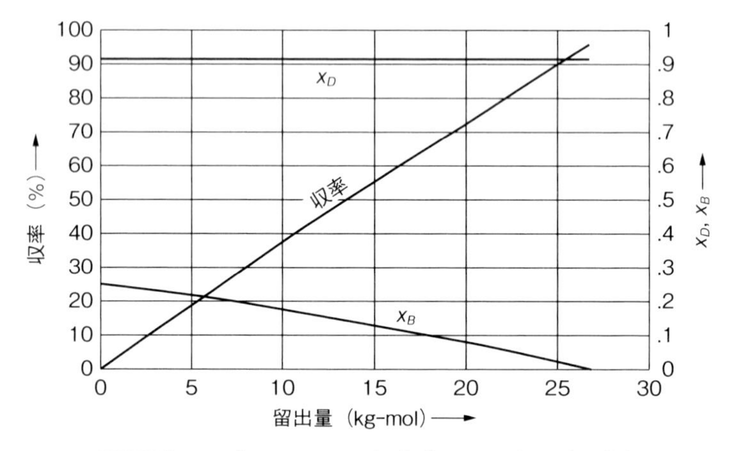

図4.5 2-プロパノール-水-塩化カルシウム系の蒸留

4.2 回分蒸留

単蒸留では高い純度の製品を得ることは容易ではない。純度を上げるには還流を伴った回分蒸留でなければならない。回分蒸留には２つの方式がある。第１は還流比を一定にしたまま蒸留する方法である。この方法は、回分蒸留を進めるにつれて、塔頂製品の純度は下がる。第２は塔頂製品の純度を下げないように、還流比を上げていく方法である。

単蒸留による分離には限界がある。回分方式において純度を高めるには、還流を伴った「回分蒸留」によらねばならない。回分蒸留においても基本式は*(4.1)*、*(4.2)*式であることに変わりはない。

図 4.6 に示す回分蒸留塔を考える。蒸留塔内の液停滞量（ホールドアップ）を無視する。物質収支から、２成分系溶液の低沸点成分を着目成分とすると

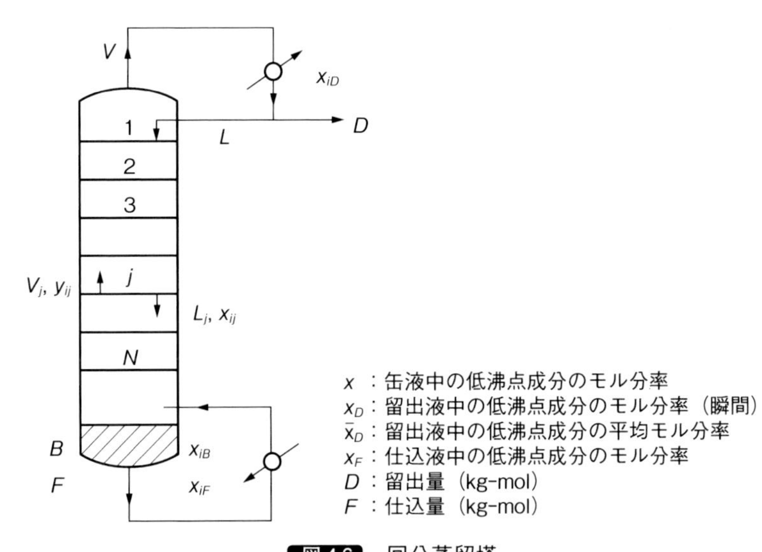

図 4.6　回分蒸留塔

$$\frac{\mathrm{d}D}{\mathrm{d}x} = -F\frac{(\bar{x}_\mathrm{D} - x_\mathrm{F})}{(\bar{x}_\mathrm{D} - x)(x_\mathrm{D} - x)} \qquad (4.8)$$

が得られる。

(4.8)式は還流比一定の場合に成立する式であるが、塔頂の低沸点成分の組成を一定とするように、還流比を時々刻々変化させる場合には

$$\bar{x}_\mathrm{D} = x_\mathrm{D}$$

である。したがって、(4.8)式は

$$\frac{\mathrm{d}D}{\mathrm{d}x} = -F\frac{(x_\mathrm{D} - x_\mathrm{F})}{(x_\mathrm{D} - x)^2} \qquad (4.9)$$

となる。

[例題 4.8]

理論段数 4 段の蒸留塔を用い、還流比を 2.5 として、[例題 4.1] の原液を回分蒸留する場合の計算を行え

[解]

(4.8)式とマッケーブ・シール法とにより、D、$\bar{x}_\mathrm{D}$、x_D を求める。計算手順を以下に示す（**図 4.7** 参照）。

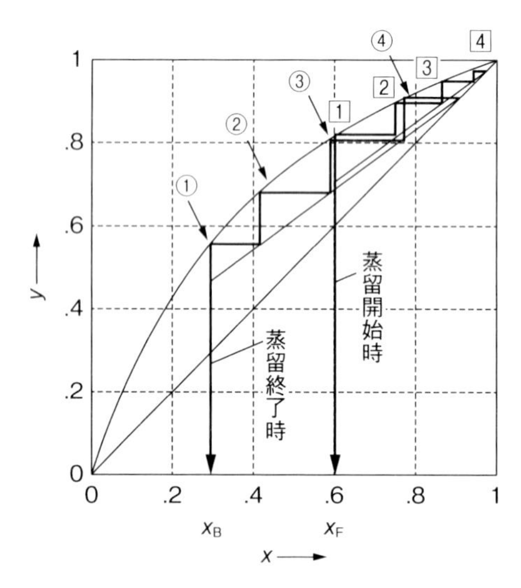

図 4.7 還流比一定の場合の回分蒸留計算の手順

1）(4.8)式において、蒸留開始時には、$x = x_F$、$D = 0$ とおく。
2）x_D を仮定して、マッケーブ・シール法により段数計算を行い、x に対応する x_D を決定する。
3）x を Δx だけ減少させて、(4.8)式をルンゲ・クック法により解き ΔD を得る。
4）x が x_B（=0.3）になるまで 2)、3）を繰り返す。

計算結果を**表 4.2** に示す。単蒸留のみの［例題 4.1］の場合と比較すると、得られた低沸点成分の濃度は、単蒸留の場合には約73モル％であるのに対し、回分蒸留による場合は、約 96 モル％と 23 モル％も濃度が上がっている。一方、収率は約 85 ％に対し、約 73 ％と落ちている。

缶残液組成 18 モル％までの計算結果を**図 4.8** に示した。留出液の純度は蒸留が進むにつれ低下し、完了時には留出液平均組成は 96.1 ％となる。

表 4.2　還流比一定における回分蒸留計算の結果

缶残液組成（モル分率）	留出液組成（モル分率）	留出液平均組成（モル分率）	留出量（kg-mol）	収　率（%）
0.600	0.980	0.980	0.0	0.0
0.580	0.977	0.978	5.0	8.2
0.560	0.976	0.977	9.6	15.6
0.540	0.973	0.976	13.7	22.4
0.520	0.970	0.975	17.6	28.6
0.500	0.968	0.974	21.1	34.2
0.480	0.965	0.973	24.3	39.5
0.460	0.961	0.972	27.3	44.3
0.440	0.958	0.971	30.1	48.8
0.420	0.953	0.970	32.7	52.9
0.400	0.949	0.969	35.2	56.8
0.380	0.943	0.967	37.5	60.4
0.360	0.938	0.966	39.6	63.8
0.340	0.931	0.964	41.7	66.9
0.320	0.922	0.963	43.6	69.9
0.300	0.913	0.961	45.4	72.7

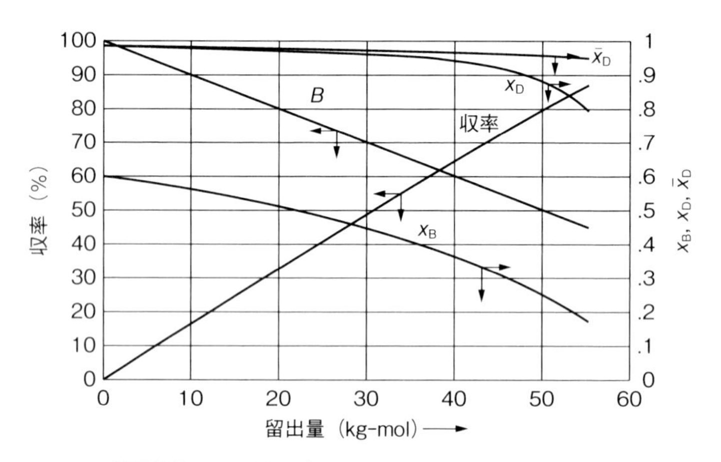

図 4.8 還流比一定における回分蒸留計算の結果

［例題 4.9］

［例題 4.8］で得られた留出液の組成 0.961 モル分率を、還流比を変えて、絶えず塔頂から留出させる場合の回分蒸留するときの計算を行え。蒸留塔の理論段数はやはり 4 段とする。

［解］

(4.9)式とマッケーブ・シール法とにより、D、x_D を求める。計算手順を以下に示す（**図 4.9** 参照）。

1）(4.9)式において、蒸留開始時には、$x=x_D$、$D=0$ とおく

2）還流比を仮定して、マッケーブ・シール法により段数計算を行い、x に対応する還流比、x_D を決定する。

3）x を Δx だけ減少させて、(4.9)式をルンゲ・クッタ法により解き ΔD を得る。

4）x が x_B になるまで 2)、3）を繰り返す。

計算結果を**表 4.3**、**図 4.10** に示す。還流比は 1.19〜7.23 と変化していて、缶残液組成が減少するにつれて増加している。最終的な留出量、収率は前例の還流比一定の場合と同じになる。図 4.10 では缶残液組成が 0.3 以下まで計算を進めてある。

図 4.10 から分かるように蒸留開始時と終了時とは操作線の勾配が変わっ

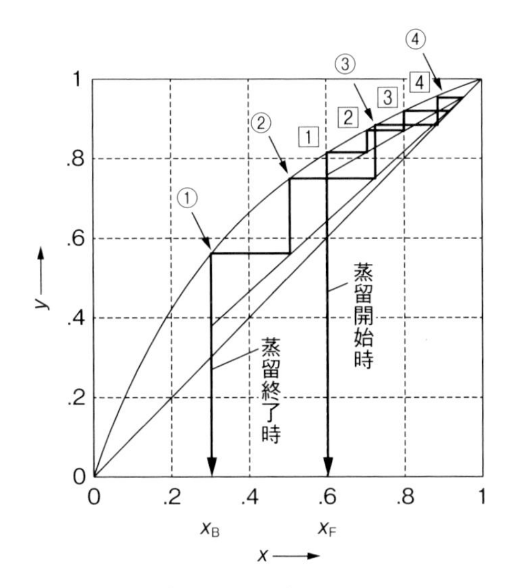

図 4.9　塔頂組成一定（還流比変化）の場合の回分蒸留計算の手順

表 4.3　塔頂組成（還流比変化）を一定とした回分蒸留計算の結果

缶残液組成（モル分率）	還流比	留出液組成（モル分率）	留出量（kg-mol）	収　率（%）
0.600	1.19	0.961	0.0	0.0
0.580	1.19	0.961	5.2	8.4
0.560	1.31	0.961	10.0	16.0
0.540	1.44	0.961	14.2	22.8
0.520	1.58	0.961	18.1	29.1
0.500	1.75	0.961	21.7	34.7
0.480	1.94	0.961	24.9	40.0
0.460	2.15	0.961	27.9	44.8
0.440	2.41	0.961	30.7	49.2
0.420	2.70	0.961	33.3	53.3
0.400	3.06	0.961	35.7	57.1
0.380	3.51	0.961	37.9	60.6
0.360	4.06	0.961	39.9	64.0
0.340	4.79	0.961	41.9	67.1
0.320	5.79	0.961	43.7	70.0
0.300	7.23	0.961	45.4	72.7

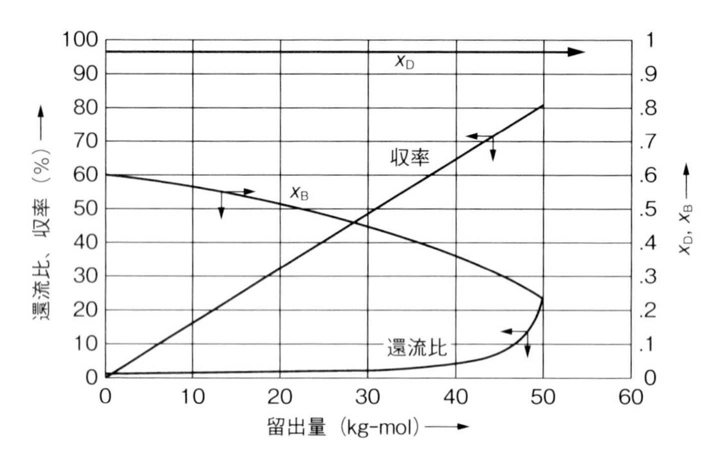

図 4.10 塔頂組成（還流比変化）を一定とした回分蒸留計算の結果

ていて、還流比を変えていることが分かる。還流比は蒸留開始時では 1.19 であるのに対して、蒸留終了時では 7.23 となっている。

塔頂組成を一定（還流比変化）とする回分蒸留の式(4.9)式によって、留出量を得ることができるが、蒸気量 V（図 4.10 参照）は得られない。蒸気量を得るには、蒸気量、還流量、留出量についての物質収支から誘導される

$$\frac{\mathrm{d}V}{\mathrm{d}x}=\frac{F(x_F-x_D)}{(x-x_D)^2\left(1-\dfrac{\mathrm{d}L}{\mathrm{d}V}\right)} \tag{4.10}$$

によらねばならない。

x：缶液中の低沸点成分のモル分率

x_D：留出液中の低沸点成分のモル分率（一定）

x_F：仕込液中の低沸点成分のモル分率（一定）

V：蒸気量（kg-mol）

L：液量（kg-mol）

$\mathrm{d}L/\mathrm{d}F$ は操作線の勾配に等しい。還流比 r との間に

$$\mathrm{d}L/\mathrm{d}V=r/(r+1) \tag{4.11}$$

なる関係がある。

［例題 4.10］

エタノール 50 モル％を含む水溶液を理論段数６段の蒸留塔を用いて、還流比を 2.0 にして回分蒸留を行う。缶残液中のエタノールが 20 モル％になるまで回分蒸留を続けた場合の留出液組成、留出液平均組成、塔底における沸点、収率を留出量に対して求めよ。必要な定数を以下に示す。

アントワン定数

	A	B	C
エタノール	8.24739	1,670.41	232.959
水	7.95864	1,663-13	227.528

ウィルソン定数

$\Lambda_{12} = 0.22433$　　$\Lambda_{21} = 0.80814$

［解］

(4.8)式とマッケーブ・シール法、さらにウィルソン式による気液平衡計算により D、$\bar{x}_D$、x_D、沸点（塔底）を求める。計算手順は［例題 4.8］と基本的には同じである。

段数計算は塔底から行う。x_D を仮定して x（塔底組成）から出発して、段数計算により x_D を求めて仮定値と一致するか否かを調べる。

計算結果を**表 4.4** に示す。エタノールの液組成が、蒸留開始時 0.5 モル分率から終了時 0.2 モル分率まで、$\Delta x = -0.02$ として、ルンゲ・クッタ法により (4.8)式を解いた結果である。

缶残液組成 0.320 モル分率まで蒸留をした段階では、エタノール収率 60 ％、留出液のエタノールの平均組成は 0.8 モル分率となっているが、蒸留終了時には収率 80.1 ％、エタノールの組成は 0.797（約 0.8）モル分率である。

計算結果のグラフを**図 4.11** に示した。

［例題 4.11］

［例題 4.8］および［例題 4.9］は同じ塔頂組成の製品を得る回分蒸留の例であるが、［例題 4.8］は還流比一定であるのに対し、［例題 4.9］は塔頂組成一定（還流比変化）としている。(4.10)式を［例題 4.9］に適用して蒸気量を求め、［例題 4.8］の蒸気量と比較せよ。

表 4.4 エタノール–水系の回分蒸留の計算結果（理論段数 6 段、還流比 2）

缶残液組成（モル分率）	留出液組成（モル分率）	留出液平均組成（モル分率）	沸　点（℃）	留出量（kg-mol）	収　率（%）
0.500	0.804	0.804	79.8	0.0	0.0
0.480	0.804	0.804	80.0	6.2	9.9
0.460	0.802	0.803	80.1	11.7	18.7
0.440	0.800	0.803	80.3	16.5	26.6
0.420	0.800	0.802	80.5	20.9	33.6
0.400	0.798	0.802	80.7	24.9	39.9
0.380	0.797	0.801	80.9	28.5	45.7
0.360	0.795	0.801	81.1	31.8	50.9
0.340	0.794	0.800	81.3	34.8	55.7
0.320	0.792	0.800	81.6	37.5	60.0
0.300	0.793	0.799	81.8	40.1	64.0
0.280	0.791	0.799	82.1	42.4	67.7
0.260	0.790	0.798	82.4	44.6	71.2
0.240	0.788	0.798	82.7	46.6	74.4
0.220	0.788	0.798	83.1	48.5	77.3
0.200	0.785	0.797	83.5	50.2	80.1

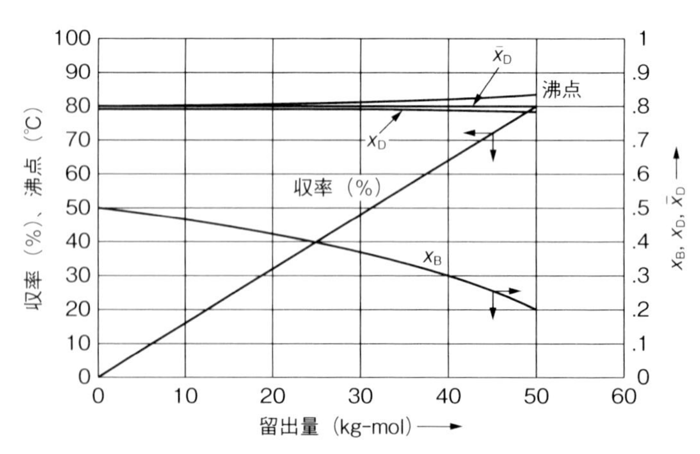

図 4.11 エタノール–水系の回分蒸留の計算結果（理論段数 6 段、；還流比 2）

［解］

まず、［例題 4.9］の蒸気量を求める計算手順を説明する。

1）（*4.10*）式において、蒸留開始時には、$x=x_F$、$V=0$ とおく。

2）dL/dV を仮定して、マッケーブ・シール法により段数計算を行い、x に対応する dL/dV（したがって、還流比）、x_D を決定する。

3）x を Δx だけ減少させて、（*4.10*）式をルンゲ・クッタ法により解き、ΔV を得る。

4）x が x_B になるまで 2）、3）を繰り返す。

計算結果を**表 4.5** に示す。還流比、留出量、収率もあわせて示す。計算結果から、蒸気量は 158.2（kg-mol）である。

一方、［例題 4.8］において、還流比 r＝2.5 である。また、［例題 4.8］の計算結果の表より、留出量 D＝45.4（kg-mol）であるから、

$$V=(r+1)D=(2.5+1)\times 45.4=158.9\ (\text{kg-mol})$$

となる。

表 4.5　エタノール-水系の回分蒸留の計算結果

缶残液組成（モル分率）	留出液組成（モル分率）	d*L*/d*V*	還流比	蒸気量（kg-mol）	留出量（kg-mol）	収　率（%）
0.600	0.961	0.543	1.19	0.0	0.0	0.0
0.580	0.961	0.543	1.19	11.5	5.2	8.4
0.560	0.961	0.567	1.31	22.4	10.0	16.0
0.540	0.961	0.590	1.44	32.8	14.3	22.8
0.520	0.961	0.612	1.58	42.9	18.1	29.1
0.500	0.961	0.636	1.75	52.6	21.7	34.7
0.480	0.961	0.660	1.94	62.2	24.9	40.0
0.460	0.961	0.683	2.15	71.7	27.9	44.8
0.440	0.961	0.707	2.41	81.1	30.7	49.2
0.420	0.961	0.730	2.70	90.6	33.3	53.3
0.400	0.961	0.754	3.06	100.2	35.7	57.1
0.380	0.961	0.778	3.51	110.2	37.9	60.6
0.360	0.961	0.802	4.06	120.7	39.9	64.0
0.340	0.961	0.827	4.79	131.9	41.9	67.1
0.320	0.961	0.853	5.79	144.2	43.7	70.0
0.300	0.961	0.878	7.23	158.2	45.4	72.7

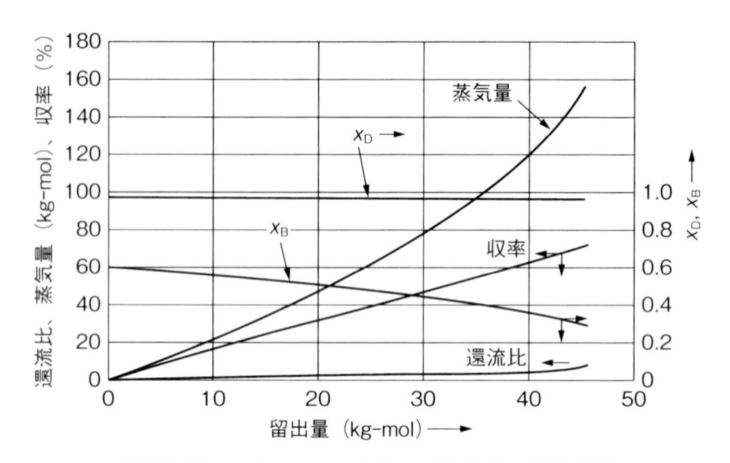

図 4.12 エタノール-水系の回分蒸留の計算結果

以上の結果から、還流比を一定とした場合と変えた場合とで、蒸気量に差のないことがわかる。

［留意点］

本例題における留出量 D は、物質収支により

$$D = F \cdot \frac{x_B - x_F}{x_B - x_D} \tag{4.12}$$

によって算出したものであり、F＝(r＋1)D によったものではない。表中の蒸気量は積算値であるのに対して、還流比は積算値である蒸気量留出時における瞬間の還流比である。

本例題の計算結果を**図 4.12** に示した。

［例題 4.12］

［例題 4.10］において、塔頂留出液の平均組成はエタノール 79.7 モル％となった。同じ塔頂留出液を塔頂留出液組成一定となるように、還流比を時々刻々変えて回分蒸留により得るとき、蒸気量を比較せよ。

［解］

(4.10) 式を用いて、［例題 4.11］と同様にして計算を進める。計算結果を**表 4.6** に示した。

表 4.6　エタノール–水系の回分蒸留の計算結果（理論段数６段、還流比変化）

缶残液組成（モル分率）	沸点（℃）	留出液組成（モル分率）	dL/dV	還流比	蒸気量（kg–mol）	留出量（kg–mol）	収率（%）
0.500	79.8	0.797	0.611	1.571	0.0	0.0	0.0
0.480	80.0	0.797	0.620	1.635	16.4	6.3	10.1
0.460	80.1	0.797	0.630	1.702	31.3	11.9	18.9
0.440	80.3	0.797	0.638	1.766	44.8	16.8	26.8
0.420	80.5	0.797	0.647	1.830	57.1	21.2	33.8
0.400	80.7	0.797	0.654	1.894	68.5	25.2	40.2
0.380	80.9	0.797	0.662	1.958	79.0	28.8	45.9
0.360	81.1	0.797	0.669	2.022	88.7	32.0	51.1
0.340	81.3	0.797	0.676	2.087	97.8	35.0	55.8
0.320	81.6	0.797	0.683	2.154	106.3	37.7	60.2
0.300	81.8	0.797	0.690	2.223	114.3	40.2	64.1
0.280	82.1	0.797	0.697	2.295	121.9	42.6	67.8
0.260	82.4	0.797	0.703	2.371	129.0	44.7	71.2
0.240	82.7	0.797	0.710	2.454	135.8	46.7	74.4
0.220	83.1	0.797	0.718	2.543	142.2	48.5	77.4
0.200	83.5	0.797	0.725	2.643	148.4	50.3	80.1

1)　還流比一定（＝2）の場合

［例題 4.10］の結果より

$$留出量(D) = 50.2 \ (\text{kg–mol})$$

であるから

$$蒸気量(V) = (r+1)D = 3 \times 50.2 = 150.6 \ (\text{kg–mol})$$

である。

2)　塔頂組成一定（＝0.797）の場合

計算結果の表 4.6 から

$$蒸気量(V) = 148.4 \ (\text{kg–mol})$$

である。

したがって、1)、2) の結果より、回分蒸留を還流比一定とした場合と塔頂組成一定（還流比変化）とした場合とでは、蒸気量にほとんど差のないことがわかる。計算結果を**図 4.13** に示した。

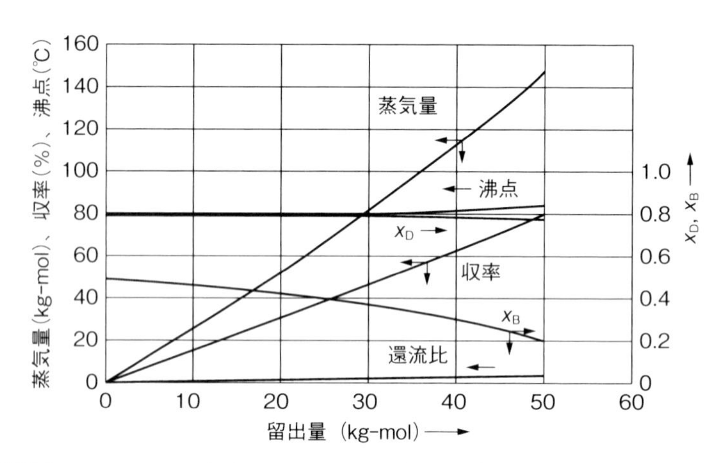

図 4.13 エタノール−水系の回分蒸留の計算結果（理論段数６段、還流比変化）

4.3 回分蒸留における最小理論段数

回分蒸留における最小理論段数は、全還流（還流比を無限大）の場合として求める。これは還流比一定の場合の回分蒸留の一つとして考える。相対揮発度が一定である場合、連続蒸留ではフェンスケの式(3.34)により最小理論段数が得られるが、この式を(4.2)式に代入して、

$$\frac{\mathrm{d}D}{\mathrm{d}x}=\frac{B}{\dfrac{\alpha^{N+1}\cdot x}{(\alpha^{N+1}-1)\cdot x+1}-x} \tag{4.13}$$

を得る。(4.13)式の記号の意味は(4.1)式と同じである。ただし、α は低沸点成分の高沸点成分に対する相対揮発度であり、N は理論段数である。

$\mathrm{d}D=-\mathrm{d}B$ であることを考慮に入れて、(4.13)式を x_F、F から x_B、B まで積分すると、

$$\ln\frac{B}{F}=\frac{1}{\alpha^{N+1}-1}\ln\frac{x(1-x_F)}{x_F(1-x)}+\ln\frac{1-x_F}{1-x} \tag{4.14}$$

を得る。(4.14)式によって、理論段数、仕込組成、仕込量、相対揮発度を与えた場合の最大回収率、あるいは仕込組成、仕込量、相対揮発度を与えた場合の目標とする収率に対する最小理論段数を算出することができる。

連続蒸留の場合と異なり、回分蒸留においては留出量をゼロとしないで、「全還流」を考えている。還流比が無限大のときの極限値と考えれば納得できよう。連続蒸留における「全還流」は実験可能であるが、回分蒸留における「全還流」は(4.14)式を実現させるという意味では実験不可能である。

還流比はきわめて大きくとれば、限りなく(4.14)式の状態に近づくと理解すればよい。

［例題 4.13］

［例題 4.8］における回分蒸留の計算結果では、仕込液組成 0.6 モル分率に対し、留出液組成 0.961 モル分率の低沸点成分を収率 72.7 %で回収している。同じ収率の場合における最小理論段数を求めよ。

［解］

題意により

$$\frac{D\cdot\bar{x}_D}{F\cdot x_F}=0.727$$

したがって

$$\frac{B}{F}=\frac{\bar{x}_D-0.727\cdot x_F}{\bar{x}_D}=\frac{0.961-0.727\cdot 0.6}{0.961}=0.546$$

さらに、$x=0.3$、$\alpha=3$、$x_F=0.6$ として(4.14)式から理論段数 N を求める。計算結果を次に示す。

留出液組成	0.961（モル分率）
仕込液組成	0.600（モル分率）
相対揮発度	3.00
収　　率	72.7（%）
缶残液組成	0.300（モル分率）
最小理論段数	2.1

例題4.8においては、理論段数4段であったが、最小理論段数はその約半分の値となっている。

［例題4.14］

［例題4.13］において理論段数4段とし、留出液組成0.99モル分率とした場合の最大大収率を求めよ。

［解］

(*4.14*)式の左辺のB/Fは、物質収支から

$$\frac{B}{F}=\frac{x_{\mathrm{F}}-\bar{x}_{\mathrm{D}}}{x-\bar{x}_{\mathrm{D}}} \tag{4.15}$$

となる。この関係を(*4.14*)式に代入し、試行錯誤法によりxを求める。このxを用いて(*4.15*)式によりBが求まるので、最大収率η（%）

$$\eta=\frac{(F-B)\cdot\bar{x}_{\mathrm{D}}}{F\cdot x_{\mathrm{F}}}\times 100$$

が得られる。

計算結果を次に示す。

留出液組成　0.99（モル分率）
仕込液組成　0.60（モル分率）
相対揮発度　3.00
理論段数　4
缶残液組成　0.040（モル分率）
最大収率　97.3（%）

4.4 多成分系

4.4.1　多成分系回分蒸留（全還流）の計算

全還流における多成分系の回分蒸留においては、相対揮発度を一定とすれ

ば、

$$\left.\begin{aligned} \frac{B_1}{F_1} &= \left(\frac{B_2}{F_2}\right)^{\alpha_{12}{}^{N+1}} \\ \frac{B_1}{F_1} &= \left(\frac{B_3}{F_3}\right)^{\alpha_{13}{}^{N+1}} \\ &\vdots \\ \frac{B_1}{F_1} &= \left(\frac{B_k}{F_k}\right)^{\alpha_{1k}{}^{N+1}} \end{aligned}\right\} \tag{4.16}$$

なる関係が成立する。

B_1, B_2, $\cdots B_k$：1，2，$\cdots k$ 成分の缶残液量（kg-mol）

F_1, F_2, $\cdots F_k$：1，2，$\cdots k$ 成分の仕込液量（kg-mol）

α_{12}, α_{13}, $\cdots \alpha_{1k}$：相対揮発度

N：回分蒸留塔の理論段数

［例題 4.15］

3 成分系溶液を全還流で回分蒸留して、第 1 成分の 90 %を留出させるとき、各成分の留出液平均組成、留出組成、缶残液組成、留出率を求めよ、ただし、ステップ数 3 段の蒸留塔を用いることとし、各成分の相対揮発度、仕込液の組成は以下の値を用いよ。

$\alpha_{11} = 1$,　$\alpha_{12} = 5$,　$\alpha_{13} = 10$

$x_{F_1} = 0.6$,　$x_{F_2} = 0.2$,　$x_{F_3} = 0.2$

［解］

仕込液量を 1 kg-mol として、(4.16)式を用いる。題意により

$B_1/F_1 = (F_1 - D_1)/F_1 = 1 - D_1/F_1 = 1 - 0.9 = 0.1$

によって、B_2、B_3 を得る。

初留は、

$$\frac{x_{D_1}}{x_{D_2}} = \alpha_{12}{}^{N+1} \cdot \frac{x_{B_1}}{x_{B_2}}$$

$$\frac{x_{D_1}}{x_{D_3}} = \alpha_{13}{}^{N+1} \cdot \frac{x_{B_1}}{x_{B_3}}$$

から

表 4.7　多成分系回分蒸留の全還流における計算

$x_{F_1}=0.60$	$\alpha_1=1.00$	$y_1=0.999$	
$x_{F_2}=0.20$	$\alpha_2=5.00$	$y_2=0.001$	
$x_{F_3}=0.20$	$\alpha_3=10.00$	$y_3=0.000$	
第一成分の留出率＝0.90			
缶中のモル数＝0.459			
留出したモル数＝0.541（留出率）			
各成分の計算結果			
缶中のモル数	缶残液組成	留出液平均組成	留出液組成
$B_1=0.0600$ $B_2=0.1993$ $B_3=0.2000$	$x_{B_1}=0.131$ $x_{B_2}=0.434$ $x_{B_3}=0.435$	$x_{D_1}(\mathrm{av})=0.999$ $x_{D_2}(\mathrm{av})=0.001$ $x_{D_3}(\mathrm{av})=0.000$	$x_{D_1}=0.994$ $x_{D_2}=0.005$ $x_{D_3}=0.000$

$$x_{D_1}=\frac{1}{1+\dfrac{1}{\alpha_{12}{}^{N+1}}\dfrac{x_{B_2}}{x_{B_1}}+\dfrac{1}{\alpha_{13}{}^{N+1}}\dfrac{x_{B_3}}{x_{B_1}}}=0.999$$

によって求まる。x_{D_2}、x_{D_3} も同様にして求める。

次に、$B_1/F_1=0.1$ より (4.16) 式から $B_2=0.1993$、$B_3=0.2000$ を得る。$B=B_1+B_2+B_3$ から、x_{B_1}、x_{B_2}、x_{B_3} が求まる。$D_1=F_1-B_1$、$D_2=F_2-B_2$、$D_3=F_3-B_3$ であるから、$D_1+D_2+D_3=D$、したがって、x_{D_1}、x_{D_2}、x_{D_3}（平均）が得られる。また、x_{B_1}、x_{B_2}、x_{B_3} により、このときの x_{D_1}、x_{D_2}、x_{D_3} が算出できる。計算結果を**表 4.7** にして示した。

本例題は、単蒸留の［例題 4.6］と同じ溶液を回分蒸留した場合の計算結果である。単蒸留で［例題 4.6］に見られるように、第 1 成分の組成は約 80 モル%であるのに反し、段数 3 段の全還流では 99.9 モル%になっている。

参考のために、別の 3 成分溶液の全還流における回分蒸留の計算を**図 4.14** に示す（$x_{F_1}=x_{F_2}=0.333$）。

▶ 4.4.2　多成分系回分蒸留（定還流）における初留の計算

全還流の場合と同じようにして、相対揮発度を一定とすれば、任意の成分間に（ここでは i、k 成分）、

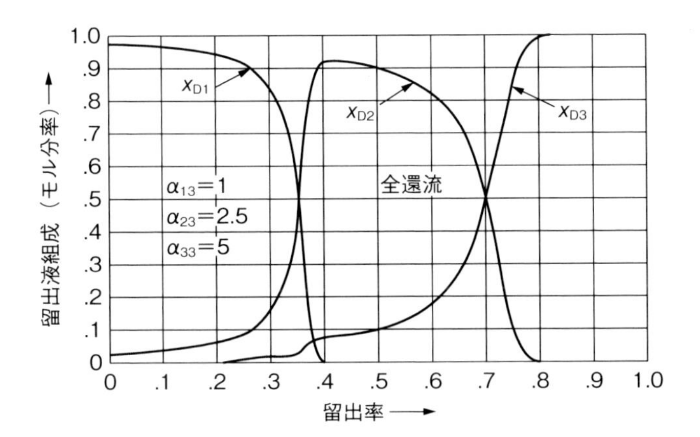

図 4.14　全還流下における３成分系溶液の回分蒸留の計算結果

$$\left(\frac{x_i}{x_k}\right)_{\mathrm{D}} = \left(\frac{\alpha_{ik}}{\beta_{ik}}\right)_{\mathrm{av}}^{N+1} \left(\frac{x_i}{x_k}\right)_{\mathrm{B}} \tag{4.17}$$

なる関係が成立する。

ここに、

$$(\alpha_{ik})_{\mathrm{av}} = \sqrt{(\alpha_{ik})_{\mathrm{D}} \cdot (\alpha_{ik})_{\mathrm{B}}}, \quad (\beta_{ik})_{\mathrm{av}} = \frac{1+\beta_{ik}}{2} \tag{4.18}$$

であり、

$$\beta_{ik} = \frac{1 + \dfrac{D}{L}\dfrac{x_{\mathrm{D}_i}}{x_{\mathrm{B}_i}}}{1 + \dfrac{D}{L}\dfrac{x_{\mathrm{D}_k}}{x_{\mathrm{B}_k}}} \tag{4.19}$$

x_i、x_k：i、k（最高沸点の）成分の液組成（モル分率）

下付のD：留出液を示す。

下付のB：缶残液を示す。

$(\alpha_{\mathrm{ik}})\mathrm{av}$：塔頂、塔底における相対揮発度の平均値

N：ステップ数

D：留出液量（kg mol）

B：缶残液量（kg mol）

x_{D_i}：留出液中の i 成分の組成（モル分率）

x_{B_i}：缶残液中の i 成分の組成（モル分率）

x_{D_k}：もっとも沸点の高い成分の留出液中の組成（モル分率）

x_{B_k}：もっとも沸点の高い成分の缶残液中の組成（モル分率）

(4.19)式は、近似的な値 β_{ik} を与える。本来ならば $(x_i)_B$、$(x_k)_B$ は、蒸留塔の最下段における値であるが、缶残液中の値を用いてある。

[例題 4.16]

3成分系溶液を還流比2で回分蒸留するとき、各成分の初留における組成を求めよ。ただし、ステップ数は3段の蒸留塔を用いることとし、各成分の相対揮発度（平均）、仕込液の組成は以下の値を用いよ。

$(\alpha_{11})_{av}=1$, $(\alpha_{12})_{av}=5$, $(\alpha_{13})_{av}=10$

$(x_1)_B=0.6$, $(x_2)_B=0.2$, $(x_3)_B=0.2$

[解]

計算手順を以下に示す。

1) 各成分の留出液組成（$(x_1)_D$、$(x_2)_D$、$(x_3)_D$）を仮定する。

2) (4.19)式により、各成分にっき β_{ik} を求め、(4.18)式により、各成分の $(\alpha_{ik}/\beta_{ik})_{av}$ を決める。

3) $(\alpha_{ik}/\beta_{ik})_{av}$ を計算し、各成分と最高沸点成分間に(4.17)式を適用して、各成分にっき $(\alpha_{ik}/\beta_{ik})_{av}{}^{N+1}(x_i)_B$ を求め、その総和 $\Sigma(\alpha_{ik}/\beta_{ik})_{av}(x_i)_B$ を計算する。

4) $(x_i)_D=(\alpha_{ik}/\beta_{ik})_{av}{}^{N+1}\cdot(x_i)_B/\Sigma(\alpha_{ik}/\beta_{ik})_{av}{}^{N+1}\cdot(x_i)_B$ により、各成分の留出液中の組成を決定し、1) の仮定値と比較する。必要に応じて 2) 以降

表 4.8 多成分系回分蒸留の定還流における計算

$x_{F_1}=0.60$	$\alpha_1=10.00$	$x_{D_1}=0.9440$（仮定値）
$x_{F_2}=0.20$	$\alpha_2=5.00$	$x_{D_2}=0.0550$（仮定値）
$x_{F_3}=0.20$	$\alpha_3=1.00$	$x_{D_3}=0.0010$（仮定値）

成分	β_B	β_{av}	$(\alpha/\beta)_{av}$	$x_{F_i}\cdot(\alpha/\beta)^4$	留出液組成
1	1.782	1.39	7.189	1,602.18	0.9432
2	1.135	1.07	4.685	96.32	0.0567
3	1.000	1.00	1.000	0.20	0.0001

を繰り返す。計算結果を**表 4.8** に示した。

4.4.3　多成分系回分蒸留（定還流）の留出時における計算

初留液の組成は(*4.17*)～(*4.19*)式により計算できるが、留出液量はこれらの式によっては得られない。(*4.16*)式は、「全還流」時における缶残液量と仕込液量との関係を与える式であるが、定還流の場合には、(*4.17*)式により

$$\left.\begin{aligned} \frac{B_1}{F_1} &= \left(\frac{B_2}{F_2}\right)^{\left[\left(\frac{\alpha_{12}}{\beta_{12}}\right)_{\mathrm{av}}\right]^{N+1}} \\ \frac{B_1}{F_1} &= \left(\frac{B_3}{F_3}\right)^{\left[\left(\frac{\alpha_{13}}{\beta_{13}}\right)_{\mathrm{av}}\right]^{N+1}} \\ &\vdots \\ \frac{B_1}{F_1} &= \left(\frac{B_k}{F_k}\right)^{\left[\left(\frac{\alpha_{1k}}{\beta_{1k}}\right)_{\mathrm{av}}\right]^{N+1}} \end{aligned}\right\} \tag{4.20}$$

なる関係が成立する。1、2、…k は(*4.16*)式の場合と同様に成分を示す。$(\beta_{\mathrm{ik}})_{\mathrm{av}}$ は狭い留出率の範囲で適用可能である。

i、j、k 成分の間には

$$(\alpha_{ij})_{\mathrm{av}} = \frac{(\alpha_{ik})_{\mathrm{av}}}{(\alpha_{jk})_{\mathrm{av}}} \tag{4.21}$$

$$(\beta_{ij})_{\mathrm{av}} = \frac{(\beta_{ik})_{\mathrm{av}}}{(\beta_{jk})_{\mathrm{av}}} \tag{4.22}$$

なる関係が成立するので、(*4.20*)式の適用に際しては

$$\left(\frac{\alpha_{ij}}{\beta_{ij}}\right)_{\mathrm{av}} = \frac{\left(\frac{\alpha_{ik}}{\beta_{ik}}\right)_{\mathrm{av}}}{\left(\frac{\alpha_{jk}}{\beta_{jk}}\right)_{\mathrm{av}}} \tag{4.23}$$

を使用する。

[例題 4.17]

[例題 4.16] における溶液の第 1 成分を 40 %留出した際の留出液の組成および、全成分の留出率を求めよ。

表 4.9 多成分系回分蒸留の定還流における計算（留出時 1）

成　分	x_B	α	$(\alpha/\beta)_{av\cdot o}$	(α/β)〔仮定値〕	B_i/F_i
1	0.600	10.00	7.12	6.80	0.600
2	0.200	5.00	4.82	4.60	0.898
3	0.200	1.00	1.00	1.00	1.000

成　分	缶残液組成	留出液組成	β_B	β_{av}	$(\alpha/\beta)_{av}$
1	0.487	0.905	1.930	1.465	6.83
2	0.243	0.095	1.195	1.097	4.56
3	0.270	0.000	1.000	1.000	1.00

［解］

計算手順を以下に示す。

1）　各成分について、$(\alpha_{ik}/\beta_{ik})_{av}$ を仮定する。

2）　［例題 4.16］で得られた$(\alpha_{ik}/\beta_{ik})_{av}$ と 1）で仮定した$(\alpha_{ik}/\beta_{ik})_{av}$ との平均値を各成分について求める。

3）　第 2、第 3 成分について*(4.20)*式を適用し、缶残液量を各成分について、仕込液量から求める。

4）　第 1 成分 40 %留出時における缶残液組成を 3）の結果から求める。

5）　前例の計算手順 4）に従って、各成分の留出液組成$(x_i)_D$ を決定する。

6）　あらためて、$(x_i)_D$ から$(\alpha_{ik}/\beta_{ik})_{av}$ を算出し、仮定値と比較する。不一致の場合は 1）から繰り返す。

計算結果を**表 4.9** に示した。表中の B_i/F_i 値より、各成分の缶残液中の kg-mol 数は 0.36、0.180、0.200 となるので、缶残液量は 0.740 kg-mol となり、留出量は 1−0.740＝0.260（kg-mol）である。仕込液量を 1 kg-mol としてあるので、留出率も 0.260 となる。

［例題 4.18］

［例題 4.17］において、第 1 成分を 40 %留出後、さらに 10 %留出した際の留出液の組成および、全成分の留出率を求めよ。

［解］

計算手順を前例との相違点につき以下に示す。

表 4.10　多成分系回分蒸留の定還流における計算（留出時 2）

成　分	x_B	α	$(\alpha/\beta)_{av}$	(α/β)〔仮定値〕	B_i/F_i
1	0.600	10.00	6.79	6.20	0.300
2	0.200	5.00	4.58	4.35	0.764
3	0.200	1.00	1.00	1.00	0.999

成　分	缶残液組成	留出液組成	β_B	β_{av}	$(\alpha/\beta)_{av}$
1	0.338	0.829	2.226	1.613	6.20
2	0.287	0.171	1.297	1.149	4.35
3	0.375	0.001	1.000	1.000	1.00

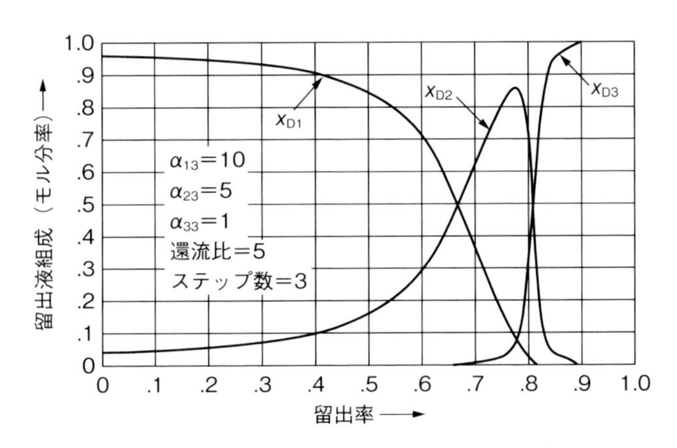

図 4.15　定還流下における3成分系溶液の回分蒸留の計算結果

［例題 4.17］の 3）において、第1成分の留出量を 0.5(50 %留出)×0.6(40 %留出)＝0.3 として、他の成分の留出量を(*4.20*)式により求める。

計算結果を**表 4.10** に示した。

参考のために、［例題 4.16］、［例題 4.17］のおける留出率の全範囲における計算結果を**図 4.15** に示した。

▶ 4.4.4　多成分系回分蒸留における経時計算

多成分系の回分蒸留計算において(*4.8*)式を適用すると、成分数だけ(*4.8*)式を連立させることとなり解を得にくい。そこで、経時変化を考える。

缶液の減少量と塔頂の留出量の経時変化を考えると、

$$\frac{\mathrm{d}B}{\mathrm{d}t} = -D \tag{4.24}$$

が成立する。ここに dt は微小時間を示す。i 成分についても同様にして

$$\frac{\mathrm{d}B \cdot x_{\mathrm{B}_i}}{\mathrm{d}t} = -D \cdot x_{\mathrm{D}_i} \tag{4.25}$$

が成立する。(4.24)(4.25)の両式から

$$\frac{\mathrm{d}x_{\mathrm{B}_i}}{\mathrm{d}t} = \frac{\mathrm{d}B}{\mathrm{d}t} \frac{1}{B} (x_{\mathrm{D}_i} - x_{\mathrm{B}_i}) \tag{4.26}$$

が得られる。

蒸発量を一定とすれば、dB/dt も一定であるから、(4.26)式を各成分について連立させて解くことができる。(4.26)式中における B（缶残液量）は、dB/dt＝一定の関係から、各留出時において決定できる。x_{D_i}、x_{B_i} は、段数計算により決定する。

例えば 3 成分系の場合では

$$\begin{cases} \dfrac{\mathrm{d}x_{\mathrm{B}_1}}{\mathrm{d}t} = \dfrac{\mathrm{d}B}{\mathrm{d}t} \cdot \dfrac{1}{B} \cdot (x_{\mathrm{D}_1} - x_{\mathrm{B}_1}) & (4.27) \\ \dfrac{\mathrm{d}x_{\mathrm{B}_2}}{\mathrm{d}t} = \dfrac{\mathrm{d}B}{\mathrm{d}t} \cdot \dfrac{1}{B} \cdot (x_{\mathrm{D}_2} - x_{\mathrm{B}_2}) & (4.28) \\ \dfrac{\mathrm{d}x_{\mathrm{B}_3}}{\mathrm{d}t} = \dfrac{\mathrm{d}B}{\mathrm{d}t} \cdot \dfrac{1}{B} \cdot (x_{\mathrm{D}_3} - x_{\mathrm{B}_3}) & (4.29) \end{cases}$$

を解くことになる。初期条件として、x_{B_1}～x_{B_3} を仕込組成とし、B を仕込液量とする。x_{D_1}～x_{D_3} は与えた還流比、理論段数により、x_{D_1}～x_{D_3} を仮定したうえで求める。

[例題 4.19]

メタノール-2-プロパノール-水系の大気圧下における回分蒸留計算を、経時変化の式(4.24)、(4.27)～(4.29)を用いて行え。蒸留塔はステップ数 7 段のものを使い、還流比は 30 で運転することとし、缶液の減少量を毎時 0.1 kg-mol、仕込液量は 1 kg-mol とする。ただし、仕込液の組成（モル分率）はメタノール 0.6、2-プロパノール 0.2、水 0.2 であるとし、気液平衡はアン

トワン式とウィルソン式とにより決定するものとする。式定数を次に示す。

アントワン定数

	A	B	C
メタノール	7.87863	1,473.11	230.0
2-プロパノール	7.7361	1,357.43	197.336
水	7.95864	1,663.13	227.528

ウィルソン定数

$\Lambda_{12}=1.03116$　$\Lambda_{23}=0.04109$　$\Lambda_{13}=0.55148$

$\Lambda_{21}=1.08036$　$\Lambda_{32}=0.77311$　$\Lambda_{31}=0.89781$

［解］

(*4.27*)～(*4.29*)式における dB/dt は、題意により

$$dB/dt=-0.1 \ (\text{kg-mol})$$

である。(*4.27*)～(*4.29*)式を解くための初期条件としては、t＝0 において

① x_{B_1}、x_{B_2}、x_{B_3} は仕込組成とする。

② 缶残液量は仕込液量とする。

③ 蒸留塔内はすでに還流比 30 で定常状態にあるものとする。

計算手順を次に示す。

1) 初期条件下において段数計計算を行う。

2) $\Delta t=0.1$（h）として、ルンゲ・クッタ法により、x_{B_1}～x_{B_3} を決定する。その際に必要な x_{D_1}～x_{D_3} は試行錯誤法により決定する。

3) 留出率 100 ％となるまで 2) を繰り返す。

計算結果を**表 4.11** に示す。

留出率を横軸にとり、各成分の塔頂組成、塔頂温度を**図 4.16** に示した。メタノール留出後、2-プロパノール-水系の共沸混合物が留出していることがわかる。

［例題 4.20］

相対揮発度 $\alpha_{13}=10$、$\alpha_{23}=5$、$\alpha_{33}=1$ なる 3 成分系の回分蒸留計算を、経時変化の式(*4.24*)、(*4.27*)～(*4.29*)を用いて行い、第 1 成分の平均留出組成および収率を求めよ。

表 4.11 メタノール2プロパノール-水系の回分蒸留の計算結果

経過時間 (h)	留出率	x_{B_1}	x_{B_2}	x_{B_3}	x_{D_1}	x_{D_2}	x_{D_3}	塔頂温度 (℃)
0	0	0.600	0.200	0.200	0.998	0.001	0.001	64.8
0.1	0.01	0.596	0.202	0.202	0.998	0.001	0.001	64.8
0.2	0.11	0.551	0.224	0.224	0.998	0.001	0.001	64.8
0.3	0.21	0.495	0.252	0.253	0.997	0.002	0.001	64.9
0.4	0.31	0.423	0.288	0.289	0.995	0.003	0.002	64.9
0.5	0.41	0.327	0.336	0.337	0.991	0.006	0.003	65.0
0.6	0.51	0.194	0.402	0.404	0.970	0.019	0.011	65.6
0.7	0.61	0.037	0.473	0.490	0.431	0.385	0.184	75.8
0.8	0.71	0.001	0.434	0.565	0.016	0.678	0.306	80.0
0.9	0.81	0	0.304	0.696	0	0.689	0.311	80.1

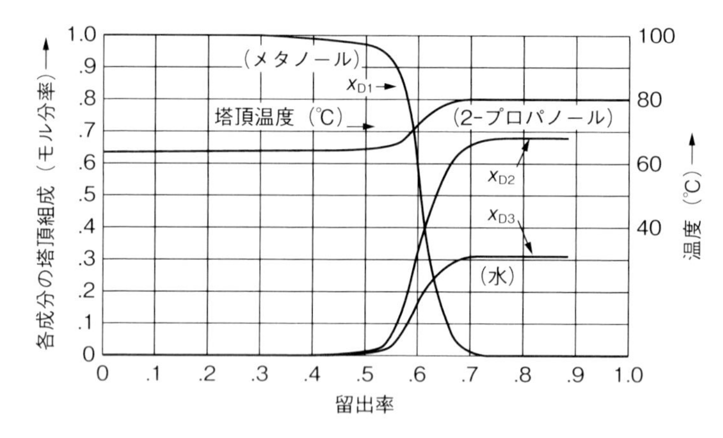

図 4.16 メタノール-2-プロパノール-水系の回分蒸留の計算結果

仕込液量は1 kg-mol、蒸留塔は5段の理論段（リボイラ、コンデンサを含む）のものを使い、コンデンサは全縮器とし、還流比は20で運転することとし、缶液の減少量は毎時－0.10 kg-molとする。仕込液の組成は3成分とも等モルとする。

［解］

計算方法は［例題 4.19］とまったく同様にして行う。ただし、$\Delta t = 0.11$(h)としてルンゲ・クッタ法を適用した。

表 4.12　3成分系回分蒸留の計算結果

経過時間	留出率	x_{B_i}			x_{D_i}			$\bar{x}_{D_1}$	収率(1)
		$i=1$	$i=2$	$i=3$	$i=1$	$i=2$	$i=3$		
0	0	0.333	0.333	0.333	0.941	0.059	0	0.941	0
1.10	0.11	0.260	0.366	0.374	0.913	0.087	0	0.925	0.305
2.20	0.22	0.172	0.401	0.427	0.862	0.138	0	0.906	0.598
3.30	0.33	0.071	0.433	0.496	0.677	0.322	0.001	0.865	0.857
4.40	0.44	0.005	0.403	0.592	0.113	0.884	0.002	0.751	0.992
5.50	0.55	0	0.265	0.735	0	0.996	0.004	0.606	1.000
6.60	0.66	0	0.035	0.965	0	0.939	0.061	0.505	1.000
7.70	0.77	0	0	1.000	0	0	1.000	0.433	1.000
8.80	0.88	0	0	1.000	0	0	1.000	0.379	1.000
9.90	0.99	0	0	1.000	0	0	1.000	0.337	1.000
10.00	1.00	0	0	1.000	0	0	1.000	0.333	1.000

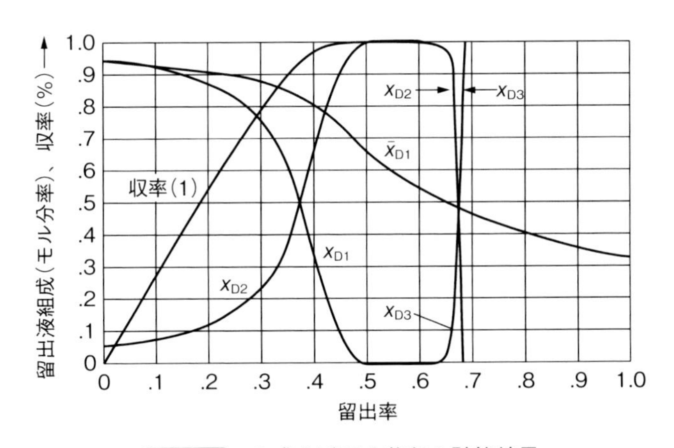

図 4.17　3成分系回分蒸留の計算結果

計算結果を**表 4.12**、**図 4.17** に示した。第1成分の平均留出組成、収率は(4.3)、(4.4)式により求める。

第1成分の留出組成は留出率 0.33 から急激に減少し、留出率 0.55 では0となる。一方、第1成分の平均留出組成は、留出率 0.55 のとき 0.606 であり、その収率は 100 %となっている。平均留出組成を 0.9 以上とするには、留出率 0.22 のときに、留出液の抜き出しを行えばよいことが表からわかる。このとき収率は0.598である。

4.5 ホールドアップ量を考慮した多成分系回分蒸留計算

ディステファノが1968年に発表した方法（Distefano, 1968）を解説する。図4.6に示した蒸留塔において、全縮器を用い、全縮器におけるホールドアップ量をh_Dとし、塔内の各段におけるホールドアップ量をhjとした場合を考える。

全縮器におけるホールドアップ量の経時変化は

$$\frac{\mathrm{d}h_D}{\mathrm{d}t} = V - (r+1)D \tag{4.30}$$

$$\frac{\mathrm{d}h_D \cdot x_{iD}}{\mathrm{d}t} = V \cdot y_{i1} - (r+1) \cdot D \cdot x_{iD} \tag{4.31}$$

塔内の各段（j＝1〜N）におけるホールドアップ量の経時変化は

$$\frac{\mathrm{d}h_j}{\mathrm{d}t} = V_{j+1} + L_{j-1} - V_j - L_j \tag{4.32}$$

$$\frac{\mathrm{d}h_j \cdot x_{ij}}{\mathrm{d}t} = V_{j+1} \cdot y_{i,j+1} + L_{j-1} \cdot x_{i,j-1} - V_j \cdot y_{ij} - L_j \cdot x_{ij} \tag{4.33}$$

塔底におけるホールドアップ量（＝缶残量）の経時変化は

$$\frac{\mathrm{d}B}{\mathrm{d}t} = L_N - V_B \tag{4.34}$$

$$\frac{\mathrm{d}B \cdot x_{iB}}{\mathrm{d}t} = L_N \cdot x_{iN} - V_B \cdot y_{iB} \tag{4.35}$$

ここに、V、D、Lは図4.6中に示した記号と同じ意味を有し、rは還流比である。V、Lに付けた下付記号は段を示し、x、yに付けた下付記号は成分、棚段を示している。

ディステファノの方法においては、棚段上のホールドアップ量は容積を一定としている。蒸気相におけるホールドアップ量は無視している。

(4.30)～(4.35)式から各部における液組成の経時変化の式を誘導する。

全縮器における液組成の経時変化

$$\frac{\mathrm{d}x_{i\mathrm{D}}}{\mathrm{d}t}=\frac{1}{h_\mathrm{D}}\left\{V_1 y_{i1}-\left[(r+1)D+\frac{\mathrm{d}h_\mathrm{D}}{\mathrm{d}t}\right]x_{i\mathrm{D}}\right\} \tag{4.36}$$

塔内の各段（j=1～N）における液組成の経時変化

$$\frac{\mathrm{d}x_{ij}}{\mathrm{d}t}=\frac{1}{h_j}\left\{V_{j+1}\cdot y_{i,j+1}-L_{j-1}\cdot x_{i,j-1}-V_j\cdot y_{ij}-\left[L_j+\frac{\mathrm{d}h_j}{\mathrm{d}t}\right]x_{ij}\right\} \tag{4.37}$$

塔底における液組成の経時変化

$$\frac{\mathrm{d}x_{i\mathrm{B}}}{\mathrm{d}t}=\frac{1}{B}\left\{L_\mathrm{N}\cdot x_{i\mathrm{N}}-V_\mathrm{B}\cdot y_{i\mathrm{B}}-\frac{\mathrm{d}B}{\mathrm{d}t}x_{i\mathrm{B}}\right\} \tag{4.38}$$

各部におけるホールドアップ量（kg-mol）は

全縮器：

$$h_\mathrm{D}=h_{v_D}\rho_\mathrm{D} \tag{4.39}$$

塔内各段：

$$h_j=h_{v_j}\rho_j \qquad j=1\sim N \tag{4.40}$$

塔　底：

$$B=F-\left(h_\mathrm{D}+\sum_{j=1}^{N}h_j\right)-\int_0^t D\mathrm{d}t \tag{4.41}$$

h_v：容積を一定としたホールドアップ量（kg-mol）

ρ：液体モル密度

F：原料仕込量（kg-mol）

D：単位時間当たりの留出量（kg-mol）

ディステファノの原報では、熱収支をも考慮に入れてあるが、本書では省略した。

計算方法

1）　蒸留開始時は全還流定常状態にあるものとし、ホールドアップ量を考慮に入れて、試行錯誤法により塔内の組成を決定する。塔底における液組成の初期値は仕込組成とする。

2）　蒸発量（V_B）、還流比（r）から液量（L）を求める。

3）　各段におけるホールドアップ量の経時変化率を求め、決めた時間増分

(Δt) に対し、液組成の増分を(4.36)～(4.38)式により決定する。$t=\Delta t$ における各部の組成 x_{iD}、x_{ij}、x_{iB} を算出する。その際、液組成の正規化を行う。

4） Δt も経過後における液組成を用いて、各段は理論段として気液平衡関係を決定し、各部における蒸気組成 y_{ij}、y_{iB} を求める。

5） 液密度を計算し、ホールドアップ量を求め直す。

6） 塔内の液流量（L）、蒸気流量（V）を求める。

7） (4.41)式により、缶残液量を決定する。

8） 目的の留出量が得られるまで、3）に戻って計算を続ける。

［例題 4.21］

ベンゼン、クロロベンゼン（MCB）、1, 2-ジクロロベンゼン（DCB）から成る 3 成分溶液を大気圧下で回分蒸留したい。理論段 10 段、全縮器、リボイラの蒸留塔を用いるものとし、全縮器、各段におけるホールドアップ量をそれぞれ

$$\{(仕込量\times 0.1)/理論段数\}\times 5,\quad (仕込量\times 0.1)/理論段数\ (\text{kg-mol})$$

とするとき、各成分の回収量、組成、収率を求めよ。気液平衡関係はラウールの法則によるものとし、各成分のアントワン定数を以下に示す。

	A	B	C
ベンゼン	6.89326	1,203.828	219.921
クロロベンゼン	6.98593	1,435.675	218.026
1, 2-ジクロロベンゼン	7.07123	1,650.129	213.367

ただし、還流比は 3 で運転するものとし、蒸発量は 360 kg-mol/h とする。また、ホールドアップ量の経時変化はないものとする。

［解］

ディステファノの方法を適用する。題意により、ホールドアップ量を考慮して、塔底における各成分の組成を試行錯誤法によって求める。仕込液組成は

$$x_{1F}=0.25,\quad x_{2F}=0.50,\quad x_{3F}=0.25$$

であるが、

$$x_{1B}=x_{1F}-0.12,\quad x_{2B}=x_{2F}+0.07,\quad x_{3B}=x_{3F}+0.05$$

として、物質収支をとる。

全還流状態の各部の各成分組成とホールドアップ量から、成分ごとに物質収支を計算する。

	第１成分 (kg-mol)	第２成分 (kg-mol)	第３成分 (kg-mol)	合　計
各段とコンデンサ	14.19	0.74	0.07	15.00
塔　　底	11.05	48.45	25.50	85.00
合　計 (仕込量)	25.24 (25.00)	49.19 (50.00)	25.57 (25.00)	100.00 (100.00)

次に全還流定常状態における各部の液組成、沸点を計算した結果を**表4.13**に示す。

(4.36)〜(4.38)式により、Δt（=1秒）経過後における塔内各部の液組成を求めた結果を**表4.14**に示す。求まった液組成によって計算した各部の沸点もあわせて示した。計算はオイラー法によった。同様の計算を繰り返す。

題意により、全縮器におけるホールドアップ量は

$$\{100\times0.1/10)\times5=5\ (\text{kg-mol})$$

各段におけるホールドアップの全量は

表4.13　全還流状態における塔内各部の液組成および沸点

棚段の番号		塔内各部の液組成 (x_{ij})			沸　点
	j	x_{1j}	x_{2j}	x_{3j}	(℃)
コンデンサ	0	1.000000	0.000000	0.000000	—
	1	0.999999	0.000001	0.000000	80.10
	2	0.999997	0.000003	0.000000	80.10
	3	0.999986	0.000014	0.000000	80.10
	4	0.999929	0.000071	0.000000	80.10
	5	0.999635	0.000365	0.000000	80.11
	6	0.998130	0.001870	0.000000	80.15
	7	0.990479	0.009511	0.000010	80.35
	8	0.953117	0.046623	0.000261	81.36
	9	0.800567	0.193931	0.005501	85.88
	10	0.445254	0.490419	0.064328	100.45
リボイラ	11	0.130000	0.570000	0.300000	126.23

表 4.14 「初留分」留出時における塔内各部の液組成および沸点

棚段の番号		塔内各部の液組成（x_{ij}）			沸　点
	j	x_{1j}	x_{2j}	x_{3j}	（℃）
コンデンサ	0	1.000000	0.000000	0.000000	—
	1	0.999999	0.000001	0.000000	80.10
	2	0.999997	0.000003	0.000000	80.10
	3	0.999986	0.000014	0.000000	80.10
	4	0.999928	0.000072	0.000000	80.10
	5	0.999628	0.000372	0.000000	80.11
	6	0.998092	0.001907	0.000000	80.15
	7	0.990287	0.009702	0.000010	80.36
	8	0.952183	0.047550	0.000267	81.38
	9	0.796754	0.197614	0.005632	86.00
	10	0.436371	0.497831	0.065798	100.91
リボイラ	11	0.129907	0.570023	0.300069	126.24

「初留分」＝0.025 kg-mol、缶残量＝84.975 kg-mol

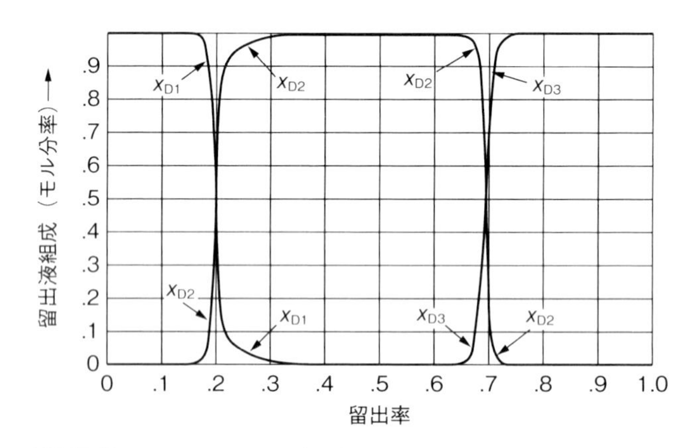

図 4.18 ホールドアップを考思したベンゼン-クロロベンゼン-1, 2-ジクロロベンゼン系の回分蒸留計算の結果

$$100 \times 0.1 = 10 \text{（kg-mol）}$$

したがって、ホールドアップ量の全量は 15 kg-mol であるから、留出量が 85 kg-mol となるまで、回分蒸留の計算を続行する。留出率対液組成の関係を**図 4.18** に示した（本計算では、密度によるホールドアップの補正は省略

表 4.15　各成分を分離するための回分蒸留の切り換えのタイミングと留出量の関係

	回分操作の切り換え				
	1	2	3	4	5
経過時間　t（秒）	750	1200	2600	3000	3400
留　出　量	18.75	11.25	35.00	10.00	10.00
平均組成　ベンゼン	0.9955	0.6728	0.3110	0.2695	0.2379
平均組成　MCB	0.0045	0.3272	0.6889	0.6560	0.5789
平均組成　DCB	0.0000	0.0000	0.0001	0.0745	0.1832
成分抽出量					
ベンゼン	18.665	20.185	20.215	20.215	20.215
MCB	0.085	9.815	44.782	49.203	49.205
DCB	0.000	0.000	0.003	5.581	15.579
缶　残　量	66.25	55.00	20.00	10.00	0

表 4.16　回分蒸留により分離された各成分の純度と収率

カット	量（kg-mol）	各成分の組成		
		ベンゼン	MCB	DCB
ベンゼン分	18.75	0.9955	0.0045	0.0000
再蒸留分 1	11.25	0.1351	0.8649	0.0000
MCB 分	35.00	0.0009	0.9990	0.0001
再蒸留分 2	10.00	0.0000	0.4421	0.5579
DCB 分	10.00	0.0000	0.0002	0.9998
ホールドアップ分	15.00	0.1914	0.0530	0.6286
合　計	100.00	0.2500	0.5000	0.2500
収　率（%）	—	74.66	69.93	39.99

した）。

ベンゼン、クロロベンゼン（MCB）、1, 2-ジクロロペンゼン（DCB）を分離して得るための回分蒸留の切り換えのタイミングと留出量、ならびに平均組成を**表 4.15** に示した。この表を基に、各成分の純度と収率を求めた結果を**表 4.16** に示した。

要約すると

ベンゼンの純度	99.55 モル％	収率	74.66 %
クロロベンゼンの純度	99.90 モル％	収率	69.93 %
1, 2−ジクロロベンゼンの純度	99.98 モル％	収率	39.99 %

となる。

第5章

蒸留プロセスの設計法

蒸留すべき混合物の気液平衡がわかれば、蒸留の方法を決めることが出来る。すなわち、蒸留プロセスの設計が可能になる。蒸留プロセスの設計で、最大の問題点は、通常の蒸留では分離できない混合物である。それは、共沸混合物である。次に、問題となるのは沸点が接近していて、分離は可能だが、理論段数が非常に多くなる混合物である。

共沸混合物として、良く知られているのはエタノール−水系であるが、アセトン−メタノール系も良く知られている。沸点の近い混合部としては、例えば、o−、m−、p−キシレン、すなわち異性体の混合物である。そこで、本章では共沸混合物の分離法として、共沸蒸留法、抽出蒸留法、および塩効果蒸留法を解説する。最後の塩効果を用いた蒸留法は、未だ実用化されたとは言い難いが、塩効果の気液平衡に対する効果は極めて大きいので、その可能性を示す意味で取り上げることにした。

5.1
共沸蒸留法

5.1.1　3成分系の気液平衡

2成分系の混合物に第3の成分（エントレーナー）ともいうべき成分を追加して、気液平衡をさせた上で、蒸留するので、3成分系の気液平衡をまず説明する。

3成分系の気液平衡は「3角図」により表現する。3成分系の各成分をA、B、Cとすると3角図の頂点は各成分の表示であり、各辺は3成分系を構成する2成分系を表示し、3角図の内部は3成分系を表示している。

図5.1は3成分A、B、Cを表しているが、D点はBC2成分系の共沸点を示す。2成分系BCが共沸していると3成分系にも影響を及ぼし、線分ADを境界として2つの領域に分かれる。領域ABDとADC間にはバリアができて、蒸留は2つの領域内にとどまる。

3成分を構成する各2成分系が共沸する場合、各2成分系の共沸点をD、E、F点とすると、3成分系の共沸点は3角形DEFの中に存在し、3成分共沸点Gと各2成分系共沸点とを結ぶ線分も境界線となる。蒸留の領域はさらに細かく分かれ、区分した領域内でのみ蒸留が可能となる（**図5.2**）。

メタノール＋エタノール＋水系の気液平衡を**図5.3**に示す。●が液の組成、

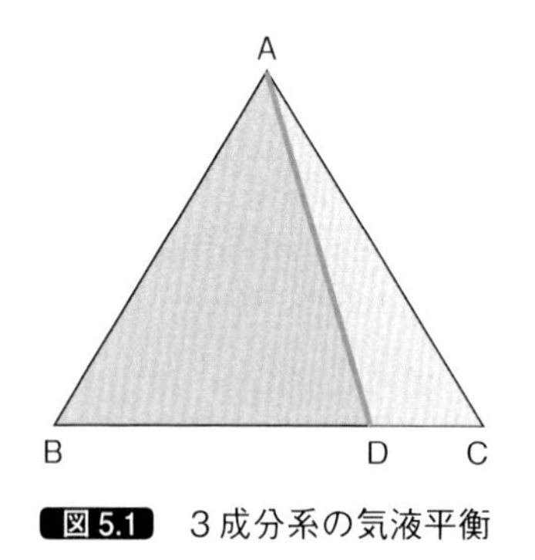

図5.1　3成分系の気液平衡

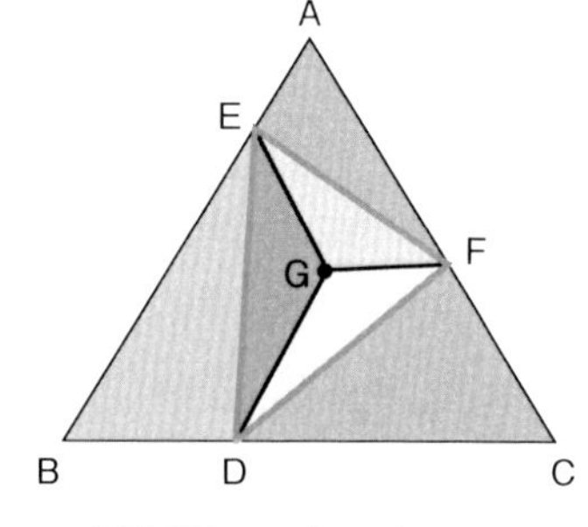

図5.2　3成分系の共沸

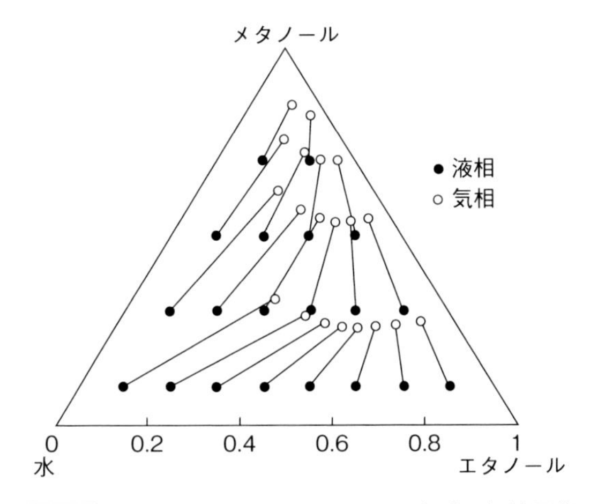

図5.3　メタノール＋エタノール＋水系の気液平衡

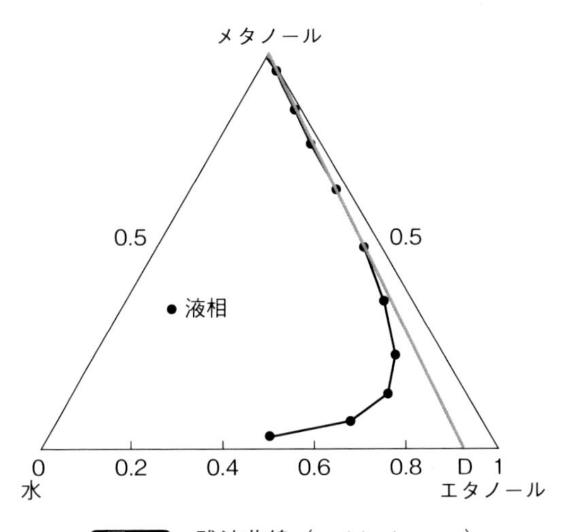

図5.4　残渣曲線（residual curve）

○が蒸気の組成を表している。気相の組成はどの点もメタノールがリッチの方にある。3角図における組成表示の例を示す。3角図内で水に最も近い点の液相組成はエタノール10モル％、メタノール10モル％で残り80モル％が水である。

メタノール＋エタノール＋水系の20段における全還流における蒸留曲線を**図5.4**に示す。塔底への仕込み組成はメタノール2モル％、エタノールと水がそれぞれ49モル％である。塔頂はメタノール99.94％、エタノール0.03％、水0.03％である。エタノールと水の共沸点Dからメタノールの頂点に向かう線分が蒸留の領域を示している。この蒸留曲線を残渣曲線（residual curve）ともいう。

▶ 5.1.2 共沸蒸留法

エタノールの水溶液は共沸混合物を形成するので、普通に蒸留したのでは共沸組成89モル％以上に純度を上げることはできない。そこで、特別な方法を使う。それは、3番目の成分を加えて、わざわざ3成分共沸混合物にして、エタノールを濃縮できる蒸留の領域（前節参照）を造り、濃縮する。これを共沸蒸留法という。添加する成分の事をエントレーナーと呼ぶ。

図5.5はエントレーナーとして、ジイソプロピルエーテルを添加した場合の気液平衡を示す。★印が各2成分系の共沸点である。■印は3成分系の共沸混合物を示す。したがって、これらの点を結んだ線分を境界とする蒸留の領域が存在する。図5.5には●印点で囲まれた2液相領域が示されている。この領域内の液は点線上の両端の組成に分かれて存在する。●印をつないだ曲線を溶解度曲線といい、この線の中側の点線のある部分を不溶解領域、あるいは2液相領域という。これは蒸留による塔頂の液をエタノール蒸留可能

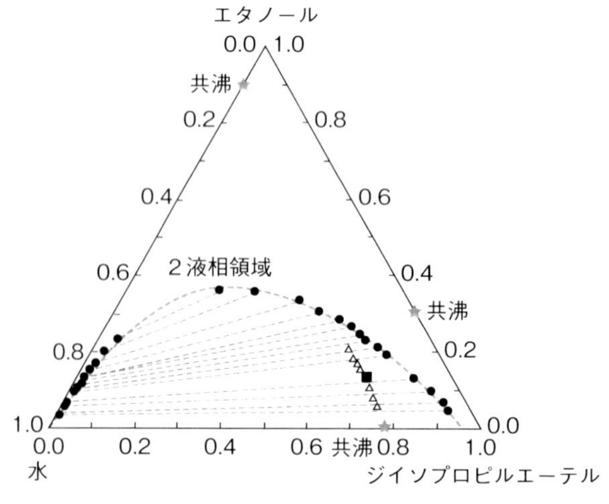

図5.5 エントレーナーと溶解度（Pla-Franco, 2014）

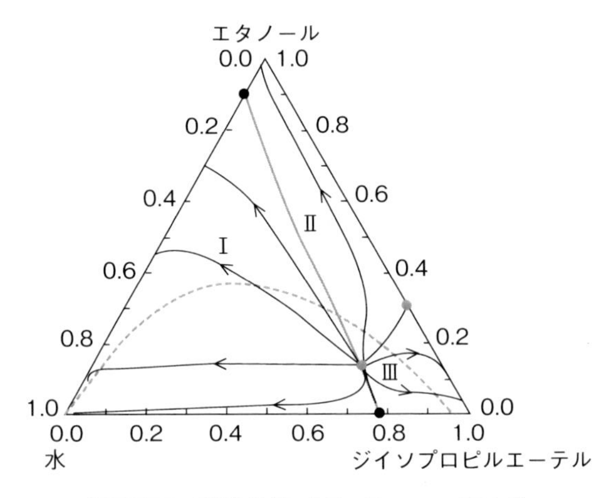

図 5.6　残渣曲線（Pla-Franco, 2014）

な領域に移す機能として働く。

図 5.6 は、前節で説明した残渣曲線を示す。3つの蒸留領域Ⅰ、Ⅱ、Ⅲが示されている。原料は図 5.6 のエタノール＋水の共沸点●に近いところにあるので、領域Ⅰにありエタノールを濃縮できない。そこで、エントレーナーを加えて領域Ⅱに移動する。この領域での蒸留により、塔頂は３成分共沸点に近いところまで蒸留され、塔底からはエタノールが濃縮される。塔頂製品は凝縮すると点線上の組成に分離される。

図 5.7 は共沸蒸留法の原理図（プロセス・フローシート）である。原料は最初の蒸留塔でエタノール＋水の共沸組成近くまで濃縮され、次の共沸蒸留塔に送られ、塔の下から濃縮されたエタノールが得られる。塔頂の凝縮液は2液相になっている。この２液相をデカンターといわれる装置でエタノールの多い相と水の多い相とに分ける。このデカンターを使う点が共沸蒸留法の特徴である。図 5.5 における底辺付近の左側が水の多い相であり、右側がエタノールの多い相である。エタノールに富んだ相を還流し、エタノールの少ない相はエントレーナー回収のために次の塔に送る。エントレーナーとしてジイソプロピルエーテルを使っているが、わずかであるが使用中に、エタノールや水に含まれて塔から出てしまうので、補充する必要があり、これをエントレーナーのメークアップという。

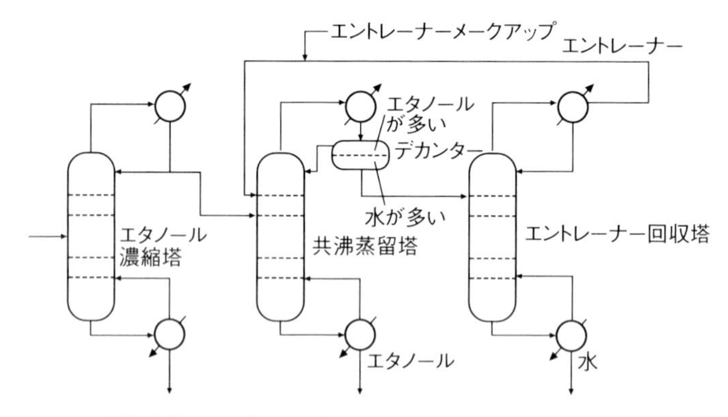

図 5.7 共沸蒸留プロセス（Pla-Franco, 2014）

5.2 抽出蒸留法

抽出蒸留は共沸混合物に第3成分として抽出剤を加えて共沸混合物などを分離する方法であるが、共沸蒸留とは次の点が異なる。

1. 抽出剤は共沸混合物の成分より沸点が高い
2. 抽出剤を加えても2液相を形成しない。
3. 抽出剤は元の共沸混合物と3成分共沸を形成しない。
4. 抽出剤は原料に対し多量に加える。

例えば、アセトンとメタノールは共沸混合物を形成するが、これに水を抽出剤として添加すると、アセトンと水の共沸点を消滅できる。**図5.8**はアセトン–メタノール–水系の気液平衡を示すが、表示はアセトン–メタノール系の2成分系としての表示である。図中の実線はアセトン–メタノール系のx–y曲線であり、アセトンのモル分率0.8のところに共沸点が見られる。実線はアセトン–メタノール–水系の気液平衡であるが、アセトン–メタノールの2成分だけを取り上げた表示である。水が加えてあると、アセトンとメタノール間の共沸点の消滅していることが分かる。

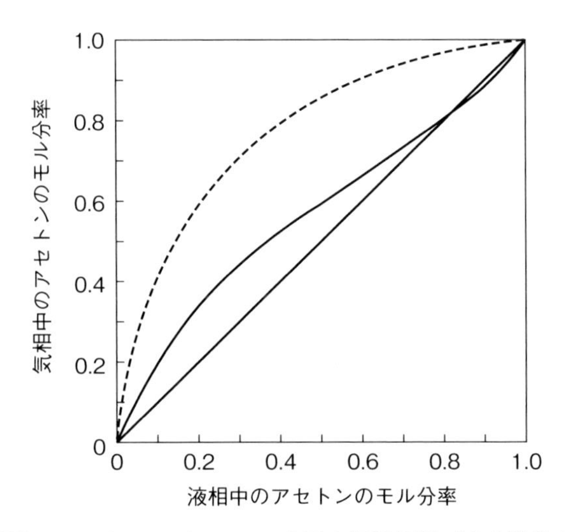

図 5.8　アセトン–メタノール–水系の気液平衡（水を除外したアセトン–メタノール系としての表示）（平田光穂，1971）

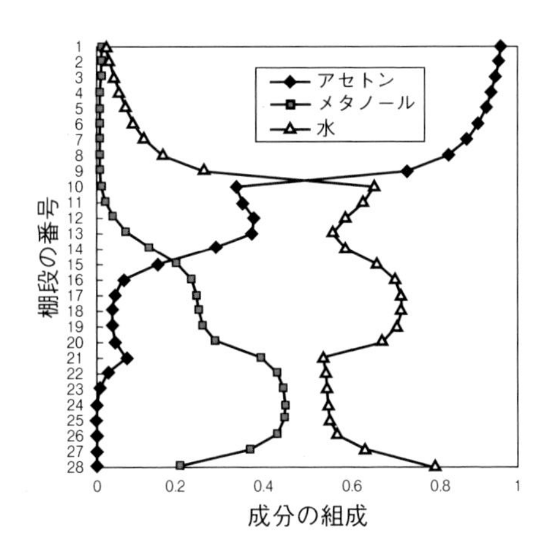

図 5.9　アセトン–メタノール系の水による抽出蒸留の計算結果

アセトンとメタノールの共沸混合物 100 に対して水 200 を添加した抽出蒸留の計算をトリダイアゴナル・マトリックス法により行った結果を**図 5.9** に示した。アセトンとメタノールを等モル含む原料を塔頂から 21 段目に沸点液として供給し、抽出剤である水を塔頂から10段目に、やはり沸点液で供給する。還流比は4であり全理論段数は28段である。図から分かるように、アセトンが濃縮されて塔頂から得られ、塔底からはメタノールと水の混合物が得られた。塔頂と塔底の各成分の液相におけるモル分率を以下に示す。

	アセトン	メタノール	水
塔　頂	0.959517	0.015523	0.024960
塔　底	0.000007	0.198443	0.801550

塔頂のアセトンとメタノールの組成は

アセトンのモル分率＝0.959517/(0.959517＋0.015523)＝0.984080

となり、共沸組成0.8を超えている。

抽出蒸留の例を**図5.10**に示した。アセトン–メタノール系の水による抽出蒸留の場合である。図5.9に示したように、抽出蒸留塔の塔頂から純粋に近いアセトンが得られる。メタノールを含んだ抽出剤の水は塔底から得られるので、抽出剤蒸留塔に送り、水からメタノールを分離し、水は抽出剤として抽出蒸留塔に戻して、再利用する。

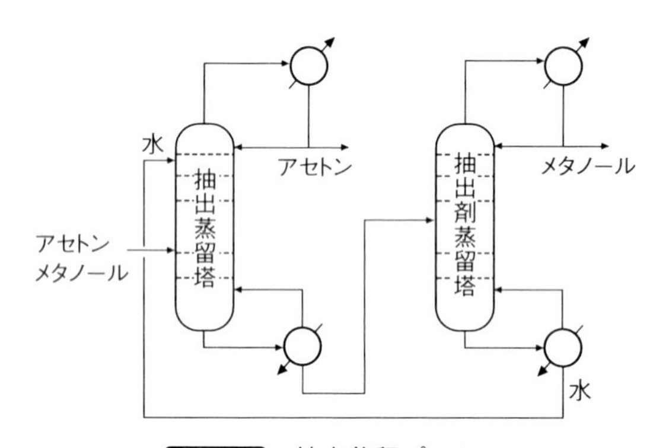

図5.10　抽出蒸留プロセス

5.3 塩効果蒸留法

▶ 5.3.1 イソプロピルアルコールの回収

塩効果蒸留法は技術的に未完成ではあるが、既に示したように気液平衡に対する塩効果は顕著なものがあり、これを看過するわけにはいかない。現状における問題点の一つは塩の存在下での蒸留は塔の腐食が激しい点である。チタンなどの腐食に強い材料が量産化され価格が低下すれば、塩効果蒸留の可能性も大となるであろう。

イソプロピルアルコール（IPA）と水とは共沸混合物を形成し、**図 5.11** に示す様に、共沸組成は IPA69 モル％である。IPA 水溶液に塩化カルシウム（$CaCl_2$）を飽和に加えると、図 5.11 の●で示すように、塩効果により IPA の気相の濃度は広範囲にわたり、増大する。50 質量％（23.1 モル％）の IPA 水溶液に $CaCl_2$ を飽和に加えて、単蒸留すると 95 質量％（85.1 モル％）の IPA を収率 99 ％で回収できる（**図 5.12**）。

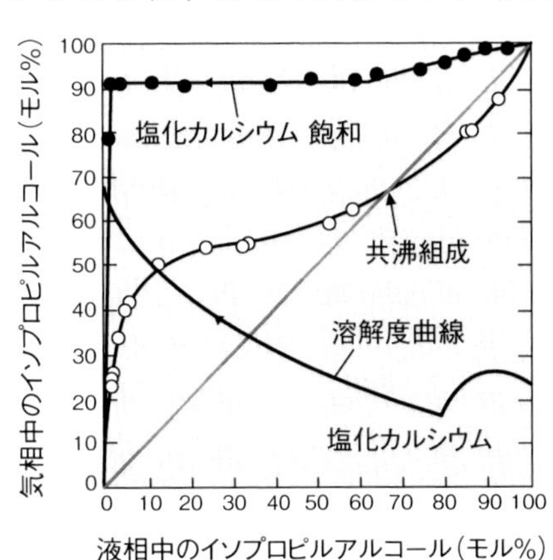

図 5.11 イソプロピルアルコール（IPA）水溶液に対する塩化カルシウム（$CaCl_2$）の効果

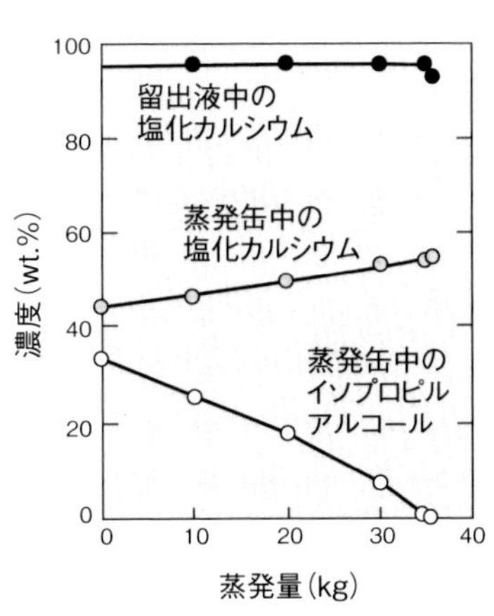

図 5.12 IPA 水溶液の $CaCl_2$ による蒸留

図5.11を見て塩効果の大きさに驚く。IPAの液組成1モル%から70モル%までIPAの液組成は91モル%という極めて高い濃度の蒸気を発生している。図5.11には気液平衡ばかりでなく、IPA水溶液に対する$CaCl_2$の溶解度曲線も併せて示してある。

図5.12はパイロットスケールの蒸発結晶缶（内径400 mm、加熱器の伝熱面積0.7 m^2）による試験結果である。仕込量は合計184.3 kg（IPA：34.3 kg、水：37.0 kg、（$CaCl_2$・$2H_2O$：113.0 kg）に対して、IPA 95質量%溶液を35.7 kg留出させた。その収率は99.0 %であった。

この単蒸留は好都合な現象に恵まれている。図5.11において、単蒸留を進めると、液組成は減少するから、図中の溶解度曲線上に示した矢印の方向に溶解度が上昇する。これは、単蒸留を進めると、図5.12にあるように、蒸発缶中の塩濃度が上昇する。これは物質収支からもいえることである。缶中の塩濃度が上昇するのであるが、図5.11から、溶解度が上昇するので，塩は析出せず好都合である。

▶ 5.3.2 塩効果を利用する省エネルギー蒸留技術

エタノールは共沸混合物を形成するため、共沸組成以上の100 %に近いエタノールは共沸蒸留法によらなければ得られず、通常の蒸留法による場合とは異なりコスト高となる。共沸蒸留法では、エタノール原料を通常の蒸留により共沸組成（90–95 wt %）まで濃縮した後、一般にエントレーナーといわれるベンゼンやエーテルなどを添加して、エントレーナーの働きにより3成分共沸混合物（エタノル＋ベンゼン「エントレーナー」＋水）とエタノール及び水に蒸留分離する。

共沸蒸留法では通常の蒸留に比較して蒸留プロセスが複雑となり、蒸留塔3本とデカンターとが必要になり、したがって、消費するエネルギーも格段に増加する。しかも、本来混入すべきでないエントレーナーといわれる物質を加えるためにエタノールがこのエントレーナーにより汚染されるという歓迎されざる結果を招くことにもなる。

これに反して、気液平衡における塩効果を利用すれば共沸蒸留法における問題点を解決できる可能性がある。可能性の第一は塩、例えば塩化カルシウムの添加によりエタノール＋水系の気液平衡において共沸点を消滅することが可能なことである。第二は塩化カルシウムなどの添加により塩効果を用いて蒸留を行なえば、エネルギー消費量はエントレーナーによる場合に比較して少ない可能性があり、第三に塩は不揮発性であるから、ベンゼンなどを添加した場合と異なり、エタノールへの添加剤の混入という問題もないといえる。

気液平衡における塩効果

純溶媒に塩類を溶解させると純溶媒の蒸気圧は降下する。2成分系以上の混合溶媒に塩を溶解させると、混合溶媒の蒸気圧は同様に降下するが、各溶媒成分への塩の溶解度が異なるために、蒸気圧降下の程度が溶媒成分により異なり、相対揮発度の変化をもたらす。

気液平衡における塩効果の例をエタノール＋水＋$CaCl_2$系の場合について**図 5.13** に示した。図 5.13 から明らかなように、エタノール＋水系に塩（$CaCl_2$）を飽和に加えたエタノール＋水＋$CaCl_2$系においては共沸点が消滅している。これは塩効果を用いて蒸留を行えばエタノールの精製が可能であることを示している。この気液平衡における塩効果の原因は塩と各溶媒との

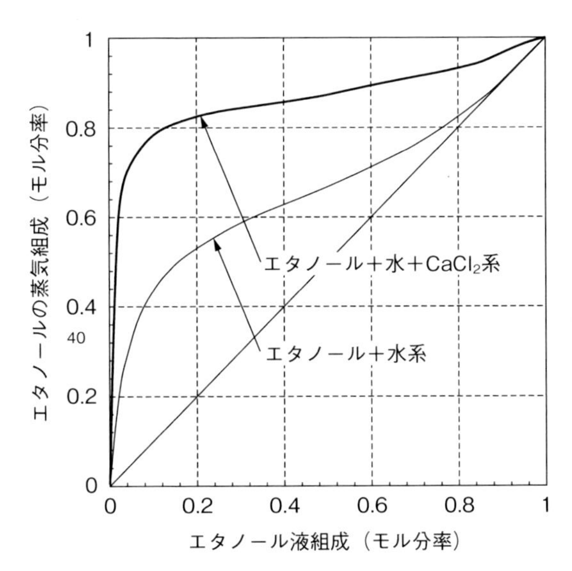

図 5.13　気液平衡における塩効果　エタノール＋水＋$CaCl_2$系の場合（橋谷元由ら，1968）

間で生成される溶媒和にあることが「大江モデル」として証明されている。図5.13に示したのは$CaCl_2$添加した場合の例であるが、$CaCl_2$以外の多くの塩についての報告がある。

気液平衡における塩効果を利用した蒸留法

塩効果による蒸留法が利用されなかった理由として著者は次の2点を挙げたい。

(1) 塩溶液は腐食性が高い。

(2) 固体である塩は液体エントレーナーに対して取り扱いが容易でない。

この問題点に対する解決策として筆者は各問題点に対して、次の解決案を準備している。

(A) 耐食性の高い材料例えばチタンを用いる。

(B) 単蒸留方式の採用により塩を固体として取り扱わない。

耐食性の高いチタンの低価格化が最近になり急速に進み利用環境が整ってきた。すでにチタンを用いた熱交換器、蒸発缶および蒸留塔が市場にある。

すなわち、塩効果を利用するために蒸留塔の塔頂に固体で無水の塩を連続的にかつ安定的に無人により供給することは極めて困難である。仮に塔頂に塩を供給出来たとしても塔底に至った塩水溶液を蒸発濃縮して固体無水の塩を得るには、やはり同様の取り扱い上の困難が伴う。

これに対して、単蒸留を活用することによりこれらの問題点を解決できる。原料アルコールを予め塩を装入してある蒸発缶に供給し塩効果を利用して単蒸留を行い所定の濃度までアルコールを蒸発濃縮する。蒸発缶内にはほとんどアルコールを含まない塩水溶液が残る。この塩水溶液を蒸発缶から抜き出さずに蒸発缶内で水分を蒸発させ濃縮する。これによって水分を除去した塩を蒸発缶内に得るので原料アルコールの仕込みの準備が整う。以上の処理により濃縮アルコールが得られるのは気液平衡における塩効果による。

図5.13から明らかなように、気液平衡曲線はエタノール＋水系ではエタノールの液組成が低いところではエタノールの蒸気組成は液組成の低下に伴い急激に低下する。これに反して、エタノール＋水＋$CaCl_2$系の気液平衡曲線は液組成の低下にもかかわらずエタノールの蒸気組成ははるかに高いエタノールの蒸気組成を保っている。これによって、単蒸留にもかかわらず塩効果を利用すればエタノールを高い濃度で得ることが可能となる。

さらに、従来の還流を伴う蒸留法とは異なり単蒸留法では還流を行わないから、その分濃縮に要するエネルギーは少なくなる。

◈ケース・スタディ

気液平衡における塩効果を利用した蒸留法の可能性の検討

塩効果を利用した単蒸留法の可能性を、95 容積％エタノールを得る場合につき検討する。95 容積％エタノールは共沸組成になっており、これを通常の精留により得ようとすれば膨大な蒸留塔の段数を要し、事実上不可能である。原料のエタノール溶液に塩化カルシウムを添加すればその気液平衡は変化し、共沸点は消滅する（図 5.13 の x–y 曲線）。

塩化カルシウムを添加して単蒸留により濃縮する方法の概略。

(1)　10–75 度（容積％）程度のエタノールに塩化カルシウムを過飽和に添加する。

(2)　缶中のエタノール濃度が 0.01 モル分率となるまで単蒸留し、1 次濃縮を行う。

(3)　是に再度塩化カルシウムを過飽和に添加して単蒸留を行い、82–96 容積％のエタノールを得る。すなわち、単蒸留を 2 回繰り返し 1 次および 2 次の単蒸留を行う。(**表 5.1**)。

(4)　製品であるエタノールは蒸発缶の蒸発凝縮液として得られる。釜残液は 1 モル％程度のエタノールを含む塩水溶液であるから塩を単蒸留により濃縮する。

(5)　塩は蒸発缶に滞留させたまま次の原液を供給する。

ケース・スタディの例として原料の度数 50（容積％）の場合の 2 次の単蒸留の様子を**図 5.14** に示す。

表 5.1　エタノール塩効果蒸留の検討結果

	1 次		2 次	
原液の度数	度数	収率	度数	収率
10	45	0.998	82	0.999
50	84	0.999	93	0.999
75	93	0.993	96	0.880

度数＝容積％

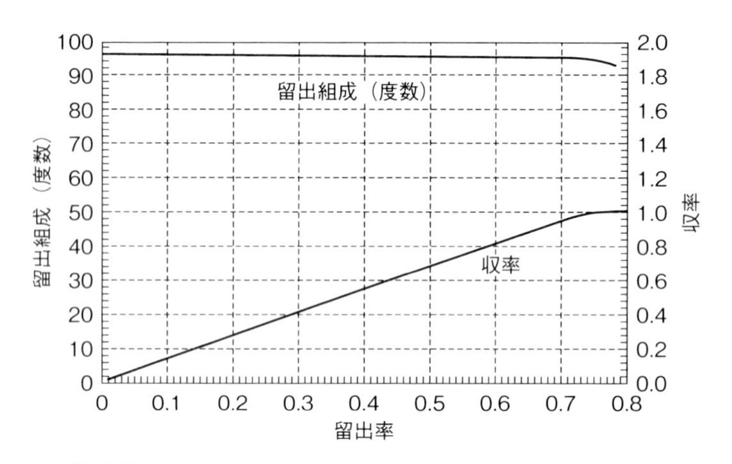

図 5.14　原料の度数 50 の場合における 2 次の単蒸留結果

図 5.14 から明らかなように、留出率が上がってもエタノールが高濃度を保ったまま得られている。これは驚異的であるといえ、まさしく塩効果によった結果であり、塩効果がなければ実現不可能な高濃度である。収率 90 % 程度であれば、エタノールは 95 度（容積%）で得られることが分かる。

気液平衡における塩効果を利用した蒸留法の省エネルギーの検討

本法（塩効果を利用した蒸留法）の省エネルギー効果を検討するために、エタノール原料 1,000 kg（10 容積%）を従来法および本法で 99 容積%に濃縮する場合（収率）に要する主要エネルギーを検討した。

図 5.15 に本法（塩効果を利用した蒸留法）、本法ではエタノール原料 1,000 kg（10 容積%）をまず通常の連続蒸留により 95 容積%まで濃縮した上で、塩効果を利用した単蒸留操作を 3 回実施することにより 99 容積%に濃縮する。

一方、従来法ではエタノール原料 1,000 kg（10 容積%）をまず通常の連続蒸留により 95 容積%まで濃縮した上で、ベンゼンをエントレーナーとする共沸蒸留法により 99 容積%に濃縮する。

プロセス計算の結果、両法の実施に必要な主要エネルギーは

(1)　従来法では　　71,000 kcal

(2)　本法では　　　51,600 kcal

となり、本法は従来法に比較して 30 %の省エネルギー効果を有することが

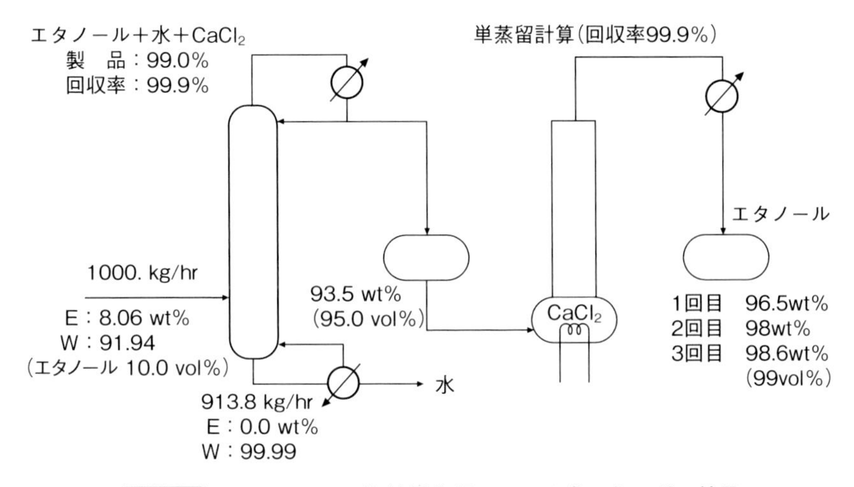

図 5.15　エタノールの塩効果蒸留における省エネルギー効果

分かった。すなわち、従来法に対して、約３分の２のエネルギーで済むことが分かった。ただし、この比較はエタノールを 95 容積%から 99 容積%に濃縮する両方の共通部分についての結果である。

結果の検討

プロセス計算による省エネルギー効果について示したが、両方の比較は装置などについても行う必要がある。装置の比較はエネルギーの比較よりさらに本法の法が有利と考えられる。

単蒸留であるため還流を必要とせず、エネルギー的にメリットがある。一方、塩存在下での単蒸留であるため、腐食や操作方法に配慮しなければならない。比較的小規模の濃縮にはメリットが大きいと予想出来る。主要機器を列挙すると

	従来法	本　法
蒸留塔	３基	１基
蒸発缶	—	１基
熱交換器	５基	３基
デカンター	１基	—

第6章

蒸留塔の設計

　蒸留塔の設計で最も重要なことはフラッディング・ポイントの計算である。これによって、蒸留塔の塔径が決まる。すなわち、処理量の上限が決まる。次に重要なことは、下限を決めることである。これによって、蒸留塔の操作範囲を決定できる。

　最適な性能の蒸留塔に仕上げるには、さらに、圧力損失や飛沫同伴が許容範囲内にあるかの検討が必要である。試行錯誤しながら、これらの検討を加えて、設計を完了する。

6.1
蒸留の構造

▶ 6.1.1　蒸留塔の種類

蒸留塔には気液の接触部の構造によって、棚段塔と充填塔の2種がある。棚段塔は充填塔に比較して以下に示す利点を有する。

1）操作範囲が広い。
2）塔径の大きな装置とすることが可能で処理量が大きい。

一方、棚段塔の欠点としては、以下の2点がある。

圧力損失が大きい、塔内の構造が複雑である。

充填塔は棚段塔に比較して以下に示す利点を有する。

1）圧力損失が小さい。
2）充填物に磁製のものを使用することにより腐食性物質に対応しやすい。
3）従来の不規則充填物は塔径1m 以上の充填塔には使えなかったが、規則充填物の出現により、塔径の大きい充填塔にも使われるようになった。

一方、充填塔の欠点としては次の点を挙げることができる。

運転操作範囲が狭い。偏流を防ぐために液再分配器を設けなければならない。

棚段および充填物の例を**図 6.1** に示す。棚段（トレイ）として古くから使われているものに、泡鐘（バブルキヤップ）があるが、最近は構造の簡単な多孔板（シーブ）が、性能についての研究が進んだこともあって多く使われている。このほかに処理量に応じて開口部の面積の変化するもの、開口部がスロット状のものなどがある。アングル材をV字状に配置したアングルトレイは筆者の開発によるものである。圧力損失が小さく、従って、処理量が多い。

充填物には、不規則に充填するものと規則的に充填するものがある。充填

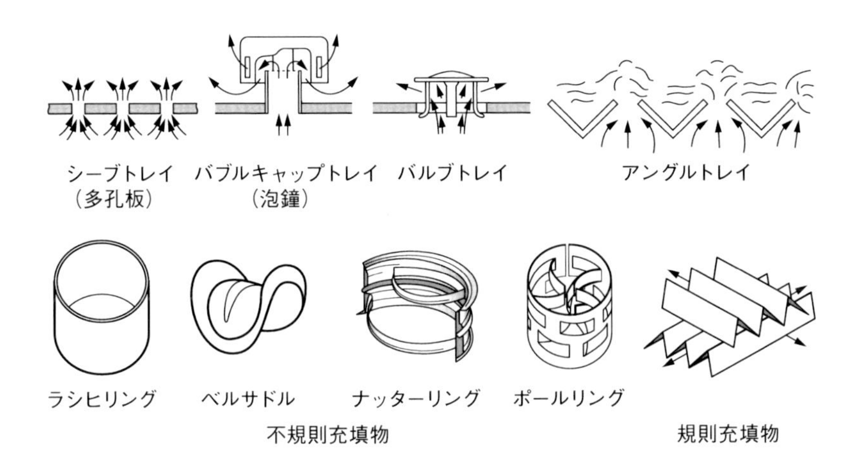

図6.1　棚段（トレイ）および充填物（パッキング）

物としては、ラシヒリングがよく使われる。ラシヒリングは直径と高さが同じ寸法の中空のリング状のもので、磁製と金属製とがあるが、磁製が一般的である。充填物の種類もきわめて多いが、最近は金網を巻いて規則的に充填したものが広く使われるようになっている。規則充填物は金網や薄板を**図6.2**に示すように折り曲げ、図6.2の右図のように重ね合わせて使う。

図6.3に示した気液接触装置は全く新しい構造のもので、扇風機の羽根状のものを固定して設置してある。羽根状のものには多孔を設けてある。

▶ 6.1.2　棚段塔の構造

棚段として多孔板を組み込んだ場合の蒸留塔（棚段塔という）の構造を、**図6.4**に示した。

図6.5の上側は、多孔板塔を上部から見た場合の図である。液は図6.5の右側から入り、入口堰を通って気液接触部に導入され、出口堰からオーバーフローの形で下の段へ降下していく。気液接触部において蒸留が行われるので、この部分の面積を「有効接触面積」という。

図6.5の下側に、多孔板塔を側面から見た場合の断面図を示した気液の流れは、図6.4の説明と同じことになるが、蒸気は蒸気上昇部から多孔板の開口部を通って段上の液と接触し、さらに上の段へと上昇する。6.5図に示す構造の棚段塔では、一般に蒸気と液とは直角方向に流れているので、これを

薄板に孔を開ける

規則的に折り曲げる

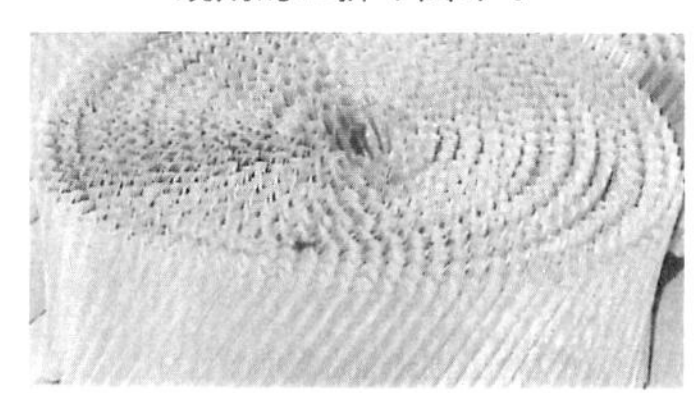

円柱状に巻く

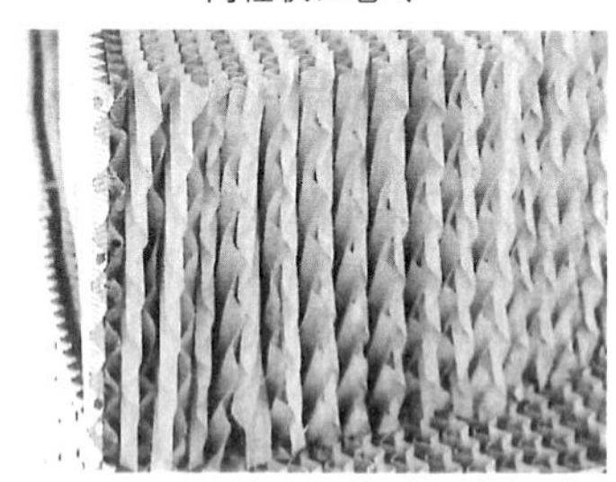

詳細

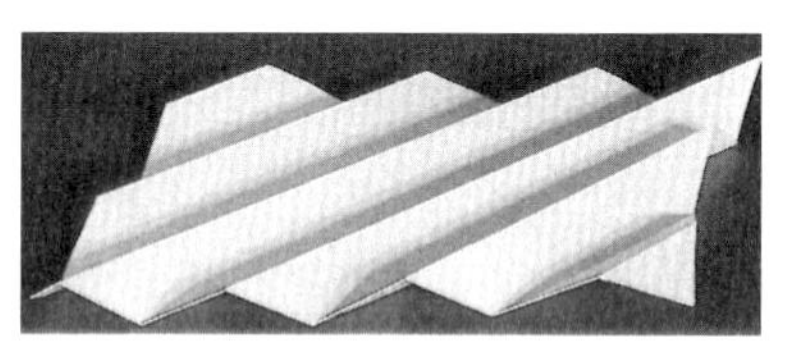

金網や薄板を規則的に折り曲げる

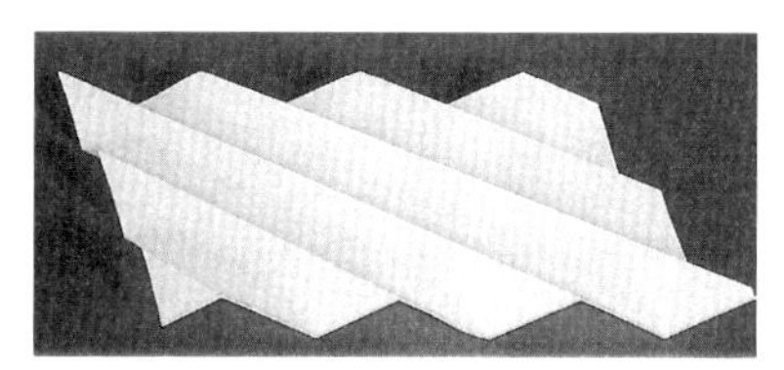

向きを変えたもの作り

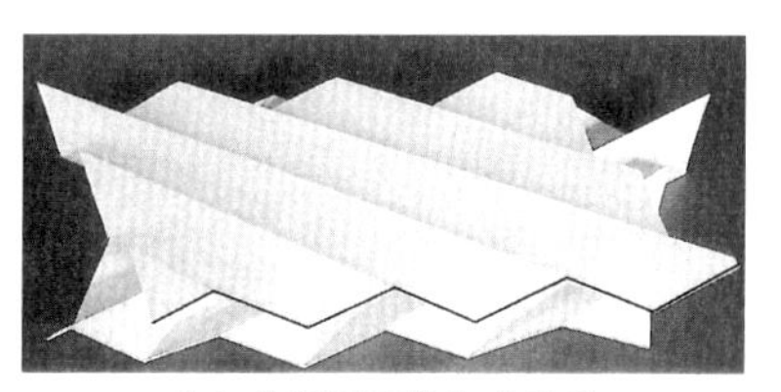

それを交互に重ね合せる

図6.2 規則充填物の製造過程と構造

図6.3 新しい気液接触装置

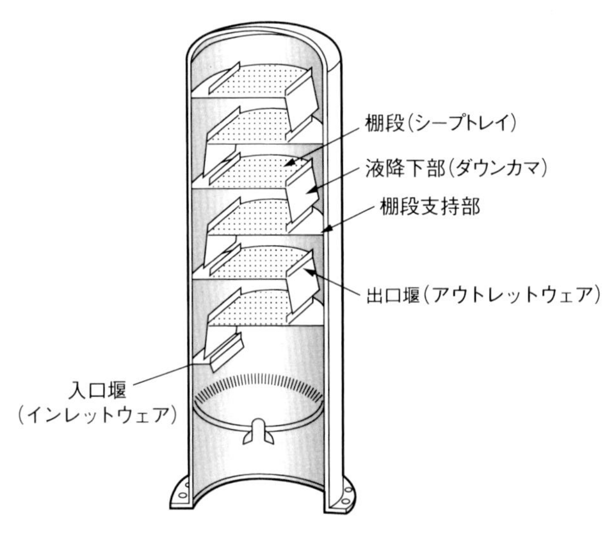

図6.4　棚段塔の構造

「十字流」(クロスフロー)という。

液降下部を設けずに、塔内に棚段のみを設けると、多孔板の開口部を蒸気と液とが逆方向に流れる。これを「向流接触」(カウンターカレント)というが、不安定になりやすいのであまり用いられない。

蒸留塔の中では、蒸気が上昇し、液が降下している。蒸留塔と「配管」とは構造は大分違うが、配管の中は、液にしても蒸気にしても同一方向に流れている。ところが蒸留塔では、**図6.6**に示すように液と蒸気を矛盾した、逆方向に流すので、様々な工夫がなされている。

しかも、蒸留塔の場合は、単に液と蒸気とが逆方向に流れれば良いというものではない。蒸気は下から上がり、降りて来る液と確実に接触し、蒸気自身は凝縮し、液を蒸発させて新しい蒸気を発生させるという役目を負っている。そのために、液の通り道と蒸気の通り道を作り、この矛盾した流れを効率良くしかも経済的にできるようにしなければならない。

液は上の段から、左側の液降下部(ダウンカマ)を通って段に入る。段の入口には入口堰があって、段上の液が逆流するのを防いでいる。段上の液は通過して来る蒸気に接触し、段上で蒸発する。一方蒸気は凝縮して液となり出口堰の上を通って、右側の液降下部から下の段に降りる。

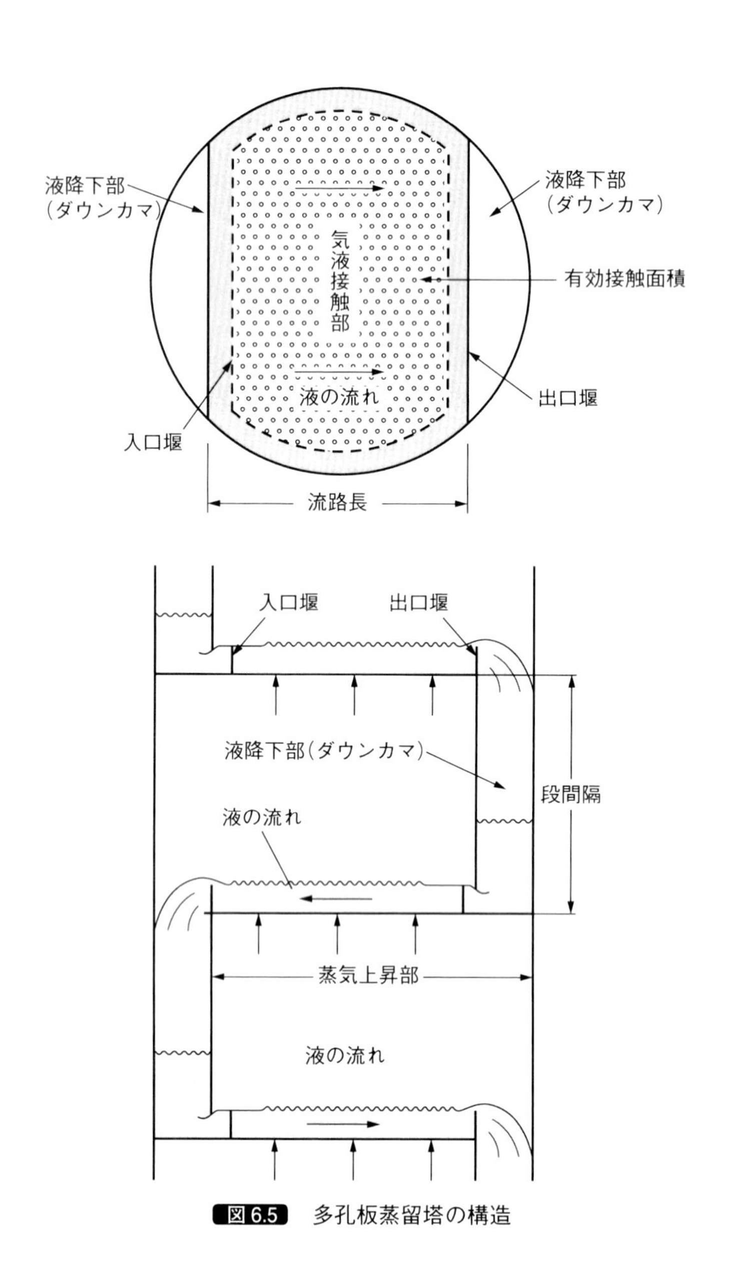

図6.5 多孔板蒸留塔の構造

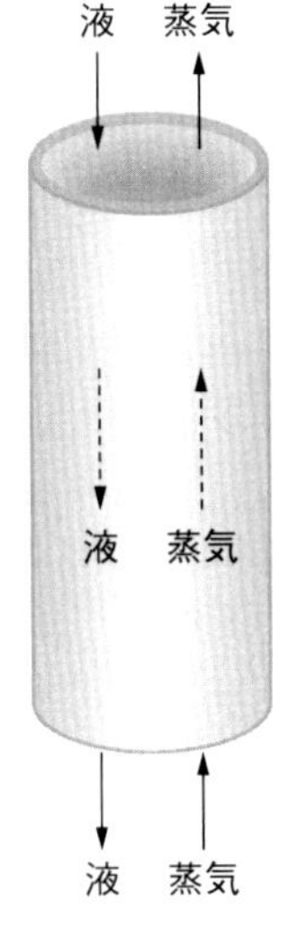

図 6.6　蒸留塔内は矛盾した流れ

6.1.3　蒸留塔の挙動

原料供給量や還流比を変えると蒸留塔内の液量、蒸気量も変化する。これによって蒸留塔内の気液接触状況が変化し、著しい場合は運転不可能となる場合もある。

蒸気量を極端に減ずると、多孔板塔では液漏れ（ウィーピング）現象が起こり、また蒸気量が極端に増加すると、棚段上の液が塔頂部に押し上げられるフラッディング現象が見られる。充填塔では、蒸気量が少ないと、液と蒸気との接触が十分に行われないチャンネリング現象が、蒸気量が多すぎると、棚段塔と同様にフラッディング現象が見られる。

蒸留塔の液の流れの状況を**図 6.7** に示す。(a)は正常に機能しているが、処理量を上げると、蒸気、液とも流量が増大し、上限に近づくと異状な状態(b)となり多量の液量が段上にたまり始める。さらに処理量を増加すると、液は完全に流れなくなり、塔頂から溢れ出る。これをフラッディングといい、運転不能の状態で、処理量の上限である。

処理量の下限は著しく効率が低下する処理量をもって、下限とする。下限

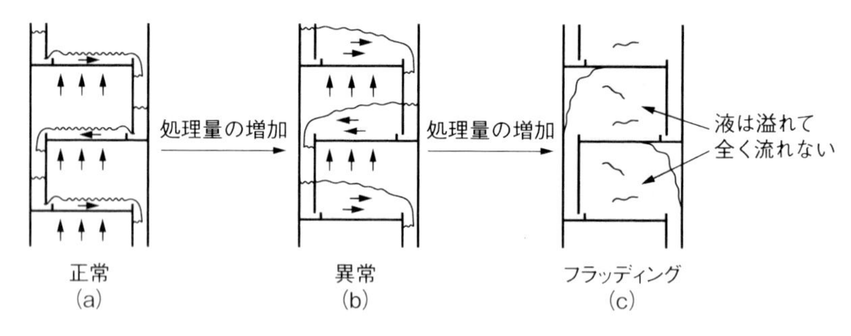

図 6.7 蒸留塔の挙動

では運転そのものは可能である。段塔（多孔板塔）では、段上の液を押し上げる蒸気の圧力が減っているので、液が段上に保持されず、開孔部より直接下の段に落ちる。これをウィーピングといい、本来、上昇して来る蒸気と接触すべき液が下の段に直接落下するので著しく効率が低下する。

これらの現象は塔内の圧力損失と密接な関係があるので、蒸気量、液量を変化させて圧力損失を測定することにより塔内の挙動を把握することができる。**図 6.8** にこの関係を示した。ウィーピング（チャンネリング）は蒸気量の下限を、フラッディングはその上限を示す。蒸留塔を安定した状態で運転できる範囲を「安定操作範囲」という。

図 6.8 中の A 点をウィーピング点、B 点をフラッディング点と呼び、フラッディング点においては、蒸気流速をわずかに増加させると圧力損失が急激

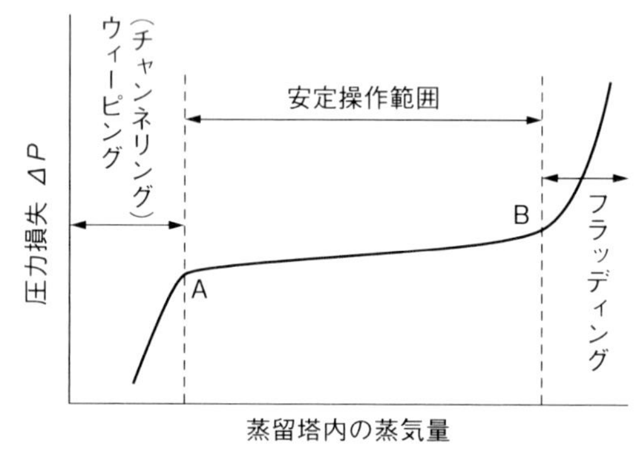

図 6.8 圧力損失と塔内の挙動

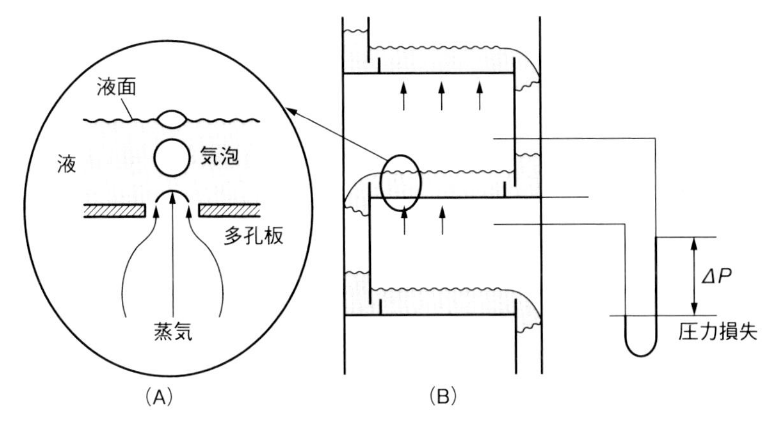

図6.9　圧力損失（ΔP）の測定装置

に大きくなり、塔頂から液があふれ出しフラッディング状態となる。すなわち、フラッディング点が蒸気流速の取りうる上限となり、通常フラッディング点の蒸気流速の70から80％で棚段塔は運転される。

圧力損失は蒸留塔の挙動を示す重要なファクターである。蒸気は液の流れに逆って流れなければならない。その原動力が蒸気の圧力である。この圧力が段上の液により減じる。これを圧力損失という。**図6.9**に圧力損失（ΔPと表記）の測定装置を示し、U字管の部分で段間の圧力差（＝圧力損失）を測定する。図6.9(A)で、蒸気は多孔板に入るために流路をせばめられ、多孔板を通過後、段上の液の表面張力に打ちかって気泡を生成する。同時に凝縮し、新しい蒸気を発生して、液表面から表面張力に打ち勝って新しい蒸気相を形成する。

6.1.4　操作限界：フラッディング

フラッディングは蒸留塔の運転に際して、避けねばならない現象である。処理量を上げて、一旦フラッディングが発生すると、処理量を下げてもフラッディングを止めることはできない。運転上も設計上もフラッディングを避けることが極めて重要である。

図6.10は多孔板トレイのフラッディング限界を直径1.2m、段間隔610mmの工業規模の実験用蒸留塔を用いて米国のFRI（Fractionation

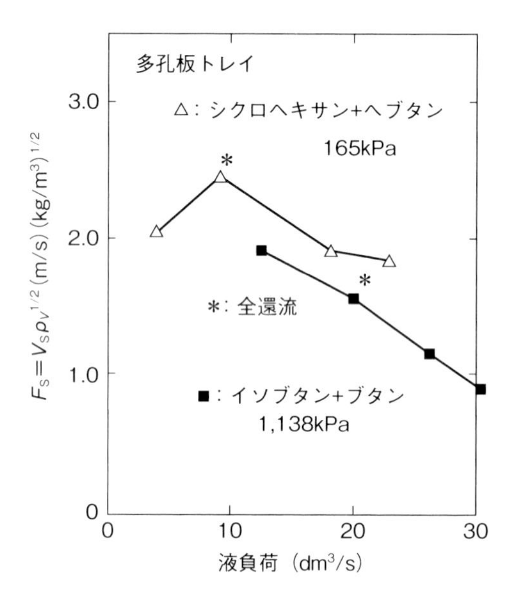

図6.10　多孔板トレイの処理能力（Sakata, Yanagi, 2007）

Research Inc. 9章9.3.2節）が測定した結果である。横軸は液の処理量（液負荷）で縦軸はフラッディング限界の蒸気速度に関するF_sを示す。

横軸の数値は液負荷をdm^3/s、すなわち毎秒当たりのデシメータの3乗（リットル）である。縦軸の$Fs = Vs\rho_v^{1/2}$は、Fファクターという蒸気速度の表現法を用いていて、塔断面積あたりの蒸気速度V_s（m/s）を基本とし、この蒸気速度に蒸気密度ρ_vの平方根をかけた値である。

図6.10は液の処理量に対する蒸気流量の限界を示している。つまりグラフの下側のFファクターであればフラッディングせずに蒸留塔を運転できる。このフラッディング限界は蒸留する混合物の種類、蒸留塔の形式、運転条件により変わる。図6.10は同じ形式の蒸留塔での実験結果であるが、混合物の種類による差が出ている。液負荷の増大に伴いフラッディングは下がることがわかる。

棚段塔の塔径は、塔内の気相中に浮遊する液滴の終末速度以下となるような蒸気流速を選んで決定する。棚段塔においてこの条件を満足する蒸気流速は、次のサウダース・ブラウン（Souders-Brown）式により与えられる。

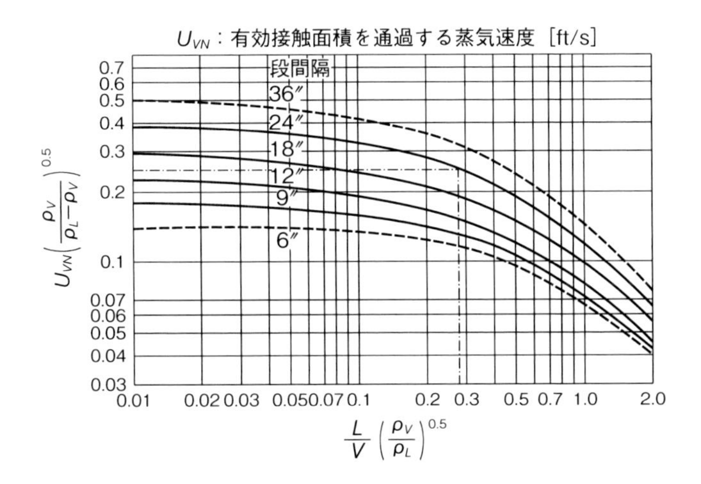

図 6.11　フラッディングにおける蒸気速度の相関（多孔仮）
〔J. R. Fair, *Petro./Chem. Eng.,* 1961, 45; J. R. Fair, R. L. Matthews, *Petrol. Refiner,* 153 (1958)〕

多くのデータを基にして、フラッディングにおける蒸気速度（U_{VN}）につき、**図 6.11** に示す相関関係がフェアとマシューによって得られた。

段間隔を仮定して、図 6.11 により、フラッディングにおける蒸気速度（U_{VN}）を求める。

ρ_V：蒸気密度（lb/cu ft）

ρ_L：液密度（lb/cu ft）

L：液流量（lb/(h)/sq.ft）

V：蒸気流量（lb/(h)/sq.ft）

U_{VN}：有効接触面積を通過する蒸気速度（ft/s）

求めた U_{VN} はフラッディングにおける蒸気速度であるから、U_{VN} の 80 % を設計上の蒸気速度とする。次に、表面張力 σ（dyne/cm）による補正を次式により行う。

$$U_{VN}{}^{C}=U_{VN}\left(\frac{\sigma}{20}\right)^{0.2} \tag{6.1}$$

有効接触面積（A_N(sq.ft)）を全蒸気量と求めた蒸気速度から決定する。ダウンカマ面積（A_D）を塔断面積（A）の 10 %と仮定して、すなわち

$$A=A_N+2A_D \tag{6.2}$$

として、A より塔径 D（ft）を求める。

図6.11は多孔板トレイのフラッディング限界を求めるためのもので、蒸留塔の設計に際し、良く使われている。横軸はフローパラメータという。U_{VN} は有効接触面積を通過するフラッディング時の蒸気速度である。図中の各曲線は、段間隔をインチで表示し、段間隔が狭いとフラッディングしやすくなる。

棚段塔のフラッデイングポイントの計算

直径1.2 mの蒸留塔（シーブトレイ）における実験データについてフェアの相関によりフラッディング点を求める。

FRIのフラッディング実験データおよび物性定数

混合物　シクロヘキサン＋ヘプタン系			
操作圧	165 [kPa]	塔径	1.2 [m]
蒸気密度	4.77 [kg/m³]	段間隔	610 [mm]
液密度	646 [kg/m³]	ダウンカマ面積	0.14 [m²]
蒸気流量	4.78 [kg/s]	有効接触面積	0.859 [m²]
液流量	80.4 [m³/h]	孔面積	0.0715 [m³]
表面張力	13.5 [mN/m]		

フェアの相関図の横軸の値　$(L/V)(\rho_V/\rho_L)^{0.5}$ を求める。

液流量 $= 80.4[\mathrm{m^3/h}] = 80.4 \times 646[\mathrm{kg/h}] = 51{,}938\ [\mathrm{kg/h}]$

液流量 $= 51{,}938/3{,}600[\mathrm{kg/s}] = 14.4\ [\mathrm{kg/s}]$

$L = 14.4[\mathrm{kg/s}],\ V = 4.78[\mathrm{kg/s}]$ であるから $L/V = 3.02$ となる。

一方、密度　$\rho_V = 4.77\ [\mathrm{kg/m^3}],\ \rho_L = 646\ [\mathrm{kg/m^3}]$ であるから

$$(\rho_V/\rho_L)^{0.5} = (4.77/646)^{0.5} = 0.0860$$

したがって、$(L/V)(\rho_V/\rho_L)^{0.5} = 3.02 \times 0.0860 = 0.26$

フェアの相関図の横軸の値は0.26　段間隔610 mm = 24インチから縦軸の値は0.24と読める。すなわち、

$$U_{VN}\left(\frac{\rho_V}{\rho_L - \rho_V}\right)^{0.5} = 0.24$$

よって、$U_{VN} = 0.24 \times \left(\frac{\rho_L - \rho_V}{\rho_V}\right)^{0.5} = 0.24 \times \left(\frac{646 - 4.77}{4.77}\right)^{0.5} = 2.78[\mathrm{ft/s}]$

1 [ft] = 0.3048 [m] であるから

$U_{VN} = 2.78$［ft/s］$= 2.78 \times 0.3048$［m/s］$= 0.848$［m/s］

液の表面張力が 20 dyne/cm より著しく異なるので

表面張力の補正は表面張力 $\sigma = 13.5$［mN/m］$= 13.5$［dyne/cm］

(6.1)式 $U_{VN}{}^{C} = U_{VN}\left(\dfrac{\sigma}{20}\right)^{0.2}$ から

$$U_{VN}{}^{C} = U_{VN}\left(\frac{\sigma}{20}\right)^{0.2} = 0.848\left(\frac{13.5}{20}\right)^{0.2} = 0.848 \times 0.675^{0.2}$$

$$= 0.848 \times 0.924 = 0.784 \ [\mathrm{m/s}]$$

FRI のデータでは蒸気密度 4.77［kg/m^3］、蒸気流量 4.78 kg/s、有効接触面積 0.859 m^2 であるから

蒸気速度［m/s］＝(蒸気流量［m^3/s］)/有効接触面積［m^2］

＝(4.78/4.77)/0.859［m/s］＝1.17［m/s］

推算したフラッディング時の蒸気速度はかなり低く、安全側にある。

フラッディング状態の許容蒸気速度をしることにより、設計上の蒸気速度は、許容蒸気速度の 70～80 %と決定する。従って、蒸気流量から、有効接触面積が確定するので、塔径を決定できる。

［例題 6.1］

次の設計条件による多孔板塔の塔径を決定せよ。

項目	単位	値
段間隔	(m)	0.6
操作圧力	(atm)	1.35
操作温度	(℃)	85.0
表面張力	(dyne/cm)	13.0
液密度	(kg/m^3)	812.0
蒸気密度	(kg/m^3)	2.85
液粘度	(cP)	0.4
液流量／蒸気流量		0.636
最大蒸気量	(kg/h)	6,600
最大液量	(kg/h)	4,200
最大蒸気量	(m^3/s)	0.643
最大液量	(m^3/s)	0.00144

［解］

フラッディングの 80 %を基準にして求める。

$$\text{図 6.11 の横軸の値} = \frac{L}{V}\left(\frac{\rho_V}{\rho_L}\right)^{0.5} = \left(\frac{4{,}200}{6{,}600}\right)\left(\frac{2.85}{812.2}\right)^{0.5} = 0.0377$$

したがって

$$\text{図 6.11 の縦軸の値} = 0.36$$

$$U_{VN} = (0.36)\left(\frac{\rho_L - \rho_V}{\rho_V}\right)^{0.5} = (0.36)\left(\frac{812.2 - 2.85}{2.85}\right)^{0.5} = 6.07\,(\text{ft/s})$$

$$= 1.85\,(\text{m/s})$$

フラッディングの 80 %を基準とするから

$$U_V = U_{VN}(0.8) = 4.86\,(\text{ft/s}) = 1.48\,(\text{m/s})$$

表面張力による補正を(*6.1*)式により行うと

$$U = U_{VN}\left(\frac{\sigma}{20}\right)^{0.2} = (1.48)\left(\frac{13}{20}\right)^{0.2} = 1.36\,(\text{m/s})$$

有効接触面積 A_N を求めると

$$A_N = \frac{0.643}{1.36} = 0.473\,(\text{m}^2)$$

ダウンカマ部面積（A_D）を塔断面積（A）の 10 %とすると

$$A = A_N + 2A_D = An + 2(0.1A) = 0.473 + 0.2A$$

したがって、$A = 0.591\ \text{m}^2$

塔径（D）は

$$D = (0.591/0786)^{0.5} = 0.867\,(\text{m})$$

となるので、塔径として 0.9 m を採用する。あらためて塔断面積を求めると

$$A = 3.14(0.9/2)^2 = 0.636\ \text{m}$$

▶ 6.1.5　気液の接触状態

蒸留塔（棚段塔）内での気液の接触機構の概念図を**図 6.12** に示す。液負荷が小さいと、液滴が吹き飛ばされやすく良質な泡が発生しない。これをスプレイ状態という。液負荷の増大にともない次第に細い良質な泡が発生する。このような泡をバブリイという。途中、中間域を通る。この中間域ではスプレイとバブリイとの混在した状態の泡が発生しているが、機構の転換点とも

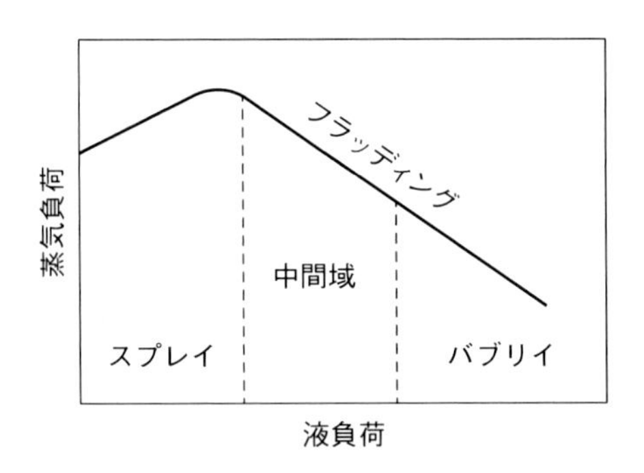

図 6.12　蒸留塔（棚段塔）気液接触機構

見られている。

図6.12の縦軸は蒸気負荷で、曲線はフラッディング限界を示している。フラッディング限界はスプレイ状態では液負荷の増大とともに増えて、フラッディング限界の蒸気負荷は高くなるから、フラッディングはしにくい状態にある。逆に、液負荷が増えてバブリイ状態では、フラッディング限界の蒸気負荷は低くなるから、フラッディングは起こりやすくなる。

図 6.13(A)にスプレイの生成メカニズムを示した。多孔板トレイの開口部の上では滞留液が蒸気によりスプレイコーン状に吹き飛ばされ、液滴生成域に連続相の液膜を形成した後、上部で液滴になる。多孔板トレイの開口部上方には液相が存在しないので、上昇してきた蒸気は上段に届いてしまう。このため、気液の接触がなされず、蒸留の効率が悪くなる。

図6.13(B)にバブリイの生成メカニズムを示した。多孔板トレイの開口部の上には滞留液が細かい泡状になって存在するので、上昇してくる蒸気と気液接触が行われて、効率よく蒸留が行われる。**図 6.14** はアングルトレイ上のバブリイ状態を示す。気液の接触の状態としては、この他にフロスやエマルジョンなどがある。これら接触機構は棚段上の挙動を知る上で重要な役割を有している。

▶ 6.1.6　飛沫同伴

棚段に入ってくる蒸気はかなりの速度を有しているので、棚段上の液を液滴として上の段へ「同伴」する。これを飛沫同伴（エントレインメント）と

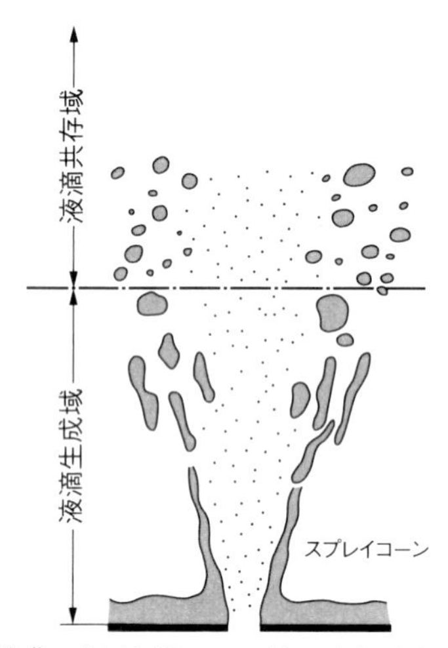

出典：*W. V. Pinczewski and C. J. D. Fell, Trans. Inst. Chem. Eng.(London), 52, p. 294, 1974.*

（A）スプレイ域の機構

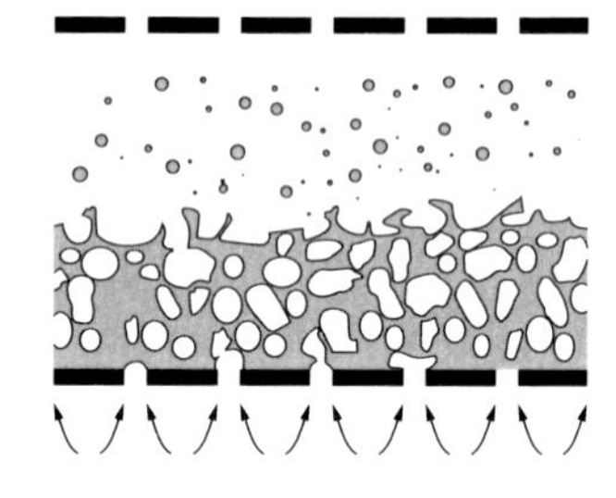

出典：D. L. Bennett, K. W. Kovak, Chem. Eng. Prog. May 20(2000)

（B）バブリイ域の機構

図 6.13 気液接触機構

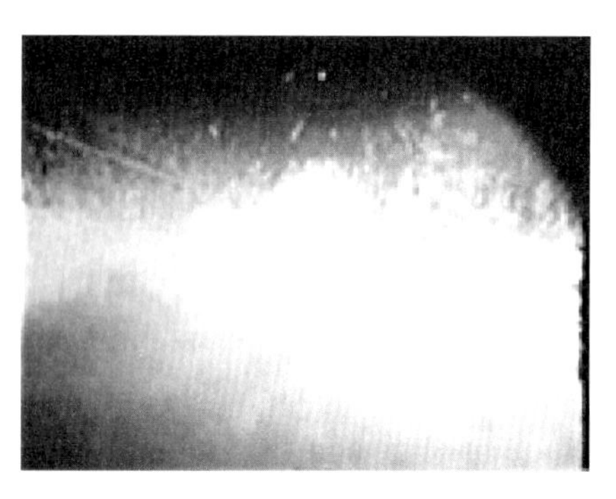

図 6.14 バブリイ状態（アングルトレイ：FRI での試験結果）

いう。蒸留は棚段上の液が蒸発して、上の棚段に達して凝縮して行われる。しかし、この蒸発・凝縮が行われないと目的の蒸留が達成できない。蒸留では液組成 x が高い蒸気組成 y になって実現できるが、液組成 x のままの液滴が上の段に上がっては本来の蒸気組成 y が得られない。**図 6.15** 中における

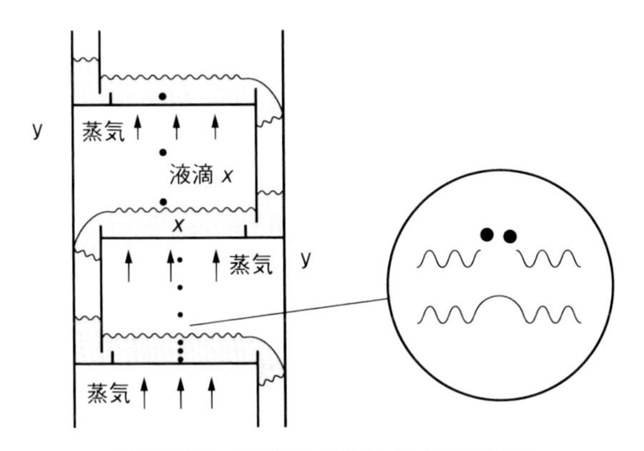

図 6.15　飛沫同伴は効率低下の原因

液滴 x は液相のまま上の段に飛来する。

飛沫同伴が発生する原因の一つは、上昇蒸気にある。蒸気の上昇する速度が大きくなると、棚段に到達したときに、段上の液を上の段まで吹き飛ばす。2 つ目の原因は棚段上の液が蒸発するときに、気泡を形成するが、その気泡が液面上で破れるときに、気泡の液膜が液滴になる。この 2 つの原因が同時におきると考えられている。

飛沫同伴量があまり多いと、せっかく蒸留された液を元へ（上へ）戻すことになり、効率低下の原因となる。

飛沫同伴は蒸留にとって歓迎できない現象だが、実際の蒸留塔で飛沫同伴量をゼロにすることはできない。飛沫同伴量は少ないに越したことはない。実際に許容されるのは、全体の蒸気量の 5–10 ％程度（飛沫同伴率）といわれている。

経験値をもとに飛沫同伴率（飛沫同伴量 ÷ 蒸気負荷）を求める図を**図 6.16** に示す。横軸はフローパラメーターである。縦軸は飛沫同伴率を表わす。％フラッドごとに飛沫同伴率の曲線が描かれている。％フラッドとはフラッディング時の蒸気量に対する蒸気量の％表示である。飛沫同伴率が 1 とは蒸気量の全量が液滴、すなわち、フラッディング状態のことである。図 6.16 を用いて飛沫同伴量を求めて、塔径が合理的な値であるか否かを検討する。

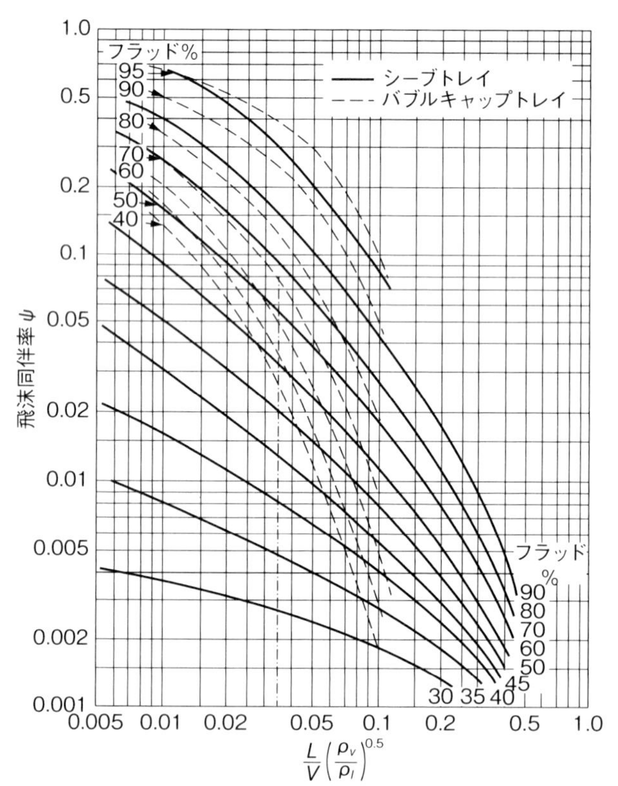

出典：*J. R. Fair, Petrol Chem Engr. 33(10), p.45, 1961,*

図 6.16 飛沫同伴量の相関関係

［例題 6.2］

［例題 6.1］の設計条件による多孔板塔のウィーピングの有無を確認せよ。

［解］

飛沫同伴量の検討を［例題 6.1］の仕様の多孔板塔について行う。

図 6.16 の横軸の値は［例題 6.1］より 0.0377

よって 70 %フラッドとして、飛沫同伴量（率）は 0.063 と読みとれる。

飛沫同伴量は 10 %以下であるから問題はない。

FRI における飛沫同伴量を測定する装置を**図 6.17** に示す。飛沫同伴発生

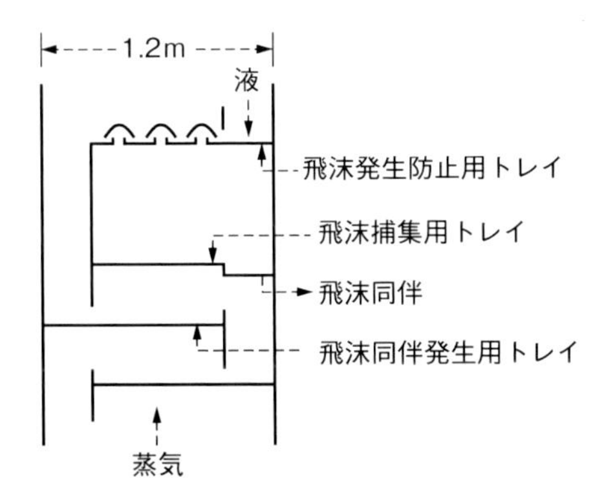

図 6.17　飛沫同伴の測定装置

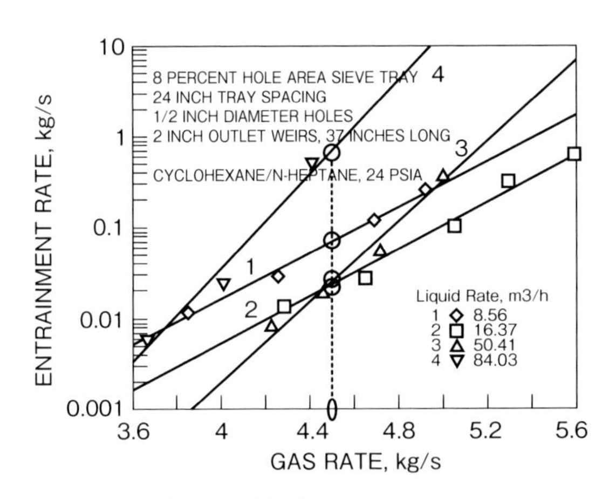

図 6.18　飛沫同伴量（液量一定）（FRI Progress Report, October, 1955）

用のトレイで発生した飛沫は飛沫捕集用のトレイを通って、飛沫発生防止用トレイに届くが行く手をふさがれて、捕集用トレイに落下されて捕集される。

塔内の液量を一定にして飛沫同伴を測定した結果を、**図 6.18** に示す。液量を 1、2、3、4 と変えて、各液量に対して飛沫同伴量が測定されていて、飛沫同伴量の対数値は蒸気量に対して直線的に増加している。液量 1 より液量 2 の方が飛沫同伴量は減少している。しかし、さらに液量を増やした、液量 3 と液量 4 の場合では、逆に液量が増えると飛沫同伴量は増加している。

そこで、同じデータを、蒸気量一定にしてプロットすると、図 6.18 に示

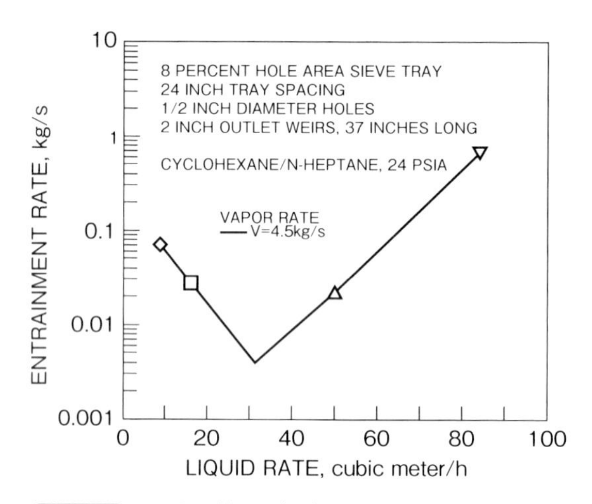

図 6.19 飛沫同伴量（蒸気量一定）（Ohe, 2006）

すように、液量の増加に対して、飛沫同伴量は最小値を示していることがわかった。

塔内の蒸気流量を一定とした場合、飛沫同伴は液流量の増加に対してある液流量までは減少するが、さらに液流量を増加させると飛沫同伴量は予想に反して増加に転ずる。液流量の増加に対して飛沫同伴量が減少する点は理解しやすいが、増加する点については予想が困難である。

棚段上における液の滞留時間が長いと、発生する飛沫同伴量も増加すると考えて、滞留時間を液量に対してプロットした結果を**図 6.20** に示した。**図 6.19** における飛沫同伴量の最小値を示す液量と、図 6.20 における滞留時間の最小値を示す液量がほぼ一致している。滞留時間の計算式を以下に示す。*(6.3)* 式において分子は棚段上に滞留する液の容積であるが、清澄液高 h_L が液量、蒸気量により変化するので、容積は一定とはならない。従って、滞留時間が液量に対して最小値を示すと考えられる。

棚段上の液の滞留時間は次式で与えられる。

$$\tau = \frac{A_b h_L}{Q_L} \tag{6.3}$$

ここに、τ は滞留時間（s）、Ab は気液接触面積（m^2）、Q_L は液流量（m^3/min/m）および h_L は清澄液高（m）である。

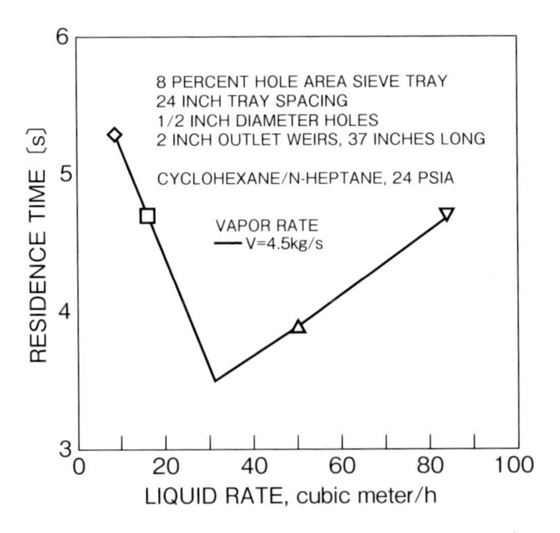

図6.20　段上の液の滞留時間（Ohe, 2006）

6.1.7　圧力損失

多孔板塔における圧力損失は、塔径があまり大きくない場合、1）蒸気が多孔板を通過するときの乾き圧力損失（h_o）、2）蒸気が段上の液中（$h_w + h_{ow}$）を上昇するときの圧力損失、3）蒸気が段上の液から抜けるときの圧力損失（h_σ）の合計として考えられる（**図6.21** 参照）。圧力損失をヘッド損失で表す。圧力損失をΔp、ヘッド損失をΔhで表すと、$\Delta h = \Delta p / \rho g$の関係がある。ここに、$\rho$は流体の密度、$g$は重力加速度を表わす。

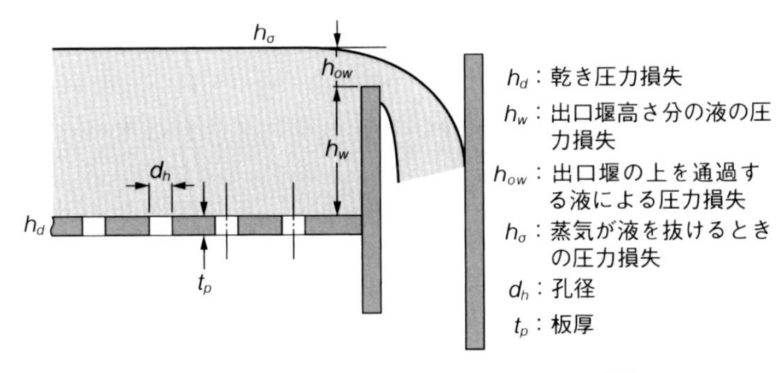

図6.21　多孔板塔における圧力損失の定義

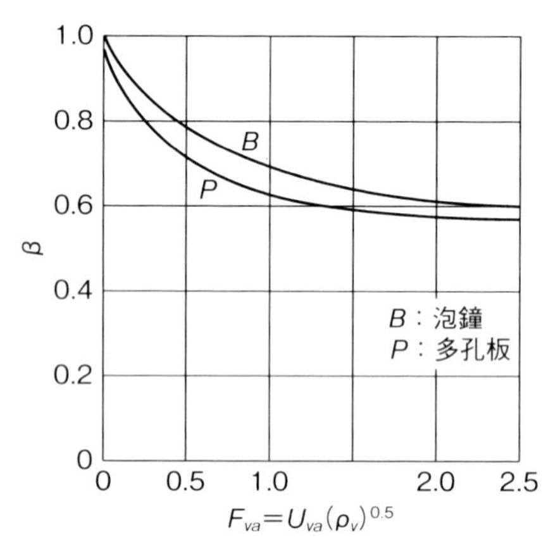

U_{va}：有効接触面積を通過する蒸気速度[ft/s]
出典：M. H. Hutchinson, A. G. Buron, B. B. Miller, *AIChE. Paper Los Angeles Meeting*, 1949

図 6.22 エアレーションファクタ β の相関

棚段上の液は、沸騰状態にあるから、正味の液として存在している部分は滞留液の容積より小さい。正味の液として存在する量の率をエアレーションファクタと定義して β で表す。β と蒸気流量との間には相関関係がみられ、ハッチンソンによる相関の結果を**図 6.22** に示す。

A　乾き圧力損失 h_o

$$h_o = 0.186\left(\frac{U_h}{C_o}\right)^2 \frac{\rho_V}{\rho_L} \tag{6.4}$$

係数 C_0 はリーブソンらの相関関係**図 6.23** を使う。U_h は孔通過速度（ft/s）である。

B　段上の液による圧力損失 $h_w + h_{ow}$

段上の液の高さは、図 6.21 より、$h_w + h_{ow}$ であり、h_w は出口堰の高さである。h_{ow} は(6.5)式による。

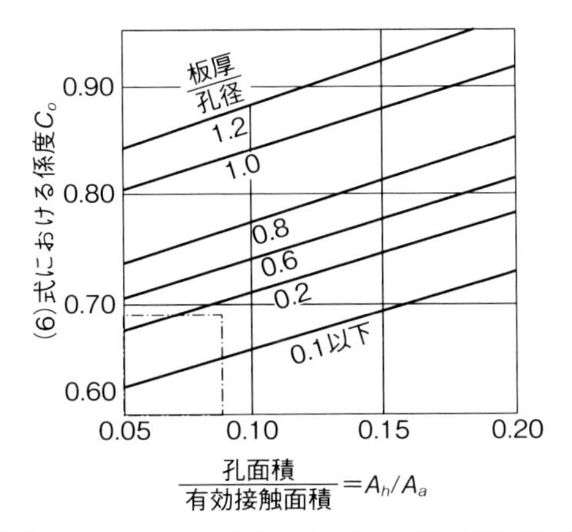

出典：I. Liebson *et al.,Petrol.Refiner*, 36, 127, 288(1957)

図 6.23　(*6.4*)式における係数 Co

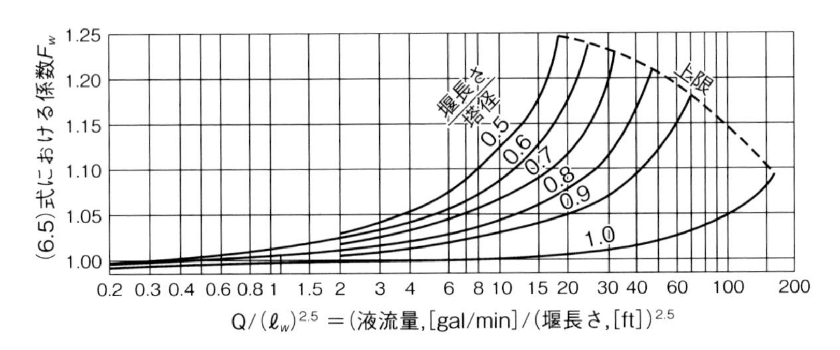

図 6.24　(*6.5*)式における係数 Fw の相関関係

〔W. L. Bolles, *Petrol. Refiner,* 25, 613 (1946)〕

h_{ow} はフランシスの式

$$h_{ow}=0.48\,F_w\left(\frac{Q_L}{l_w}\right)^{0.67}=30\,F_w\left(\frac{Q_L'}{l_w}\right)^{0.67} \qquad (6.5)$$

Q_L：液流量（gallons/min）

Q_L'：液流量（cu ft/s）

l_w：堰長さ（in）

(*6.5*)式における係数 Fw はボレスの相関関係**図 6.24** により決定する。したがって、段上の液による圧力損失は

$$\beta(h_w + h_{ow})$$

となる。

C　蒸気が段上の液を抜けるときの圧力損失 h_σ

蒸気が最後に液から抜け出るには、液の表面張力に打ち勝たなければならないので

$$h_\sigma = \frac{0.04\sigma}{\rho_L d_h} \qquad (6.6)$$

となる。得られる h_σ の単位はインチである。

σ：表面張力（dynes/cm）

ρ_L：液密度（lb/cu ft）

d_h：孔　径（in）

［例題 6.3］

［例題 6.1］の設計条件による多孔板塔の圧力損失を検討せよ。ただし、各部の仕様を以下に示すように決定する。

塔径 0.93 m

棚段の板厚（t_p）= 2.096（mm）= 0.0825（in）

孔径（d_h）= 6.35（mm）= 0.25（in）

孔のピッチ（p）= 3 × 6.35 = 19.05（mm）= 0.75（in）

出口堰高さ（h_w）= 38.1（mm）= 1.5（in）

出入口の堰の長さ（l_w）は

$A_D/A = 0.1$ のとき、数表から $l_w/D = 0.7625$ であるから

$$l_w = (0.7625)(0.93) = 0.709\ (\mathrm{m}) = 2.33\ (\mathrm{ft}) = 27.92\ (\mathrm{in})$$

［解］

段上の液による圧力損失を求めるために、(6.5)式から

$$h_{ow} = 0.48 F_w \left(\frac{Q_L}{l_w}\right)^{0.67}$$

係数 F_w を図 6.24 より求める。

そのために、まず最大液量 Q_L を gpm（gallons/min）に換算する。

$$Q_L = 0.00144 \times 60 \times 35.31 \times 7.48 = 22.8\ (\mathrm{gpm})$$

よって、

$$\frac{Q_L}{(l_w)^{2.5}} = \frac{22.8}{(2.33)^{2.5}} = 2.75$$

図 6.24 から $l_w/D = 0.763$ において

$$F_w = 1.03$$

したがって

$$h_{ow} = (0.48)(1.03)\left(\frac{22.8}{27.92}\right)^{0.67} = 0.43 \text{ (in)}$$

を得る。

次に、(6.6)式から段上の液表面を蒸気が抜けるときの圧力損失は

$$h_\sigma = \frac{(0.04)(13)}{(812.2)(0.06243)(0.25)} = 0.041 \text{ (in)}$$

(6.4)式から乾き圧力損失は

$$h_o = 0.186 \frac{\rho_V}{\rho_L}\left(\frac{U_h}{C_o}\right)^2$$

すでに、板厚 $t_p = 0.0825$ in、孔径 $d_h = 0.25$ in と決定してあるから、$t_p/d_h =$ 0.33、開口比 $A_h/A_N = 0.1$ とすると、図 6.23 より $C_o = 0.72$ が得られる。

開口部面積 Ah は

$$A_h = (0.10)(0.543)(10.76) = 0.584 \text{ (ft}^2\text{)}$$

孔通過速度を求めると

$$U_h = (0.643)(35.31)/(0.584) = 38.9 \text{ (ft/s)}$$

したがって

$$h_o = 0.186\left(\frac{2.85}{812.2}\right)\left(\frac{38.9}{0.72}\right)^2 = 1.91 \text{ (in)}$$

次に、図 6.22 からエアレーションファクタ β を求めるために

$$F_{va} = U_{va}(\rho_V)^{0.5}$$

を算出する。孔通過速度（U_h）が 38.9 ft/s であるから

$$F_{va} = (3.89)(2.85 \times 0.06243)^{0.5} = 1.64$$

したがって、図 6.22 より

$$\beta = 0.60$$

全圧力損失は

$$\Delta H_T = \beta(h_w + h_{ow}) + h_o + h_\sigma$$

であり、$h_w = 1.5$ in であるから、全圧力損失 ΔH_T は

$$\Delta H_T = (0.60)(1.5 + 0.43) + 1.91 + 0.041 = 3.11 \text{ (in)}$$

となる。

6.1.8 ウィーピング

ウィープポイントの検討をスミスの整理した**図 6.25** により行う。

$h_w + h_{ow}$ より求めた $h_o + h_\sigma$ が、計算により求めた $h_o + h_\sigma$ より小さければ、設計点はウィープポイントより上にある。すなわち、ウィープはしない状態にある。

［例題 6.4］

［例題 6.3］の設計条件による多孔板塔のウィーピングの有無を確認せよ。

［解］

ウィーピングの検討

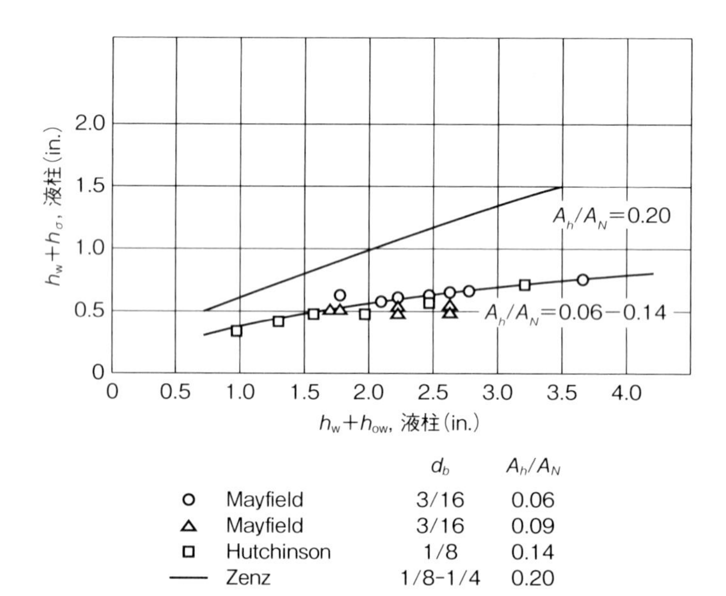

図 6.25 ウィーピングの相関

〔B. Smith, *Design of Equilibrium Stage Processes*, Chap. 15, McGraw-Hill (1963)〕

開口率は $A_h/A_N = 0.1$ とした。一方、

$$h_w + h_{ow} = 1.5 + 0.43 = 1.93 \text{ (in)}$$

から、図6.25により

$$h_o + h_\sigma = 0.5$$

である。$h_o + h_\sigma$ の計算値は［例題6.3］で既に求めてあるので

$$計算値：h_o + h_\sigma = 1.91 + 0.041 = 1.951 \text{ (in)}$$

乾き圧力損失（h_o）および表面張力による圧力損失（h_σ）の合計が、図6.25から求めた値より大きいので、ウィーピングはしていない。

ウィーピングは
- ○ 開孔面積が大きい
- ○ 液量が多い
- ○ 出口堰が高い

ほど発生しやすい。

孔径の影響はないという報告もあればあるという報告もあり、実態は不明である。ウィーピングに対する孔径の影響は不明である。ある研究者は孔径が大きいとウィーピングしにくいと報告しているが、別の研究者は孔径が大きいとウィープしやすいと報告している。

▶ 6.1.9　ダウンカマ内の液滞留量

ダウンカマの液高さ H_D を次式により求める。

$$H_D = \left[\Delta H_T + \beta\left(h_w + h_{ow} + \frac{\Delta}{2}\right) + h_d\right]\frac{1}{\phi_d} \tag{6.7}$$

ここに、ϕ_d は相対泡密度であって、その値が未知の場合には $\phi_d = 0.5$ とする。ΔH_T は全圧力損失である。

ダウンカマにおける滞留時間を次に求める。

$$滞留時間 = \frac{（ダウンカマの清澄液高）\times A_D}{液流量} \tag{6.8}$$

A_D：ダウンカマ面積

液速度は容積液流量をダウンカマ面積で割って求める。

［例題 6.5］

［例題 6.3］の設計条件による多孔板塔のダウンカマ内の液滞留量を検討せよ。

［解］

ダウンカマ内の液滞留量の検討

ダウンカマ内の液高さ H_D は(6.7)式により求まる。同式における h_d はダウンカマ内のヘッド損失であり

$$h_d = 0.03\left(\frac{Q_L}{100A_{AP}}\right)^2$$

による。ただし、A_{AP} はダウンカマクリアランス部分の断面積である。

ダウンカマクリアランスを 38.1 mm（1.5 in）とすると

$$A_{AP} = \frac{1.5 \times 27.92}{144} = 0.291 \text{ (ft}^2\text{)}$$

$$h_d = 0.03\left(\frac{Q_L}{100A_{AP}}\right)^2 = 0.03\left(\frac{22.8}{100 \times 0.291}\right)^2 = 0.0184 \text{ (in)}$$

$$\beta(h_w + h_{ow}) = (0.60)(1.5 + 0.43) = 1.158$$

$\Delta = 0$ として、(6.7)式から

$$H_D = [3.11 + 1.158 + 0.0184]\frac{1}{\phi_d} = 4.29\frac{1}{\phi_d}$$

$\phi_d = 0.5$ と仮定して

$$H_D = \frac{4.29}{0.5} = 8.58 \text{ (in)}$$

段間隔約 24 インチに対して、ダウンカマー内の液高さは 8.58 インチであるから、8.58/24 = 0.358 で約 1/3 の高さである。問題はない。

▶ 6.1.10　棚段上の液勾配

液勾配（Δ）は以下の諸式により求める。

$$\Delta = \frac{f_f U_f^2 Z_L}{12 g_c R_H} \tag{6.9}$$

$$U_f = \frac{Q_L / W_a}{(60)(7.48) h_f} \tag{6.10}$$

$$R_H = \frac{W_a h_f}{W_a + 2h_f} \tag{6.11}$$

$$R_{ef} = \frac{R_H U_f \rho_L}{\mu_L} \tag{6.12}$$

f_f：泡摩擦係数（スミスの相関関係図 6.26 による）

U_f：泡速度

Z_L：堰間の距離（ft）

g_c：重力換算係数

R_H：(6.11)式で定義

W_a：$(D + l_w)/2$、平均流路幅（in）

h_f：泡沫層高（in）

μ_L：液粘度（lb/(ft)(hr)）

［例題 6.6］

［例題 6.3］の設計条件による多孔板塔の棚段上における液勾配を検討せよ。

［解］

棚段上における液勾配の検討

(6.9)～(6.12)式により、棚段上の液勾配を求める。まず、平均流路幅 Wa (ft) を求める。

$$W_a = \frac{D + l_w}{2} = \frac{(0.93)(3.281) + 2.33}{2} = 2.69 \text{(ft)}$$

清澄液高を h_c とし、泡沫層高を h_f とするとき

$$\phi = h_c / h_f$$

とすれば、エアレーションファクタ β との間に

$$\beta = \frac{\phi + 1}{2}$$

なる関係がある。したがって、

$$\phi = 2\beta - 1$$

から

$$h_f = \frac{h_c}{\phi} = \frac{h_c}{2\beta - 1}$$

となる。

$$h_f = \frac{\beta(h_w + h_{ow})}{2\beta - 1} = \frac{(0.6)(1.5 + 0.43)}{(2)(0.6) - 1} = 5.79 \text{ (in)} = 0.483 \text{ (ft)}$$

(6.11)式より

$$R_H = \frac{W_a h_f}{W_a + 2h_f} = \frac{(2.69)(0.483)}{2.69 + 2(0.483)} = 0.355 \text{ (ft)}$$

(6.10)式より

$$U_f = \frac{Q_L / W_a}{(60)(7.48) h_f} = \frac{22.8/2.69}{(60)(7.48)(0.483)} = 0.0391 \text{ (ft/s)}$$

(6.12)式より

$$R_{ef} = \frac{R_H U_f \rho_L}{\mu_L} = \frac{(0.355)(0.0391)(812.2)(0.06243)}{(0.4)(6.72 \times 10^{-4})} = \frac{0.703}{0.000269} = 2613$$

図 6.26 より

$f_f = 0.62$（外挿値）

したがって、(6.9)式より

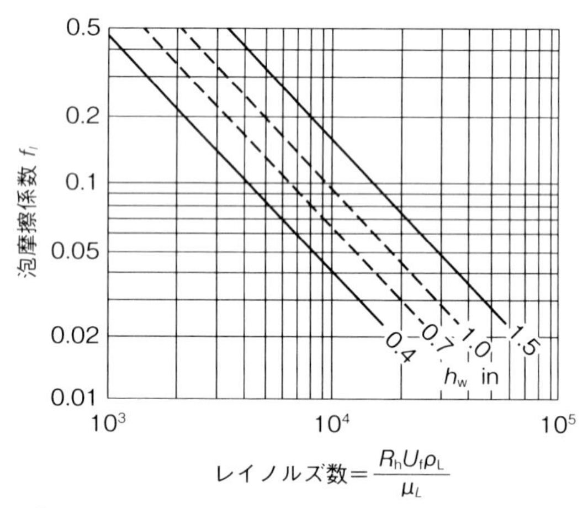

〔B. Smith, *Design of Equilibrium Stage Processes*, Chap. 15 McGraw-Hill (1963)〕

図 6.26 泡摩擦係数

$$\Delta = \frac{f_f U_f^2 Z_L}{12 g_c R_H}$$

ここに、Z_L = 液流路長（ft）

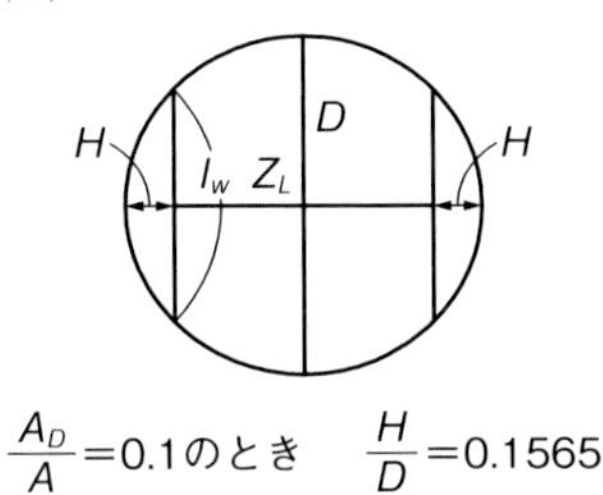

$\frac{A_D}{A}$=0.1のとき　$\frac{H}{D}$=0.1565

であるから

$$H = (0.1565)D = (0.1565)(0.93)(3.281) = 0.477 \text{（ft）}$$

$$Z_L = (0.93)(3.281) - 2(0.477) = 2.10 \text{（ft）}$$

$$\Delta = \frac{(0.62)(0.0391)^2(2.10)}{(12)(32.2)(0.355)} = 0.000014 \text{（in）}$$

以上の計算により、設計した仕様により検討した結果、上記の検討項目については問題はないと考えられる。

6.1.11　蒸留塔の効率

蒸留塔を計算した理論段数の段数で運転した場合、計算した純度を得ることができない。飛沫同伴などの現象により理論段数通りに蒸留できない。そこで塔効率（単に効率ともいう）を考える。理論段数を実際の蒸留塔の段数で割った値を％で表示し塔効率（あるいは総括塔効率）という。

$$\text{塔効率} = \frac{\text{理論段数}}{\text{実際の蒸留塔の段数}} \times 100(\%) \qquad (6.13)$$

塔効率は全還流下で測定する。蒸留塔を全還流下で運転し、塔頂および塔底の液組成（x_D、x_B）を分析する。この組成を x–y 線図上にプロットし、階段作図を行えば理論段数が求まる。測定した蒸留塔の段数から塔効率を定義にしたがって計算する。全還流の理論段数をフェンスケの式で計算することもできる。分析した組成 x_D および x_B をフェンスケの式に相対揮発度とともに代入すれば、理論段数は最小理論段数（N_{min}）として得られる。

図 6.27 に全還流で塔効率を測定した際の塔内の組成の関係を示した。効

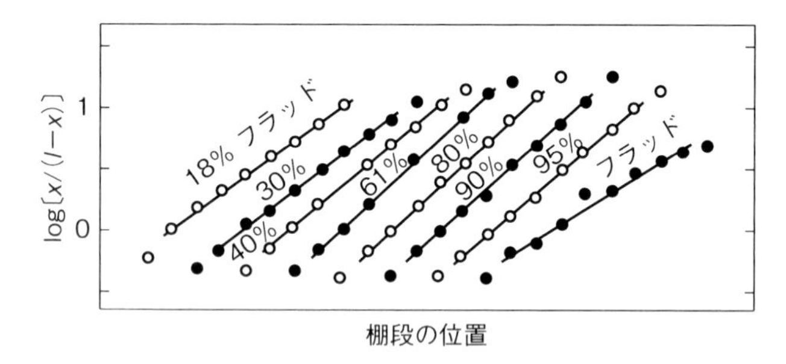

図 6.27 プロファイル（シクロヘキサン-*n*-ヘプタン系，165kPa）
Sakata M., T. Yanagi, *Distillation 3rd International Symposium*, 3, 2/29(1979)

率の測定には塔頂と塔底の組成が分かれば計算は可能であるが、蒸留塔内の全段の液組成を分析すると、なお一層、蒸留塔内の運転状況を知ることができる。図 6.27 の横軸は測定毎に段の位置を別々に表示してある。縦軸はフェンスケの式の分子の一部である。各測定は%フラッド毎に示してあり、ほとんどの測定値は直線を示す。測定値が直線上に乗っているか否かで蒸留の具合を知ることができる。

図 6.28 は塔効率を予測するための図でオコンネルの相関という。横軸は

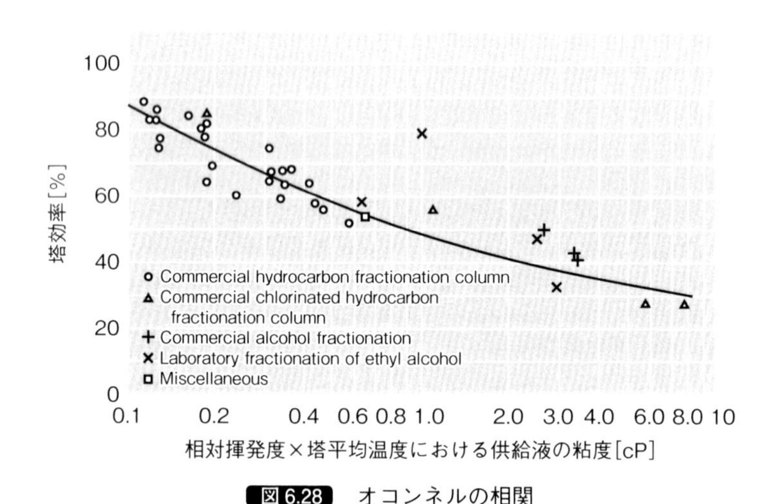

図 6.28 オコンネルの相関
O'Connel, Trans. Amer. Inst. Chent. Eng., 42, 741 (1946)

相対揮発度×塔平均温度における粘度の値であり、縦軸は塔効率である。本図は実際の棚段塔における運転データを基に相関された。相関はロケットにより

$$塔効率 = 0.492(\mu_L \alpha)^{-0.245} \times 100 \tag{6.14}$$

と式化されている。

μ_L：塔平均温度における供給液の粘度（cp）

α：相対揮発度（多成分系では限界成分の相対揮発度）

［例題 6.7］

オコンネルの相関を用いて、次に示す条件の塔効率を求めなさい。

FRIの塔効率測定データおよび物性定数

混合物	シクロヘキサン＋ヘプタン		
操作圧	165 kPa	液粘度	0.23［cP］
塔効率	89.4 %	相対揮発度	1.57

［解］

$\mu_L = 0.23$、$\alpha = 1.57$ から $\mu_L \cdot a = 0.23 \times 1.57 = 0.3611$

$E_{oc} = 0.492 \times 0.3611^{-0.245} = 0.492 \times 1.283 = 0.631$

実測の効率 89.49 %に対し　63.1 %となった。

計算結果は実測値に対して相当低い値となっている。理論的計算法が完成していない今日やむを得ない。実測値より低い推算値は、結果的に安全側にある。

塔効率の測定値が 100 %を超える場合がある。塔頂および塔低の分析値より計算した理論段数より実際の段数が少ない場合がある。

塔効率に対してマーフリー（Murphree）による段効率は次式により定義される。

$$E_{MV} = \frac{y_n - y_{n+1}}{y_n{}^* - y_{n+1}} \times 100 \tag{6.15}$$

E_{MV}：マーフリーの段効率

$y_n{}^*$：n 段における液組成に平衡な気相組成

y_n：n 段における実際の気相組成

y_{n+1}：n 段にはいる実際の気相組成

段効率は物質移動論により誘導された「点効率」に基づいており、理論的根拠が明確である。逐次段における理論段数を求める際に、段効率を考慮に入れることにより実際の段数を決定できる。

▶ 6.1.12 性能向上策

○処理量の増大策

棚段式の蒸留塔において、棚段と棚段との間隔を段間隔という。段間隔をいかほどにするかは、設計上も運転上も重要な問題である。狭い方では15 cm 程度である、一般的には 50 cm 程度である。減圧蒸留では 1 m 程度にとる場合もある。

フラッディング状態では蒸気量がすべて飛沫同伴となって上の段に届いてしまう現象である。したがって、段間隔が広い方が飛沫同伴が上の段に届きにくくなるので、フラッディングしにくくなる。この意味では段間隔は広いに越したことはない（**図 6.29**）。しかし、段間隔を広くとることは、蒸留塔が高くなるので、この点では狭いほど良い。

一方、棚段上には泡沫層があるが、これを泡沫層高といい、段上に設けた物指しを使って、目視により計る。**図 6.30** はアングルトレイの泡沫層高の測定結果である。横軸は蒸気速度を F ファクターで表示し、縦軸は泡沫層高を mm で表示している。泡沫層高は蒸気速度の増大とともに増え、F ファクター1.7 以上では 460 mm と一定になっている。この 460 mm という数値は段間隔である。つまり、この蒸気速度で泡沫層高は上の段に届いている。

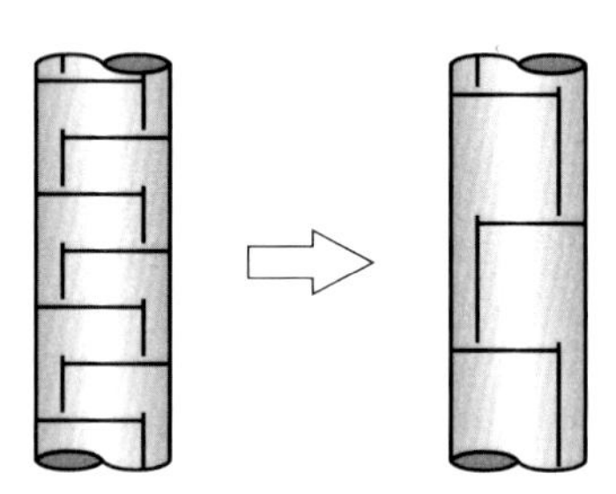

段間隔を増やした場合の効果

図 6.29 蒸留塔の段間隔

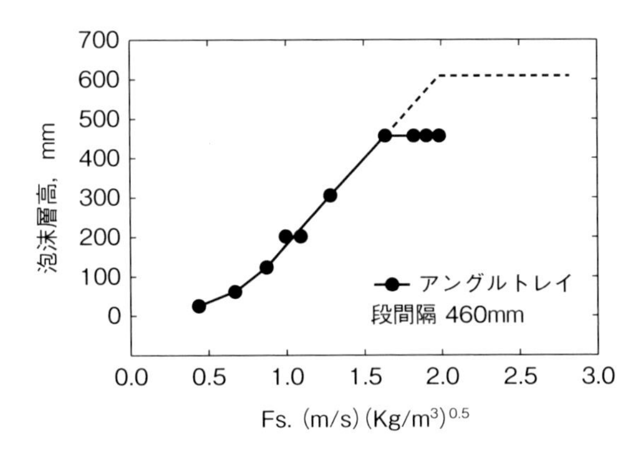

図 6.30　蒸留塔の段間隔と泡沫層高（Yanagi, 1974）

もし、段間隔が 460 mm より広ければ、泡沫層高はさらに増え続けると考えられる。段間隔 610 mm の蒸留塔の場合は、図 6.30 から、F ファクターが約 2 までは、泡沫層は上の段に届かないので、安定した蒸留を継続できる。泡沫層が上の段に届いても、飛沫同伴の場合とは異なり、フラッディングにはならないので、運転は可能であるが、蒸留の効率は低下する。

段間隔の決定には、以上の他に、保守の事も考慮する必要がある。

○流路長と効率

工業的に使われる棚段塔の直径は、小さいもので 50 cm 程度、大きいものでは 10 m 程度になる。塔の高さは、小は屋内に入る数 m から、大は 50 m 程度になる。充填塔もほぼ同じである。規則充填物が出現するまでの充填塔の直径は、せいぜい 2～3 m であったが、規則充填物が開発された 30 年ほど前から、塔内の液の偏流を防げるようになったので、棚段塔と変わらなくなった。

棚段塔では本章の側面図に示したように、液は棚段上を横方向に流れ、蒸気は塔内を上方向に上昇する。蒸気は棚段上の液と接触し、蒸気自身は液に触れて凝縮するが、その時液に熱エネルギーを与えるので、段上の液は蒸発する。上の段から降りてくる液は液降下部（ダウンカマ）を通り、下の段の入口堰を乗り越えて下の段に届く。

下の段に届いた液は出口堰に向かって段上を流れる。流れる途中で下方からの蒸気に接しながら蒸留が行われる。この液が流れる長さを流路長という。

塔径が大きいと流路長が長くなる。長くなると、段上の液は蒸留を繰り返すので、蒸留の効率は良くなると予想できる。**図 6.31** に効率に対する流路長の影響を示す。図 6.31 は低圧、**図 6.32** は高圧における測定結果である。いずれの場合も流路長が長くなると効率が良くなっている。

本章で示した形式の蒸留塔を 1 パストレイという。棚段塔が大きくなると、段を流れ方向に直角方向に分割する。2 分割する場合を 2 パストレイ、4 分割する場合を 4 パストレイという。段を分割すると流路長は短くなるので、効率は悪くなる。逆に分割を減らすと効率は向上する。2 パス→1 パス、4 パス→2 パスにすると、効率は 5～15 %程度向上する。

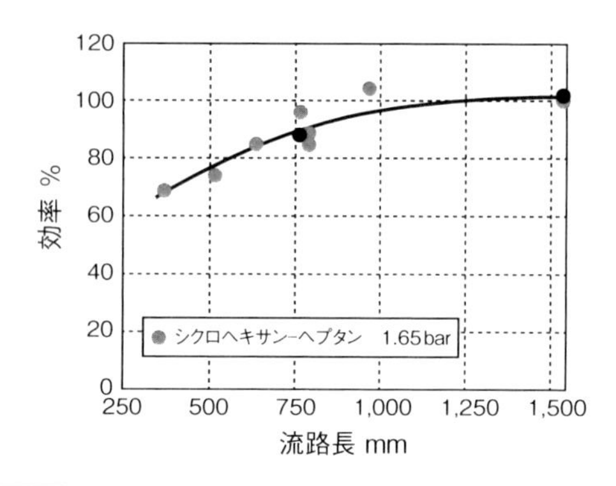

図 6.31 流路長と効率の関係（低圧）（Kister, 2008）

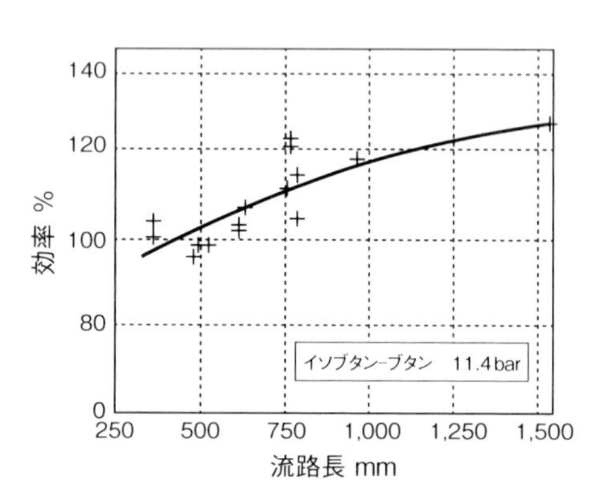

図 6.32 流路長と効率の関係（高圧）（Kister, 2008）

○蒸気の向きを変えて効率を上げる「高性能トレイ」

高性能トレイといわれる新形式のトレイの開発が続いている。**図 6.33** は多孔板トレイの変形と考えられる。上昇してくる蒸気はトレイ上の開口部の上の「フタ」に当たり側面の開口部から水平方向にトレイ上に吹き出し、トレイ上の液と接触する。開口部の形状から、蒸気はトレイ上の液の流れに、直角の方向に吹き出て接触する。これにより、液の流れを乱さない。なぜなら、液の流れの方向に蒸気が吹き出ると、流れている液を押し戻して、流れを乱す。多孔板と違い、蒸気は真上に上昇しないから、液を吹き飛ばしにくく、したがって、飛沫同伴が少ない。しかし、金属板に加工する必要があり、多孔板より製作費はかかる。

図 6.34 の「コンセプ」はコンタクト（接触）＆セパレーション（分離）の意味である。左側に多孔板、右側に茶筒（渦生成部）様のものが見える。この２つがセットになってトレイを形成している。渦生成部の下方から入った蒸気は筒内で旋回し液と蒸気に分離されて、蒸気は多孔板を通じて上段へ

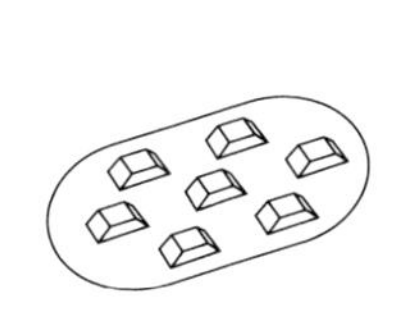
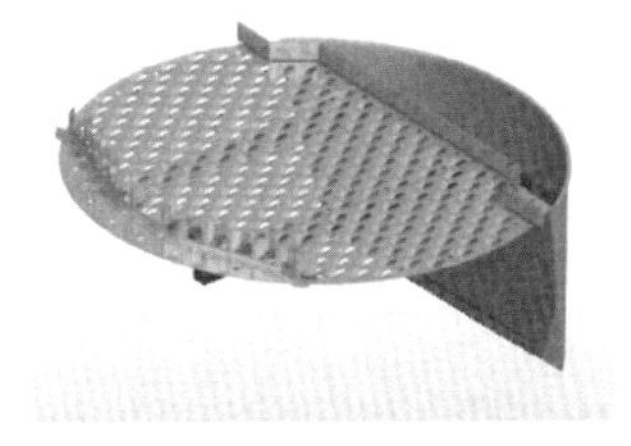

図 6.33　スルザー・ケミテック MVGT トレイ（Pilling, 2009）

シェル・コンセプトレイ

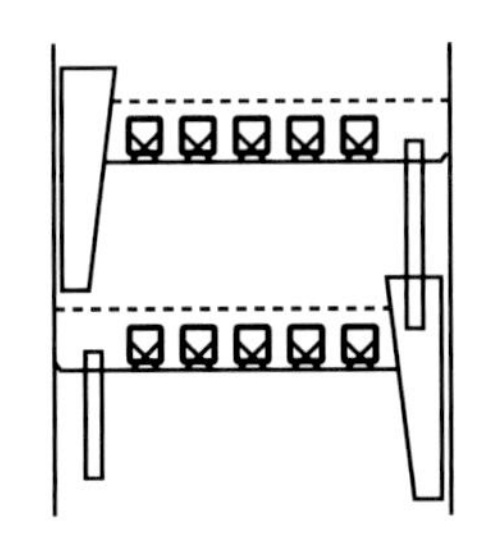

図 6.34　コンセプトレイ

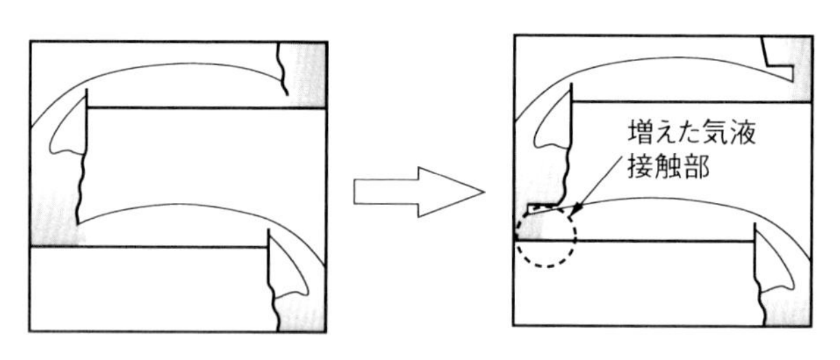

図 6.35 短縮ダウンカマー

と上昇する。液はトレイ上を流れてダウンカマーに向かう。特徴としては、筒内で上昇蒸気が旋回させられて蒸気と液滴とが分離される点である。このため、蒸気速度の高いところでの運転が可能であるら、処理能力が大きい。

中央はダウンカマーである。2–パストレイである。図 6.34 右は同じトレイの側面図であるが、こちらは 1–パストレイである。点線が多孔板であり、その下が渦生成部である。ダウンカマーは短縮型である。**図 6.35** は短縮ダウンカマーであり、有効接触面積が広くなるので、効率を改善できる。

○ダウンカマーの改良策

蒸留塔の処理量をいかにして上げるか？　性能の良い蒸留塔の設計において重要なことはいうまでもない。液降下部（ダウンカマー）における工夫について説明する。

第 1 には出口堰長を長くする。トレイ上に滞留する液の深さ（液深）を小さくできるので、上昇する蒸気の圧力損失が小さくなる。なぜならば、上昇蒸気がトレイ上の液を通過する際の圧力損失は液深が大きいほど大きいからである。圧力損失を小さくすることができれば、フラッディングしにくくなるので、処理量を増やすことにつながる。

図 6.36 に 3 種の形状を有する出口堰を示す。スウェプトバックダウンカマーは標準に比べて堰長が長くなる。スウェプトバックとは飛行機の後退翼の事で、形状が似ていることによる命名と思われる。アークダウンカマーは機械的に複雑な形状をしているので、塔径の大きな場合に稀に使われている。以上は 1 パストレイの場合であるが、塔径の大きな場合の 2 パスや 4 パストレイの場合は 1 パスに比較して同じ塔径であれば堰長はより長くなる。

第 2 はダウンカマーに傾斜をつける。ダウンカマーの下側を上側より小さ

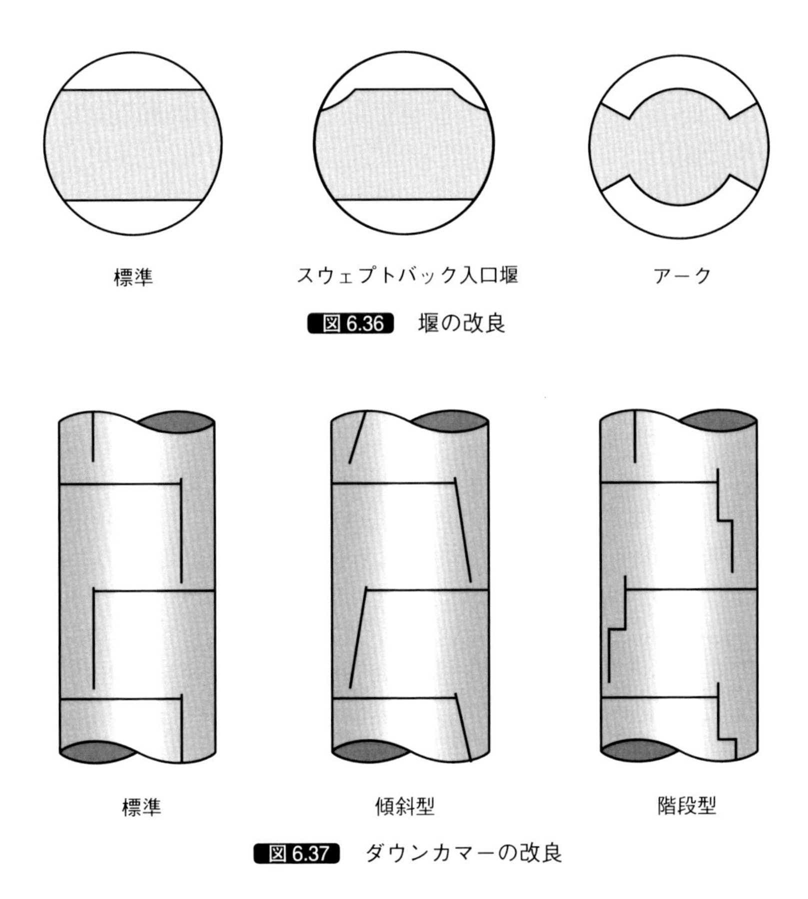

図 6.36　堰の改良

図 6.37　ダウンカマーの改良

くする。ダウンカマーの上部では泡を液から分離するスペースが必要になるが、下部では気泡は無く清澄な液であるから、上部ほどの面積は必要ではない。**図 6.37** に３種の形状を有するダウンカマーを示す。下部の面積をどの位小さくできるかは、蒸留する混合物により異なる。泡立ちの無い混合液の場合は、塔壁からダウンカマーまでの長さは上部の長さの２分の１とする。さらに、混合物によっては３分の１まで小さくできる。このようにして、有効接触面積を広げることができる。

6.2

充填塔

充填塔の断面図を**図 6.38** 左に示した。充填塔の性能を左右するのは充填物の性能もさることながら、図 6.38 右の液分配器（ディストリビュータ）の性能である。液分配器の性能が悪いと蒸留塔内を液が均一に流れず、偏った流れ、これを偏流（チャンネリング）といい、これによつて蒸留が十分に行われない。

充填物として最もよく使われたのがラシヒリングであった。充填塔は段塔

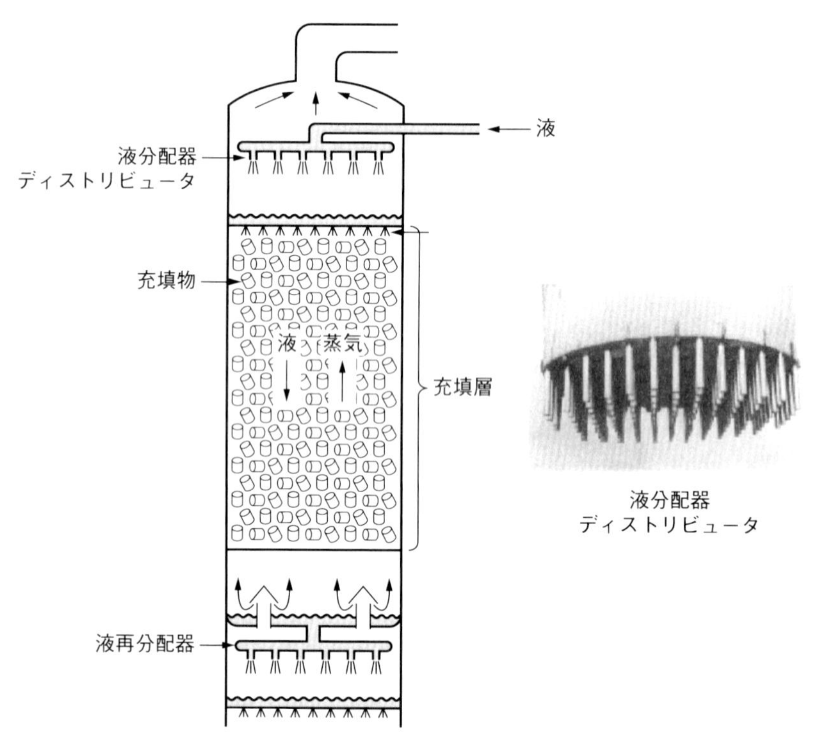

図 6.38 充填塔の構造

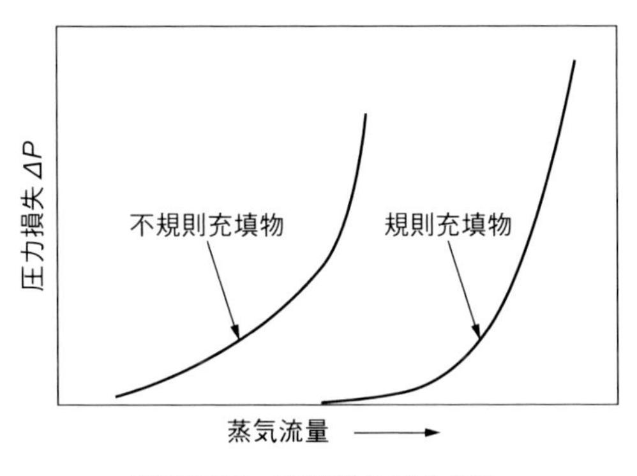

図 6.39　充填培の圧力損失

に比較して、製作が容易なこともあって、実験室や小規模の工場で使われたが、偏流（チャンネリング）のために、塔径の大きなものは無理であった。

充填塔で使う規則充填物メラパックの発明は画期的であった。規則充填物も、当初、比較的塔径の小さな塔に使われていたが、次第に塔径の大きなものに使われ、現在は、段塔とそれほど変わらない規模まで使われている。

充填塔の挙動もトレイ（棚段塔）の場合と同様に圧力損失により知る事ができる。充填塔の圧力損失の傾向を**図 6.39** に示す。充填塔の圧力損失は不規則充填物と規則充填物とでは大幅に異なる。

充填塔の挙動も棚投塔の場合と同様に圧力損失により知る事ができる。充填塔の圧力損失は不規則充填物と規則充填物とでは大幅に異なる。図 6.39 から、不規則充填物においては、蒸気流量が比較的低いところで、圧力損失が急激に増加している。一方、規則充填物は蒸気流量が倍以上になってから圧力が急激に増加している。これは、規則充填物の方が、不規則充填物より多い量の蒸留が可能なことを意味する。

図6.39を両対数の図としたものを**図6.40**に示す。蒸気流量の増加に対して、A および B 点が存在する。

蒸気流量および圧力損失を両対数方眼紙上にプロットすると、ほぼ直線となるが、詳細に見ると、**図 6.41** 中 1、1′ および 2、2′ に示すように蒸気流量の増加により勾配が急になり、圧力損失が蒸気流量のわずかな増加によっても急激に増加する。

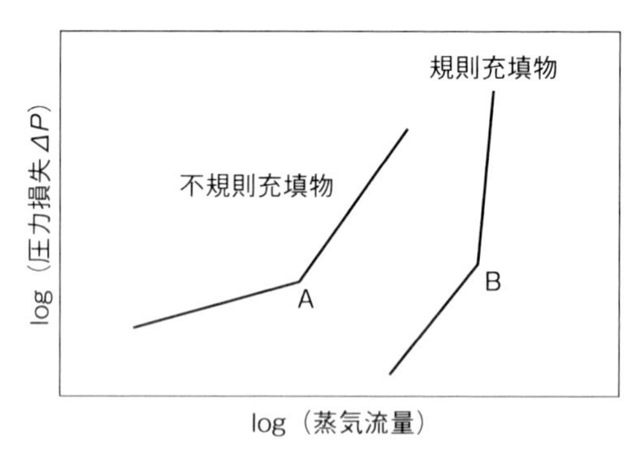

図 6.40　充填塔の圧力損失

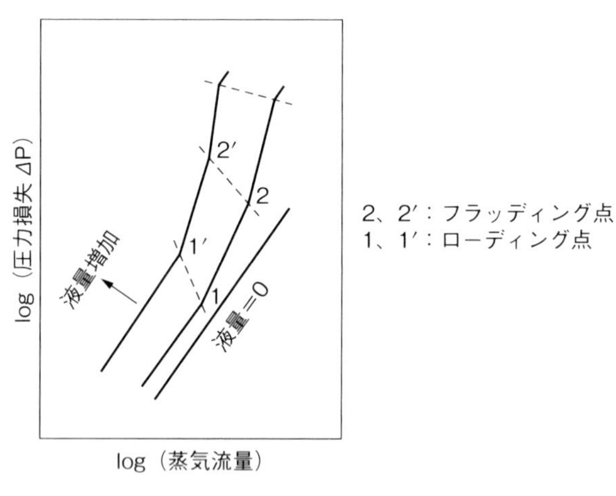

図 6.41　充填塔の圧力損失

A および B 点は充填塔に特有な点である。詳細に見ると、図 6.41 中 1、1′（A、B 点相当）および 2、2′ に示すように蒸気流量の増加により勾配が急になり、圧力損失は蒸気流量のわずかな増加によっても急激に増加するようになる。

蒸気のみを流した場合の圧力損失を乾き圧力損失というが、直線を示す。流す液量が少ないときは、充填塔は気相が連続しているが、液量が増えて、充填塔内が液で満たされるようになると液相の連続した状態となり、塔内の状態が変わる。

液流量が増えて、充填物の表面を完全に覆うと、蒸気はこの液を保持しようとする。この点を1および1′点で示しローディング点という。これを液が充填物を「ロード」すると呼んでいる。

図6.41の1、1′から2、2′の範囲をローデイング域といい、さらに蒸気流量を増やすと、充填塔は完全に液で満たされ、圧力損失は急激に増大し、フラッデイング状態となる。この状態では充填塔はもはや運転不可能である。

充填塔の運転はローデイング点より低い蒸気流量で運転しなければならない。充填塔の塔径はローデイング点における蒸気流量により決定する。

6.2.1　フラッディング

フラッディング点は、**図6.42**に示す関係を有しており、縦軸の値からフラッディング点を求めることができる。図6.42はシャーウッド（Sherwood）ら（1938）の相関関係を示すが、最近になり便利な次に示す相関式が提出された。

$$\ln(AG^2)=0.9729\ln(G/B)-0.083472[\ln(B/G)]^2-3.995851 \qquad (6.16)$$

$$A=\frac{a_v\mu_L{}^{0.2}}{g_c\varepsilon^3\rho_G\rho_L}, \quad B=L\left(\frac{\rho_G}{\rho_L}\right)^{\frac{1}{2}} \qquad (6.17)$$

a_v：充塡物の比表面積（ft^2/ft^3）

ε：充塡物の空間率

G：ガスのみかけ質量速度（lb/(h)(ft^2)）

g_c：重力加速度（(lbm)(ft)/(lbf)(h^2)）

L：みかけ液流量（(lb)/(h)(ft^2)）

μ_L：液体の粘度（cP）

ρ_G：ガスの密度（lb/ft^3）

ρ_L：液体の密度（lb/ft^3）

上式によりフラッディング点のガスのみかけ質量速度Gを求めることができるが、両辺にGがあるので試行錯誤法によらねばならない。

Kisterは広範囲に亘る各種充填物の圧力損失およびフラッディング限界の測定値をPacking factor（F_p）により相関した。F_pは充填物の形状等を考慮に入れた係数であり、実測値により算出した値である。

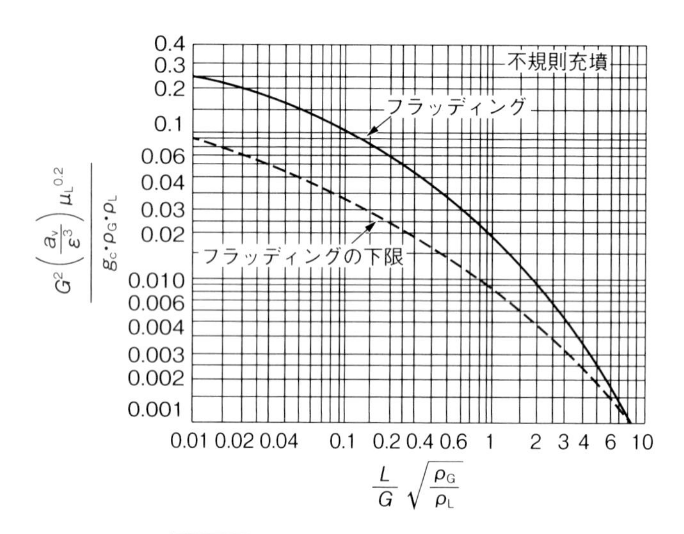

図 6.42 充填塔のフラッディング

Teybal, Mass-transfer Operations, 140, (1955)

フラッディング限界式の導出

充填塔の圧力損失式は円管内の圧力損失計算式であるファンニング式により導出され Chilton-Colburn 式として知られている。フラッディング限界式も同様にファンニング式から導出できる。

$$\frac{u_G{}^2 \rho_V}{2gm\rho_L F^2} = \frac{b(u_G/u_L)^2 \rho_V/\rho_L f_L}{[1 + b^{1/2}(u_G/u_L)(\rho_V f_G/\rho_L f_L)^{1/2}]^2} \qquad (6.18)$$

ここに、$b = (\rho_L - \Delta p_G)/\Delta p_G$ である。(6.18)式は現在では使われないが、導出の課程で用いた

$$(u_G/u_L)(\rho_V/\rho_L)^{1/2}$$

はフローパラメータとして使われている。

フラッディング限界の相関

Sherwood の相関を改良した Sherwood-Eckert の GPDC (Generalized Pressure Drop Correlation, 1970) が提案された。Kister は Sherwood-Eckert の GPDC の相関に基づき広範囲の個別の充填物について相関を行い、Packing factor F_p を新たに定義した。

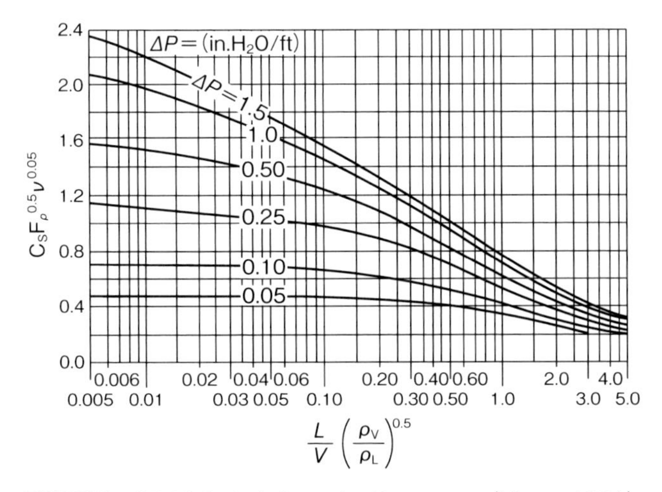

図 6.43　GPDC による Capacity Parameter（Kister, 1991）

Kister と Gill はフラッディング点における圧力損失 ΔP_{FL} と Packing factor（F_p）との間に

$$\Delta P_{FL}=0.115F_p^{0.7} \tag{6.19}$$

なる関係のあることを見いだした。特筆すべきは ΔP_{FL} が Packing factor のみの関数という点である。

これにより(6.19)式から求めた ΔP_{FL} と相関図、**図 6.43** から、設計条件および物性により横軸の Flow parameter に対する Capacity Parameter（縦軸の値）

$$C_sF_p^{0.5}\nu^{0.05}$$

を読み取ることにより、フラッディング点における Capacity factor（C_s）を求める事ができる。

Capacity factor（C_s［ft/s］）は空塔速度 U_s［ft/s］により次式で定義される。これによりフラッディング点を決定する

$$C_s=U_s\sqrt{\rho_V/(\rho_L-\rho_V)} \tag{6.20}$$

ことができる。

Raschig Super Ring No. 2 のフラッディングを以下に示す運転条件下で推算する。

運転条件　蒸気流量＝7.66 kg/s、液流量＝7.66 kg/s、蒸気密度＝5.212

kg/m³、液密度＝634.1 kg/m³、液粘度＝0.218 CP におけるフラッディング時の C_s＝0.116 m/s である。

フローパラメータは

$$L/V(f_r/f_l)^{0.5}=0.0906$$

である。Raschig Super Ring No. 2 のパッキングファクターは Kister によれば 15 であるから（*6.19*）式により

$$\Delta P_{FL}=0.115F_p^{0.7}=0.115\times15^{0.7}=0.765 \text{ in } H_2O/\text{ft}$$

である。

GPDC チャートより、横軸フローパラメータの値 0.0906 および圧力損失に対する Capacity Parameter を読むと 1.4 を得る。これから C_s を求めると 0.38 ft/s となる。単位換算により 0.117 m/s である。実測値は 0.116 m/s であるから、ほとんど実測値と一致した推算結果を得ることができた。

推算に用いたフラッディング限界の測定値は FRI（Fractionation Research, Inc.）における工業規模の蒸留塔における実測値（塔径：4 ft.　充填層高：12.4 ft.）である。

キスターの決定したパッキング・ファクター F_p を**表 6.1** に示す。パッキング・ファクター F_p は比表面積に比例する。パッキング・ファクター F_p が大きいほど、フラッディングしやすい。

［例題 6.8］

図 6.43 により、規則充填塔のフラッディング点を求める。充填物の型式として 250Y を選ぶ。

蒸留する液の物性定数　液密度　680［kg/m³］

運転条件　蒸気流量　5［kg/s］

蒸気密度　4［kg/m³］　　液流量　20［m³/h］

液体の動粘度 ν＝1.9 センチストークス

フローパラメータを求める。

$$L=20[\text{m}^3/\text{h}]=20\times680/3{,}600[\text{kg/s}]=3.8[\text{kg/s}],\quad V=5 \text{ kg/s}$$

であるから

$$\frac{L}{V}\left(\frac{\rho_V}{\rho_L}\right)^{0.5}=\frac{3.8}{5}\left(\frac{4}{680}\right)^{0.5}=(0.74)(0.0059)^{0.5}=0.058$$

表 6.1　充填物のパッキング・ファクターFp

名称	形式	Fp［―］
Pall Ring	1″ 1.5″ 2″ 3.5″	56 40 27 18
Nutter Ring	#1 #1.5 #2	30 24 18
Mella pak	500Y 350Y 250Y 125Y	34 23 20 10
Flexipac	#1 #2 #3 #4	30 13 8 6
Intalox	1T 2T 3T	20 17 13
Flexigrid	#2 #3	4 10

250Y のパッキングファクター　$F_p = 20$

6.19 式より、$\Delta P_{フラッディング} = 0.115 \times 20^{0.7} = 0.115 \times 8.14 = 0.936$　in H_2O/ft

図 6.43 において、フローパラメータ

$\dfrac{L}{V}\left(\dfrac{\rho_V}{\rho_L}\right)^{0.5} = 0.058$ から、縦軸 $C_S F_p^{0.5} \nu^{0.05} = 1.6$ と読める

フラッディング時の C_s は

$$C_s = \frac{1.6}{F_p^{0.5} \nu^{0.05}}$$ であるから

液体の動粘度 $\nu = 1.9$ センチストークスを代入して

$$C_s = \frac{1.6}{20^{0.5} \times 1.9^{0.05}} = \frac{1.6}{4.47 \times 1.03} = 0.346 \ [\text{ft/s}]$$

$(= 0.346 \times 0.3048 = 0.106 \ [\text{m/s}])$

(6.20)式から、フラッディング時の空塔速度は

$$u_s = C_s\sqrt{(f_L - f_V)/f_V} = 0.106\times\sqrt{\frac{680-4}{4}}$$

$$= 1.378\ \text{m/s}$$

6.2.2 圧力損失

充填塔の圧力損失は、充填高さをZとし、圧力損失をΔPとすると、ΔP/Z、すなわち、充填高さ lm 当たりの圧力損失で表される。不規則充填物の充填塔における圧力損失は次式により概算できる。

$$\frac{\Delta P}{Z} = \alpha\cdot 10^{-6}\cdot 10^{\beta L/\rho_L}\cdot\left(\frac{G^2}{\rho_G}\right) \tag{6.21}$$

α、β：充填物の種類と大きさによる定数（**表 6.2**）

表 6.2 充填物の性能（レバの式の定数）

充填物	呼称（mm）	α	β	L の適用範囲
ラシヒリング（磁製）	1/2*（12.7）	14.95	0.0236	1,500～42,000
	3/4*（19.1）	3.54	0.0148	8,800～53,000
	1*（25.4）	3.46	0.0142	1,760～132,000
	1 1/2*（38.1）	1.30	0.0131	3,500～88,000
	2*（50.1）	1.21	0.00967	3,500～105,000
ラシヒリング（金属製）	5/8*	5.19	0.0159	
	1*	1.81	0.0119	
	1 1/2*	1.25	0.0114	
	2*	0.994	0.00768	
くら（バールサドル）（磁製）	3/4*	2.59	0.00967	1,800～70,000
	1*	1.73	0.00967	3,500～140,000
	1 1/2*	0.864	0.00740	3,500～105,000
インタロックス（磁製）	1*	1.34	0.00910	12,000～70,000
	1 1/2*	0.605	0.00740	12,000～70,000
ボールリング（金属製）	1*	0.648	0.00853	
	1 1/2*	0.0346	0.00910	
	2*	0.0259	0.00683	

〔河東　準、岡田　功、蒸留の理論と計算、p. 462、工学図書（1975）〕

L、G：液体および気体の質量速度（kg/m^2·h）

ρ_L、ρ_G：液体および気体の密度（kg/m^3）

上式はレバ（Leva）の式と呼ばれるが、圧力損失に影響を与えるはずの液体の粘度や表面張力が考慮されていない。しかし、工学的には十分な精度で圧力損失を求めることができ、ローディング点以下で適用できる。上式による $\Delta P/Z$ の単位は（mmH_2O/m）である。

図6.43には圧力損失を求める機能もある。まず、処理量から横軸のフローパラメーターを求める。次に、求めたい蒸気速度からキャパシティーファクターを計算する。フローパラメーターから縦に引いた線と、キャパシテイファクターから横に引いた線との交点から圧力損失を求めることができる。

▶ 6.2.3　充填塔の効率：HETP

充填塔は棚段塔と異なり、個々の充填物の表面で気液接触の行われる微分接触装置である。このために段塔のように効率を決定できない。そこで1理論段に相当する高さを示すHETP（あるいはHETS）を使うことが多い。HETPは次式により求められる。

$$HETP = \frac{Z}{NTP} \tag{6.22}$$

$HETP$：Height equivalent to a theoretical plate（m）

（$HETS$：Height equivalent to a theoretical stage）

Z：充填層高さ（m）

NTP：Numbers of theoretical plate　理論段数

不規則および規則充填物の効率（$HETP$）を**図6.44**に示す。$HETP$の値は小さいほど、効率が良いが、規則充填物の効率は不規則充填物の効率よりはるかに良いことが分かる。規則充填塔の効率は4つの領域に分かれる。

A. 低効率領域（蒸気流量1以下の領域）　この領域では、液量が少なく、充填物の表面が液で充分に覆われない。そのため、気液の接触が十分に行われず、効率が低下する。充填物の表面が液で十分に覆われ出すと点1で示されるように良い効率が得られる。不規則充填物の場合は、「ぬれ」が10〜80［リットル/分/m^2］規則充填物では4〜10［リットル/分/m^2］程度で

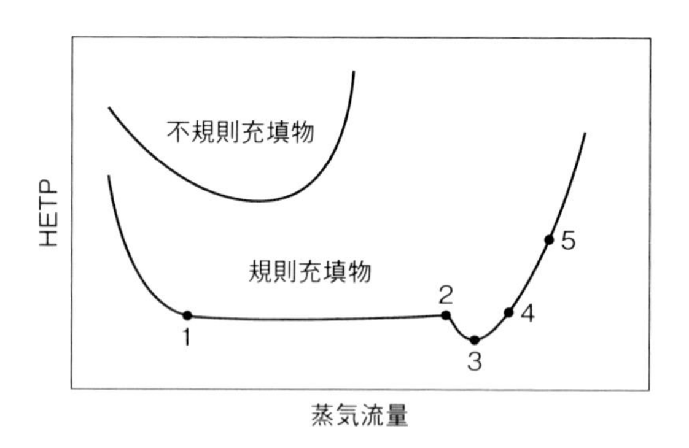

図 6.44　不規則および規則充填物の効率（HETP）

あれば良好な効率が得られる。

B. 安定操作領域（蒸気流量 1～2 の領域）　この領域では、液は乱流であり、充填物表面は良くぬれていて、物質移動の状態は良く、理想的な状態である。したがって効率も良く、ほぼ一定である。

C. ハンプ領域（蒸気流量 2-3-4 の領域）　この「こぶ」の様な *HETP* の形状の領域は俗に「ハンプ（こぶ）」と呼ばれている。効率はここでは最高だが、フラッディング点に近いため、この領域は設計の領域には入れない。必ずしも、このハンプが見られるわけではなく、高圧の操作において良く見られる。

D. ローディング領域（蒸気流量 2-5 の領域）　液で充填物の表面が覆われるので、フラッディングの発生する領域である。

E. フラッディング領域（蒸気量 5 以上の領域）　飛沫同伴量が多く、効率も低下し運転不可能である。

HETP は棚段塔と充填塔との間の橋渡し役をする値といえるが、理論的な値ではない。

物質移動の考え方によれば充填層の高さは次式で与えられる。

$$Z = \frac{G}{K_y \cdot a} \int_{y_1}^{y_2} \frac{1}{y^* - y} \mathrm{d}y \qquad (6.23)$$

G：塔の単位断面積を単位時間に通る蒸気のモル量（kg-mo/(h)(m^2)）

K_y：気相濃度基準の総括物質移動係数　y：操作線上の蒸気組成

a：接触面積　　y_1：充填層入口の蒸気組成
y^*：液組成に平衡な蒸気組成　　y_2：充填層出口の蒸気組成

上式において

$$H_{OG}=\frac{G}{K_y\cdot a},\quad N_{OG}=\int_{y_1}^{y_2}\frac{1}{y^*-y}\,dy \tag{6.24}$$

とおけば、

$$Z=H_{OG}\times N_{OG} \tag{6.25}$$

と表される。ここに、

H_{OG}：移動単位高さ（HTU）（m）
N_{OG}：移動単位数（NTU）（—）

相対揮発度が小さく、全還流に近い状態の蒸留では、N_{OG} は理論段数に、H_{OG} は $HETP$ にほぼ等しい値となる。H_{OG} は実験的に決定する値である。

HETP の推算式

下記の推算式は $HETP$ の概略の値を知るのには便利である。

不規則充填物

マーチ（1953）　$HETP=$ 塔　径（<0.3 m）　(6.26)

規則充填物

ハリソンら（1981）　$HETP=100/a_p$　(6.27)

キスター（1992）　$HETP=100/a_p+0.102$　(6.28)

a_p：比表面積　1/m

２重境膜説によれば

$$HETP=\frac{\ln\lambda}{\lambda-1}(HTU_G+\lambda HTU_L) \tag{6.29}$$

である。ここに、HTU は移動単位高さ（m）であり、λ はストリッピング・ファクターである。HTU は、物質移動係数（k）と接触面積（a）で表されるから

$$HETP=\frac{\ln\lambda}{\lambda-1}\left(\frac{u_G}{k_G a_e}+\lambda\frac{u_L}{k_L a_e}\right) \tag{6.30}$$

が得られる。ここに、u は見かけ速度、m/s、添字 G、L はそれぞれ気相、液相を示す。

物質移動係数（*k*）と接触面積（*a*）

Onda らによる不規則充填物についての相関を以下に示す。

$$k_G = c\left(\frac{D_G}{a_p d_p{}^2}\right)\left(\frac{\rho_G u_G}{a_p u_G}\right)^{0.7} Sc_G{}^{1/3} \tag{6.31}$$

$$k_L = \frac{0.0051}{(a_p d_p)^{-0.4}}\left(\frac{\mu_L g}{\rho_L}\right)^{1/3}\left(\frac{\rho_L u_L}{a_e u_L}\right)^{2/3} Sc_L{}^{-0.5} \tag{6.32}$$

$$\frac{a_e}{a_p} = 1 - \exp\left[-1.45\left(\frac{\sigma_c}{\sigma_L}\right)^{0.75} Re_L{}^{0.1} Fr_L{}^{-0.05} We_L{}^{0.2}\right] \tag{6.33}$$

ここに、D は拡散係数（m^2/s）、Sc はシュミット数、Re はレイノルズ数、We はウェーバー数、Fr はフロイデ数であり、a_p、a_e はそれぞれ、充填物の比表面積、効果的比表面積（1/m）である。

Onda らが相関に用いたデータならびにその整理結果を**図 6.45、6.46** に示す

Bravo ら[2)]は規則充填物について、物質移動係数（k）と接触面積（a）を相関した。

$$k_G = 0.0338\,\frac{D_G}{d_{eq}}\left[\frac{\rho_G d_{eq}(u_{Le} + u_{Ge})}{\mu_G}\right]^{0.8} Sc_G{}^{0.33} \tag{6.34}$$

$$k_L = 2\sqrt{\frac{D_L}{\pi s}\left(\frac{9\Gamma^2 g}{8\rho_L \mathrm{u}_L}\right)^{1/3}} \tag{6.35}$$

$$a_e/a_p = 0.5 + 0.0058F_r \quad (F_r < 0.85)$$

$$a_e/a_p = 1 \quad (F_r > 0.85)$$

ここに、d_{eq}、s はそれぞれ、規則充填物の相当直径、側長、m であり、Γ は周長基準の液量、kg/(m·s)、Fr はフラッド分率である。

HETP（規則充填物）の推算式　Lockett は規則充填物について次の推算式を得た。

$$\mathrm{HETP} = \frac{1.54g^{0.5}(\rho_L - \rho_g)^{0.5}\mu^{-0.06}}{a_p[1 + 0.78\exp(0.00058a_p)(\rho_g/\rho_L)^{0.25}]^2} \tag{6.36}$$

Carillo らは Lockett の推算式を改良した推算式

$$\mathrm{HETP} = \frac{P\sqrt{\rho_L}F_V{}^{0.42}}{(2.712 + 82.0P)[1 + 1.505(\rho_g/\rho_L)^{0.25}]^2} \tag{6.37}$$

を報告している。ここに、g は重力加速度（m/s^2）、P は操作圧（mmHg）

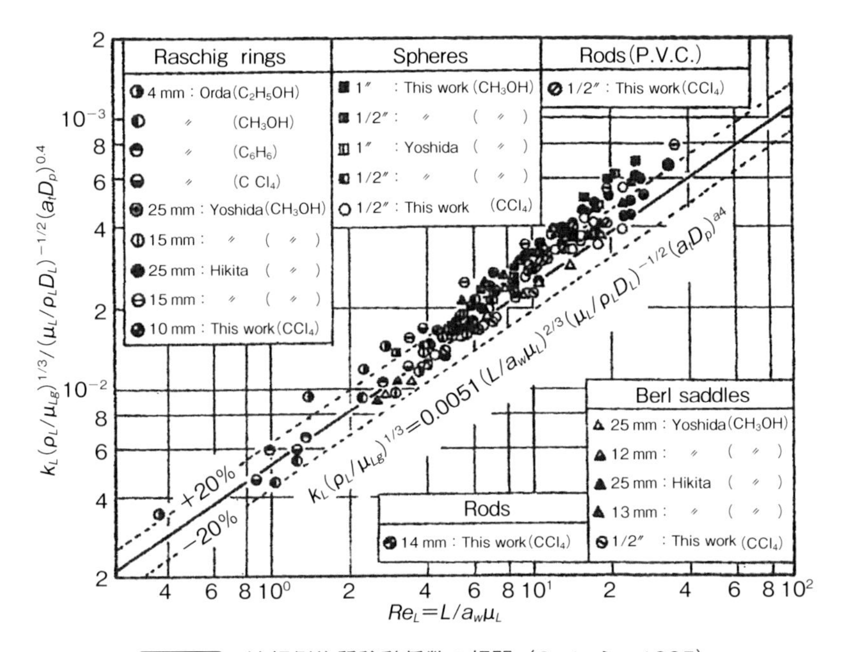

図 6.45　液相側物質移動係数の相関（Onda ら，1985）

a=interfacial area in packing　[m^2/m^3]

D=diffusivity　[m^2/hr]

Fr=Froude number defined by $(a_t L^2/g\rho_L{}^2)$　[—]

g=gravitational constant　[m/hr^2]

k_a=gas-phase mass transfer coefficient　[kg-moles/m^2・hr・atm]

k_L=liquid-phase mass transfer coefficient　[m/hr]

Re=Reynolds number defined by $(G/a_t\mu_G)$ or $(L/a_t\mu_L)$ or $(L/a_w\mu_L)$　[—]

Sc=Schmidt number defined by $(\mu/\rho D)$　[—]

Sh=Sherwood number defined by $(k_G RT/a_t D_G)$　[—]

We=Weber number defined by $(L^2/\rho_L \sigma a_t)$　[—]

Greek letters

μ=viscosity　[kg/m・hr]

ρ=density　[kg/m^3]

σ=surface tension　[dynes/cm] or [kg/hr^2]

Subscripts

G, L=gas and liquid phase, respectively

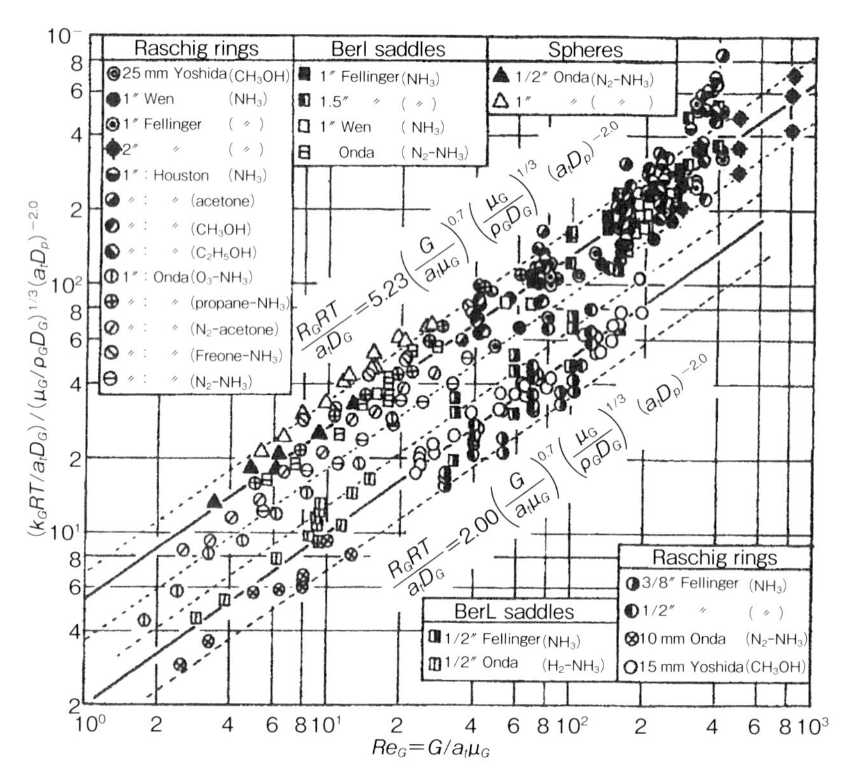

図 6.46 気相側物質移動係数の相関（Onda ら，1985）

a=interfacial area in packing [m^2/m^3]

D=diffusivity [m^2/hr]

Fr=Froude number defined by $(a_tL^2/g\rho_L{}^2)$ [—]

g=gravitational constant [m/hr^2]

k_a=gas-phase mass transfer coefficient [kg-moles/m^2·hr·atm]

k_L=liquid-phase mass transfer coefficient [m/hr]

Re=Reynolds number defined by $(G/a_t\mu_G)$ or $(L/a_t\mu_L)$ or $(L/a_w\mu_L)$ [—]

Sc=Schmidt number defined by $(\mu/\rho D)$ [—]

Sh=Sherwood number defined by (k_GRT/a_tD_G) [—]

We=Weber number defined by $(L^2/\rho_L\sigma a_t)$ [—]

Greek letters

μ=viscosity [kg/m·hr]

ρ=density [kg/m^3]

σ=surface tension [dynes/cm] or [kg/hr^2]

Subscripts

G, L=gas and liquid phase, respectively

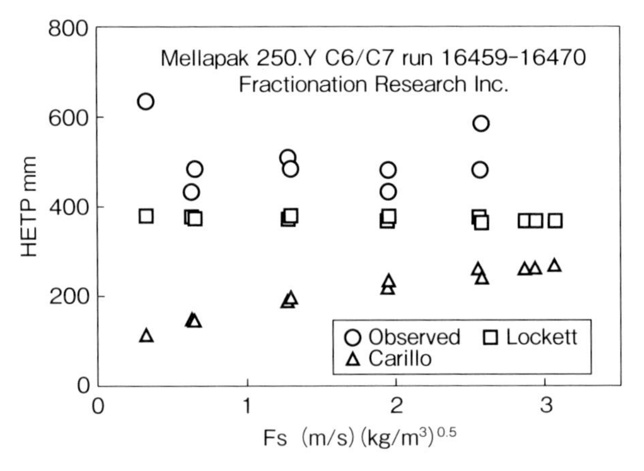

図 6.47　HETP の推算結果

であり、F_V は F ファクターであり、$u_G(\rho_G)^{0.5}$ で定義される。

規則充填物 Mellapak 250.Y の推算結果を**図 6.47** に示した。実測は直径 1.2 m、充填層高 3.78 m の蒸留塔を用いて、米国の Fractionation Research Inc.（FRI）にて行われた。操作圧は 0.345 bar であり、試験液はシクロヘキサン-n-ヘプタン系である。液分配器は 5 mm の管を有するドリップパンであった。規則充填物は比表面積 259.0 m²/m³、空隙率 0.983 である。

図 6.47 において横軸は F ファクターを、縦軸は HETP を mm 単位で示した。○印は実測値を、□印は Lockett (*6.36*) 式、△印は Carillo (*6.37*) 式による推算結果を示す。Lockett による結果の方が実測値に近い。両推算結果とも、実測値より小さな HETP となった。

▶ 6.2.4　充填塔の性能向上策

充填物、特に規則充填物の出現は、蒸留技術に革新をもたらしたといえる。規則充填物が出てくるまでは、不規則充填物しかなかったが、その時代の主役はトレイであった。ところが、規則充填物の出現は、トレイの独壇場であった蒸留技術の世界を変えた。優れた規則充填物の出現は、また、高性能トレイの出現を促した。優れた規則充填物とはスイスのスルザー社が開発したメラパックである。メラパックの出現により、それまで、直径 3 m 以上の充填塔は不可能であったが、3 m をはるかに超える充填塔が運転されるよう

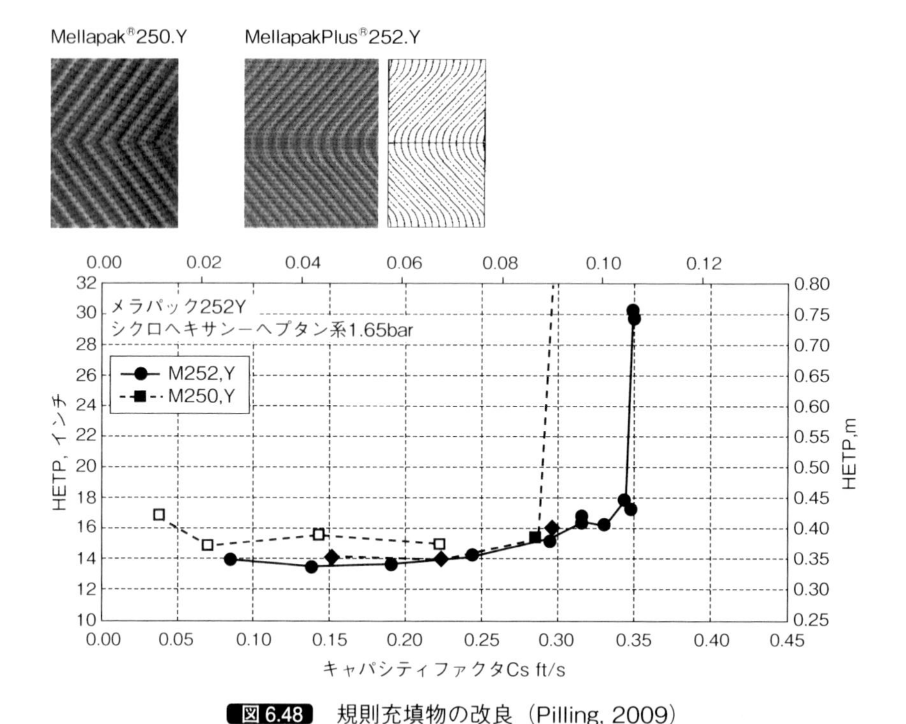

図 6.48　規則充填物の改良（Pilling, 2009）

になり、効率の良さと相まって、既設の塔を充填塔に変える、いわゆるリバンプが一種の流行といえるほど普及した。

図 6.48（左上）は最初に開発されたメラパックである。図は充填物の側面であるが、この側面を蒸気が上昇し、液が下降する。図中央は充填物の継ぎ目だ。処理量を増やしていくと、この継ぎ目が鋭角なため、ここに液が溜まってしまい、下から上がってくる蒸気の道を防ぐ。そのために、ここに液が溜まるようになると、やがて、運転不可能になる。

それを改善したのが、図 6.48（右上）である。充填物の継ぎ目に、いわゆるアールを持たせて、鋭角になるのを防いだ。キャパシティファクターを比較すると、図 6.48 下では、実線が、改善した充填物（252Y）である。改善前の充填物（250Y）に比較して、0.094 m/s から 0.117 m/s と 25 %増加している。図 6.48 下では 0.0899 m/s から 0.106 m/s と 18 %増加している。

規則充填物メラパックのスルザー社の特許は切れたので、この形の充填物は多くの会社から様々な名称で販売されている。充填物およびトレイの更なる改善を願ってやまない。

6.3 蒸留塔の選定基準

蒸留塔には棚段塔と充填塔がある。設計に当たって、どちらにするかは極めて重要な問題である。

選定の基準を**図 6.49** に示す。図は従来の棚段塔、高性能棚段塔および規則充填塔を選定するためのチャートである。チャート作成に用いたのは実測値である。図 6.49 上の横軸は蒸留塔の負荷を示すフローパラメータである。縦軸はフラッディング限界における蒸気速度を示すキャパシティーファクター Cs である。図 6.49 上の曲線 A と点線 A は高性能棚段塔および従来の棚段塔の挙動を示す。図中の曲線 B は規則充填塔の挙動を示す。

図 6.49 上においてポイントとなる点は両曲線の「交点」の横軸のフローパラメータの値である。この「交点」より小さいところでは規則充填塔が良く、大きいところでは棚段塔が良いということを示す。すなわち、処理量（液負荷）の少ないところではフラッディング限界が高い規則充填塔が良く、処理量（液負荷）の多いところではフラッディング限界が高い棚段塔が良いことを示す。この図を基本として選定の手順を示したのが図 6.49 下である。

図 6.49 下はパッキングファクター（F_p）の値によって、選定を進めるようにしたガイドラインを示す。F_p が 0.2 より大きければ棚段塔とし、F_p が 0.1 より小さければ規則充填塔とする。棚段塔とした場合、泡立ちや飛沫同伴量に問題があれば規則充填塔を検討する。問題がなければ棚段塔に決定する。規則充填塔とした場合、閉塞、腐食、圧力損失の問題があれば棚段塔を検討する。問題がなければ、規則充填塔に決定する。

F_p の値が 0.1 を超えていて 0.2 未満のときは棚段塔と規則充填塔の両方を検討すべきである。

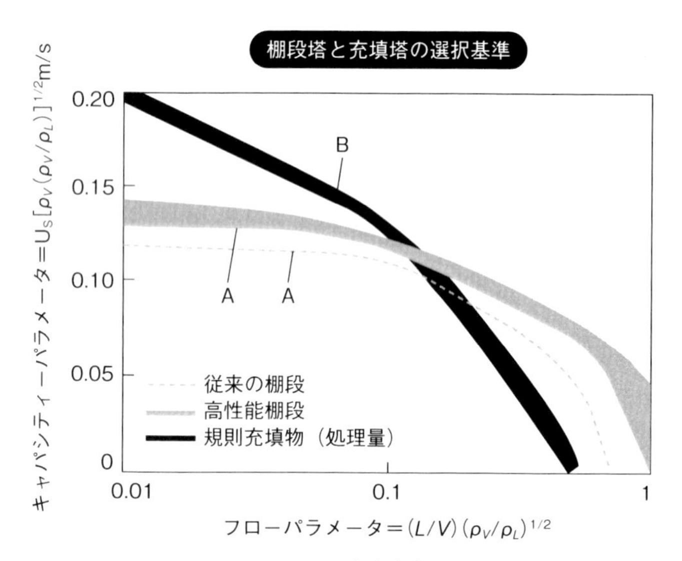

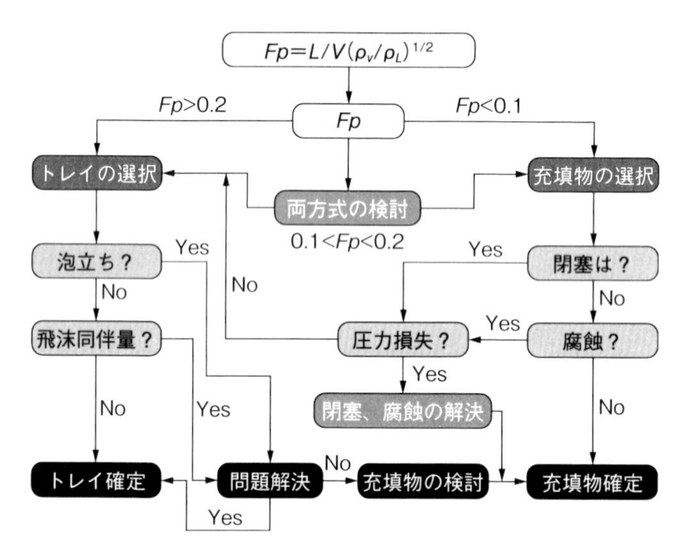

図 6.49　蒸留塔の選定基準（Bravo, 1997）

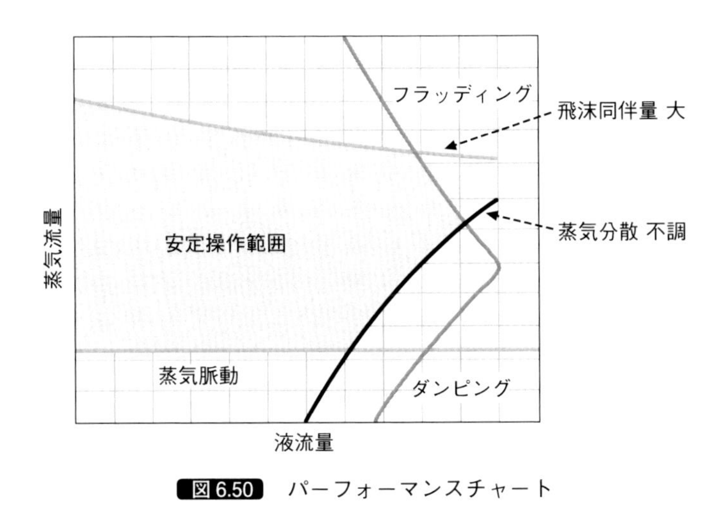

図 6.50　パーフォーマンスチャート

蒸留塔の処理能力を図示したものをパーフォーマンスチャートという（**図 6.50**）。蒸留塔は液や気体の処理量の変化に蒸留の機能を落とさずに操作できる必要があり、これを安定操作範囲という。

6.4 蒸留塔の計装制御

蒸留の原理はすでに説明したが、蒸留を実現するには加熱装置や凝縮装置などが必要である。**図 6.51** に蒸留塔一式を示す。この図をフローシートという。塔底には加熱装置としてリボイラー（再沸器）と言われる多管式の熱交換器を使う。最下段から缶出液を抜出し、リボイラーの底部からリボイラー内の管外部（シェルサイド）に送り、過熱水蒸気で間接的に加熱され沸騰蒸気として最下段の下の空間に供給する。加熱用の過熱水蒸気はリボイラーの管内部（チューブサイド）に供給し熱交換後にリボイラー下部から排出する。リボイラーとしては、他に縦型、ケトル型、底部への直結型、強制循環

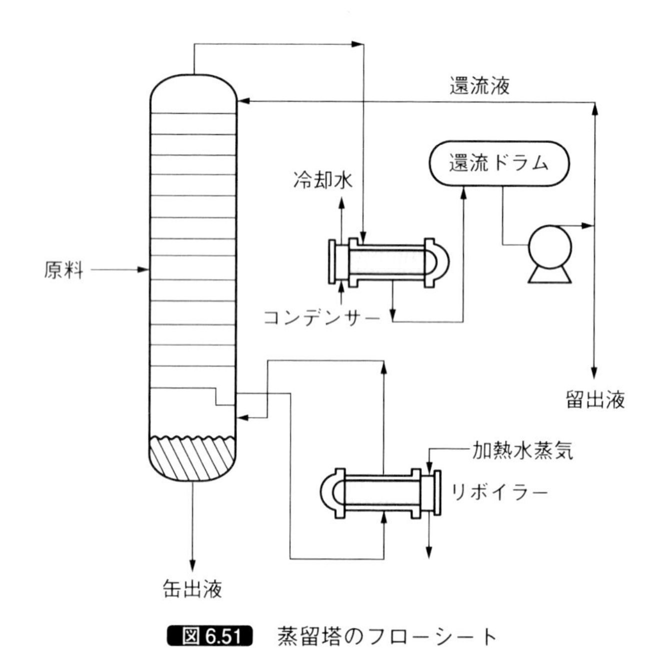

図 6.51 蒸留塔のフローシート

型など用途に応じた形式のものを使う。

塔頂蒸気はコンデンサーにより凝縮されて還流ドラムに送られポンプにより一部は留出液として取り出され、残りは還流液として塔頂に戻される。コンデンサーもリボイラーと同様に多管式の熱交換器である。塔頂からの蒸気はコンデンサー上部の管外部（シェルサイド）に送られ凝縮後に下部から取り出される。冷却水は下部の管部（チューブサイド）に導かれ上側から排出される。

図 6.52 に蒸留塔の計装制御図を示す。原料は配管に設置されたオリフィスからの差圧信号による流量制御により一定量が蒸留塔に供給される。原料段に設けられた温度計によりリボイラーに供給する過熱水蒸気（スチーム）量を制御し、同時にリボイラー内の液体流量を液面制御して一定量の缶出量を得る。

塔頂の蒸気圧力を検出してコンデンサーの冷却水を制御して蒸気量に応じた冷却水量を制御する。塔頂蒸気は凝縮して還流ドラムに送られるので、ドラム内の液面を検知して、液面の制御を行い一定量の凝縮液を得て、一定量

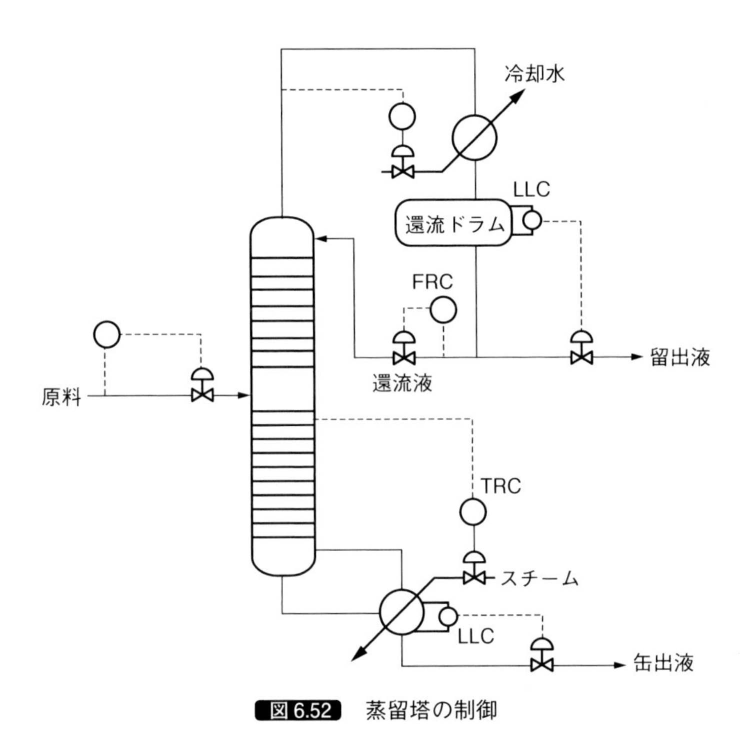

図 6.52　蒸留塔の制御

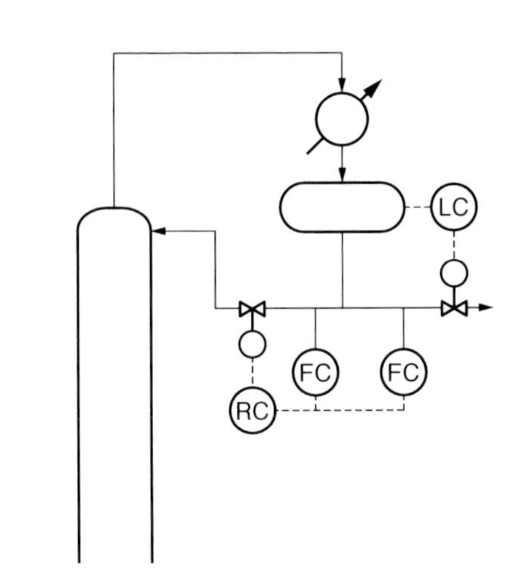

図 6.53　比率制御器（RC）による還流比の制御

を留出させる。還流液は還流配管に設けたオリフィスにより流量を検知して、一定量の還流液を塔に送る。

還流比が大きいと、還流比の制御が困難になる場合が多い。原料供給量は一定であることが好ましいが、変動することもある。このような場合、**図6.53**に示すように比率制御器（RC）により、還流量と留出量を制御する。

6.5 製作・設置上の留意点

製作・設置上の許容精度を以下に示す。

塔本体の垂直度：接地面からの高さフィート当たり0.01、最大で3/4インチが限界

塔本体の水平度：接地面に対して、最大で1/4インチが限界

棚段の取付け許容精度：塔径36インチ以下では最大1/8インチ
塔径60インチ以下では最大3/16インチ
塔径60インチ以上では最大1/4インチ

段間隔の取付け許容精度：1段当たり段間隔に対して±1/8インチ

第7章

蒸留塔の省エネルギー

蒸留は、化学産業で使用される主要な分離プロセスである。この操作には多くの利点があるが、重要な欠点の1つはエネルギー要件である。省エネルギー化のために、蒸留方法（蒸留プロセス）、蒸留装置特に棚段および充填物（インターナル）の研究が盛んである。

本章では、技術が確立されている蒸気再圧縮法（VRC）、技術確立の途上にある塔分割型蒸留塔（DWC）、および開発段階を終了し、これから実用化が進む内部熱交換型蒸留塔（HIDiC）の3つを解説する。HIDiCは国家プロジェクトとしても取り上げられた最新技術であり、今後の発展を期待できる。分割壁蒸留塔（DWC）は、従来の蒸留塔に代わるもので、エネルギーコストと資本コストを節約できる。DWCでは、設置面積が小さくて済み、したがって配管と電気配線が短くなるなどの利点がある。DWCは、従来の蒸留に代わる魅力的な方法である。

7.1 蒸気再圧縮法 Vapor recompression（VRC）

蒸留などの分離は化学産業の中でも大量にエネルギーを消費する操作といわれていて、化学産業のエネルギー消費量の 40 %をしめている。省エネルギーが重要な課題となっており、様々な対策がとられている。その中でも、蒸気再圧縮法は成功している技術の一つである。

蒸留は蒸発と凝縮を繰り返すことにより、目的の成分を得ている。通常の蒸留塔では、リボイラーで蒸留液を蒸気にして塔内を上昇させて、塔頂で、冷却水により冷却・凝縮させて、留出物を得ている。リボイラーで蒸留液に与えた熱は、塔頂で、冷却水を温めて捨てている。冷却水に与えた熱は回収できない。

そこで、この熱を冷却水以外に与えれば、回収できるのではないか。まず、この熱をリボイラーの熱源にできないかと考える。ところが、塔頂の蒸気の温度は、塔頂成分の沸点で、塔底の成分の沸点の方が高いので、そのままでは、利用は不可能である。塔頂蒸気の温度を高めることができれば、利用可能となる。塔頂蒸気を昇圧すれば、温度を高くすることができる。これが、蒸気再圧縮法（VRC）である（**図 7.1**）。

蒸気の再圧縮にエネルギーが多量に使われるようでは、意味がない。そのためには、留出温度と缶出温度との差が小さい方が、可能性は大きくなる。例えば、ベンゼンとトルエンの場合は、ベンゼンの沸点が約 80 ℃であるのに対して、トルエンの沸点は約 110 ℃であるから、温度差は 30 ℃にもなる。ところが、プロパンとプロピレンの場合は、プロパンの沸点は－42 ℃であるのに対してプロピレンの沸点は－47 ℃で、その差は 5 ℃とわずかである。このような理由で、プロパンとプロピレンの混合物からプロピレンを分離するプロセスに蒸気再圧縮法が使われている（Wisz, 1981）。

従来法と VRC により塔頂の熱エネルギーを再圧縮して塔底のリボイラーの熱源とする場合の効果を**表 7.1** に示した。計算の基礎は図 7.1 右に示され

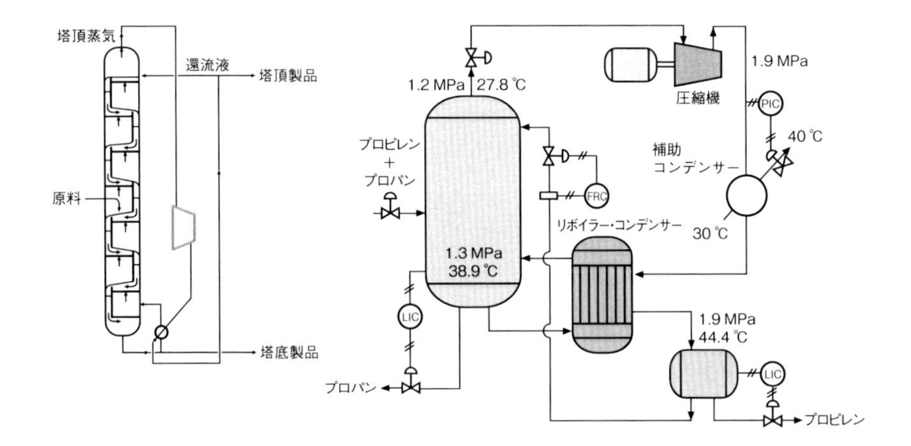

図 7.1　蒸気再圧縮法（VRC）（Wisz,1981）

表 7.1　プロピレン・プロパン蒸留における従来法と VRC との経済比較

	従来法	VRC
トレイ形式	バルブ形式	MD トレイ
段数	140	180
段間隔、インチ	18	14
還流比	18.3	12.6
リボイラー	従来型	高性能型
熱負荷、10^4kW/h	1.3	1.1
塔頂温度、℃	47.1	27.8
塔底温度、℃	57.2	38.9
凝縮流体	スチーム	プロピレン
凝縮温度、℃	132.2	44.4
リボイラー温度差、℃	57.2	5.5
リボイラ面積、m^2	309	845
総括伝熱係数、W/(m^2･K)	568	2,271
圧縮機、KW	—	1,270
スチーム流量、t/h	21.0	—
燃費　$.05/KW		
運転費　$/年	1.85×10^6	0.51×10^6
省エネ、$/年		1.34×10^6

ている運転条件による。さらに、リボイラーとして高性能型（総括伝熱係数で4倍）を用いている。高性能MDトレイを用いて理論段数を稼いで、還流比を18.3から12.6に下げて省エネを狙っている。

その結果、従来法では21 t/h使用していた加熱用スチームは不要となり、運転費を185万ドルから51万ドルに下げ、省エネ効果は134万ドルとなっている。

7.2 分割型蒸留塔 Dividing Wall Column（DWC）

分割型蒸留塔（DWC）は、70年以上前に、棚段塔用として特許が取得されたが、実際には32年前に初めて充填塔として実用化された。

▶ 7.2.1　DWCの原理

一般に2成分混合物は1本の蒸留塔で、各成分に分けることができる。混合物中の成分を、それぞれ純粋にするには（成分数－1）本の蒸留塔が必要になる（**図7.2**A）。図7.2Aは3つの成分A、B、Cの混合物を蒸留する場合で、蒸留塔は2本となる。1本目でAとB、Cの混合物に、2本目でBとCに分ける。1本目、2本目ともにリボイラーとコンデンサーが付属している。

この方法を変えて、図7.2Bのようにする。1本目からリボイラーとコンデンサーを取り、2本目を上下2本に分け、上側の塔にコンデンサーを下側の塔にリボイラーを付ける。塔と塔との間は蒸気と液でそれぞれ結ぶ。このようにした場合でも、A、B、Cを蒸留で分けることができる。これをペトリューク蒸留塔という。

図7.2Aと比較した場合、図7.2Bの方法の利点は図7.2Aに対してリボイラーとコンデンサーの数が半分に減っている。図7.2Bにおいて、2列目の塔からの蒸気および液体流は、第1塔の蒸気および液体の流れを促進するために使用される。図7.2Bで、最初の塔を次の塔の中に入れて、次の塔を1

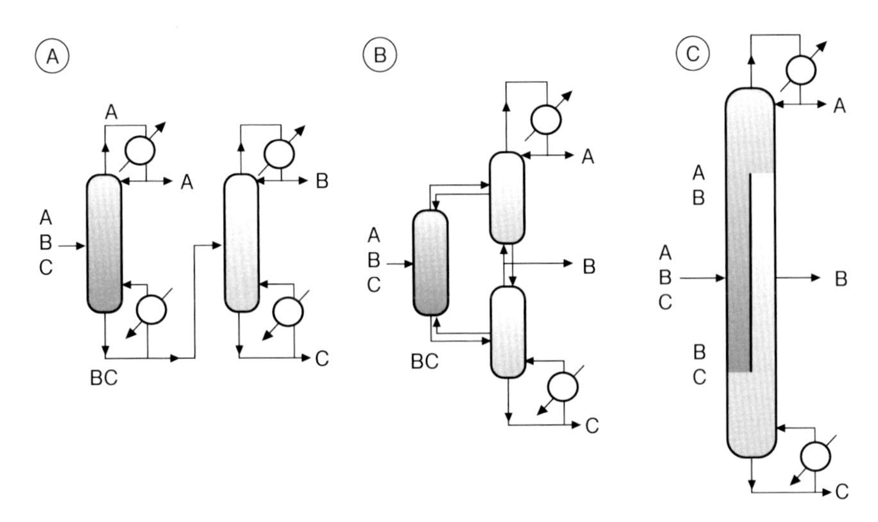

図7.2　分割型蒸留塔（DWC）の原理

本にしたものが、図7.2Cである。図の中央に黒線が1本引いてあるのは円筒形の塔に仕切り板を設けて、塔を垂直方向に2分割したものである。こうすることによって、1本の蒸留塔でありながら3本（図7.2B）あるいは2本（図7.2A）の蒸留塔と同等の働きをさせることができる。このような塔を垂直分割型、あるいは塔分割型、さらに略して、分割型蒸留塔（DWC）という。

DWCはペトリューク蒸留塔の原理を応用した蒸留塔である。塔の中の蒸気と液が、途中で分岐、統合されるので、設計上の工夫が必要になる。省エネルギー効果も大きく10～50％といわれいる。ドイツのBASF社が実用化したが、日本でも実用化が進んでいる。

7.2.2　DWC採用の指標

DWCを使用して3成分を1塔で分けることができる。混合物の分離に際しての指標を以下に示す。

○製品の純度：中間製品の純度は、通常のサイドカットで達成できる純度よりも高くなる。従って、高純度の中間製品が望まれる場合には、DWCが考慮されるべきである。中間製品に厳密な純度の指定が必要ない場合は、通常のサイドカットで十分である。しかし、この場合であっても、DWCは、より少ないエネルギーを使用して、より小さい塔での分離を達成することができるので、有利であり得る。

○原料組成：成分Bが最も多く、成分AおよびCは少なく等量であるべきである。原料の約60〜70モル%がBで、残りがAとCで、ほぼ等しい量で構成する場合、DWCが最も有利である。ただし、成分の相対揮発度も重要であるため、このルールは無差別に適用しないことが重要である。

○相対的揮発度：AとBの間の分離のし易さの程度と、BとCの間の分離のし易さの程度が同じであるとき、DWCは有利である。

○従来塔の改造：塔の一部に分割壁を挿入することにより、既存の塔の処理量を増加することができる。

▶ 7.2.3　DWCの設計と塔の製作上の留意点

従来の蒸留塔に垂直区画を加えることは、塔のシェルおよびインターナルの製作上の課題がある。壁を横切る温度勾配が大きすぎる場合、分離に影響を与える熱移動を防ぐために断熱壁を設置する必要がる。DWCでは、壁の両側にマンホールが必要な場合がある。壁が塔の中心に正確にない場合、トレイの設計は非対称になる。

DWCは、アルコール、アルデヒド、アミン、エステル、ケトンなどを含む溶媒回収から電子グレード製品などまで、広範囲に利用されている。海外の例であるが、フィッシャー・トロプシュ合成製品から1-オクテンの回収、製油所ではDWCにより航空ガソリンの製造などに利用されている。

（1）DWCの主な特徴

DWCの主な特徴は次のとおりである。DWCの適用の初期には、塔中心部の隔壁に溶接することにより、通常のサイドカットよりも中間製品の純度をはるかに上げることができる。

既存の塔を隔壁で改装すると、大幅な処理量の増加が期待できる。DWCは2本の従来の塔のいずれよりも大きく、直径が大きくなる。また、異なる圧力で動作する利点が失われ、リボイラーと凝縮器の温度差が大きくなる。DWCの設計方法は、はるかに複雑であり、効果的な設計および制御方法を開発するために多大な労力を要した。

設計の基準は分割された部分の上下に、それぞれ2本の半円形の塔を設置し、塔の中央部分を分離する溶接された壁を備えた簡単な構成に基づいた。

物質収支の確立と分割比の調整が重要である。充填物の形式と寸法の選択により、液流量および蒸気流量から圧力損失を決める。柔軟な設計とするには、微調整が必要である。

（2）DWC の設計法

DWCの設計は市販のプロセス・シミュレータの標準パッケージが使われる。DWC を個々の濃縮部、回収部の組み合わせとしてモデル化し、各部の蒸気と液体の流れによって結合する。A、B、C 成分を分離する DWC では、4つのセクションが必要である。分割部の上下の２つと両側の分割塔の２つの合計４つである。

DWC の自由度は５である（凝縮器、リボイラー、３製品）。設計の仕様としては、３成分の組成に加えて、壁の下側の蒸気の分割量、および壁の上側の液体の分割量である。還流量は、両側の分離を満たすのに十分でなければならない。

一例を示すと、B は原料の約 60～70 モル％であり、A と C は等しい割合で存在し、A と B との間の分割の難易度は B と C の間の分割とほぼ同じである　第１塔では、最適設計は、壁の上に半分、壁の下半分に回収されるようにＢを分布させる。

（3）設計において考慮すべき点

原料が周期的に変動する場合があるが、その場合の影響は一定とはならない。この原料の変動は、製品に影響を与えるが、その解析も複雑になる。

DWC では、単一のリボイラーを使うが、蒸気は直接、これを制御しない。液量は塔頂で両サイドに調整する。

（4）DWC を適用できない場合

従来法では２本の塔において、分解または重合の恐れのために塔底温度の制限により、著しく異なる操作圧を必要とする場合がある。しかし、DWC は単一の操作圧で運転するので、経済的利点があったとしても使えない。

さらに、DWC では、従来法の２本の塔のいずれよりも高く、太い直径となる場合があり、単一の塔の建設制限を超える可能性がある。この問題に対する１つの解決法は、高性能トレイの使用である。

▶ 7.2.4 DWC による抽出蒸留のシミュレーション

アセトン（A）とメタノール（B）は共沸混合物を形成するが、**図 7.3** に示すように、この混合物に水（C）を加えて抽出蒸留を行うと、抽出塔（第1塔）の塔頂から、アセトン（A）を、第2塔の塔頂からメタノール（B）が得られる。抽出剤の水（C）は第2塔で回収され、抽出剤として抽出塔（第1塔）に戻される。

このようなことが可能なのは、アセトン（A）とメタノール（B）混合物に水（C）を加えると気液平衡が変化するからである（第5章図 5.8 参照）。

図 7.3(a)は従来の抽出蒸留プロセスである。抽出蒸留により共沸混合物（A＋B）を、第1塔の塔頂から A を、第2塔の塔頂から B を分離している。これをペテリューク塔に変換すると図 7.3(b)の形になる。第1塔と第2塔の塔頂は、通常の DWC とは違い成分が異なっている。そのため、塔頂は統合できない。しかし、塔底は成分が同じであるから、統合できる。その結果、図 7.3(c)に示す DWC となる（緑ら，2000）。

図 7.4 に抽出蒸留の DWC シミュレーション・モデルを示す。図内における数値は塔頂からの理論段数を示す。シミュレーションは、市販のプロセス・シミュレータを用い、気液平衡は NRTL 式により決定されている。**表 7.2** に抽出蒸留の DWC シミュレーション・モデルの仕様を示す。表 7.2 の仕様が守られるように、図 7.4 に示す蒸留塔の理論段数により計算が行われた。

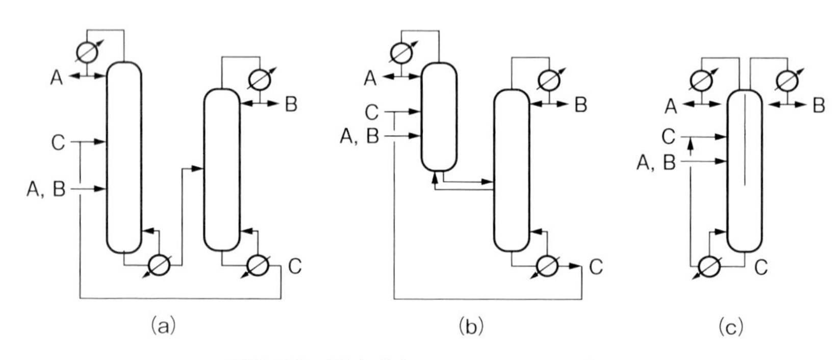

図 7.3 抽出蒸留の DWC による実現

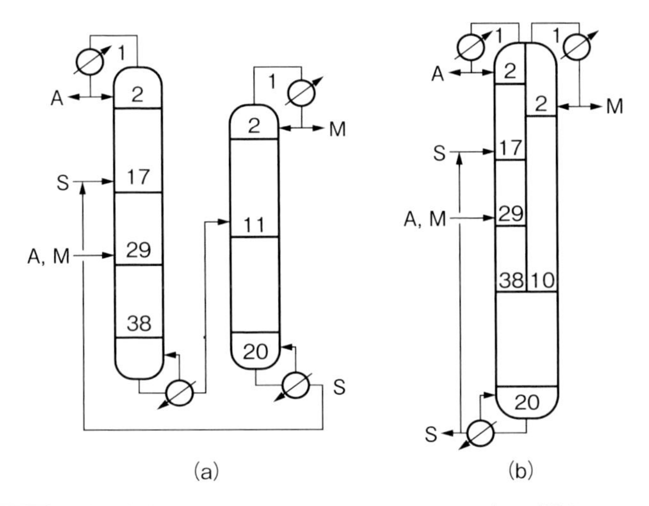

図7.4　抽出蒸留のDWCシミュレーション・モデル（緑ら，2000）

表7.2　抽出蒸留のDWCシミュレーション・モデルの仕様

	原料	アセトン(製品)	メタノール(製品)
流量　[kg/h]	1,000	800	200
組成　[wt %]			
アセトン	80	99.7	
メタノール	20	≦0.1	99
水	0	≦0.2	≦0.2
温度　[℃]	25	沸点	沸点
圧力　[MPa]		0.1033	

（1）シミュレーションの結果

A.　沸点

図7.5および**図7.6**に第1塔および第2塔の沸点のシミュレーションを示す。図7.5から第1塔においては、両法ともに大差はない。図7.6から第2塔においては、両法にかなりの差がある。これは、**図7.8**［組成のシミュレーション（第2塔)］に示されているように、両法における組成プロファイルで水の違いの大きいことによる

B.　組成

図7.7および図7.8に第1塔および第2塔の組成のシミュレーションを示す。

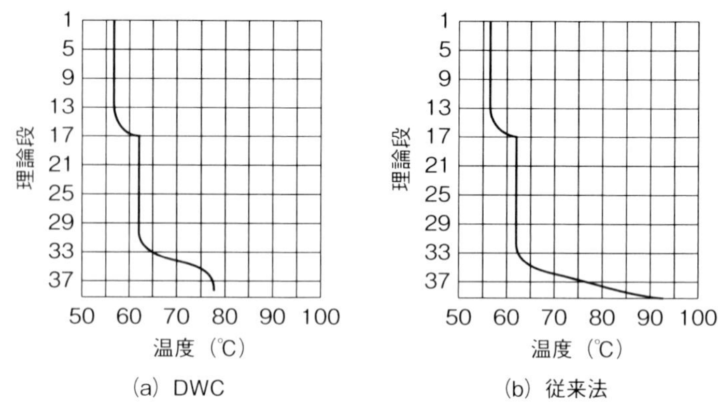

図 7.5　沸点のシミュレーション（第 1 塔）（緑ら，2000）

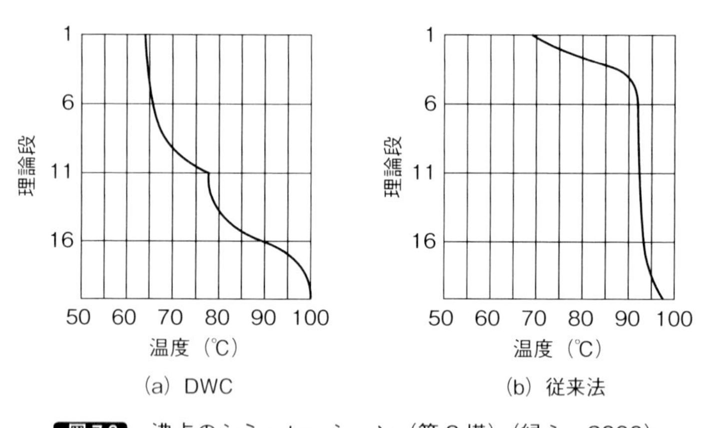

図 7.6　沸点のシミュレーション（第 2 塔）（緑ら，2000）

図 7.5 から第 1 塔においては、両法ともに大差はない。図 7.8 から第 2 塔においては、両法にかなりの差がある。塔底でメタノールの違いが大きい　これは、図 7.4 に示したように、分割端部で DWC は接触しているのに従来法は独立しているからである。メタノールの濃度が従来法では低いからでもある。DWC ではメタノール中の水分は許容濃度の 0.2 wt %以下であるのに対し、従来法では水分が 20 wt %にもなっている

C.　塔内流量

図 7.9 および**図 7.10** に第 1 塔および第 2 塔の塔内流量のシミュレーショ

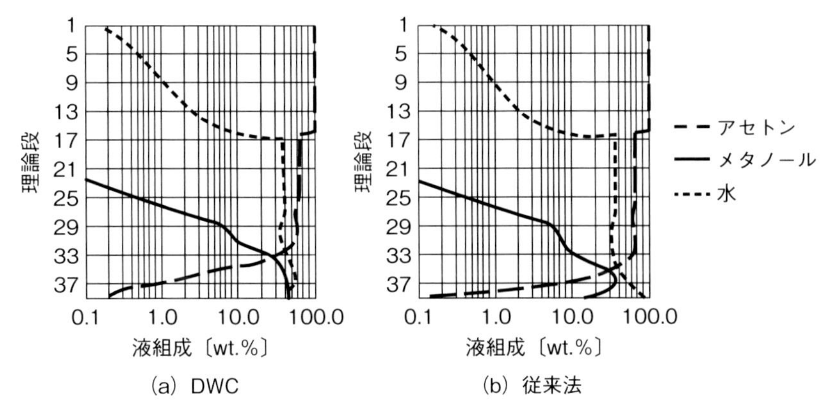

図 7.7　組成のシミュレーション（第１塔）（緑ら，2000）

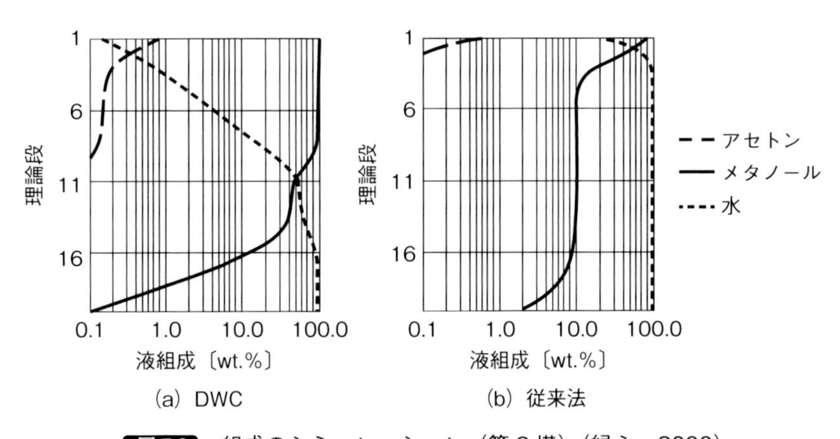

図 7.8　組成のシミュレーション（第２塔）（緑ら，2000）

ンを示す。図 7.9 から第１塔においては、両法ともに大差はない。図 7.10 から第２塔の回収部においては、DWC の液量が多くなっている。

D.　還流比と理論段数

図 7.11 および**図 7.12** に還流比と理論段数の関係を示す。水の許容濃度基準の還流比と理論段数の関係は、DWC と従来法とではほとんど変わらない。一方で、図 7.12 に示すように、第２塔では、両法は大きく開いている。理論段数が同じであれば、従来塔に比べて、DWC は所要還流比が少ない。

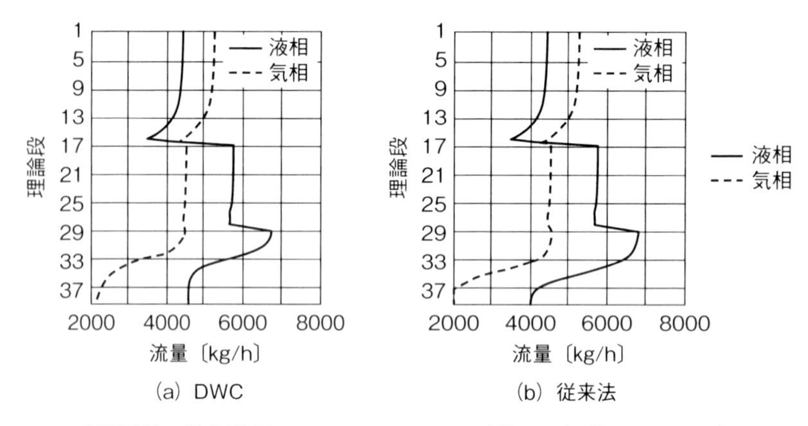

図 7.9 塔内流量のシミュレーション（第 1 塔）（緑ら，2000）

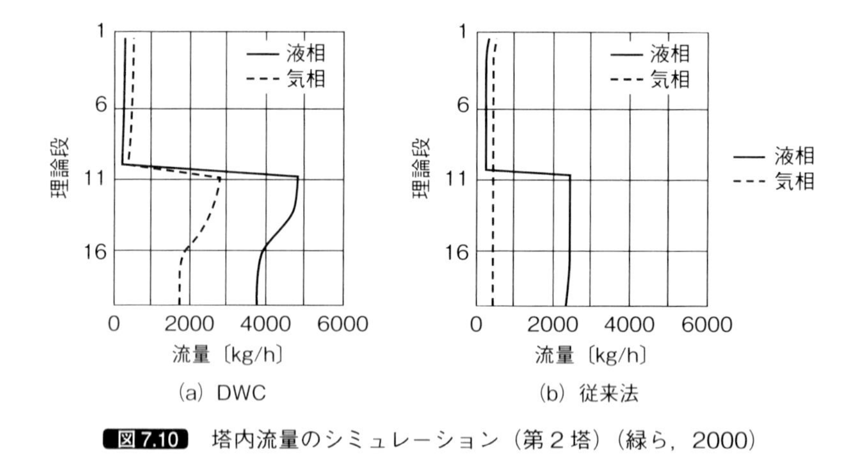

図 7.10 塔内流量のシミュレーション（第 2 塔）（緑ら，2000）

図 7.13 に第 2 塔における還流比と理論段数および熱負荷の関係を示した。同じ分離許容値、同じ理論段数の場合、従来法の熱負荷が大きい。たとえば、S/F(抽出剤の量/原料の量) = 2 とし、第 2 塔の理論段数を 24 から 14 段にした場合、DWC の所要熱負荷 *Qr* が 3,800 から 4,800 kj/原料 kg となるが、従来法が約 4,370 から 6,200 kj/原料 kg となっているため、従来法より DWC の方が約 13 %～29 %省エネルギーが可能である。同様に S/F = 3 の場合、従来法より DWC の方は約 23 %～36 %の省エネルギーが可能となる。これ

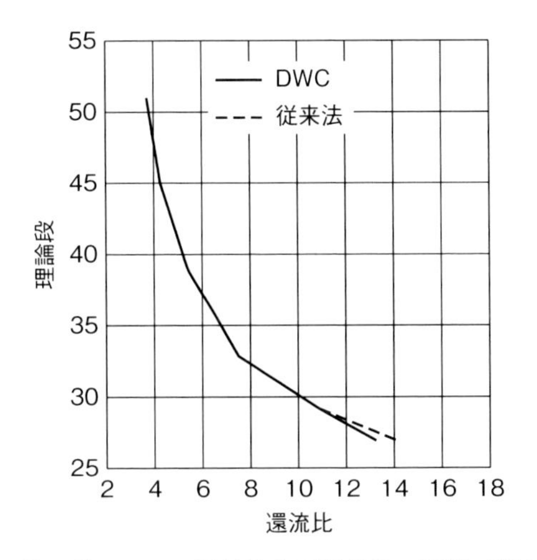

図7.11　第１塔における還流比と理論段数の関係（緑ら，2000）

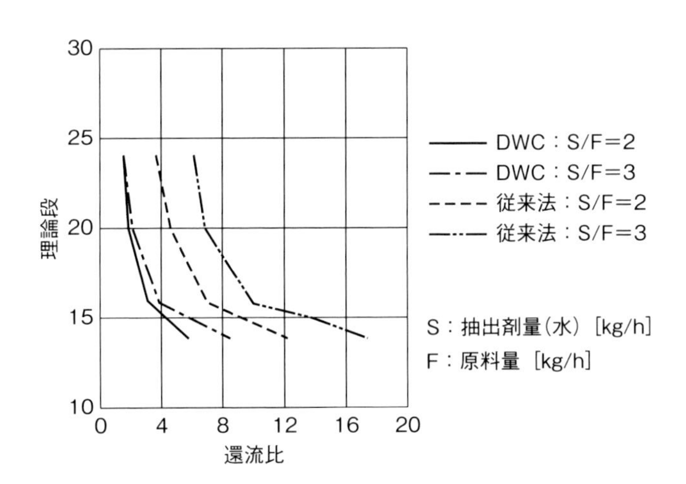

図7.12　第２塔における還流比と理論段数の関係（緑ら，2000）

により、理論段数が少ないほど、またはS/F が大きいほど、省エネルギーの効果が顕著である。

（2）シミュレーションの結論

以上がシミュレーションの結果である。要約すれば、従来法にくらべ、DWC では塔本体が１本、リボイラーも１基で済み、省スペースのプロセス

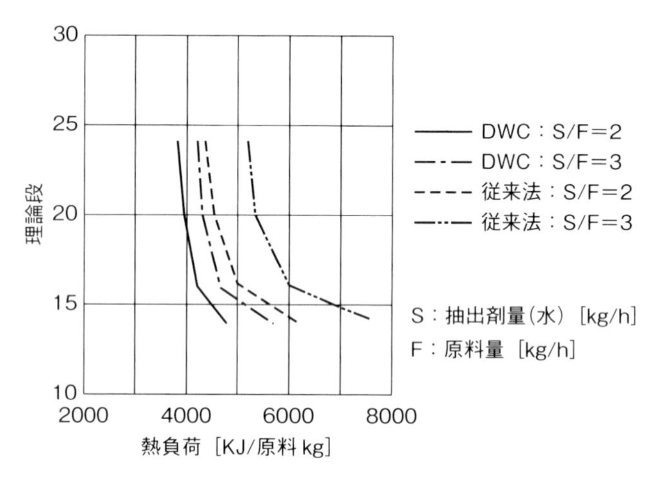

図 7.13　第２塔における還流比と理論段数および熱負荷の関係（緑ら，2000）

であり、さらに、DWC の方が約 13–36 ％の省エネルギーとなる。

7.2.5　DWC の現状と将来

DWC の設計、制御、操作の理論の研究が進み、理解が深まったことで、実用化が促進された。今後の利用の拡大が期待されている。そのためには、コンピュータモデルの確立が望まれている。DWC が一部の企業で限定的に承認されるまでにおよそ 50 年かかったが、次の 50 年で DWC がかなり普及すると期待されている。

（1）DWC の実績

○ 1985 年、BASF は最初の商用 DWC　多数の実績あり
○ Kellogg Brown&Root は軽質ケロシン流を分離
○住友重機械工業は、現場でのパイロットプラント設備
○ Krupp Uhde は Veba Oel の熱分解ガソリンからベンゼンを除去
○ 1996–99 年、協和油化㈱、酢酸エチルの分離、可塑剤、ブタノール

（2）DWC 適用が有望な分野

○洗剤および芳香族化合物を製造するプラントの分離および精製
○水素化処理および改質操作などの用途に適している。
○ LAB（Linear Alkylbenzene）複合体内の灯油蒸留塔

○パルコール強化プロセス（PEP）、ペンタン、ベンゼン、C7+オレフィンの分離

▶ 7.2.6　DWC 技術の転換点

図 7.14 に示す曲線の傾きの急激な増加が示すように、これは 1985 年から Montz 社が最初に DWC を導入したときの DWC の数を表わす。

BASF で操業を開始したが、1995 年に真のブレークスルーが起こった。DWC の設計に溶接されていない（固定されていない）壁が導入された。

溶接されていない壁により、装置設計の柔軟性が増す。溶接上の問題および熱的張力に関する問題が無くなる。充填物エレメント（**図 7.15**）は、利

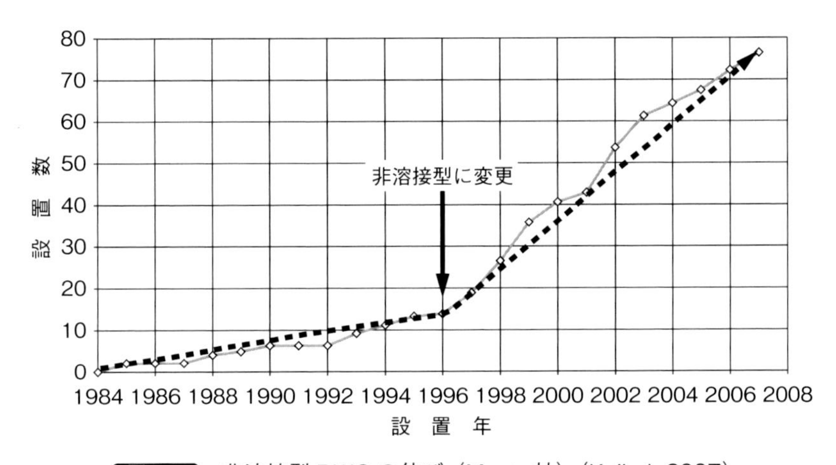

図 7.14　非溶接型 DWC の伸び（Montz 社）（Kaibel, 2007）

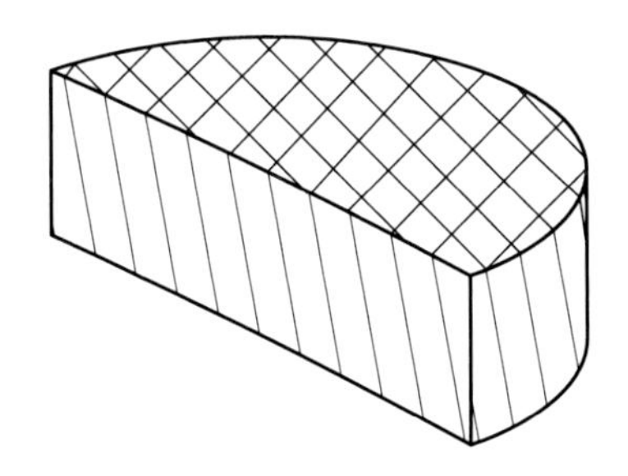

図 7.15　非溶接型 DWC に適した規則充填物

用可能なスペースに正確に適合するように容易に成形できるため、非溶接壁の設置に適している。

▶ 7.2.7 4成分混合物へのDWCの応用

4成分混合物を1本の蒸留塔で高純度に蒸留する能力が、従来の3本の蒸留塔より少ないエネルギー、より少ない設置費で実現できる。4成分混合物のDWCをペティリューク蒸留塔の仕組みから考える。**図7.16**のAは従来法であるが、ペティリューク蒸留塔への移行を考えたプロセスである。このAから縦に並んでいる蒸留塔を統合することにより図7.16Bのペティリューク蒸留塔を構築できる。Bにおける3本の塔を1本の蒸留塔の中に統合し、図7.16Cに示すDWCとすることができる。DWC内は3分割されている。

図7.17のCは4成分混合物のDWCであるが、図7.16とは異り、従来法においてもB、C成分はサイドカットにより分離していたものである。このため、塔内は2分割となっている。

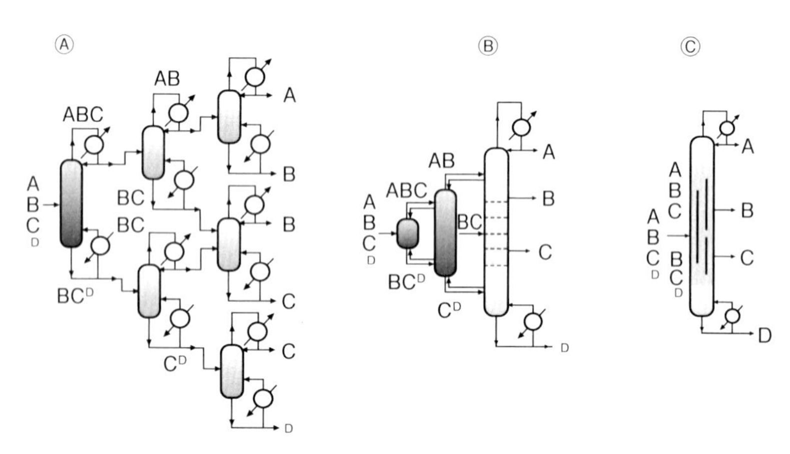

図7.16 4成分用塔分割型蒸留塔（DWC）

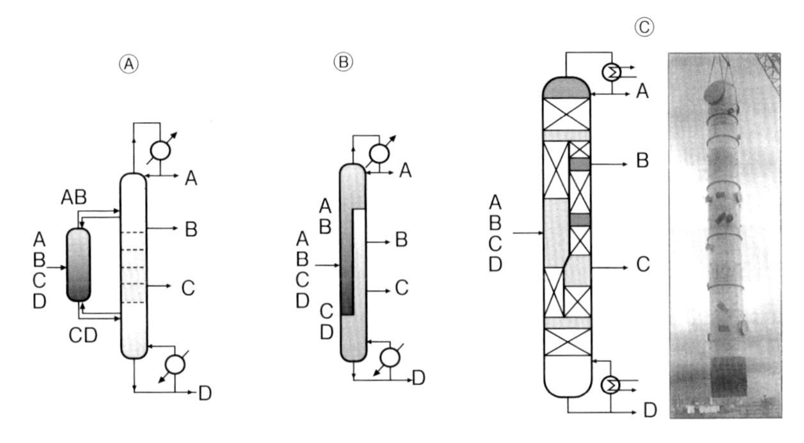

図7.17　4成分用塔分割型蒸留塔（DWC）（Kaibel, 2007）

7.3 内部熱交換型蒸留塔 Heat Integrated Distillation Column (HIDiC)

7.3.1　内部熱交換型蒸留塔の原理

リボイラーで蒸留塔に与えた熱は塔頂のコンデンサーにより、冷却水を温める熱として捨てられる。内部熱交換型蒸留塔では昇圧して濃縮部の温度を挙げることにより、回収部の熱源とする蒸留法である。

沸点の低い方の成分の蒸気圧が高いので、蒸気圧の高い方の成分が塔頂に集まるので、塔頂の方が沸点が低くなる。原料供給部より上にある濃縮部は回収部より沸点は低くなる。しかし、原料供給部の蒸気を圧縮すると濃縮部の沸点は、回収部より高い沸点にすることができる（**図7.18**左）。

この高い沸点の濃縮部の熱を使えば、回収部を加熱することができる。回収部を間接的に濃縮部に接触することにより濃縮部の熱が回収部に移動する。そうすると、回収部のリボイラーの負担を軽くすれば、省エネルギーを計ることができる。ただし、濃縮部の温度を高くするために、圧縮機を用いて、

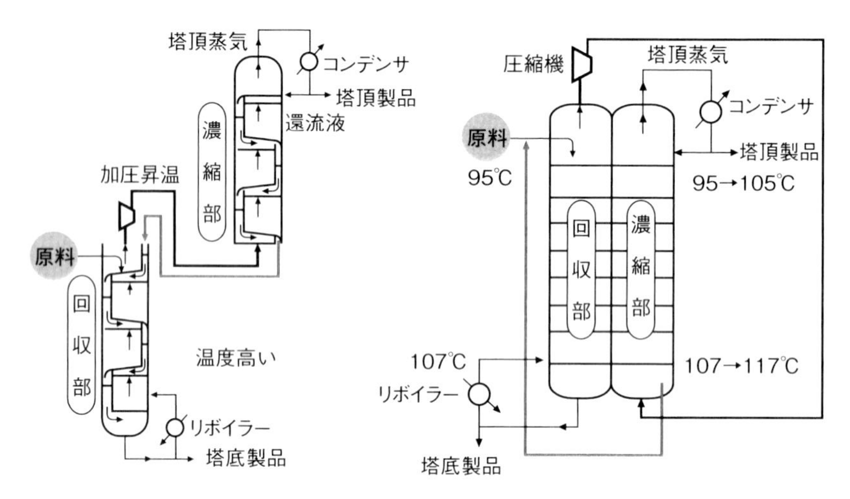

図 7.18 内部熱交換式蒸留塔の原理

回収部から濃縮部に入る蒸気の温度を高めなければならない。

図 7.18 右に、この考え方を実現するための装置を示す。原料（ベンゼン＋トルエン混合物）は蒸留塔の回収部に入り、95 ℃で沸騰して、同温度の蒸気を発生する。発生した蒸気は圧縮機により、約 1.8 気圧程度に加圧されて、105 ℃に昇温される。濃縮部は加圧された状態で運転されるから、塔頂温度も 95 ℃から 105 ℃まで、昇温される。温度差は塔頂－原料段間で 105－95 ℃＝10 ℃となる。塔底部の沸点は 107 ℃である。塔底における濃縮部と回収部間の温度差は 117－107 ℃＝10 ℃となる。濃縮部と回数部との温度差で濃縮部から回収部に熱を与えることができる。

内部熱交換型蒸留塔では濃縮部から回収部へ熱を移動させる。原料段からの蒸気は昇圧の結果、昇温されて濃縮部に入る。その蒸気は回収部へ熱を与えて、凝縮するから、濃縮部を上昇するにつれて、蒸気量は減少する。すなわち、塔頂に向かうにしたがって、蒸気量は減少する。回収部では濃縮部から受け取る熱により、液が蒸発する。したがって、塔頂に向かうにつれて、蒸気量が増加する。この塔内の蒸気量（液量）の変化は、従来の蒸留塔ではない。すなわち、従来の蒸留塔では、蒸気量（液量）は一定としている。この点が、内部熱交換型蒸留塔（HIDiC）と従来の蒸留塔との大きな違いである（**図 7.19** 左）。

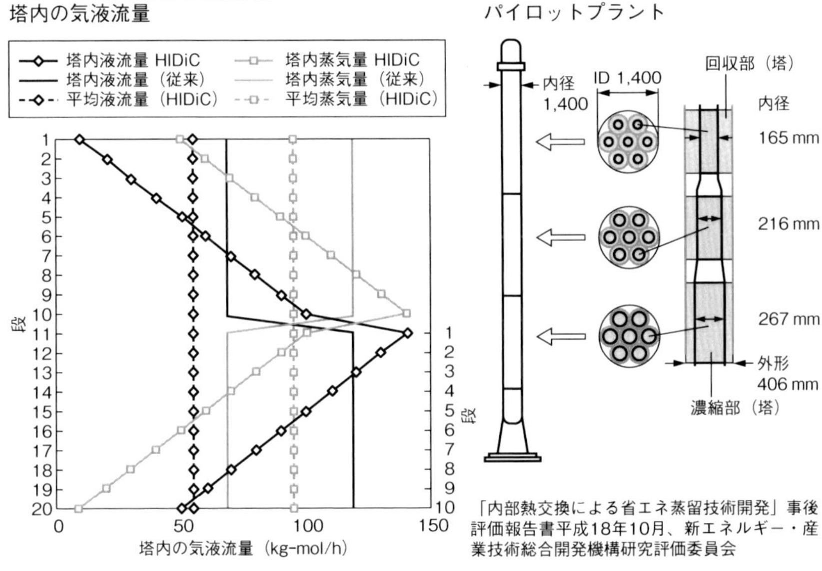

図 7.19　内部熱交換型蒸留塔（HIDiC）

図 7.18 右は、ベンゼンとトルエン混合物を内部熱交換により蒸留する例である。原料は 100 kg-mol（ベンゼン 50 kg-mol、トルエン 50 kg-mol）で供給し、塔頂、塔底から、それぞれベンゼン 50 kg-mol、トルエン 50 kg-mol を得るものである。純度はベンゼン、トルエンともに 92.5 %の場合である。

図 7.19 左では従来の蒸留塔の方式により、濃縮部と回収部の段を連続して番号を振ってある。HIDiC では濃縮部塔と回収部塔の 2 本に分かれているから、それぞれ独立に、塔頂から段の番号を振る。その表示にすると、段 11 から 20 は段 1 から 10 となり、図 7.19 右に示すように、濃縮部塔と回収部塔は並んで、相接している。

7.3.2 パイロットプラント（国家プロジェクト）

図 7.19 右は国家プロジェクトにおけるパイロットプラントの塔本体の図面である。濃縮部塔、回収部塔ともに充填塔方式である。熱移動を効率的に行わせるために、外形 406 mm の蒸留塔 7 本をまとめて 1 つの HIDiC とし

たもので各塔の中に濃縮部塔と回収部塔が入っている。各塔の側面図にあるように、回収部塔と濃縮部塔の塔径が、各部の流量に応じて、高さにより変えてある。

内部熱交換型蒸留塔（HIDiC）は経済産業省の国家プロジェクトとしてNEDOの14億円の予算化により開発された。開発期間は平成14年度〜平成17年度の4年間であった。最後の年度にパイロットプラントにより1,000時間連続運転を行っている。プロジェクトリーダーは産業技術総合研究所の中岩勝氏、パイロットプラントグループのリーダーは丸善石油化学の井内謙輔氏および日本酸素の川上浩氏であった。プロジェクトに参加した企業は、丸善石油化学、関西化学機械製作、木村化工機、大陽日酸、神戸製鋼所である。大学側からは京都大学および名古屋工業大学が参加した。筆者は事後評価分科会会長を務めた。

既存の石油化学プラントの一部にHIDiCを組み込み、実証試験を行うこととなり、丸善石油化学千葉3工場の7塔の蒸留塔の中から、シクロペンタン塔を適用性の最も高い塔として選定した。4年の研究期間の後半の2年でパイロットプラントの設計・運転を行い、設計には10ヶ月、運転は1年間に亘り、各種の試験を実施した（Matsudaら，2008）。

パイロットプラントの仕様を**表7.3**に示した。注目すべきは、リボイラーとコンデンサーの伝熱面積である。HIDiCでは従来法の3分の1の伝熱面積である。この点からも、従来法に対して省エネ効果を見ることができる。研究成果は以下の通りである。①省エネ率は既設塔に対して62.1％と驚異的な値。②1,000時間の連続運転を達成。③原料投入量は設計値、毎時1,650㌕に対し、実績平均値は毎時1,714㌕。④運転操作は、コンプレッサー入口弁の開度を一定にすれば、通常の蒸留塔の操作と同様。⑤製品の性状は設計値通り。

HIDiCの特徴の一つである還流比ゼロであっても、所定の製品が得られることも実証された。世界の省エネに貢献できることが期待される。

▶ 7.3.3　商業用プラント

HIDiCの原理をパイロットプラントとは別の形で応用したSUPERHIDIC（東洋エンジニアリング）が丸善石油化学（千葉県市原市）にて実施されて

図 7.20 HIDiC のパイロットプラント（丸善石油化学千葉）

表 7.3 パイロットプラントの運転結果

	蒸留塔	HIDiC	従来法
1	高さ	27 m	31 m
	直径	1.4 m	1.0 m
	インターナル	規則充填物 13.5 m	バブルキャップ 55 段
2	コンプレッサー	45 KW	—
3	リボイラー	7.4 m^2	23 m^2
4	予熱器	4.8 m^2	—
5	コンデンサー	23.5 m^2	87 m^2

いる。これは既存のメチルエチルケトン（MEK）製造装置内の蒸留塔に適用したものである。既に、同社ではパイロットプラント運転の実績を有していて、HIDiC のノウハウの蓄積があった。建設は東洋エンジニアリングが実施した。

HIDiC のパイロットプラントでは濃縮部と回収部とは全塔部分が間接接触で熱交換を行っていたが、SUPERHIDIC では**図 7.21** から分かるように、効果的といわれる部分での熱交換となっている。これにより、HIDiC のパイロットプラントで多数の独立塔を設ける必要は無くなるので、措置費が低減される。既存の塔を改造しての内部熱交換も可能となる。

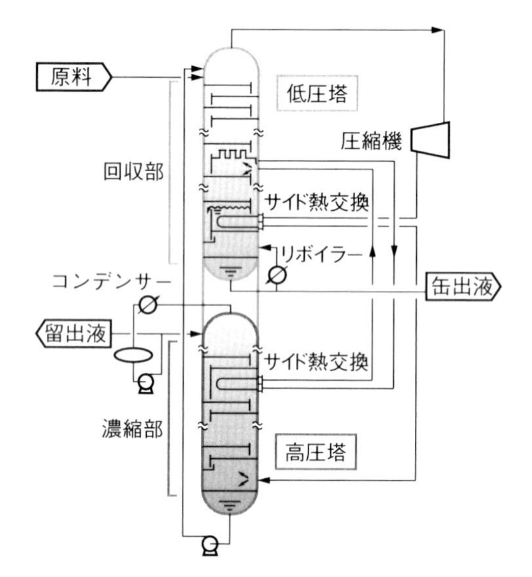

図 7.21 HIDiC（SUPERHIDIC）の商業プラント（丸善石油化学(株)千葉）

蒸留塔の故障と診断技術
——トラブル・シューティング——

蒸留塔の運転は化学工場で困難なものの一つである。設計通りの蒸留塔を運転マニュアルに沿って試運転に入ったとしても、必ずしも順調に定常運転に入れるとは限らない。これは設計が正しく、運転もマニュアル通りだとしてもである。それは、蒸留塔の構造に起因しており、定常運転への通り道で、設計条件を満足しない過程を通らざるを得ない事情があるからである。

定常運転に入っていても、塔内に汚れが次第に蓄積したり、開口部が歓迎されざる物質により閉塞されたり、逆に腐食により、開口部が広がったりすることもありうる。

高度成長時代に建設された設備が、老朽化しているものもあり、トラブルの種は尽きない。トラブルの対処法をトラブルシューティングともいうが、トラブルの原因を正しく知る以外に解決の方法はない。本章では故障診断法を紹介するので、現場での解決に役立てていただきたい。しかしながら、紙面の制限の中では氷山の一角を述べるに過ぎない無いことを申し添えておく。

8.1

トラブル対処法 ——トラブル・シューティング——

蒸留塔のトラブルで多いのは、運転している蒸留塔の製品の純度が設計通りにならないこと、あるいはフラッディング状態になり運転できないことなどがある。トラブルの原因を明らかにする際に必要なのは、まず、以下の資料を収集することである。

①設計マニュアル、②プロセスフローシート、③P＆Iダイアグラム、④蒸留塔の設計図、⑤運転マニュアル、⑥正常運転時の運転データ、⑦物性データ、⑧トラブル対処法資料、⑨蒸留塔の試験方法の指針。

これらの資料により蒸留塔の詳細と正常運転時のデータを知り、トラブルがいつから発生したかを知る重要な手がかりを得ることができる。その際、以下の項目を明らかにすることが重要である。❶蒸留塔各部の流量（原料量、製品量、還流量、リボイラのスチーム量、冷却水量）、❷各部の温度および圧力（原料、製品、還流、スチーム、冷却水）、❸塔本体の運転条件（内部の温度、圧力、圧力差、液面）、❹各部の組成。以上のデータを一覧表にして整理し、差をとったり、比を計算することにより、トラブルの発生原因を明らかにする助けにできる。例えば、蒸留塔内の圧力差が異常に増えていると、トレイの開口部が塞がれていることなどが予想できる。

以上の作業によってもトラブルの原因が明らかにされない場合は、**図 8.1** のチャートにしたがって検討する。最初に「問題を確認したか」とあるが、何を今更という感がある。しかし、実際には流量計、分析計などの計測機器の故障により、トラブルと取り違えた例が多い。このチャートによって調べても原因が不明の場合は、次の事を検討する。Ⓐ計測器を更新する。Ⓑ運転状態の蒸留塔の内部を γ 線により検査する。蒸留塔内にマンホールから入り、目視により調べる。あるいは、蒸留塔の小さなノズルを用いて小型ビデオカメラを挿入し、遠隔操作により「目視」する。

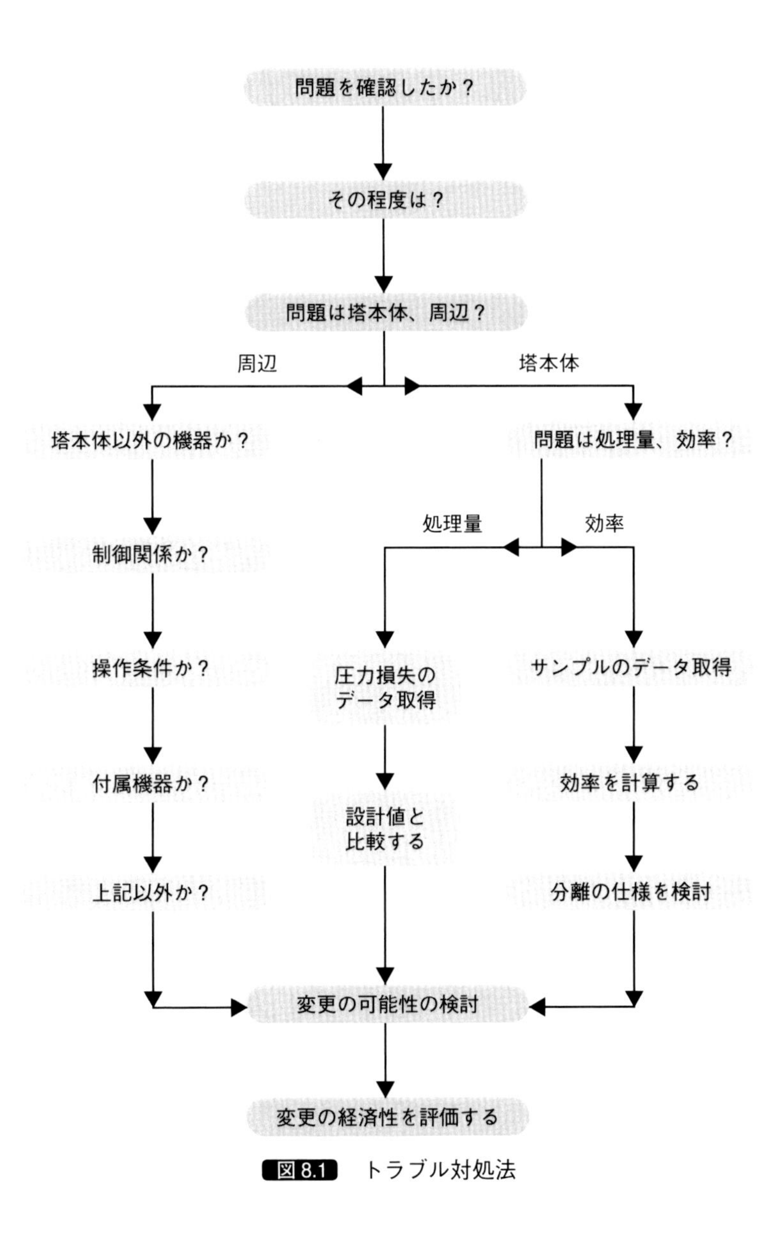
問題を確認したか？
その程度は？
問題は塔本体、周辺？
周辺
塔本体
塔本体以外の機器か？
問題は処理量、効率？
処理量
効率
制御関係か？
操作条件か？
圧力損失の
データ取得
サンプルのデータ取得
付属機器か？
設計値と
比較する
効率を計算する
上記以外か？
分離の仕様を検討
変更の可能性の検討
変更の経済性を評価する

図 8.1　トラブル対処法

8.2 偏流による効率低下

充填塔の構造は棚段塔の構造と大幅に違う。棚段塔においては、気体と液体とは棚段上で安定した状態で接触する。これに対して充填塔では塔頂から還流液を流しただけでは**図 8.2** に示すように、液は徐々に塔内に広がり、均一な接触ができない。そこで、液分配器を設けて、塔頂から均一に気液の接触がなされるように工夫する。

充填塔でも連続的に蒸留が行われるが、理論段数については、段塔と同様に計算（3 章の 3.4～3.6 参照）する。其の上で、1 理論段当たりの充填層の高さ（HETP：6 章の 6.2.3 参照）を求めて、段数を表示する。理論段数を求

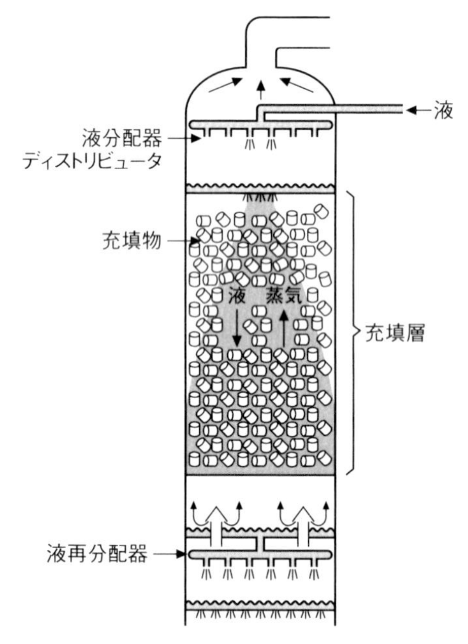

図 8.2　充填塔の偏流

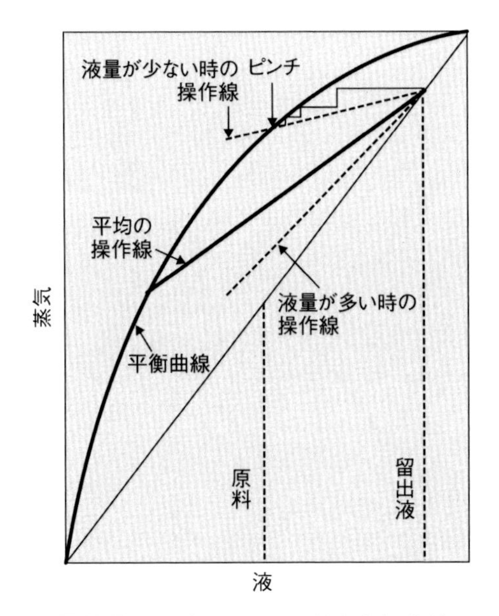

図 8.3　充填塔の偏流と濃縮部操作線

める操作線の式を使ったが、**図 8.3** に濃縮部の操作線を再掲した。図中の太い線（平均の操作線）は気液の比率が設計通りの場合の操作線で、蒸留が正常に行われていることを表している。ところが、気液の分布が正常でなく液が流れていない状況では、操作線の勾配は小さくなり、「ピンチ」となり、図 8.3 に図示してある階段作図から分かるように、その場所では蒸留は不可能となる。したがって、塔全体としては効率が悪くなる。

次に、充填塔の効率を検討する。充填塔の効率は HETP で表わす。HETP を計算する際の理論段数は階段作図で求めるが、フェンスケ式によっても求める。その際、$\log(x/(1-x))$の値を棚段の位置に対してプロットしたものを、**図 8.4** に示す。ただし、横軸は充填塔の高さ（充填層高）である。この図で勾配がきつい時は効率が良く、逆に勾配がゆるい時は効率は悪くなる。また直線であれば効率は一定となり、液の分配も均一であることを示している。塔頂での液の分配は良かったが塔底に向かって悪いのが a で、逆に、塔頂では液の分布が悪かったが、塔底に向かって改善されているのが b の場合である。

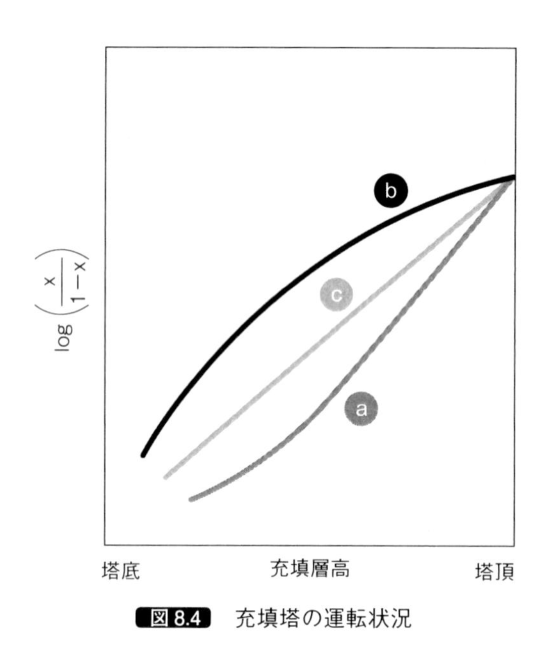

図 8.4　充填塔の運転状況

8.3 ガンマスキャン

8.3.1 ガンマスキャンの原理

蒸留塔の診断技術としてガンマ線を塔の外部から塔に当ててその、透過度で塔内を診断する技術がある。非破壊検査の一つであるが、これをガンマスキャンという。X 線を用いた胸部のレントゲン検査に似ている。ガンマスキャンにより、以下の様々な蒸留塔のトラブルを診断することができる。

1. 構造上のトラブル：トレイ、充填物およびデミスターの破損、インターナルの腐食、塔底における液面制御のトラブル
2. 運転操作上のトラブル：飛沫同伴、フラッディング、ウィーピング
3. プロセスのトラブル：泡立ち、トレイの詰まりや汚れによる液ホール

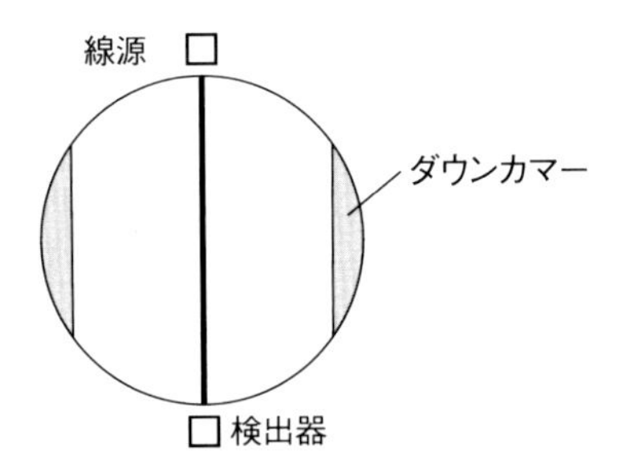

図 8.5　ガンマスキャンの原理

ドアップ、充填塔内における偏流、原料、還流の過熱および過冷却

ガンマスキャンによる診断技術の原理を**図 8.5** により説明する。蒸留塔の外側にガンマ線源と検出器を配置し、蒸留塔の上部（あるいは下部）から下方（あるいは上方）に両者を同時に移動する。この間、絶えずガンマ線を発生し続ける。蒸留塔内を通ったガンマ線は検出器により検出される。ガンマ線の通り道に何もなければ、発生したガンマ線は全て検出器で検出される。ガンマ線の途中に液があると、ガンマ線は吸収されて検出される。吸収の程度はガンマ線を吸収する物質の正常さにより異なる。密度の大きいものほど、良く吸収される。蒸気より液、液よりトレイが吸収の程度が高くなる。この吸収の程度を透過したガンマ線の強度として検出する。

図 8.6 左はガンマスキャンの結果を、図 8.6 右はガンマスキャンを行った蒸留塔を示す。トレイ２の位置でガンマ線は大幅に吸収され、トレイ上の液、発生した蒸気、上昇する蒸気の各部を通過するにつれて、吸収が減り、トレイ１に到達した蒸気、トレイ１で再びガンマ線の吸収が増える。

▶ 8.3.2　ガンマスキャンによるフラッディングの診断

蒸留塔が案に相違して予定通り運転できないときの対策を示した例を示す。**図 8.7** はガンマスキャンを２度行った結果の例である。最初に行った診断は設計値通りに運転した場合で、結果を点線で示してある。２度目の診断は還流量を減らした運転の診断結果で実線で示してある。設計通りの運転では飛沫同伴が多いという結果が出ていた。最初の運転ではトレイの１段目、２段

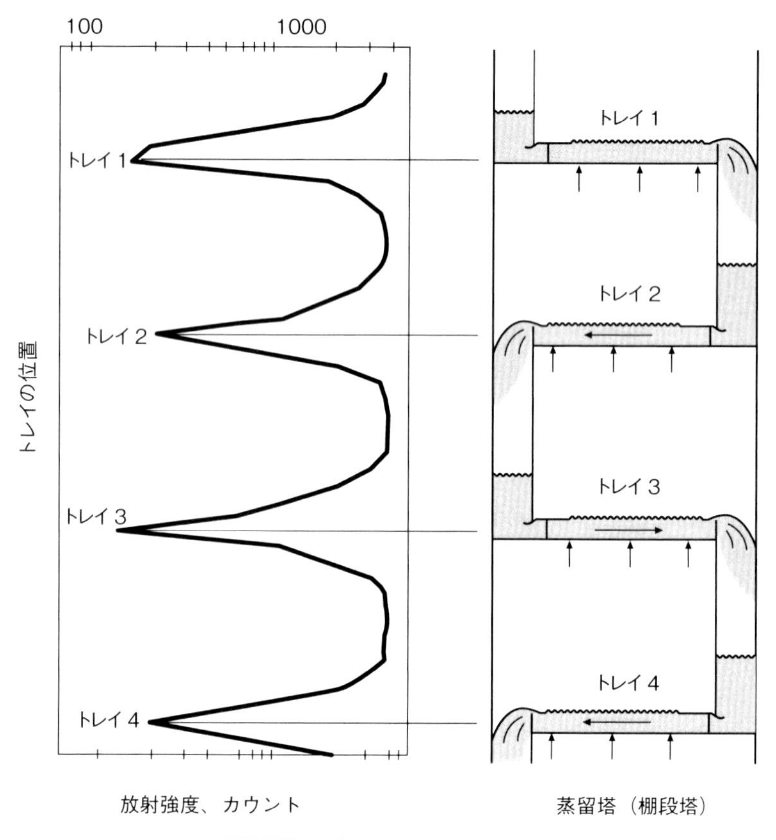

図 8.6 ガンマスキャンの実行

目でガンマ線の強度が極めて低く、フラッディングしていることが分かる。

そこで、2度目の運転では、フラッディングの確認を行うために還流量を下げた運転を行っている。これは、トレイ1が汚れや破壊した残骸により目詰まりしているか否かを知るためのフラッディングの原因を知るためである。2度目のガンマスキャンの結果、還流量を下げた運転では、フラッディングは起きていないことが分かる。図8.7の実線で示された結果は、ガンマ線の吸収が少なく、各段とも正常に機能していることが分かる。しかし、これによって、問題の深刻さがはっきりしたわけである。

この例の場合、計画外の運転停止は許されないために、残された道は、設

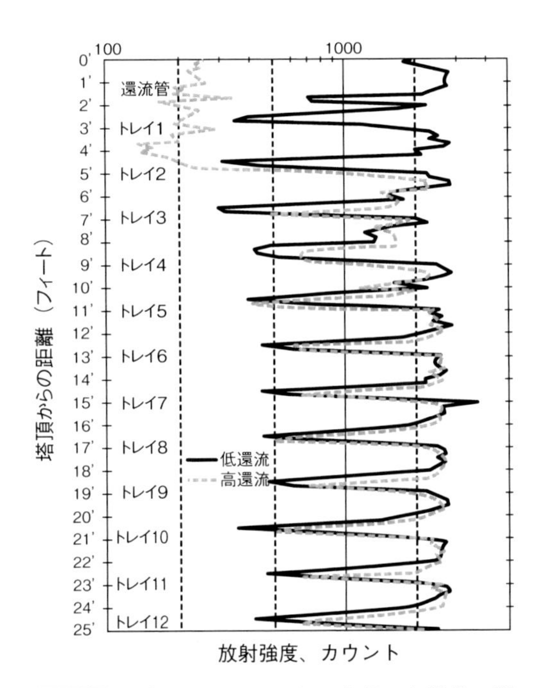

図 8.7　ガンマスキャンを２度行った結果の例
（1）設計値通りに運転した場合　点線
（2）還流量を下げて運転　実線
John D. Bowman, CEP, 25, Feb., 1991

計値になるべく近い状態での運転、すなわち、どこまで還流量を増やせるかということを知ることが、次の問題となる。そこで、ガンマスキャン装置を1段目と２段目の間の蒸気相の位置に固定し、経時的に検査が行われた。

図 8.8 に検査の結果を示する。時間当たりの還流量を 55 バレル～100 バレルまで、約１時間かけて増やした結果、毎時 100 バレルでフラッディングしたことが分かる。この間に、リボイラーの温度が上昇し、リボイラーの流量も毎時 10 バレルほど増加している。これにより、100 バレル以下の還流量での運転であれば可能なことが分かる。

▶ 8.3.3　ガンマスキャンによる飛沫同伴の診断

図 8.9 にガンマスキャンによるエントレインメントの検出結果を示す。図において、実線は正常な還流量の状態を、点線は還流量を増加した状態を示

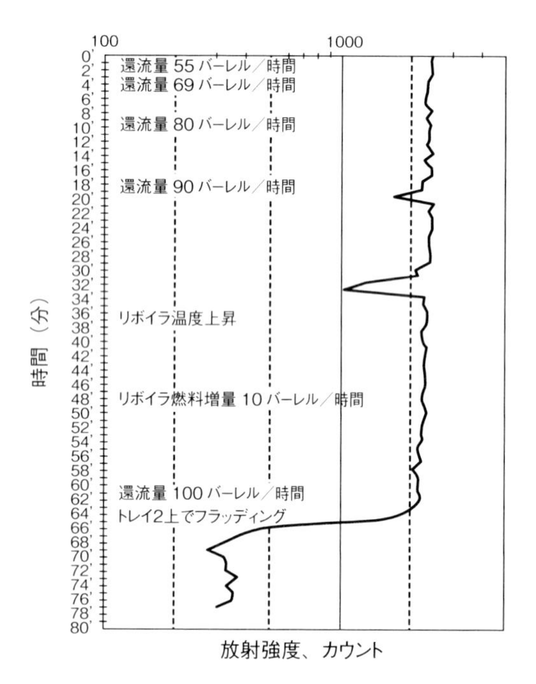

図 8.8　ガンマスキャン装置　蒸気相の位置に固定　経時的に検査

John D. Bowman, CEP, 25, Feb., 1991

す。図から明らかなように、トレイ4より上では飛沫同伴のために、点線のスキャン、すなわち、高い還流比では、ピークが下がっている。

8.3.4 ダウンカマースキャン

（1）フラッディングの兆候

図 8.10 は、フラッディングより3％下の負荷の状態での塔底付近の中央ダウンカマーおよび気液接触部のスキャンを重ねて表示している。蒸気のピークは清蒸気ラインに近づいており、気液接触部がフラッディングしていないことを示している。

さらに、興味深いことは、トレイ2およびトレイ4のダウンカマーの上方のピークが、気液接触部の上のピークと非常に似ている。これは、トレイ2およびトレイ4のダウンカマーの上方とトレイ2およびトレイ4の気液接触部とは同質の蒸気空間であるから、同一のスキャン結果となるべきであり、

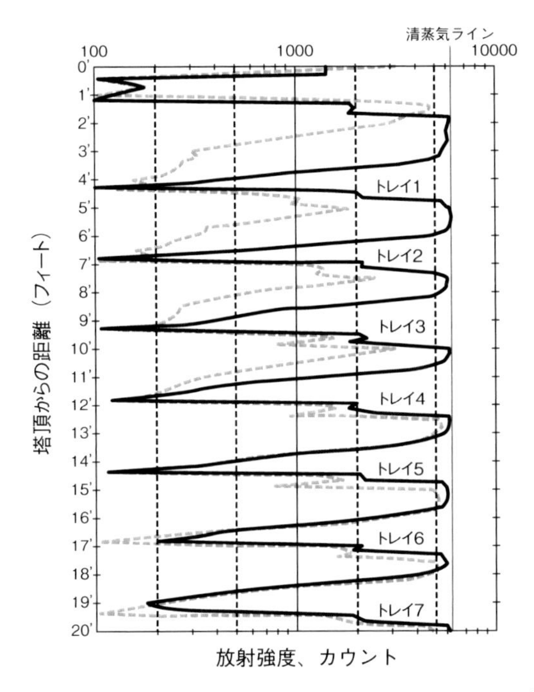

図 8.9　ガンマスキャンによるエントレインメントの検出
John D. Bowman, CEP, 25, Feb., 1991

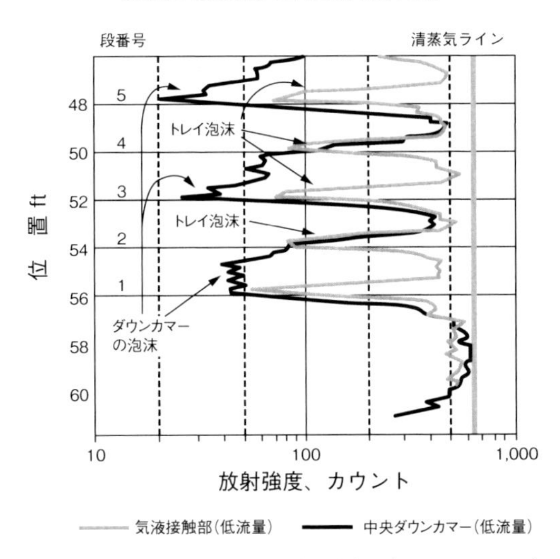

図 8.10　フラッディングの兆候（Kister, 2017）

スキャンが正しく行われたことを証明している。このスキャンでは、トレイ2およびトレイ4のダウンカマーが泡沫で満たされていることが明らかである。これは、ダウンカマーチョークによるフラッディングのメカニズムを明確に示している。

（2）フラッディングの伝播

図 8.11 はフラッディング状態とフラッディングしていない状態の中央ダウンカマーのスキャンは、フラッディングがダウンカマーで開始し、気液接触部に伝播することを示している。フラッディングスキャンは、トレイ6およびトレイ8からのダウンカマーが泡で満たされ、フラッディングを開始したことを示す。これらのダウンカマーより上の気液接触部は泡で満たされ始めており、それらのトレイの上のピークは清蒸気ラインに近づいていない。トレイ12および14のダウンカマーはいずれのスキャンにおいてもフラッディングしていない。以上により、ダウンカマーでフラッディングが起こり、

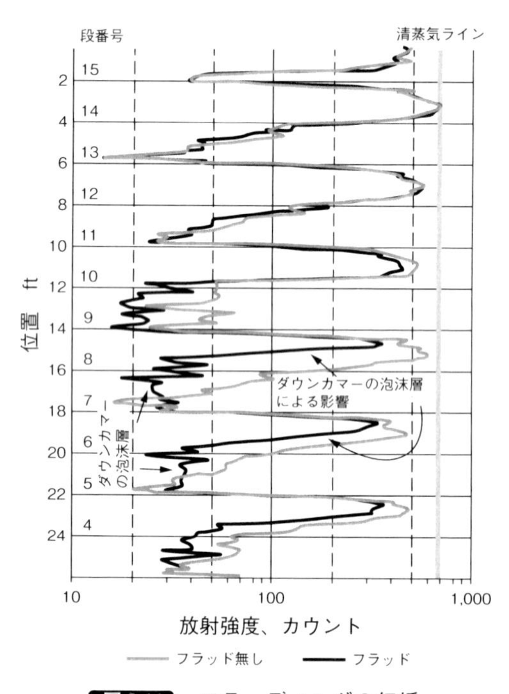

図 8.11 フラッディングの伝播
Henry Z. Kister, Chuck Winfield, CEP, Jan., 2017

気液接触部に伝播していることがわかる。

（3）フラッディングの発見

通常の稼働率に近づくにつれて、高い圧力損失を示す問題点を有する蒸留塔についての診断結果である。**図 8.12** 左の実線の曲線に示すように気液接触部のガンマスキャンは、トレイ1から始まる蒸留塔の下半部でフラッディングを示した。稼働率を下げて、気液接触部を再スキャンしてトレイの損傷の有無を確認した。

図 8.12 左、点線の曲線に示すように、低速での気液接触部のスキャンから、トレイが所定の位置にあり、機械的損傷の兆候がないことがわかる。したがって、フラッディングの可能性はない。そこで、ダウンカマーに注目した。図 8.12 右において、スキャン結果は、ダウンカマーの大部分が高い密度の液体を有し、それが清蒸気の空間に達していることを示している。これは通常のダウンカマー運転と一致する。しかし、トレイ1からのダウンカマーは、蒸気のない高い密度の液体で満たされている。この状態で、稼働率を上げると、ダウンカマー液が上のトレイに戻って、ダウンカマーフラッディングを

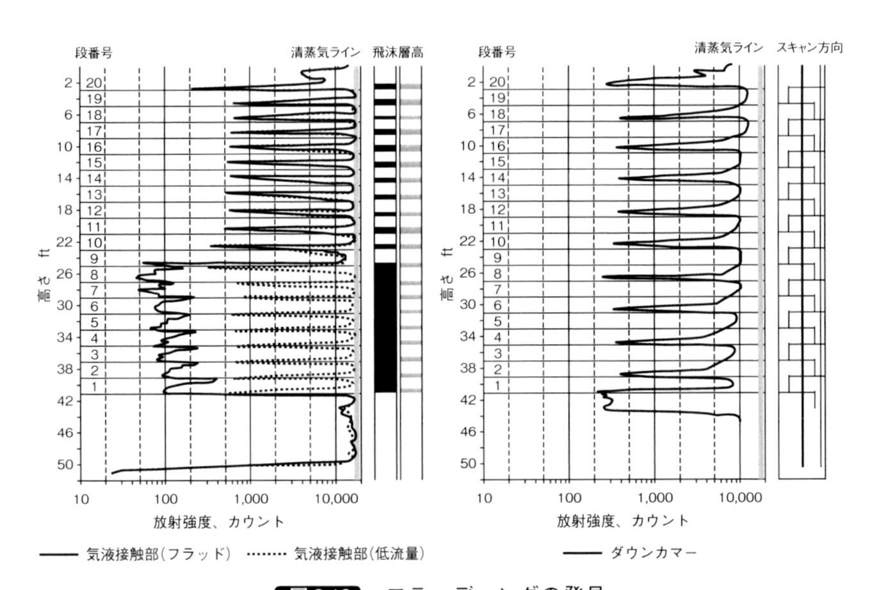

図 8.12　フラッディングの発見
Henry Z. Kister, Chuck Winfield, CEP, Jan., 2017

発生する状態にあることが分かる。

これにより、蒸留塔を緊急停止し、下部のマンホールのみを開き、トレイ1のダウンカマーシールパンを清掃し、問題なく、蒸留塔を運転を再開することができたと報告されている。

8.4 CAT スキャン

充填塔において液の分配が極めて重要なことを8.2にて説明した。また、ガンマスキャンにより棚段塔におけるフラッディングを診断する方法について8.3.2、8.3.3で説明した。本節ではガンマ線源を多く利用（**図 8.13**）して、医療で使われているCTスキャンのように利用した例を説明する。このようなガンマスキャンをCATスキャンといい、スキャンしたデータをコンピュータ処理して可視化している。CATとはコンピューター・エイデッド・トモグラフィーの略である。

図 8.14 は規則充填塔に応用したもので、ガンマ線を透過した場合の投射物の密度（g/cm^3）で示している。密度の小さいところは蒸気や液の流れの少ないことを示している。この例では、密度が 0.16–0.19 g/cm^3 のところが

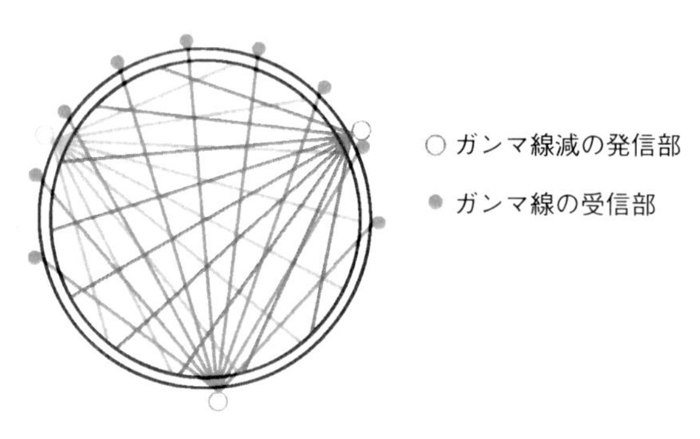

図 8.13 CAT スキャン

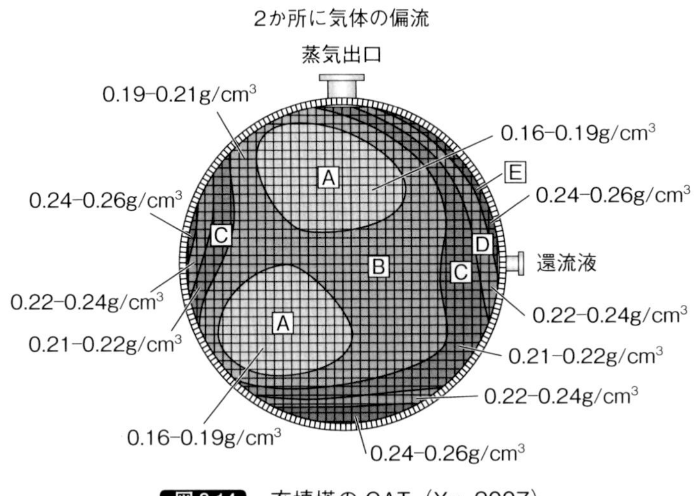

図 8.14　充填塔の CAT（Xu, 2007）

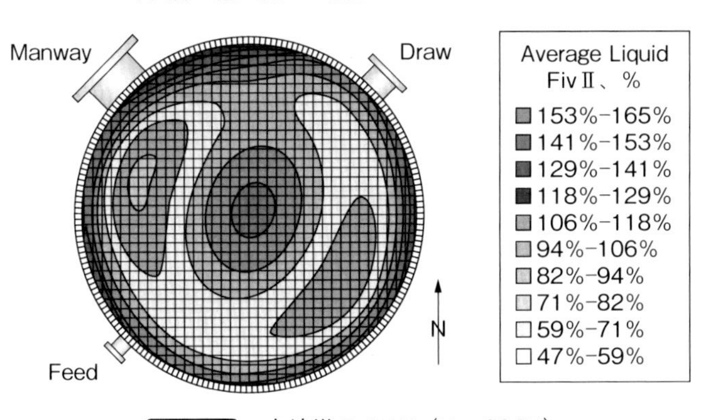

図 8.15　充填塔の CAT（Xu, 2007）

最も密度が小さく、この領域は蒸気の偏流ができていて、蒸留されていないことが分かる。充填塔の中に全く液が流れずに、気体の柱が存在していると考えられる。気体の偏流の周辺から離れると、順に密度が高くなっているので、内壁に近いところは液が落下していると思われる。

図 8.15 も規則充填塔に応用したもので、こちらの方は液体の流量を％で示してある。中心部では液体が 141–153 ％の流量で多量に流れており、液が

図 8.16 充填塔の破損状況（Pless, 2006）

編流していることが分かる。液の偏流部分から離れた場所も依然として液量が多く、さらに外側は、液量が 82–94 % と少なくなっている。液は極端に多いか、少ない状態で流れている。

図 8.16 は規則充填物が設置場所から離れた場所に移動してしまっていることが、CAT スキャンの結果から、充填塔を開けてみて明らかとなった。規則充填物を改めて設置しなおして運転したところ順調に機能を回復したとのことである。

8.5 振動による破損

図 8.17 に示した構造のトレイは脈動（振動）により実際に破壊されたトレイである。蒸留塔の塔径は 11 ft（3.4 m）で、バルブトレイを設置した段塔である。試運転に入り、処理量が 25 % に達した時に、突然、塔効率が低下した。運転を停止して内部を調べたところ、●副ビームに割れ、●主ビームに割れ、●バルブトレイのバルブの破損、●バルブの棚段からの離脱、●塔内壁に接する主ビームに割れが見られた。

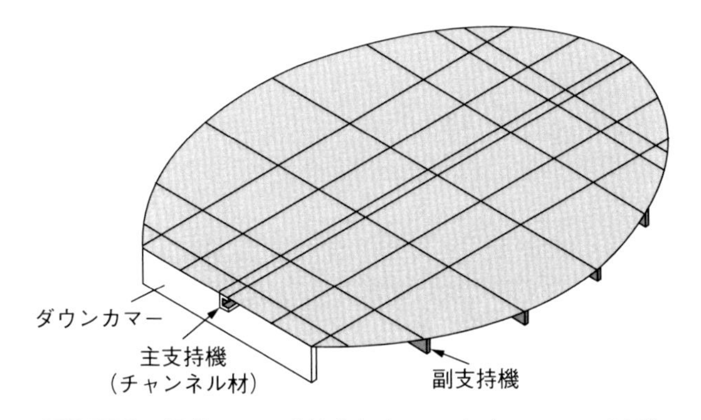

図 8.17　振動により破壊されたトレイ（Nalven, 1997）

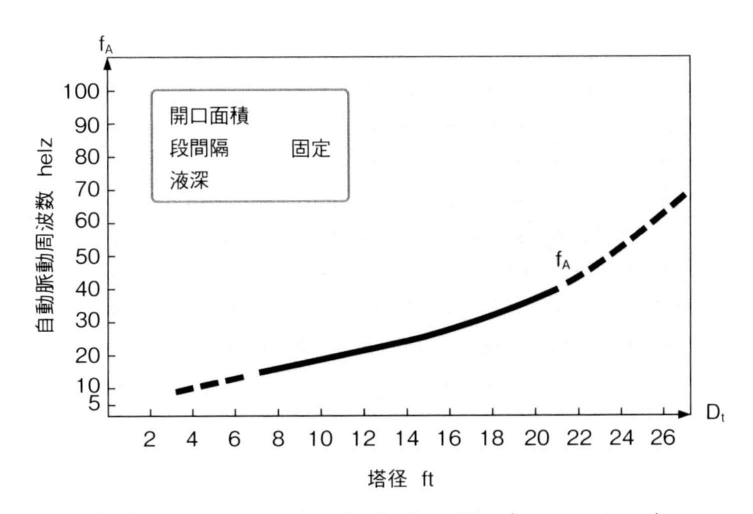

図 8.18　塔径と自動脈動周波数の関係（Nalven, 1997）

検討の結果、この破壊は、まず、トレイが脈動を開始後に、トレイが共振して発生したことが解明された。オペレーターの証言によれば、「ミツバチの巣箱」から発するような音が聞こえていたとのことである。**図 8.18** は自動脈動周波数（f_A）と塔径の関係を示している。棚段上では液が流れ、下方から蒸気が上昇してくる。これにより段上の液が脈動する。この脈動の周波数と蒸留塔の固有振動数とが一致すると、共振して、蒸留塔が振動する。

自動脈動周波数（f_A）には次の性質がある。

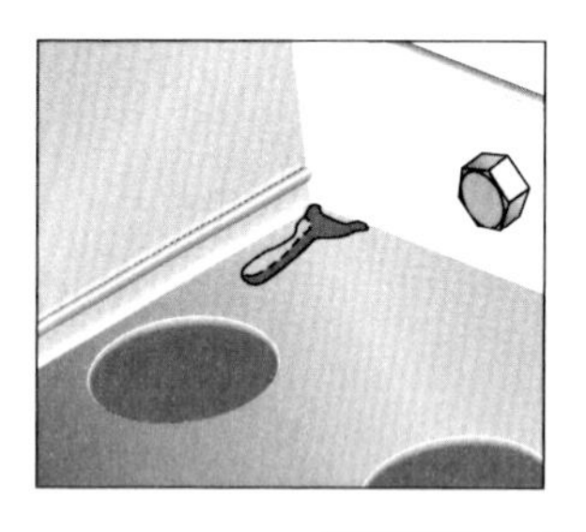

図 8.19　振動により破損したトレイ

● f_A は塔径が大きくなると増加する。
● f_A は開口部の面積が大きくなると増加する。
● f_A は段間隔が広くなると減少する。
● f_A は棚段上の液深が深くなると増加する。

一方、蒸留塔の固有振動数は、蒸留塔の構造と密接に関係している。振動を防止するという点からはビーム（補強材）の強度と質量が深く関係する。

図 8.19 の主ビームはチャンネル材であり、副ビームは直線上の板である。強度と質量の点から、これらをI形鋼、アングル材に変更することにより、振動を防ぐことができる。

自動脈動周波数と蒸留塔の固有振動数は塔径 10～15 ft（3～4.5 m）の範囲で重なるで、この範囲の塔径の蒸留塔には振動を警戒する必要がある。

8.6 サーモグラフィーによる診断

赤外線（IR）熱画像カメラなどの間接または非接触の温度機器は、直接接触型温度計では、過酷であり、実行不可能であり、安全でない場での、使用が可能である。赤外線（IR）熱画像カメラは、リアルタイムに記録し、広いエリアの温度プロファイルを観測できる。しかし、赤外線（IR）熱画像カメラは、表面温度のみを観測できる。したがって、物体の内部の温度は計

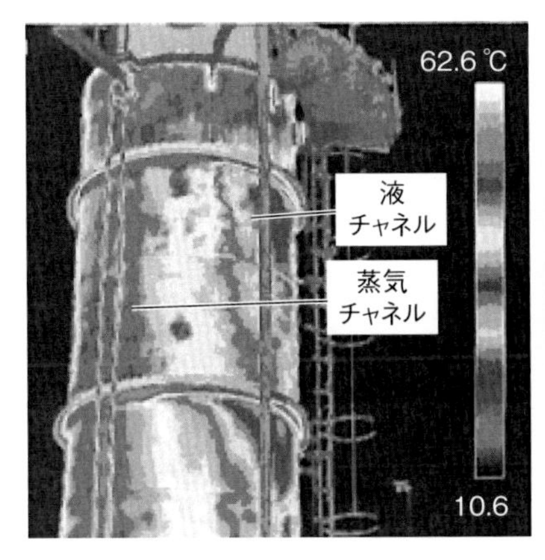

図 8.20　蒸留塔１の熱画像

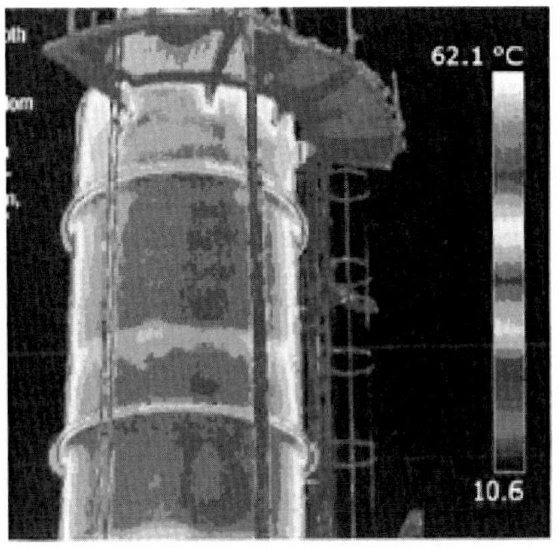

図 8.21　蒸留塔２の熱画像

（Barnard, 2017）

測できない。狭い温度範囲での測定も不可能である。

サーモグラフィーによる充填塔におけるチャンネリングの診断

図 8.20 は、不安定な状態にあるランダム充填塔（蒸留塔 1）の熱画像であり、**図 8.21** は、安定運転（蒸留塔 2）での同一蒸留塔の画像である。蒸留塔 1 の塔頂温度は 12.5 %変動していた。蒸留塔 1 の熱画像は、塔の左から右への顕著な温度勾配 − 27 ℃を示している。蒸留塔 2 の対応する部分の画像はわずか 2.1 ℃の温度差を示している。

温度プロファイル調査により、不安定性の原因がランダム充填塔における液と蒸気のチャンネリングであることが判明した。毎年のメンテナンス中に、液体分配器とベッドリミッタが正しく取り付けられていないと診断され、塔の汚れを悪化させる液体チャネリングが発生していた。汚れが非常に進んで、ランダムパッキングの個々の部分が、ランダムパッキングより上のベッドリミッタに固着し、チャンネリングをもたらしていた。

ランダムパッキングを取り除き、ランダム充填物の上の液体分配器を洗浄し、ランダム充填物を同じタイプの新しい充填物と交換した。起動後、蒸留塔 1 の塔頂温度は通常の動作範囲内にとどまった結果の報告である。

第9章

蒸留プロセスおよび蒸留塔の開発

蒸留の開発は大別すると2種ある。蒸留方法、すなわち蒸留プロセスの開発と蒸留装置の開発である。プロセスの開発としては蒸留困難な共沸混合物や沸点の接近している異性体の分離などがある。あるいは常温では固体である無機物質を反応により塩化物として液化し、蒸留により分離する方法がある。装置の開発のほとんどは棚段（トレイ）並びに充填物（パッキング）の開発である。

蒸留プロセスの開発には、対象混合物の気液平衡の測定が必須であり、プロセスを実験室規模の蒸留塔により確認する。装置の開発には、工業規模の試験用蒸留塔による、性能を確認する必要がある。

9.1
蒸留プロセスの開発

蒸留プロセスの開発に必要な気液平衡の測定法と、実験室規模の蒸留塔としてオスマー型平衡蒸留器とオールダショウ型多孔板蒸留塔の実験方法を解説する。両装置とも、筆者が日常的に使用したものである。気液平衡の測定装置としては、エブリオメータ式もよく使われているが、筆者の使い込んだオスマー型平衡蒸留器について解説した。

9.1.1 気液平衡測定法

(1) 原理

気液平衡を測定する原理を**図 9.1** に示す。図の左側は単蒸留の図である。

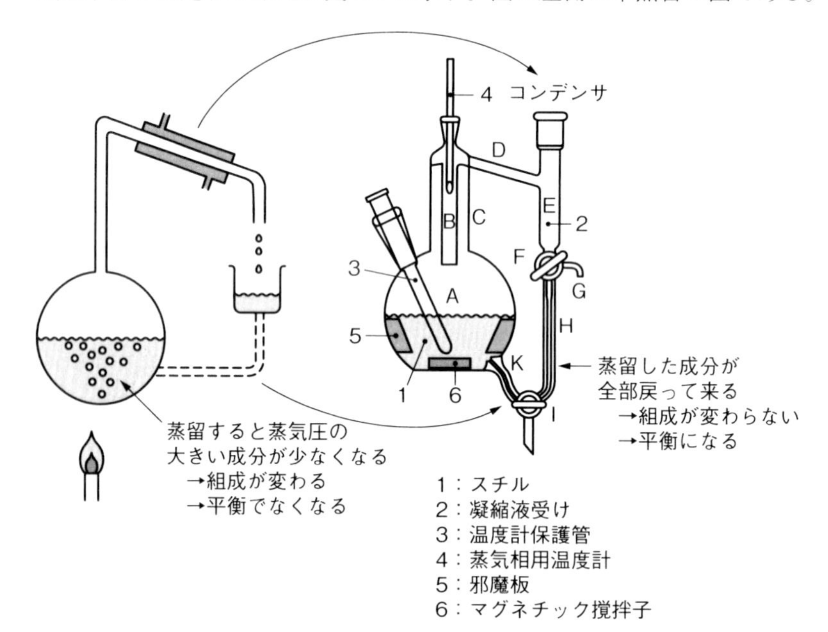

図 9.1 蒸気相循環式気液平衡測定法の原理

中学以来、お馴染みのものである。フラスコの中に気液平衡を測定したい液を入れ、加熱する。やがて沸騰が始まり蒸気が発生する。蒸気はリービッヒの冷却器で凝縮し、液となってビーカーの中にたまる。このような蒸留を単蒸留という。

単蒸留によりフラスコ内の液は蒸発により濃縮されて、ビーカーにたまる。このとき、フラスコ内の液の組成は変わり、蒸気圧の大きい成分は減少し、蒸気圧の小さい成分も減少はするものの、その程度は蒸気圧の大きい成分より少ないので、結果としては、蒸気圧の大きな成分の組成は減少する

したがって、フラスコ内の組成は、蒸気圧の大きな成分が少なくなる。すなわち、液の組成が変わるので平衡にはならない。そこで、蒸留した液を戻す。図 9.1 の中に点線で示した管を設けて、蒸留した液をフラスコに戻す。これによって、フラスコには蒸留したものが全部戻るので、フラスコ内の組成は一定に保たれ、平衡にすることができる。これが気液平衡測定の原理である。

気液平衡の状態では、

液の組成　→　一定　　　　液の温度　→　一定
蒸気の組成　→　一定　　　蒸気の温度　→　一定
液と蒸気の温度　→　同一

である。よって、液と蒸気の温度を測定して、時間の経過に対して、変化しているか否かにより、平衡となっているか否かを判断する。

液と蒸気の組成は、温度が十分に安定した後に、分析して変わっているか否かを調べる。このような気液平衡の測定を蒸気循環法という。液も循環する方法もあるが、多くのデータは蒸気のみを循環する方法で測定されてきた。

（2）測定装置

図9.1の左側に示した測定の原理による実際の測定装置を図9.1右側に示す。

スチルといわれる部分 A に、あらかじめ組成の分かった液を仕込む。仕込む液量は 300 cc 程度である。加熱はスチルの外側に巻きつけた電熱線により行う。電熱線は変圧器を介して電源に接続し、変圧器を調整して加熱量を調整する。加熱量を調節して平衡になるようにする。この加熱量の調節が最も注意を払う部分である。

蒸気が凝縮しないように保護管 B を設ける。これにより、保護管 B は蒸

発した蒸気自体により保温されて凝縮しない。

しかし、それでも外部Cに触れる蒸気は凝縮する可能性があるので、電熱線によりさらに保温する。

加熱用の電熱線は2ヶ所に分けて巻きつける。スチルの液相部分の下半分と、蒸気相のあるスチルの上部の部分Cの上までである。液の蒸発用電熱線と蒸発した蒸気の保温用の電熱線とに分ける。蒸気が凝縮しないように保護管Bを設ける。これにより、保護管Bの内部は蒸発した蒸気自体により保温されて凝縮しない。

（3）測定上のポイント

気液平衡を達成するためのポイントは、次の2点である。

1. 蒸発量を可能な限り少なくして、飛沫同伴がおきないようにする。
2. 蒸発した蒸気が凝縮しないようにする。

飛沫同伴がおきると、蒸発の際に、沸騰した液の一部が、小さな液滴となり、蒸気に伴われて飛んで行ってしまう。これが蒸気中に飛んで来ることは、液が蒸気にならないで気相中に存在し、蒸気の組成を下げてしまう。すなわち、蒸発により蒸気圧の大きな成分が蒸気となるのに、液のまま、蒸気中に上がってしまう。したがって、分圧の大きな成分が増えないまま、蒸気中に存在することになる。飛沫同伴は沸騰が激しい程、多く発生する。そこで、加熱をできるだけ少なくして、沸騰が激しくならないようにする。

次に重要なことは、蒸発した蒸気を凝縮させないことである。凝縮した液はスチルの上部の壁面に付着し、再度蒸発する。これは、再蒸留したのと同じことになり、分圧の大きい成分の組成が平衡の組成より高くなる。このような現象を分縮という。

気液平衡の測定では、この飛沫同伴と分縮を避けることが最も重要である。飛沫同伴を避けるためには蒸発量を少なくする必要があり、分縮を避けるためには、逆にある程度の蒸発量が必要である。この矛盾する操作の合間で測定する必要があり、技術を要する（**図 9.2**）。

蒸発した蒸気はA→B→Dと進み、Eまで来るとコンデンサにより凝縮する。最初、スチルの中は空気で満たされているが、蒸気の発生により、コンデンサを経て、装置の外側に追い出される。この結果、装置の内部は仕込んだ液が蒸発した気体のみ存在するようになる。

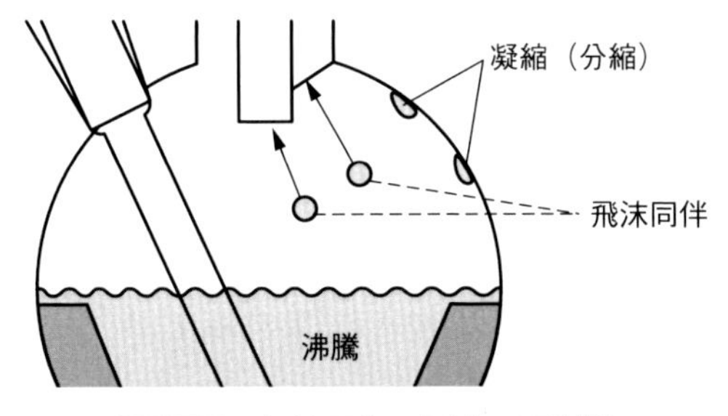

図 9.2　気液平衡の測定に悪影響
——飛沫同伴と分縮——

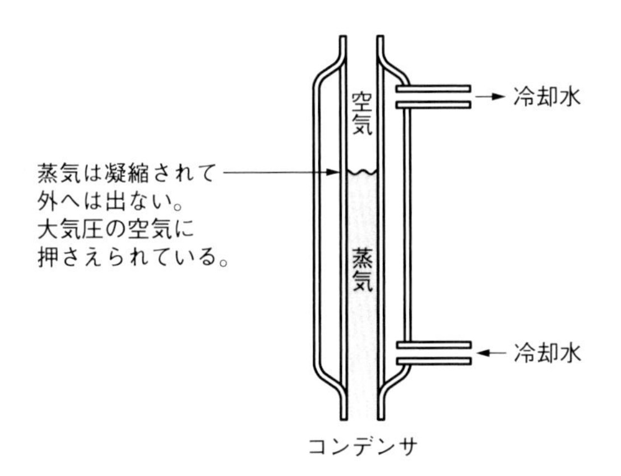

図 9.3　気液平衡の測定

コンデンサ内部では、大気圧の空気に押されて、測定中の溶液の蒸気が存在する（**図 9.3**）。この様な測定を大気圧下における気液平衡の測定という。大気圧は日時によって異なる。高気圧のときも低気圧のときもある。測定の前後で大気圧をフォルタン型気圧計により正確に測定する。

したがって測定点ごとに圧力が異なるので、沸点を補正して平衡温度とする。しかし、幸いにも圧力変化が少ないか、正確さが必要でない場合は、測定した沸点をそのまま、平衡温度とすることもある。気相の凝縮液は E → F → H → I → K という経路でスチルに戻る。これによって、スチル 1 内の組成は一定に保たれて、平衡の達成が保証される。

気相の組成を知るために、凝縮液を取り出して分析する。図 9.1 の F、G

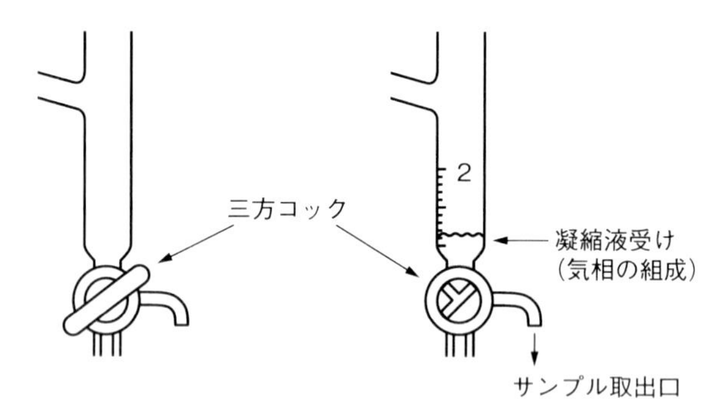

図 9.4 気液平衡の測定

部分および詳細を**図 9.4** に示す。三方コックを図の位置に止めておき、凝縮液を凝縮液受け 2 にためる。分析に必要な量がたまったら、三方コックを時計廻りに動かして、サンプル取出口に接続し、凝縮液をサンプル取出し口から採取する。この際、折角達成している平衡状態をくずさないように、必要以上に採取液をためない。

凝縮液は H → I → K という経路をたどり、スチル 1 に戻る。この経路はスチル内の液が、逆流しないように毛細管にしてある（**図 9.5**）。I の部分にあるのは三方コックだが測定中は I と K との経路のみがつながる位置にする。

（4）測定上の注意事項

以上が気液平衡測定の方法の原理である。原理に直接関係しないが、重要なことを追加しておく。通常、フラスコに液を入れたまま加熱すると突沸という現象が起きる可能性がある。突沸は爆発に似た現象で非常に危険である。この突沸を避けるために、沸石といわれるものを加熱前にフラスコに入れておく。こうすると沸騰に際し細い気泡が発生し、安定した沸騰状態を確保できる。図 9.1 に示した装置では沸石の代りにマグネットの撹拌子 6 を使う。装置の下にマグネチックスターラーを置き、マグネットの撹拌を回転させることにより沸石の代りをさせる。

スチル 1 内の混合を促進するために邪魔板 5 が 4ヶ所に設けてある。これにより、スチル内の沸騰に際して、液の温度のむらを防ぐことができることと、塩などを溶解させる場合に、溶解を促進するのに効果的である。

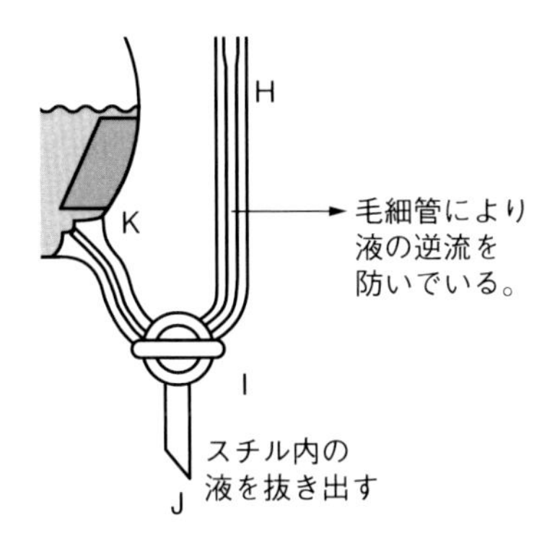

図 9.5　気液平衡の測定

（５）気液平衡の測定法

気液平衡の測定に先立ち、装置の検定を行う。検定には、既に測定されていて評価の定まったデータを用いる。例えばメタノール＋水系などは、これまでに多くの研究者が測定していて、ほとんどの便覧・専門書に掲載されている。

Ⅰ．試料の調盤

1)　測定したい液の組成を決める。
2)　その組成の溶液を調整するために、気液平衡は液相、気相ともにモル分率で組成を表示するから、モル分率に対応した質量を計量しておく。
3)　試料の量はスチル容積の半分程度を用意する。

Ⅱ．大気圧の測定

フォルタン型水銀指示気圧計により、大気圧を正確に測定する。

1)　気圧計の底にあるネジにより水銀溜を上下させて、水銀面を象牙針の先端にふれるように注意深く調整する。
2)　気圧計の水銀柱の高さを、副尺を用いて、1mmHg 以下まで正確に読む。その際水銀面の高さに目線が行くようにする。

Ⅲ．気液平衡の測定

測定の経緯を時間と温度で記録し、平衡到達の確認に使う。**表 9.1** に例を示した。この表に 10 分間隔程度に時刻と温度、必要に応じて大気圧を記録する。この記録は、実験終了後に、測定データの評価に際し、重要な役割を果す。備考欄には、気泡の発生した時刻や、沸騰の始まった時間などを記し

表 9.1 気液平衡測定　記録用紙

＿＿月＿＿日

時刻	スチル電圧	液相温度	保温部電圧	気相温度	蒸発量	備考
9：00	20 V	30.1 ℃	10 V	25 ℃	ナシ	(大気圧など)

て、後に十分に、平衡に達していたデータであったか否かを判定するのに使う。

1） 液を仕込んだら、加熱器用の電圧調整器を 0 V にして電源を入れる。
2） コンデンサに冷却水を流す。
3） 装置の 3 方コックの位置が、凝縮液が取出口より出ない位置となっていることなどを確認する。
4） 電圧調整器の電圧を低めにして、ヒータに電流を流し始める。
5） スチルのマグネチックスターラに電源を入れて、撹拌子を回転する。
6） 撹拌状態が安定していること、スチル内の温度が徐々に上昇していることを確認する。
7） 20〜30 分間隔で電圧を少しずつ上げる。
8） 蒸発速度が一定で、沸騰状態が安定するように電圧を調整する。蒸発速度はコンデンサの下部についているドロップカウンタで知ることができる。ドロップカウンタから落ちる液滴の数を一定時間内で数える。
9） スチル内の温度が一定になったら、さらに、1 時間程度継続して装置を運転する。
10） 試料を採取する直前に温度と大気圧を計測、記録する。
11） 注意深く試料を採取し、容器に格納する。試料は気相の凝縮液を G より採取する。液相は仕込み液の組成とする。仕込み液を大量（300 cc 程度）にしておけば、気相に凝縮した分の影響は無視できる。

気液平衡の測定において温度の測定は極めて重要である。理論上、気相と液相とは同一温度だが、気相の温度を液相と同一に設定すると、分縮が起きる可能性がある。そこで、気相の温度は液相の温度よりわずかに高く設定する。例えば、0.3 から 0.5 ℃とする。

9.1.2　実験室規模の蒸留塔

（1）オールダショウ型多孔板蒸留塔

実験室で連続蒸留を実現して、設計の結果を確認したり、気液平衡データのない場合の蒸留をシミュレートするのに、ガラス製の実験室規模の蒸留塔が便利である。塔内部の運転状況を観察できる。

実験室規模の蒸留塔として、もっとも広く使われているのはオールダショウ型多孔板塔である。オールダショウ型多孔板を**写真 9.1** に示した。写真 9.1 は塔径 32 mm の場合であり、個々の孔径は 1 mm 程度、開孔率は 10 % 程度である。中央に液降下用のダウンカマがあり、下降液は下の段の多孔のない部分に導かれる。

オールダショウ型多孔板は 10 段あるいは 20 段を真空外套型の円筒の中に組み込んでブロック（一体）構造として使う（**図 9.6** 参照）。10 段塔、20 段塔はボールジョイントにより必要個数だけ接続し、50 段塔、60 段塔などとする。図 9.6 において、真空外套部の内面は断熱効果を高めるために銀メッキされており、内外の温度差を考慮に入れて、蛇腹構造を一部取り入れてある。

オールダショウ型蒸留塔はガラス製で、塔内部の作動状況をよく観察できるようになっている。原料供給部および試料抜き出し部は、必要に応じてブ

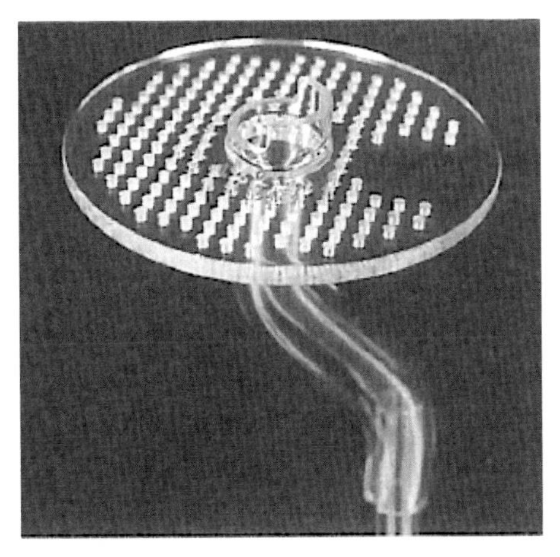

写真 9.1　オールダショウ型多孔板

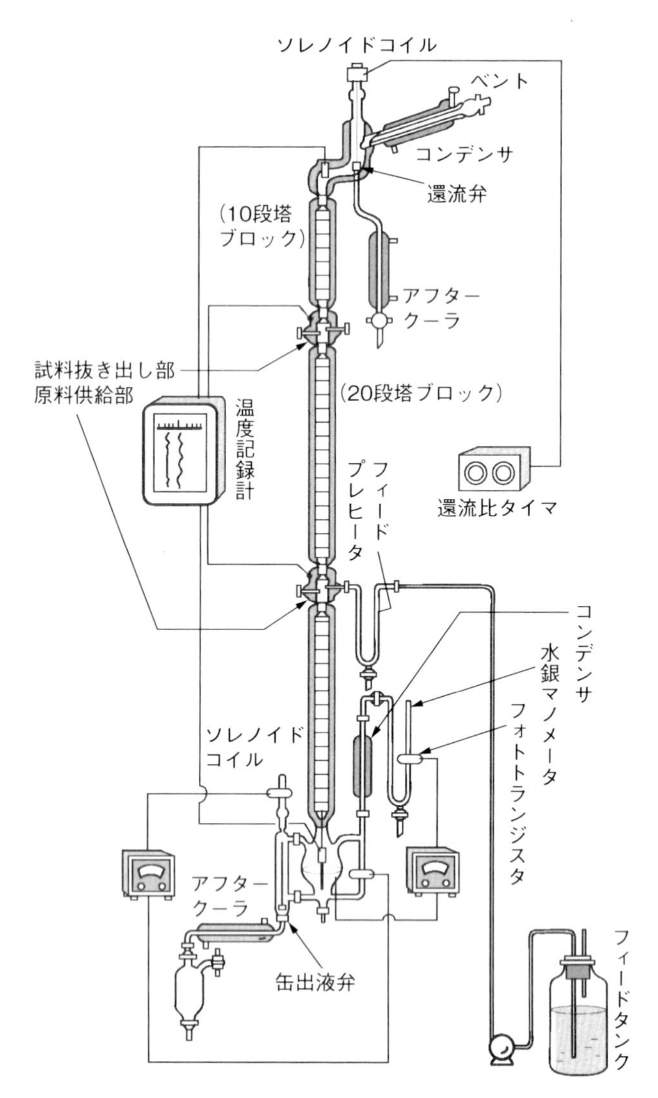

図9.6　連続式実験室用オールダショウ型蒸留塔

ロックとブロックの間に組み入れる。原料の供給には定容量、微量調整ポンプが使用される。缶液および供給液の加熱には、マントルヒータを使用する。缶液の蒸発量は缶内の圧力を水銀マノメータで検出し、その水銀面の動きを感知してヒータの制御を行う。

還流比は、留出側用と還流側用の２つの還流比タイマにより、還流弁の開閉時間を設定し、任意の還流比に調節する。また、缶液の抜き出しは、缶内の液面を制御することによって行う。

各部の温度は塔頂部、原料供給部、および試料抜き出し部、塔底缶部に挿入された熱電対により記録計に記録し、塔頂部および塔底缶部の正確な温度は棒状標準温度計により別に測定する。

オールダショウ型としては、内径、段間隔ともに32 mmのものが多いが、筆者の研究室で特に室内用として、内径、段間隔ともに25 mmのものを製作した。その仕様と効率を以下の**表9.2**に示す。

図9.6に示したオールダショウ型蒸留塔を使用すれば、一定流量の原料供給、還流比の自動設定、缶出液の液面制御による自動抜き出しにより、自動連続蒸留を実現できる。

メタノール–水系において、塔頂における水分を5 ppmとする蒸留実験のオールダショウ型蒸留塔による例を示す。

理論段数ならびに段効率から、濃縮部の実段数として50段が必要となるので、塔底に原料液を供給して実験を行う。塔頂の受器内部の留出液は、大気中の水分の影響を防ぐため**図9.7**に示すようなサンプリング器を、留出液用アフタークーラ（図9.6参照）の下に接続する。図9.7中、Aの部分には

表9.2　オールダショウ型多孔板塔の仕様

塔内径（mm）	25
段数（段）	50（最大）
段間隔（mm）	25
孔径（mm）	0.8
孔数	64
開孔率（%）	6.5
堰高さ（mm）	1.2
総括塔効率（全還液）	メタノール–水　55 % メタノール–エタノール　85 % 2–プロパノール–水　50〜72 % 酢酸エチル–エタノール　64 % 2–プロパノール–水–$CaCl_2$　55 %〜73 %

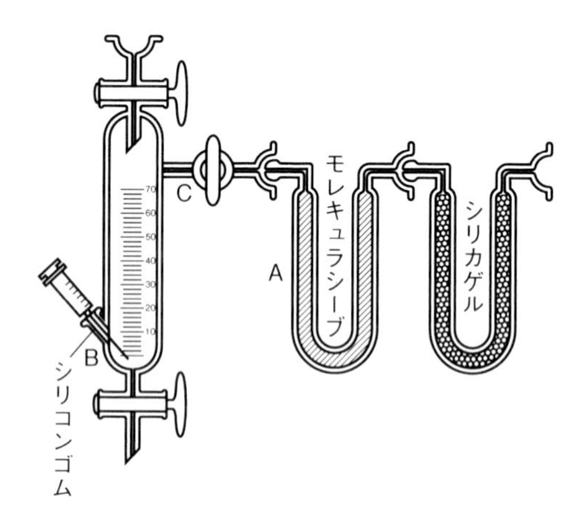

図 9.7 留出液用サンプリング器

モレキュラシーブおよびシリカゲルを充填したU字管を接続し、Bの部分のシリコンゴムから注射器で抜き取る。これは、Cのコックを閉じると排気系以外は外気と遮断されるが、還流部分の電磁弁が圧力の関係で開かなくなるために必要となる。また、塔頂コンデンサの排気部にもモレキュラシーブを充填したU字管を接続し、大気中の水分の影響を極力防ぐようにする。

蒸留塔の運転は、まず、全還流で塔内がフラッディングポイントの少し下で定常状態となるまで運転した後供給を開始し、還流比を120、60、30、……、3、4と下げていき、約40時間連続運転した。分析は、水分測定をカールフィッシヤー法により行った。

実験の結果を**表 9.3**に示した。実験は午後の5時に開始して、翌日の午後8時15分に終了している。効率を上げるために、蒸発量を増加し、フラッディングさせ、その後に蒸発量を減少させ、フラッディングしない状態で蒸留を続行した。フラッディングした時刻は、午後6時12分であった。塔内の安定を図るために、全還流で実験を引き続き行い、安定したとみられる翌日の午後1時38分より定還流状態に入った。目的の留出液中の水分が5 ppm以下となったのは午後4時10分であった。

表9.3　メタノール-水系の蒸留結果

項目 / 時刻 時　分	塔頂温度（℃）	塔底温度（℃）	還流比	留出液中の水分（ppm）
17　00	64.5	85.0	全還流	171.0
17　30	〃	〃	〃	45.1
18　12	〃	〃	〃	58.6
19　07	〃	〃	〃	105.0
20　07	〃	〃	〃	22.6
21　37	〃	87.0	〃	14.5
0　20	〃	90.0	〃	
4　30	〃	86.0	〃	28.9
6　00	〃	87.0	〃	14.5
8　28	〃	88.0	〃	28.9
9　38	〃	〃	〃	25.3
10　38	〃	83.0	〃	18.1
11　38	〃	79.0	〃	14.5
12　38	〃	〃	〃	〃
13　38	〃	78.0	120	18.1
14　48	〃	〃	60	14.8
15　15	〃	〃	20	8.5
15　37	〃	〃	10	15.3
16　10	〃	〃	〃	4.6
16　40	〃	〃	4.1	5.4
17　10	〃	79.0	〃	〃
17　45	〃	80.0	3.4	10.9
18　05	〃	〃	〃	18.6
18　15	〃	〃	〃	14.7
18　25	〃	〃	〃	10.9
19　15	〃	〃	〃	18.6
19　35	〃	〃	2.64	77.5
19　45	〃	〃	〃	147.3
20　05	〃	〃	1.79	610.7
20　15	〃	〃	〃	1,391.9

蒸留結果の考察

表より、留出液中の水分の量が還流比の減少に従って全体的な傾向としては少なくなっていることがわかる。これは、蒸留の理論からいって矛盾した結果であるが、本実験装置においては還流比はタイマによりセットし

$$還流比 = \frac{弁閉時間}{弁開時間}$$

となっているので、塔内蒸気速度を一定として運転した場合、分析に必要な一定容量（10～20 cc）の留出液を得るのに必要な時間は、還流比の小さいときほど短くなる。したがって還流比の小さいときほど空気との接触時間は短くなるので、乾燥剤で脱水できなかった空気の水分の吸収量が少なくなり、還流比の小さいときのほうが水分の量が少なくなったものと思われる。

（2）ヘリパック型充填塔

実験室規模の蒸留塔として、簡便に取り扱える充填式回分蒸留塔が便利である。充填物として、ステンレス線をコイル状に巻いたヘリパックがよく使われる。市販されている装置の仕様を以下の**表 9.4** に示した。

充填物ヘリパックの性能を**表 9.5** に示した。HETP は、1～2 cm 程度であるから、約 1m の充填塔の場合、50～100 理論段を有することになる。全還流により、精製の可能性や共沸点の有無などを試験するのに用いられることが多い。

表 9.4

項目	仕様
塔内径	15 mm
充填物	ヘリパック　パッキング　No. 2（ステンレス製） 1.3×2.5×2.3 mm
充填高	90 mm または 45 mm
缶容量	250、500、1,000 cc
保　温	真空外套式

表 9.5

充塡高 (mm)	塔内径 (mm)	蒸発量 (ml/min)	*HETP* (cm)	全段数	ホールドアップ (ml/plate)	圧力損失 (mmHg/plate)
915	13.4	1.7	0.96	95	0.25	0.0054
〃	〃	3.5	1.10	83	0.32	0.023
〃	〃	5.0	1.24	74	0.38	0.042
〃	〃	7.0	1.41	65	0.46	0.084
〃	〃	8.5	1.52	60	0.53	0.132
〃	24.5	4.0	0.89	103	0.43	0.0057
〃	〃	8.0	1.0	91	0.54	0.013
〃	〃	15.0	1.22	75	0.73	0.035
〃	〃	24.0	1.50	61	1.02	0.096
〃	〃	30.0	1.63	56	1.16	0.174
1,220	48.0	18.0	1.13	108	1.37	0.0082
〃	〃	33.0	1.25	98	2.16	0.017
〃	〃	66.0	1.57	78	3.46	0.064
〃	〃	100.0	1.94	63	4.89	0.17
〃	〃	110.0	2.04	60	—	0.22
216	13.0	1.0	0.67	32	—	—
〃	〃	2.0	0.90	24	—	—
〃	〃	4.0	1.14	19	—	—
〃	〃	6.0	1.35	16	—	—
〃	〃	8.0	1.49	14.5	—	—

注）1　2, 2, 4-トリメチルペタン-メチルシクロヘキサン系による
　　2　$\alpha=1.04906$
　　〔A. Weissberger, *Technique of Org. Chem.,* Ⅳ. p. 205 John-Wiley & Sons (1951)〕

9.2 水力学的性能試験

蒸留塔の棚段は流体力学的に見れば、気体および液体の示す流体としての挙動によりその性能が左右される。棚段の流体力学的性能を調べるには、気体を空気で、液体を水で置き換えて試験する。これによって、安価にしかも容易にその性能を知ることができる。

棚段の機能は棚段上における気体と液体との十分な接触により発揮される

しかし、一定の塔径の塔内を上昇する気体の量には限界があり、これをフラッディングというが、フラッディングは、棚段上に滞留する液体の量によって左右される。これらの挙動を知るには、棚段を通過する気体の圧力損失を測定する。

圧力損失は気体（空気）のみを供給した場合の乾き圧力損失と液体（水）をも流した場合の濡れ圧力損失とを測定する。

空気—水系トレイシミュレータ

フローシートを**図 9.8** に示す。塔は内径 400〜2,000 mm、段間隔 300〜600 mm で段は 3 段の装置が一般的である。塔の材質はポリ塩化ビニール、棚段は炭素鋼を使用する。空気源としてはブロワを用い、水はヘッドタンク

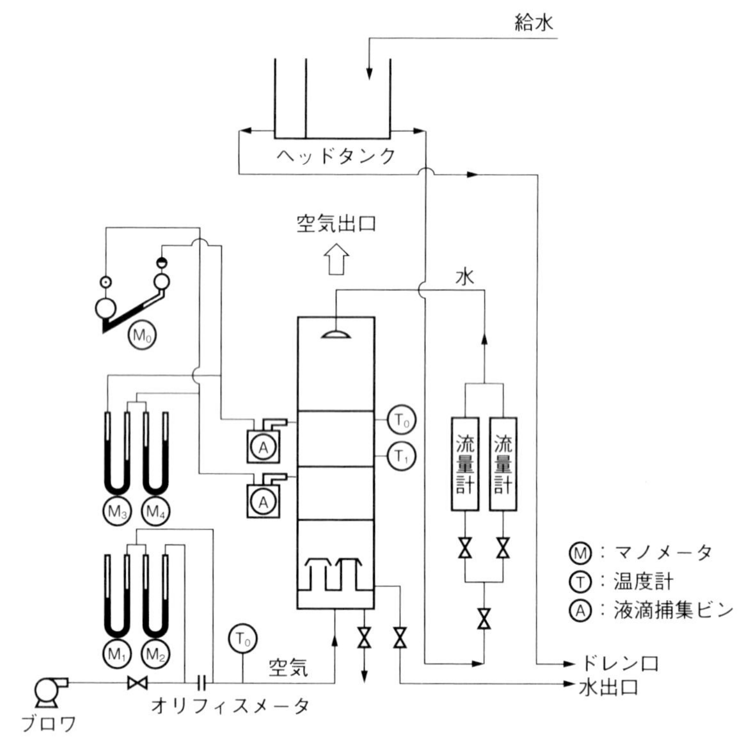

図 9.8 棚段の流体力学的性能試験装置（大江ら，1972）

に貯水したものを用いる。アングルトレイを組み込んだ場合の写真を**写真9.2**に示した。

水は流量計を介して分散板に送り、最上段に供給する。空気はオリフィスメータを介して最下段からディストリビュータにより供給する。

圧力損失は塔の各段にマノメータを付し差圧を求め、泡沫層高は塔壁に1 cm幅の方眼紙をはり付けて直読し、液層高は**図9.9**に示す装置によりやはり直読する。棚段上の水温、空気の温度、オリフィス通過直後の空気温度を測定する。水の流量をいろいろ変え、空気流量は空塔速度0.1～2.7 m/sの範囲で試験する。

3種の棚段（多孔板、バラスト、アングル）の流体力学的特性を塔径450段間隔300 mmの装置を用いて行う。実験用の棚段の主要仕様を**表9.6**に示

写真9.2　棚段シミュレータ（塔径1,000 mmϕ）

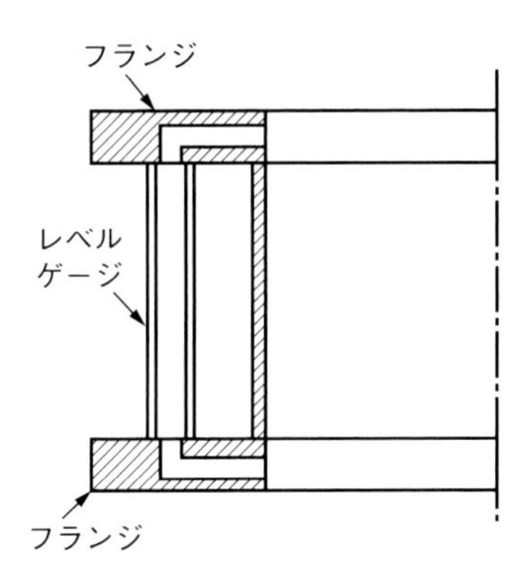

図9.9　棚段上の液滞留量測定装置

表9.6　試験用棚段の主要仕様

種別＼項目	開孔比（%）	板厚（mm）	アングル（mm）	開口部（mm）
多孔板	10.0	2.3	—	孔径：3
バラスト	〃	〃	—	孔径：40
アングル（1）	10.0	〃	25×25	スリット：8.0
アングル（2）	6.7	〃	20×20	スリット：4.0

（注）材質はすべて炭素鋼材である

す。

実験結果を以下に示す。

1） 乾き圧力損失

棚段の設計にあたり乾き圧力損失はもっとも重要な因子であり、かつ棚段の性格を表す因子の一つでもある。特に、多孔板トレイにおいては、乾き圧力損失により棚段上の液の漏洩限界点（ウィープ点）が決定される。

多孔板およびアングル、バラスト各トレイの測定結果を**図 9.10** に示す。圧力損失は、全空気流量範囲において多孔板トレイ>バラストトレイ>アングルトレイとなっており、多孔板とアングルトレイとの圧力損失の差は 2～25 mmAq（1 段当たり）である。

多孔板トレイ、ターボグリッドトレイおよびアングルトレイの濡れ圧力損失の測定を空気–水系について行った。

実験結果を以下に示す。

1） 400 mm シミュレータにおける濡れ圧力損失の測定結果を**図 9.11** に示した。多孔板トレイ、ターボグリッドトレイおよびアングルトレイの開口率はそれぞれ 6.7 %、9.58 % および 6.4 % であり、多孔板トレイの孔径 5 mm、ターボグリッドトレイのスロット幅は 8 mm、アングルトレイのスロット幅は 4 mm である。ターボグリッドトレイの開口率のみが

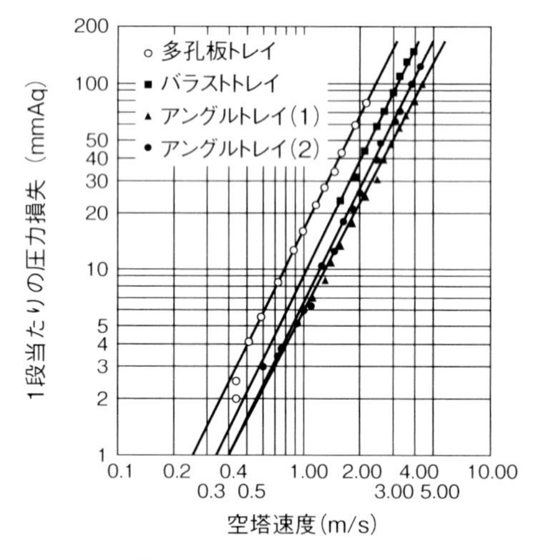

図 9.10 乾き圧力損失

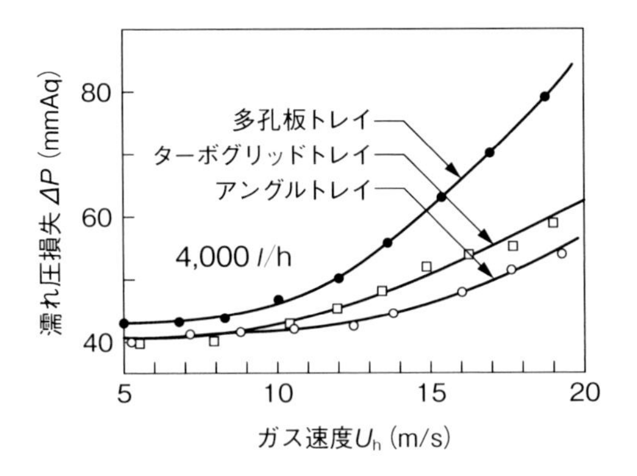

図 9.11　溜れ圧力損失の測定結果

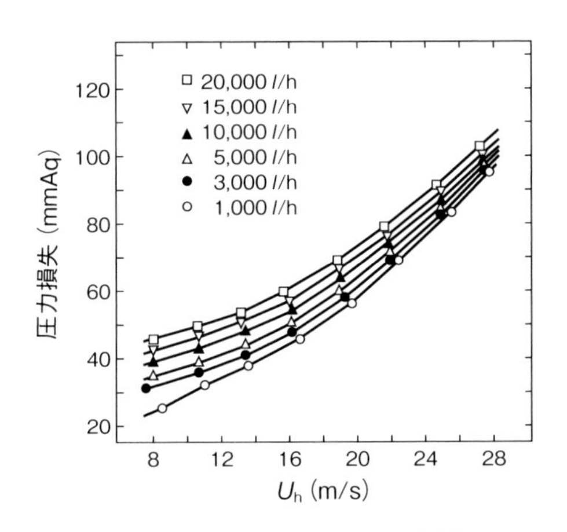

図 9.12　濡れ圧力損失の測定結果

大きい。もしターボグリッドトレイの開口率が多孔板トレイやアングルトレイと同じ開口率であれば、図の結果より高い濡れ圧力損失を示するはずである。濡れ圧力損失の大きさは

多孔板＞ターボグリッド＞アングル

2)　液負荷を変えた場合の濡れ圧力損失を 1,000 mm シミュレータの空気-水系により測定した結果を**図 9.12** に示した。測定したアングルトレイの開口率は 8.14 % で、スロット幅は 3.6 mm である。液量は 1,000～20,000 l/h の範囲で変化させた。

9.3
実用化試験　パイロットプラント

蒸留塔の棚段を開発する際の実用化試験（パイロットプラントによる実証試験）の方法を、筆者のアングルトレイの開発を例に述べた。充填物の開発にも参考になる点は多いと考える。棚段（トレイ）や充填物（パッキング）の開発に際しては、開発元である自社内で、まず性能を確認した上で、第3者評価、すなわち他社試験が必要である。

▶ 9.3.1　自社試験

トレイの性能は、最終的には工業規模の試験用蒸留塔により効率を測定して決定する。**図 9.13**（**写真 9.3**）に示した蒸留塔は軟鋼製で、棚段の交換を容易に行えるようにフランジタイプとしてある。内径 400 mm、段間隔 380 mm のユニットとした。ユニットを塔底部の上に5段積み重ね、その上に塔頂部を積み重ねる構造として、6枚の棚段を挿入できる。一般に、多孔板およびバルブタイプのトレイの溢流堰の高さは、25～50 mm が適当とされている。工業規模の試験用蒸留塔では 25 mm とするが、種々の高さの溢流堰が取り付けられるようにする。通常、溢流管と棚段の間隙（ダウンカマクリアランス）は堰高より 6～12.5 mm 小さくすることとされているので、ダウンカマクリアランスは 10 mm とした。溢流部面積は全塔面積の 10～20 %とされており、この蒸留塔では、17.5 %とした。

前節で述べた実験室規模の蒸留塔によって、蒸留プロセスの確認を行うことはできる。しかし、25～50 mmϕ 程度の実験室規模の蒸留塔では、スケールアップには無理があり、少なくとも 400 mm 程度以上の蒸留塔により塔効率を測定する必要がある。

実用化のための工業規模の試験用蒸留塔の組立図を図 9.13 に示した。本装置は蒸留塔本体、シエルアンドチューブの強制循環形リボイラ、還流液タンク、強制循環ポンプ、塔頂コンデンサ、還流液ポンプからなっている。

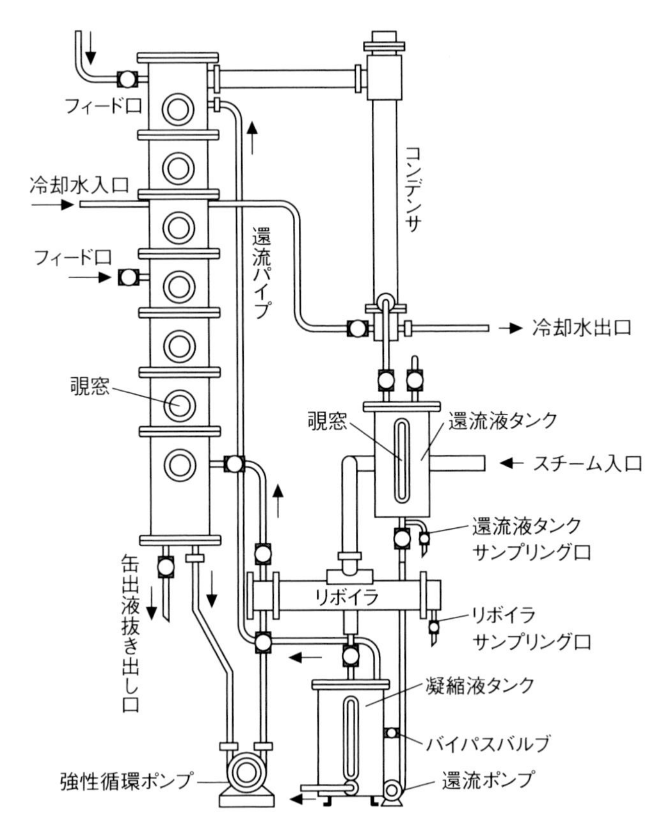

図9.13　工業規模の試験用蒸留塔の組立図（大江ら，1972）

塔頂部の蒸気取り出し口は気液の分離をよくするため上向きとした。全段に、塔内の蒸留状態を観察するためのガラス製の覗窓、気液各サンプリング口、温度計および圧力計を取り付けた。

棚段を組み込むためのプレートを設けて、どのようなタイプの棚段をも取り付けて試験できるようにする。

実験はすべて全還流で行う。2成分系試料を軽沸点成分で約25 wt %に調製した液を還流液タンクに約40ℓ 仕込み、還流ポンプにより塔底部に仕込んだ後強制循環ポンプを回転させ、スチームを流してリボイラを加熱させる。留出液が還流タンクにたまり始めると還流ポンプを作動させ、全還流運転を行う。決めた蒸気速度となるように過熱スチーム量を元バルブで調節して蒸

写真9.3 試験用蒸留塔全景（大江ら，1972）

気速度を一定に保ちながら一定時間運転し、塔頂と塔底の温度が一定となったら定常状態に達したものとして還流液サンプリング口から留出液量をボーメの比重計とメスシリンダにより計量する。その中から微量の液サンプルを抜き取りまた、リボイラのサンプリング口から塔底液サンプルを抜き取って、それぞれをガスクロマトグラフで分析し、留出液量と留出液組成とから蒸気速度を計算する。最上段、最下段の液を試料として抜き取り、その組成から理論段数を求め、実段数により塔効率を決定する。

蒸留塔本体

本蒸留塔は軟鋼製で、棚段の交換を容易に行いうるようにフランジタイプとする。塔本体は**図9.14**に示す塔頂部塔内径400 mm、段間隔350 mmのユニットと、**図9.15**に示すような塔内径400 mm、段間隔620 mmのユニットからなっている。図9.14のユニットを塔底部の上に5段積み重ね、その上に図9.15に示す塔頂部を積み重ねる構造となっており、6枚の棚段を挿入することができる。図9.14にユニットの詳細を示すが、溢流堰はユニッ

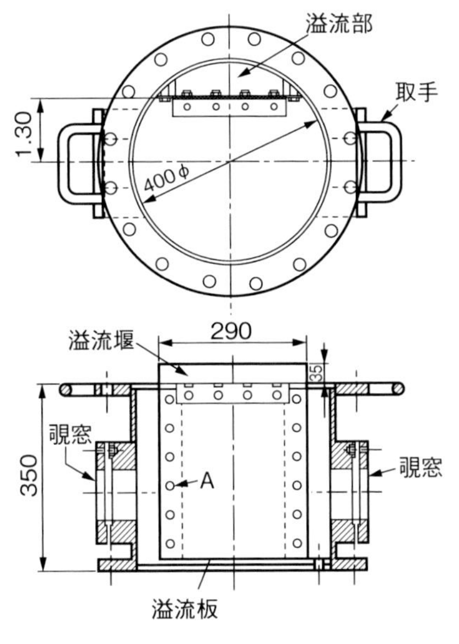

図 9.14　塔本体のユニット（大江ら，1972）

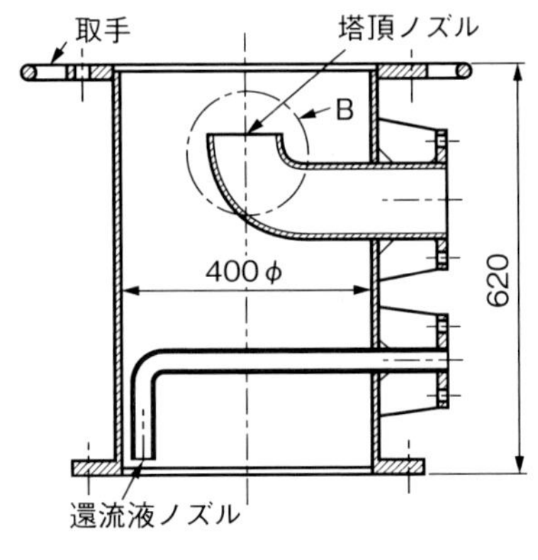

図 9.15　塔頂部のユニット（大江ら，1972）

トにボルト（A 部）で取り付けられていて、自由に取りはずしでき、簡単に無堰蒸留塔にできる構造としている。溢流堰の高さは、液量、許容圧力損失およびコーニングを防ぐなどの点から決定される。一般に、多孔板およびバルブタイプトレイの溢流堰の高さは、25～50 mm が適当とされている。本蒸留塔では 30 mm とするが、交換することによって、種々の高さの溢流堰が取り付けられる。最近の論文によれば不要であるという報告が多いため流入堰は省く。

すべての段の塔内流動状態の観察と気液の各サンプリングおよび温度、圧力が測定できる。

蒸留塔の付属機器

熱交換器リボイラの代表的なものとしてはサーモサイホン形がある。本蒸留塔では比較的粘度の高い溶液なども扱うことを考えて強制循環形とした。塔頂のコンデンサは普通のシェルアンドチューブ形を用いた。還流ポンプにはバイパスと流量調節用のバルブを付けたので、バイパスの流量を変えることにより還流比を任意に選ぶことができる。

棚段の選択

棚段組み込み用プレートによりどのようなタイプの棚段をも取り付け、蒸留塔の各段に挿入して実験することができる。また、各段への棚段の組み込みは、装置最上部にチェーンブロックを設置し各段をつり上げて行う。

▶ 9.3.2 他社試験 FRI

工業規模の試験用蒸留塔により蒸留実験を行っておけば、工業化に際し発生する問題を事前に発見し、トラブルを解消できる。しかし、工業規模の試験用蒸留塔の設置、運転、保守には多額の経費を必要とする。

共同出資により、工業規模の試験用蒸留塔を設置し、運営することにより、この経済的問題を解決できる。この目的のために、米国に蒸留研究機関（Fractionation Research, Inc. 略称 FRI）が 1952 年に設立された。FRI で測定される多孔板塔の蒸留実験データに基づく設計指針は事実上の世界の標準といえる。

工業用の蒸留装置の設計には、系統的な設計法が必要である。設計法を確立するためには、膨大な試験を工業規模の試験装置により行わなければならない。したがつて、多額の費用を要することになる。例えば、中国の天津大学は蒸留研究設備を建設したが、その費用は 20 億円である。したがって、工業規模の試験装置を民間企業 1 社で備えることは不可能に近い。この種の研究設備は、国が準備すべきものであろう。しかし、米国の石油企業の技術者達は 60 年前に研究コンソーシアムの道を選び、国に頼らずに自分たちで研究費を拠出し研究専門の会社 FRI：Fractionation Research Inc. を立ち上げた。会社の存続期間は、当初 5 年間とした。

世界の研究コンソーシアム FRI

FRI が設立当初からしばらくの間、最も力を入れて研究したのが、最も一般的な多孔板トレイの性能と、その設計法であった。その結果、多孔板トレイが広く安定的に使われるようになった。最近は、世界の主要メーカーが開発するほとんどの蒸留装置の試験を行っている。

FRI の工業規模の試験用蒸留塔は、オクラホマ州立大学（OSU）の構内に設置されている（**写真 9.4**、**図 9.16** 参照）。

主要な仕様を、以下に示す。

低圧塔　　操作圧：10 mmHg〜165 psia
　　　　　内径 1.2 m 塔高 8.4 m、 内径 2.4 m 塔高 3.7 m
高圧塔　　最高操作圧 500 psia
　　　　　内径 1.2 m 塔高 8.4 m

FRI は非営利の会員制会社として、1952 年に設立されている。その存続には 3 年あるいは 5 年の時限が設けられているが、2017 年現在、活発に研究が進められていて、一度も途切れていない。会員各社が存続を望まなければ、いつでも閉鎖可能な組織である。会員各社の会費のみにより運営されていて、政府系の補助金などは一切入っていない。

会員企業であるが、世界をリードする石油精製、石油化学、化学、エンジニアリング企業で構成されている。

会員数は設立当初は 34 社であったが、最近は約 100 社であり、約 3 分の 1 が米国の 24 社であり、日本は米国に次いで多く、約 10 社である。

写真 9.4　FRI 工業規模の試験用蒸留塔

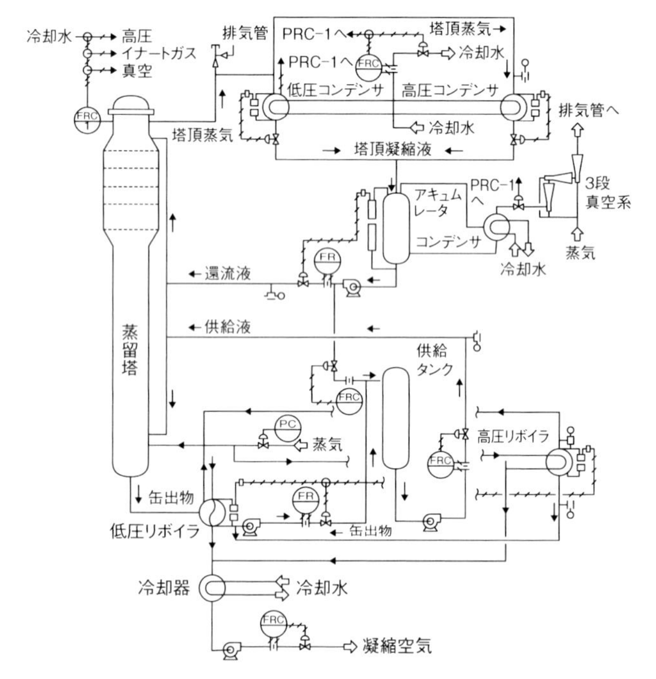

図9.16 FRI蒸留塔のフローシート

日本の参加企業を以下に示す。

①IHI（旧石川島播磨重工業）、②三井造船、③住重プラントエンジニアリング、④日立造船、⑤千代田化工建設、⑥日揮、⑦東洋エンジニアリング、⑧三菱ケミカルエンジニアリング、⑨新興プランテック。

日本以外の企業の例を以下に挙げる。

米国（Exxon Mobil、Chevron、Shell、Dow Chemical、DuPont、Air Products、Bechtel、Fluor、Koch-Glitsch、UOP）、ドイツ（BASF、Linde、Lurgi、Siemens）、英（BP）、フランス（Total）、スイス（Sulzer）、中国（SINOPEC）、韓国（Samsung）、ブラジル（PETROBRAS）。

会員会社数の変動は時代を反映しており、日本および米国では企業合併により会員会社数が減少しているが、韓国、中国、インドなどの新興国では逆に増加している。

研究コンソーシアム FRI の運営費用

FRI の資本金は＄4,000,000 で、年間予算は＄2,000,000 であり、FRI の運営は法人からなる会員の会費により、なされている。会費は会員会社の企業規模および形態により異なるが年会費3万～8万米ドル程度である。会費は研究成果のメリットの享受の程度に応じて決められている。化学会社、石油会社の会費はエンジニアリング会社より高額となっている

研究コンソーシアム FRI 成功の要因

成功の要因は何処にあるのか？　その答えは至って簡単なことである。会員会社の望む研究題目を忠実に実行してきたことである。FRI の意思決定システムは端的に組織図に表れている。“FRI Is Member Driven!” が方針を簡単明瞭に示している。

組織図のトップに会員会社があり、社長はその下（左側）に位置している。

この研究機関の研究方針の決定がいかなる方法によってなされているか？研究方針の決定は厳密な合議制によっている。すなわち、研究の長期計画にしろ、短期計画にしろ、研究に関することはすべて会員各社の代表者で構成する研究計画委員会（TAC：Technical Advisory Committee）において投票で決定される。具体的な研究テーマは各委員より委員会に提案され十分な討議を経て決定される。

研究を実行するスタッフはすべて専任であり、会員会社からの出向などは一切ない。試験装置のオペレータを含めてもスタッフは20名以下である。固定費を最小限に抑えた効率的な運営であり、参考とすべき点である。

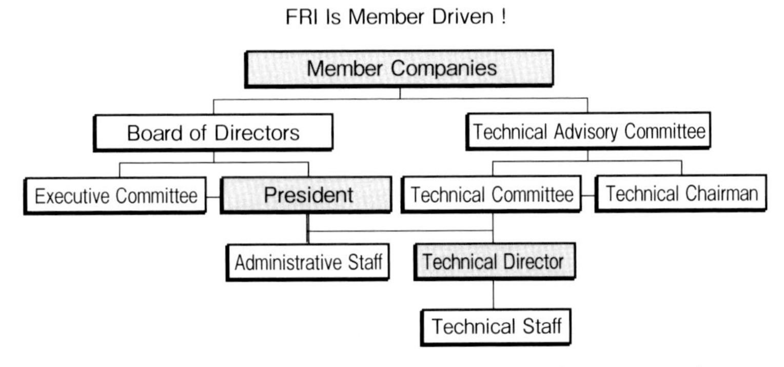

図 9.17　研究コンソーシアム FRI の組織図（Deam, 1999）

写真9.5 FRIにおける試験装置の組み立て現場（http:www.fri.org/）

研究機関という形態ではあるが、研究を進めるための試験装置の運転は、小規模な化学工場の運転と共通する点が多い（**写真9.5**参照）。

5年を存続期限としてスタートした研究コンソーシアムが60年以上にわたり存続し、発展を続けているのは、会員企業の要求を忠実に実行した結果である。このことを守らなければ存続はあり得ないという明確な意思が強力に受け継がれている。これにより文字通り世界の蒸留技術をリードする研究機関となっているのであるが、結果に安住せずに設立の趣旨を忠実に実行しているのが、最大の成功要因と考える。

FRIにおける試験結果

試験に用いた多孔板トレイの詳細を**表9.7**に示した（**図9.18**参照）。段数は10段であるが、最上段は飛沫同伴の測定用としてある。

試験に用いた系および操作条件下における物性定数を**表9.8**に示した。

試験データの一部を**表9.9**に示した。試験は

A：フラッディング

B：全還流下の塔効率

C：圧力損失

D：飛沫同伴

E：ウィービング点

の5項目について行われている。

表 9.7　FRI の試験用多孔板トレイの詳細

項目	値
塔　　径（m）	1.2
棚　間　隔（mm）	610
多孔板材質（米国規格）	316 ss
多孔板板厚（mm）	1.5
蒸気に面した多孔板の形状	sharp
孔径とピッチ（mm×mm）	12.7×38.1
出口堰、高さ×長さ（mm×mm）	51×940
ダウンカマ下のクリアランス（mm）	38、51
ダウンカマ面積（m^2）	0.14
有効接触面積（m^2）	0.859
孔　面　積（m^2）	0.0715

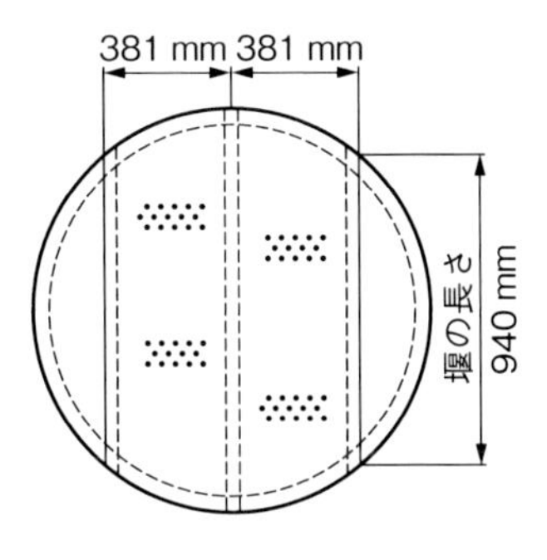

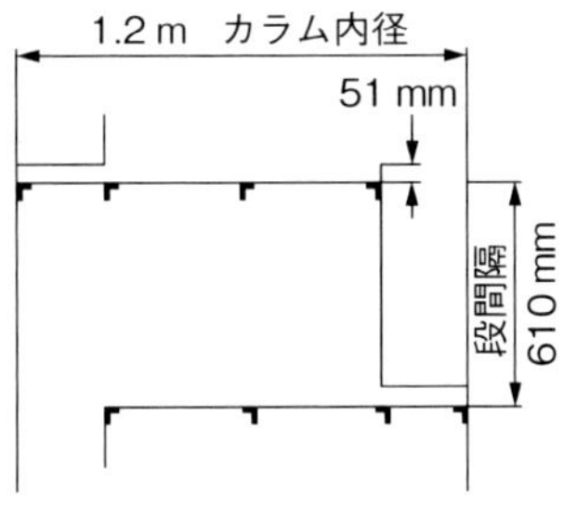

図 9.18　試験用多孔板塔

（Sakata, Yanagi, 1979）

表 9.8　試験条件下における各系の物性定数

	系				
	シクロヘキサン-*n*-ヘプタン		イソブタン-*n*-ブタン		
圧　力（kPa）	34	165	1,138	2,068	2,758
蒸気密度（kg/m^3）	1.1	4.8	28	52	78
液密度（kg/m^3）	700	641	493	437	391
液粘度（mPa･s）	0.37	0.23	0.09	0.065	0.05
表面張力（mN/m）	18.5	13.5	5.0	2.5	1.1
相対揮発度	1.84	1.57	1.23	1.16	1.11

表 9.9 FRIにおける試験データ（Sakata, Yanagi, 1979）

実験番号	101	105	212	504
実験の種類*	A	B、C	D	E
棚段の位置	4	4	6	8
蒸気密度 (kg/m^3)	4.77	4.31	4.92	4.65
液密度 (kg/m^3)	646	673	654	647
蒸気流量 (kg/s)	4.78	5.75	5.29	1.44
液流量 (m^3/h)	80.40	30.66	16.58	4.25
飛沫同伴量 (kg/s)	—	—	0.314	—
圧力損失 (kPa/段)	1.320	1.625	1.481	0.306
総括塔効率 (%)	—	89.4	—	—
泡末層高 (mm)	610	610	—	152
(棚段の位置)	4	4	—	4
温度（℃）				
塔頂蒸気	103.7	97.1	104.4	102.9
還流液	66.4	59.6	49.1	104.1
棚段10出口	95.8	—	—	—
棚段8出口	105.3	98.5	—	104.2
棚段7出口	106.0	100.1	—	—
棚段6出口	106.3	101.0	105.3	104.6
棚段5出口	106.6	102.3	—	—
棚段4出口	106.8	104.2	108.2	104.8
棚段3出口	107.3	106.2	—	—
棚段2出口	—	—	109.1	—
棚段1出口	107.7	108.5	109.3	—
リボイラ蒸気	108.8	112.7	109.6	104.9
リボイラ液	109.1	113.0	110.2	98.4
液組成（シクロヘキサンのモル%）				
還流液	57.25	93.1	66.3	53.28
棚段10出口	—	93.1	—	—
棚段8出口	50.8	90.95	—	53.01
棚段7出口	—	87.1	—	—
棚段6出口	—	81.9	—	—
棚段5出口	—	75.0	—	—
棚段4出口	51.95	73.2	—	52.20
棚段3出口	—	57.5	—	—
棚段2出口	—	46.7	43.3	—
棚段1出口	—	38.0	—	—
リボイラ液	47.05	28.1	42.5	52.20

*A：フラッディング、B：全還流下の塔効率、C：圧力損失、D：飛沫同伴、E：ウィーピング点

A　処理能力

処理能力の上限はフラッデイング現象により確認できる。フラッディング現象の原因としては、過大な飛沫同伴量とダウンカマ部における流量の限界の２つが考えられ、系の物性によってどちらかの影響が強く出る場合と、両方とも原因となる場合とがある。

表 9.9 の測定結果では、シクロヘキサン–ヘプタン系は過大な飛沫同伴量がフラッディングの原因であり、イソブタン–n–ブタン系は過大な飛沫同伴量とダウンカマフラッディングの両方が原因となっている。

A　フラッディングの確誌方法

1)　リボイラの加熱蒸気量を増加してフラッディングに近づくと、加熱蒸気量のわずかの増加に対して、急激に還流液量が増加する。このとき、還流液量が制御できなくなり、飛沫同伴および圧力損失が急激に増加する。

2)　前記の現象を確認した後、いったんリボイラの加熱蒸気量を下げて還流液量の制御が可能な状態へ戻す。加熱蒸気量をごくわずかずつ増加させていき、塔内の圧力損失が急激に高くなってフラッディングに近づいていることを確認する。

3)　還流液量が制御可能な状態を保ち、可能な限りリボイラの加熱蒸気量を増大させる。加熱蒸気量を最大限に増加させた状態（還流液量が制御可能な範囲内）で塔を運転し、データをとる。

B　液漏れ（ウィープ点）

液量の少ない３ $dm^3/s \cdot m$ 以下におけるウィープ点を**図 9.20** に示した。ウィープ点の蒸気量を増加すれば液量も増加している。

C　圧力損失

全還流状態で測定した１段当たりの圧力損失を**図 9.21** に示した。図 9.21 に示す圧力損失は、複数の段間で測定した圧力損失を１段当たりにした結果である。図中、点線部分はウィーピング状態を示している。シクロヘキサン–n–ヘプタン系（165 kPa）では、ウィーピング状態が見られない。

D　塔効率

塔効率は全還流下で測定する。理論段数をフェンスケの式（3 章 *3.34*）により求め、それを実段数で割って塔効率を得る。フェンスケの式を基にして、$\log\{x/(1-x)\}$ を棚段の位置に対してプロットし、不良なデータの発見なら

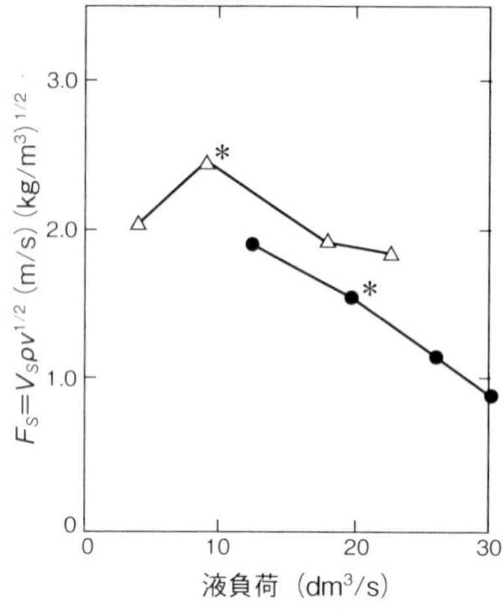

△: シクロヘキサン-n-ヘプタン 165 kpa
●: イソブタン-n-ブタン 1,138 kPa
*: 全還流

図 9.19 多孔板トレイの処理能力

M. Sakata, T. Yanagi, Distillation 3rd International Symposium, Fig. 2（1979）]

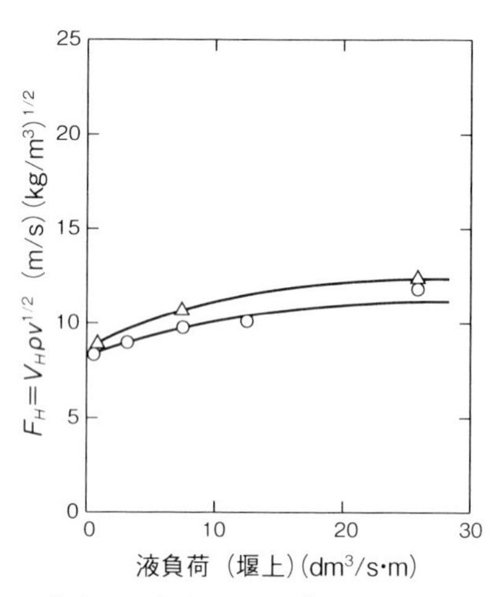

○：シクロヘキサン-n-ヘプタン、165 kPa
△：シクロヘキサン-n-ヘプタン、34 kPa

図 9.20 ウィープ点の測定結果

M. Sakata, T. Yanagi, Distillation 3rd International Symposium,（1979）

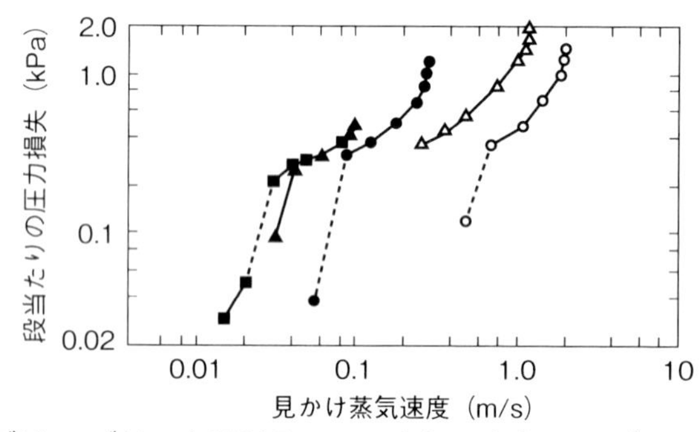

見かけ蒸気速度（m/s）

●：イソブタン-n-ブタン、1,138 kPa
▲：イソブタン-n-ブタン、12,068 kPa
■：イソブタン-n-ブタン、2,758 kPa
○：シクロヘキサン-n-ヘプタン、34 kPa
△：シクロヘキサン-n-ヘプタン、165 kPa

図 9.21 全還流下で測定した圧力損失

M. Sakata, T. Yanagi, Distillation 3rd International Symposium, 3.2/31, Fig. 8（1979）]

びに削除を行う。**図 9.22**、**図 9.23** に結果を示す。

図 9.22 から、40 %フラッド、61 %フラッド、フラッドの場合に不良なデータが見られる。

図 9.23 において、22 %フラッドの場合には、ウィーピングの影響が、フラッドの場合には飛沫同伴の影響が見られる。

塔効率に対する圧力の影響を**図 9.24** に示したが、a、b では低圧系、高圧系での傾向は逆になっている。シクロヘキサン–n–ヘプタンの低圧系では圧力の増大により効率は増加しているが、b. のイソブタン–n–ブタン系の高圧系では圧力の増大により効率は低下している。

E　飛沫同伴

塔内の液量を一定にして、蒸気量を変えて飛沫同伴量を測定する。飛沫同

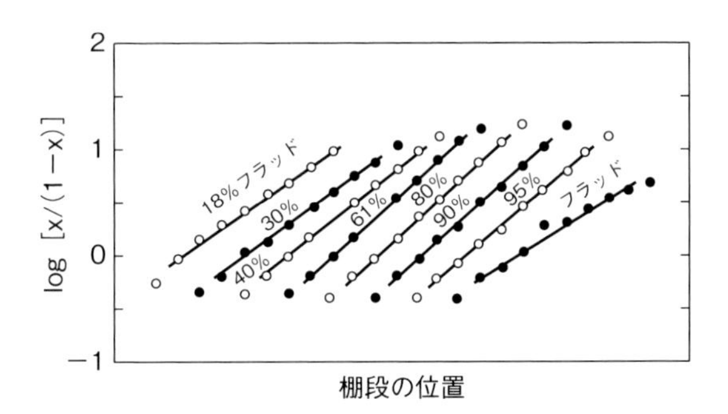

図 9.22　蒸留塔内の組成プロファイル（シクロヘキサン–n–ヘプタン系、165 kPa）
M. Sakata, T. Yanagi, Distillation 3rd International Symposium, 3.2/29, Fig. 3 (1979)

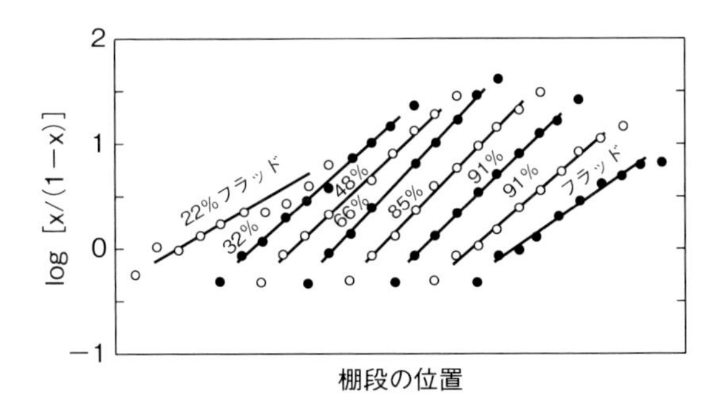

図 9.23　蒸留塔内の組成プロファイル（シクロヘキサン–n–ヘプタン系、34 kPa）
M. Sakata, T. Yanagi, Distillation 3rd International Symposium, Fig. 4 (1979)

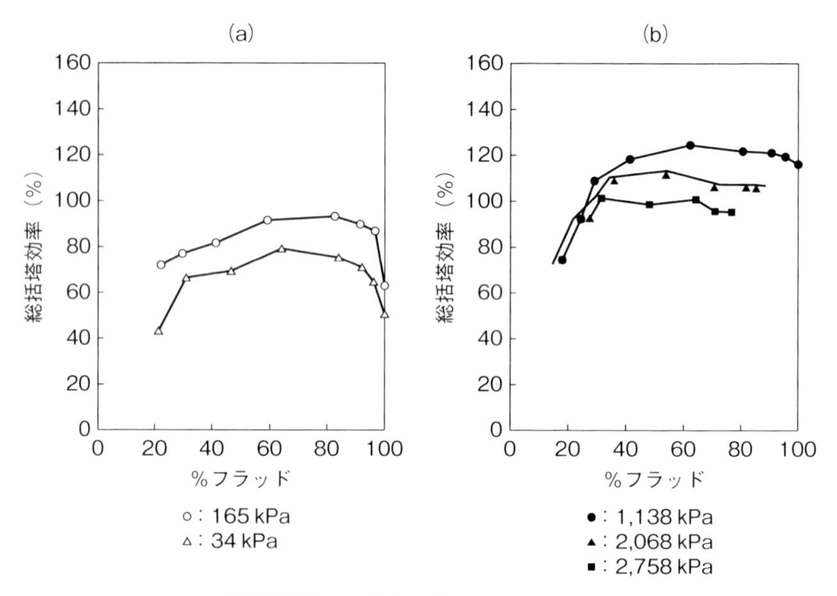

図9.24 塔効率に対する圧力の影響

M. Sakata, T. Yanagi, Distillation 3rd International Symposium, 3.2/32, Fig. 5, Fig. 6 (1976)

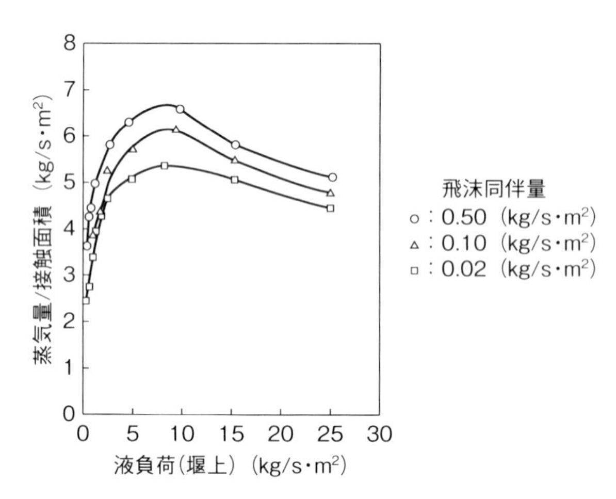

図9.25 飛沫同伴量の測定結果（シクロヘキサン–n–ヘプタン系、165 kPa）

M. Sakata, T. Yanagi, Distillation 3rd International Symposium, 3.2/32, Fig. 12 (1979)

伴量の測定結果を**図9.25**に示す。飛沫同伴量は蒸気量と液量の影響大きく受ける。

図9.25からわかるように、飛沫同伴量の増加傾向は液量によって異なる。比較的液量の少ないところでは、飛沫同伴量は蒸気量のわずかな増加により大幅に増加することがわかる。液量の比較的多いところでは、蒸気量の増加による飛沫同伴量の増加は比較すると小さい。

9.4 アングルトレイの開発

昭和40年代は、日本の重化学工業化が一気に進んだ時期であった。当時、筆者の所属企業IHIでは大型タンカー出光丸を出光興産から受注した関係もあり、同社の主要蒸留設備も受注した。蒸留塔の直径が10mもあり、塔内に設置したトレイが建設途上でたわんで困る状況が発生していた。このたわみを防止するために、補強材として多量のアングル材の使用のやむなきに至っていた。そこで、逆転の発想により、このアングル材をV字状に配置して、いっそのことトレイとしては、というアイデアが湧いた。V字状に配置することにより、蒸気の摩擦抵抗を減じ、したがって、処理量を増やすことができるトレイとすることができると考えた。

▶ 9.4.1　自社試験

当時、勤務先の社長は後に東芝の社長や経団連の会長を歴任された土光敏夫氏であった。造船不況の結果、旧石川島重工業と播磨造船所(株)とが合併した当時、何とか造船以外の業種でも実力を付けるべく努力されていた。そのために、職制を離れて自由に応募できる新機種提案募集制度というものが新設されていた。

この制度では、独創性、市場性などについて10点法で評価し、審査員には応募者名がわからないようにしてあった。私がアングルトレイを提案したときには約300件の応募があり幸いにも社長賞をいただいた。社長室で賞状を手にした時は、是非とも製品化しなければという決心をした次第である。この受賞の結果および製品化の様子は、社内報や社外向けの英文広報誌“IHI letter”などで取りあげられた。

アイデアの発生から実現まで

新機種提案に応募するために「実験装置」を手作りした。約1 m^2のアクリル板が実験室にあったので、これを加工して「実験装置」を作ることにした。1枚のアクリル板からトレイと塔本体にするための部分を糸ノコを使って切り出した。

塔本体は速成するために断面を178×178 mmの角形とし、トレイ部分のアングルは25×170 mmの板をもとにして作成した。アクリル板の板厚は4 mmであった。「装置」を**図9.26**に示した。トレイの作動状況は空気–水系で確認することとした。幸い実験室には空気がきていたので、ホースを接続して空気源を得た。

水は水道水を使ったが、水まきに利用する「じょうろ」の先端部分を「ディストリビュータ」として活用することにした。このようにして「空気–水系のトレイ実験装置」を作ることができた。アクリル板の接合には家庭用合成接着剤を使った（図9.26）。

材料代はすべて手元にあるものを使ったのでゼロで済んだ。アルバイトの学生と2人で1日で作ることができた。製作の手間から止むを得ず角形の「塔」としたのだが、いざ実験を始めて写真を撮ろうとする段になってみると、この角形が幸いして、写真を撮るのには好都合であった。写真はポラロイドで撮ったので写り具合を確認しながら撮ることが可能であった（**写真9.6**）。

多孔板トレイと同様の作動状態を示した写真を撮ることができた（写真9.6）。気液の接触状況が意外によく撮れて、応募前に「手応え」を感じたものであった。苦肉の策で角型にしたが、写真のできばえにはこの方がよかったと思う。図9.26および写真9.6ではアングルが上下ダブルで使われているが、試験の結果、上側のアングルは無くとも性能にほとんど差のないことが判明した。

一番心配であったのは、気液の接触状況であった。多孔板トレイのように、気液接触部の形状が独立した円形ではなく長方形のスロット状のものもある

図 9.26　新機種開発用の「実験装置」

写真 9.6　作動の様子

から、果たして泡がどのようなものになるか不安であった。しかし、案ずるよりは生むはやすしで、泡の形状は多孔板トレイの場合とまったく同一となり安心した。

研究が本格化した後になって、実験装置を使ってこの点は再確認した。単独のスロットを作って気液接触状況、つまり泡のでき具合を確認した。

「実験装置」は１日で製作することができた。トレイが期待どおりに作動するか否かを確認する実験も１日で済ませた。応募書類の作成に１日を使い、併せて３日で装置の製作から書類の作成をすることができた昭和 44 年６月３日に書類を提出し、その後に、当時の永野副社長より表影状をいただいた。当時のノートに永野副社長からのメッセージとして「仕事の上で担当者がアイデアを苦労して出すのが一番よい」とある。

図 9.13 に示した直径 400 mm の工業化用の工業規模の試験用蒸留塔を使ってアングルトレイの塔効率を測定した。

アングルトレイの塔効率をメタノール–水系混合液により測定

図 9.27 において、開口部における蒸気速度 Uh が 8.3〜20.5 m/s の範囲で

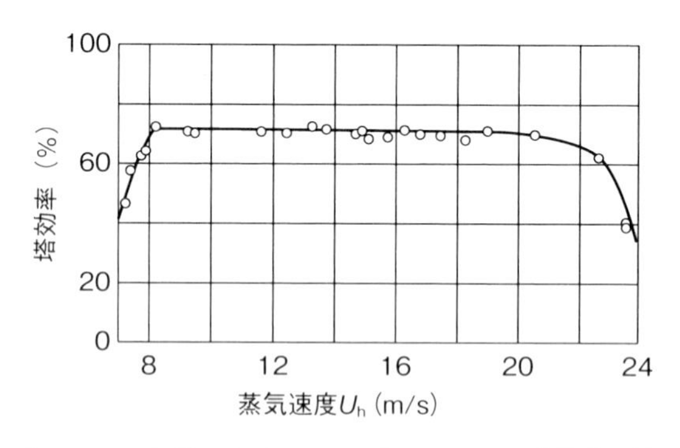

図 9.27 メタノール–水系におけるアングルトレイの塔効率（大江ら，1972）

効率は 70 %の一定値を示しており、操作可能な蒸気速度の範囲は広く、最小限界蒸気速度の 2.5 倍まで操作可能である。蒸気速度 Uh が 8.3 m/s 以下ではいわゆるウィーピング現象が現れ効率が低下している。一方、蒸気速度 Uh が 20.5 m/s 以上ではフラッディング現象となり、効率が低下している。

▶ 9.4.2 他社試験 FRI における試験

自社内の試験で性能は予期したとおり、よいものであったが、第 3 者による評価が必要ということになり、FRI に効率の測定試験を依頼する次第となった。FRI での試験結果も極めて良好なものであった。結果は社内技報『石川島播磨技報』に掲載され、受注に結び付いた。このアングルトレイを用いた蒸留設備は、10 社で稼働している。

FRI における 2,400 mmϕ の工業規模の試験用蒸留塔を用いてアングルトレイのスケールアップ試験を行った。試験に用いたアングルトレイの仕様は次の通りである（**写真 9.7** 参照）。

アングル材

開口率　10 %

蒸留塔径　2,439 mm（8 ft）

塔断面積　4.66 m^2（50.2 ft2）

段間隔　0.457 m（18 in）

段数　6

アウトレットウェア高さ　50.8 mm（2 in）

写真 9.7　FRI で試験したアングルトレイ（直径 2.4 m）

ダウンカマ面積上部	0.353 m^2（3.8 ft2）
下部	0.334 m^2（3.6 ft2）
流路の長さ	1.778 m（70 in）
1 段あたりのアングル本数	69
トレイエレメント（炭素鋼アングル材）	
	20×20×3 mm
アングル間のスロット幅	4 mm
面積	0.407 m^2

試験に用いた混合液はシクロヘキサン–ヘプタン系で、24 psia の定圧下で試験した。

試験結果

処理量の能力を試験した結果を**図 9.28** に示した。塔内の液負荷量を横軸にとって毎分あたりのガロン量で示し、処理能力係数（キャパシティファクタ）を縦軸にとり C_{SF} で示した。左から 2 点目が全還流の場合の結果である。ここに

$$C_{SF}=V_S\sqrt{\rho_V/(\rho_L-\rho_V)} \tag{9.1}$$

であり、V_S は見かけ蒸気速度（ft/s）、ρ_L、ρ_V はそれぞれ液密度、蒸気密度である。

液ガス比は液量の増加に対して大きくなるが、処理能力は液ガス比が増加するにつれて小さくなる。従来のトレイ、たとえば多孔板トレィの処理能力

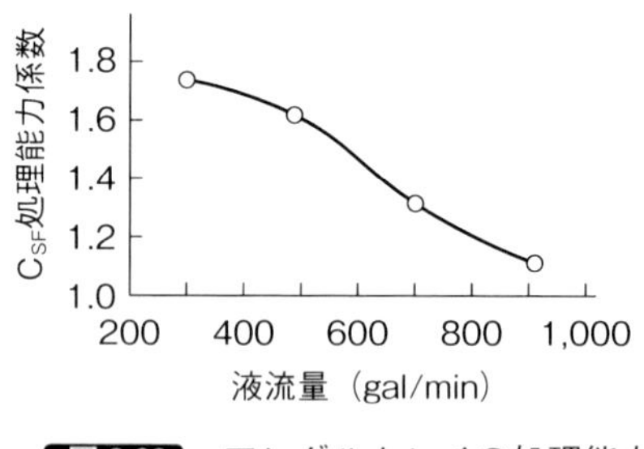

図 9.28 アングルトレイの処理能力

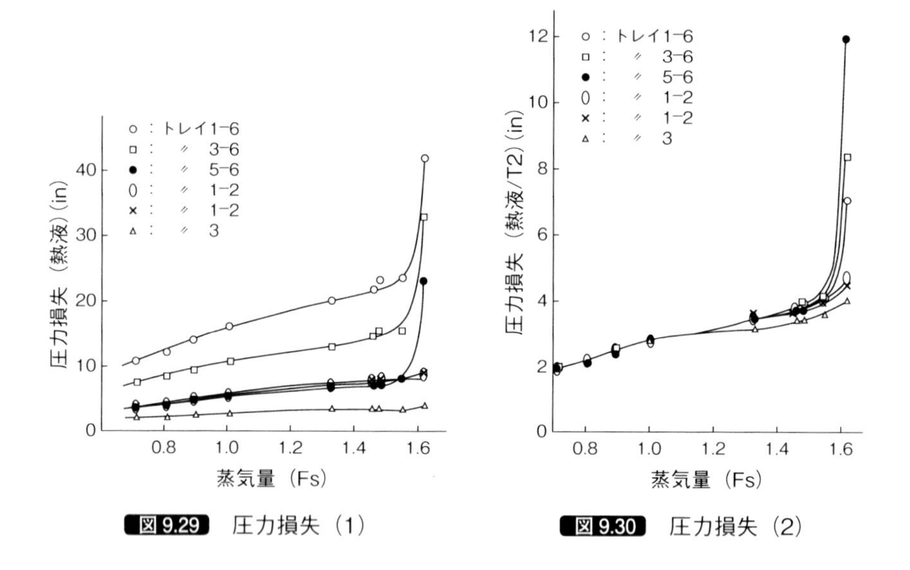

図 9.29 圧力損失（1）

図 9.30 圧力損失（2）

と比較すると、約 20 %ほど大きいことがわかった。

圧力損失の測定結果を**図 9.29** および**図 9.30** に示した。両図中に各記号により示したように、測定は 6 ケースについて行なった。図 9.30 は、図 9.29 の測定結果を 1 段あたりに直したものである。両図とも横軸に F ファクタ（F_S）を、縦軸に圧力損失を蒸留液のマノメータの読み（in）で示した。F_S が 0.7 から 1.55 までは圧力損失は徐々に増大しているが、1.55 以上では急激に増大している。これは、F_S が 1.55 からフラッディングに近づくためである。図 9.30 において、F_S が約 1.2 までは 6 種の圧力損失に差はないが、1.2 以上では差がでてくる。これは、上段ほどフラッディングに近い状態、すなわちトレイ上の液が降下しにくい状態にあるためで、トレイ5–6においてその傾向がもっとも著しくあらわれている。従来のトレイ、たとえば多孔板トレイのそれと比較すると圧力損失は約1/2以下で、蒸気量の増加に対する圧力損失の増加率も少ない良好な結果を示していた。

効　率

効率の測定結果を**図9.31**に示した。同図の横軸は、蒸気のみかけの線速度をVs（ft/sec）、蒸気密度をρ_v（lbs/cu ft）とし、$Vs\rho_v^{1/2}$をFファクタ（Fs）として表わしたもので、縦軸は効率を塔効率（Eo）で示した。実測の効率はFsが1.32のときもっともよい結果を示し、102％であった。効率が80％以上を示すのはFsで約0.8から1.6の範囲で、Fs＝0.8を最小の蒸気量とすれば約2倍の量を処理することができることがわかる。

従来のトレイ、たとえば多孔板トレイと比較してみると、処理量の多いところではアングルトレイのほうが効率がよく、処理量の少ないところでは多孔板トレイのほうがよい。最高の効率は、アングルトレイのほうが多孔板トレイよりややよくなっている。

清澄液高の測定結果から効率について考察を進めてみる。本試験装置のアウトレットウェアの高さは2inであるが、**図9.32**において、清澄液高が2in以上になるのは％フラッドが80以上であるが、％フラッドが80では効率は約100％である。逆に％フラッドが40以下では、ウィーピングが生じやすくなるので効率が低下する。

泡沫層高は、％フラッドが30から80までほぼ直線的に増加しているが、

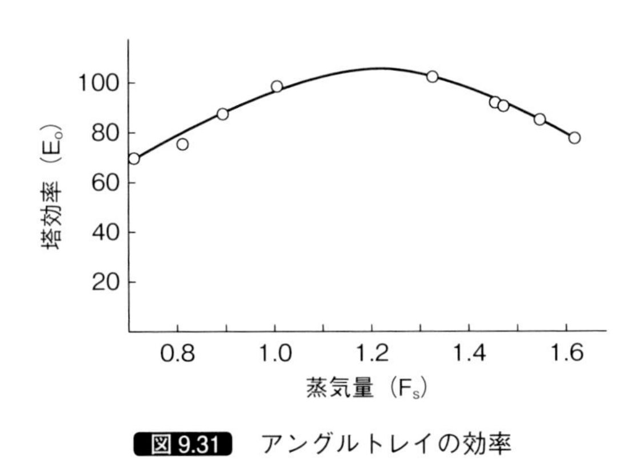

図9.31　アングルトレイの効率

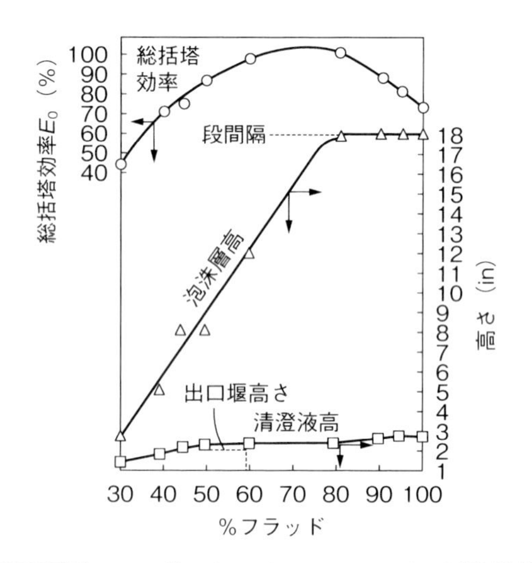

図 9.32 アングルトレイのFRIにおける試験結果

%フラッド80以上では18 inの一定値を示している。これは段間隔に等しくなったため、すなわち、蒸気が上の段に届いてしまった結果である。したがって、段間隔が18 in以上あれば、%フラッドが80以上でも、泡沫層高はほぼ直線的に増加するものと予想できる。効率は泡沫層高が段間隔に等しくなったときから、%フラッドの増加に対して低下し始めている。段間隔が18 in以上であれば、効率の低下は防げたと考えられる。

蒸留塔内の組成および温度の分布を**図 9.33**(a)～(d)に示した。横軸に組成および温度を取り、組成をシクロヘキサンのmol %、温度をFでそれぞれ表示し、縦軸には塔内の各段を示した。

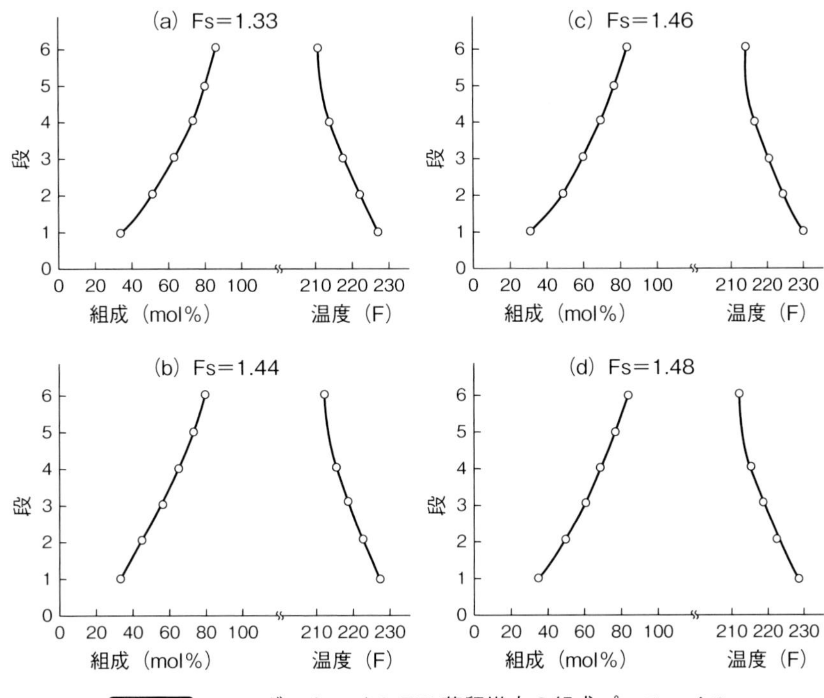

図 9.33　アングルトレイの FRI 蒸留塔内の組成プロファイル

9.5 蒸留塔の受注

ジエチレングリコールの回収蒸留塔にアングルトレイを使用し、良好な結果を得た。ジエチレングリコールは工程において水溶液となるため、濃縮して再使用することが要求される。分子量は 106 で、その沸点は 244.8 ℃と高く水との分離は容易であると考えられるが、排水中の濃度を数百 ppm 以下に抑えなければならない場合には単蒸留による分離は不可能で、還流をかけなければならない。すなわち、蒸留によらなければならない。実機には 5 段のアングルトレイを配置した結果、排水中のジエチレングリコールは所定の濃度以下となることが実際の運転データにより確認された。また、蒸留塔は 435 mmHg の減圧下で操作されるが圧力損失の小さいトレイの特長を発揮し、減圧下においても良好な効率を得ることができた。

使用したアングル材は市販されている 20×20 mm のもので、スロット幅は 3 mm である。短期間のうちに設計、製作、据付けが可能で、アングルトレイの簡単な構造により、その納期を大幅に短縮することができた。アングルトレイの一号機を**写真 9.8** に示した。

一号機におけるアングルトレイの主要仕様はつぎのとおりである。

蒸留塔径　1,200 mm
塔断面積　1.13 m^2
段間隔　500 mm
段　数　5
アウトレットウェア長さ　687 mm
ダウンカマ面積　0.06 m^2
流路の長さ　918 mm
1 段あたりのアングル本数　29
トレイエレメント（炭素鋼アングル）

写真 9.8　アングルトレイ一号機

	20×20×3 mm
アングル間のスロット幅	3 mm
開　口　面　積	0.062 m^2

処理能力倍増（Revamp）

図9.34に示したように、蒸気は45度に配置したアングル材の面にそってスムーズに上昇するので、圧力損失が小さく、多孔板トレイの半分であった。このような性能を社内外の実験で明らかにした

圧力損失が小さいということは、抵抗が少ないということになるから処理量の増大につながる。アングルトレイの特徴は圧力損失が小さい点にある。言い換えると、処理量が大きいということになる。したがって、従来のトレイ、例えば多孔板トレイを用いている蒸留塔にアングルトレイを使えば処理量を増やすことが可能である。

最初に、トレイを取り換えずに、処理を増やそうとするとどうなるか考えてみる。**図9.35**を参照されたい。処理量を増やすと、塔内を上昇する蒸気

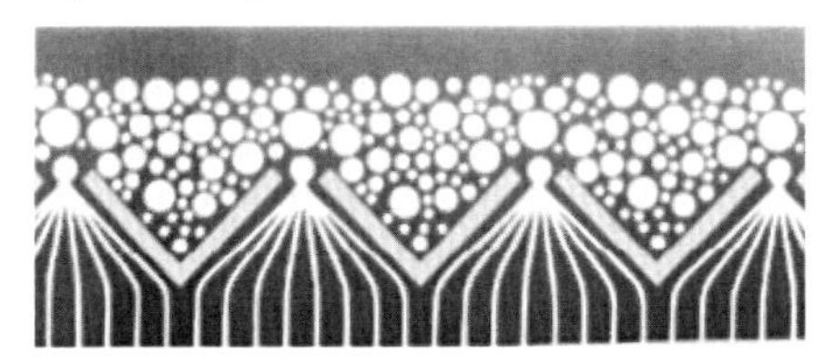

図9.34　アングルトレイの圧力損失

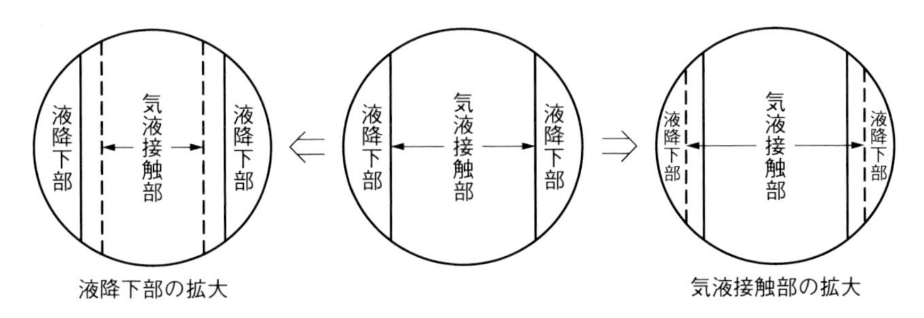

図9.35　処理量倍増で発生する矛盾

写真9.9 処理能力を倍増した蒸留塔（中央）
エクソンの子会社日本ブチル(株)

量が増えるので、気液接触部の面積を大きくする必要がある。つまり図9.35の中央が処理量を増大させる前の塔断面図とすると、右側のようにする必要がある。気液接触部の面積を大きくすれば、液下降部の面積は小さくならざるを得ない。

しかし、処理量を増やせば塔内を降下する液量も増える。したがって、液降下部の面積を大きくする必要がある。図の左側のように液降下部の拡大によって、気液接触部の面積を縮めることになる。つまり、「あちらを立てれば、こちらが立たず」という状況に追い込まれる。

この状況を解決するには気液接触部および液降下部の面積を広げなくとも、処理量の増大に対応できる必要がある。アングルトレイは多孔板トレイに比較して圧力損失で約1/2、すなわち処理量で2倍という性能を有している。したがって、気液接触部をアングルトレイに取り換えることによって、塔径を変えずに処理量の増大を図ることができる。

実際に、トレイを多孔板からアングルに換え、かつ気液接触部の面積を20％削減することによって、処理量を倍増することができた。この改造

(Revamp) による蒸留塔は、現在も順調に稼働している。

納品後の試運転では、ちょうど、2倍の性能が出て安心した。既設塔の能力アップは多くの制約の中で設計しなければならず、試行錯誤の連続であった。

海外にもこの話は広がり、米国の専門誌（Chemical Engineering誌、マグローヒル社）の蒸留の記事中に、世界の他のトレイとともにAngleとして記載された（**図9.36**）。

筆者が大学卒業後、直ちに新入社員社員として入社し、19年間在職した石川島播磨重工業(株)(現IHI(株)) は生涯の専門となった蒸留技術研さんの場であった。入社と同時にスタートしたプラント設計部門は、いわば寄り合い所帯でスタートを切ったばかりの職場で、新入社員に対する期待も大きく、入社1年後には専門技術習得のために、大学院に国内留学させていただいた。

国内留学後は、社歴が浅いにも関わらず、蒸留の研究を思うように進めさせてもらった。その結果、気液平衡における塩効果の研究により共沸混合物を分離する特許を取得し、プロセス開発を進めた。一方で、蒸留装置メーカーとして首位にたつべくアングルトレイを提案したところ、社長賞をいただくことになり、開発に邁進し、米国での実証試験をへて受注活動に入ることができた。今日、10社でアングルトレイが稼働中である。一号機を発注していただいた東洋インキ製造(株)からは、約10年ごとの設備拡充のたびに注文をいただいた。技術者冥利に尽きることである。おかげさまで受注したアングルトレイはすべて順調に稼働し、トラブルは一切なく、この点は誇り

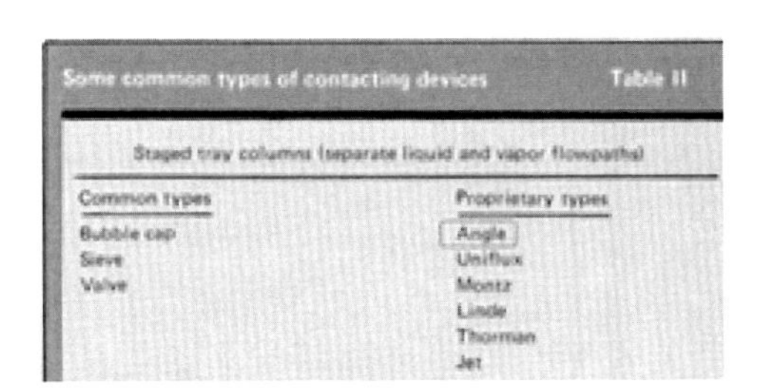

Some common types of contacting devices　Table II

Staged tray columns (separate liquid and vapor flowpaths)

Common types	Proprietary types
Bubble cap	Angle
Sieve	Uniflux
Valve	Montz
	Linde
	Thorman
	Jet

図9.36　米国の専門誌“Chemical Engineerig”に、他の商業用トレイとともに掲載された

Otto Frank, “CHEMICAL ENGINEERING”, 111-118, March 14, 1977, McGraw-Hill

New Products & Services

Distillation Tray Features Low ΔP, High Efficiency

Constructed mainly from steel angles commonly used as support members for conventional tray plates, this device is lightweight and easily fabricated, the developer claims.

Buoyed by high grades in a recent commercial application, the Angle Tray strives to graduate to wider CPI roles. Entirely different from other tray plates, it combines low manufacturing costs, high rigidity, and simple construction with low pressure drop, good efficiency and high capacity.

The tray's free area is set by merely arranging the carbon steel angle members at the design distance; it requires no plate work or other modification. According to the manufacturer, the unique design eliminates support members, uses less materials than conventional trays, and boasts low tray flexure—making it ideal for large distillation towers.

Vapor and liquid contact in openings between the angles. The angles' sides rectify rising vapors so that vapors do not strike the tray plate at right angles—as is the case with sieve trays. Lower pressure drop reportedly occurs.

Scaled-Up Tests—Independent tests performed at the Fractionation Research Incorporation (Los Angeles, Calif.), showed that the Angle Tray has a 102% maximum efficiency at a 1.32 superficial F-factor (Fs). Efficiency remained above 80% at Fs ranging from 0.8-1.6. Compared to conventional sieve trays, the Angle Tray boasts better high-load efficiency, while sieve trays excel in low-load treatment.

The trays, installed in an 8-ft-dia., 6-stage distillation tower, were spaced 18 in apart. Each tray contained 69 angle elements (0.787 x 0.787 x 0.118 in apiece) at 0.158 in spacings. Slot area was 4.38 ft²/tray. Distilling a mixture of cyclohexane and n-hexane with total reflux at 24 psi showed the Angle Tray's capacity factor is approximately 20% larger than sieve trays, while its pressure drop is less than half. Also, as vapor load increases, pressure drop rises slowly—which the developer considers another good result.

Commercial Use—Applied to a 5-stage, 4-ft-dia. commercial water-diethylene glycol distillation tower, the Angle Tray reportedly was designed, constructed and installed in just 15 days.

In this system 5 theoretical plates (operating with reflux) were needed to hold the diethylene glycol concentration to below several hundred ppm in the wastewater. Using five Angle Trays, the concentration was actually lower than the design point; therefore, the device's efficiency was above 100%. Good efficiency was maintained even with reduced operational pressure, and low pressure drop also resulted.—*Ishikawajima-Harima Heavy Industries Co., Ltd., Tokyo, Japan.*

Circle 351 on Reader Service Card

■

Incinerator

The Econ-Abator is a unique approach in fume incineration, the developer claims. Using a specially formulated fluidized catalyst, the system offers the advantages of catalytic oxidation while overcoming the limitations of conventional catalytic control devices. Besides oxidation efficiencies that exceed regulatory requirements, the process features reduced energy consumption, low maintenance, and operating flexibility.

The heart of the Econ-Abator Incineration System is a catalytic reactor comprised of a thermal zone and a catalytic zone. The thermal section preheats the catalyst, and if neces-

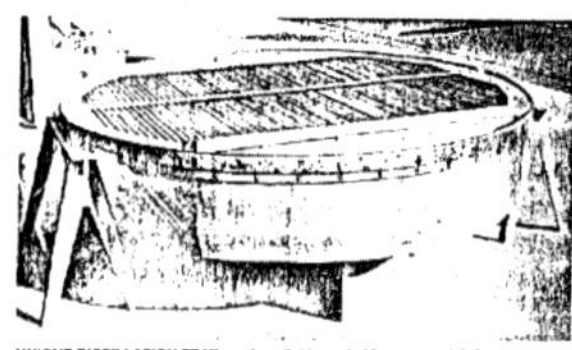

UNIQUE DISTILLATION TRAY can be reliably scaled to commercial size

82 JANUARY 20, 1975/CHEMICAL ENGINEERING

写真 9.10 米国の専門誌“Chemical Engineerig”の新製品欄に「圧力損失低く高効率」と紹介され、読者カードが多く、年内に三回紹介された

とするところである。

大変お世話になった会社であったが、学問への思い立ちがたく途中で退職したにもかかわらず、筆者の研究開発の結果が社史に掲載されていることは、感謝に堪えない。

この場をお借りして、お世話になった各位に、厚く御礼申し上げる次第である。

【蒸留関連技術】

41 年度から本格化した蒸留関係の研究は、分離・精製と海水淡水化の２分野に分かれる。トレーの比較試験から始まった蒸留装置の開発研究は、塩添加共沸蒸留法として 42 年の化学プラントショーに出品以降、43 年の旭化成工業向けイソプロピルアルコール蒸留装置の見積設計、共沸蒸留塔のパイロットプラントの製作、アングルトレーの考案へと発展した。アングルトレーは、通常の多孔板型トレーに比べて効率は 20 %高く、圧力損失は約半分との評価を得て、48 年と平成元年の東洋インキ製造向けエチレングリコール蒸留塔や、53 年の日本ブチル向けイソブチレン分離等などに適用した。

「石川島播磨重工業社史　技術・製品編」平成４年４月５日発行

第１部　技術　　第２章　主要研究開発

6.　化学・粉体処理技術

化学プロセス

【蒸留関連技術】61 頁　記載

第10章

蒸留塔の設計に必要なデータ

---

1. 物性データ
   - 蒸気圧
     - 蒸気圧線図
     - アントワン定数
   - 気液平衡
     - x-y 線図
     - ウィルソン定数
     - ペン・ロビンソン定数

2. 効率データ
   - シーブトレイ
   - 充填塔の HETP

10.1
物性データ

10.1.1 蒸気圧線図（アントワン定数）

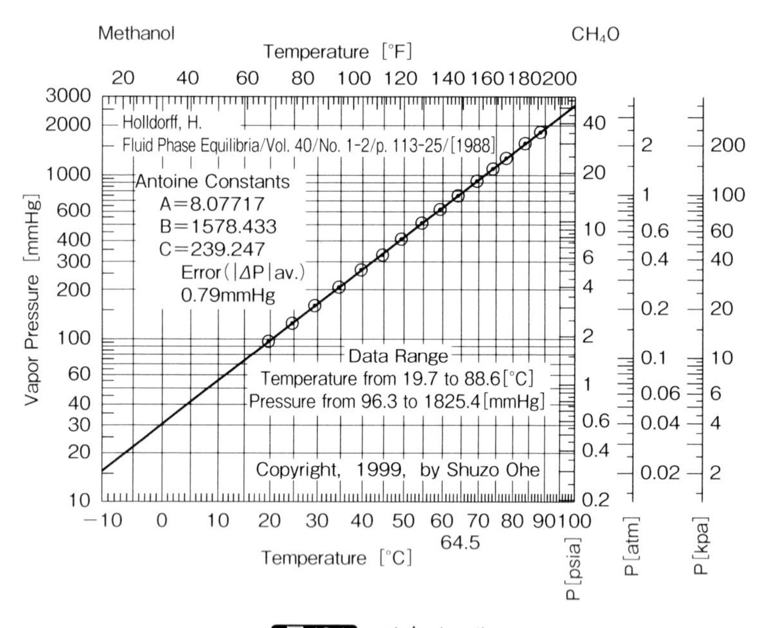

図 10.1 メタノール

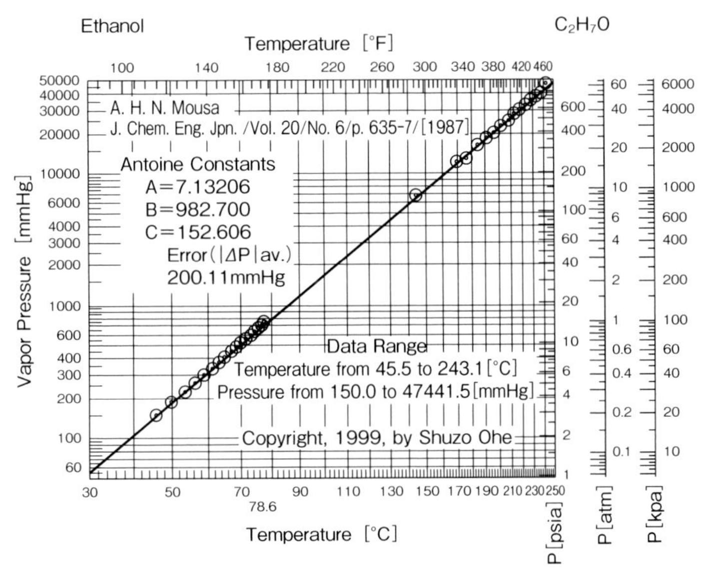

図 10.2　エタノール

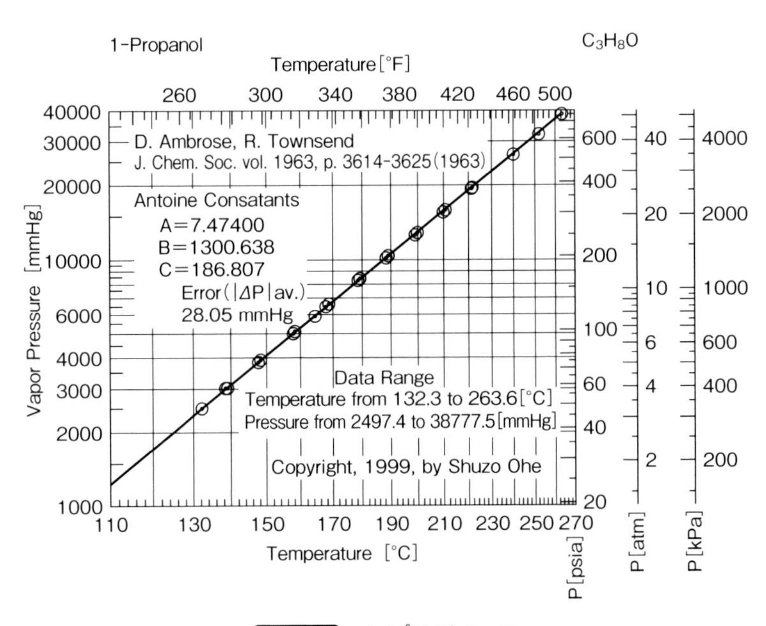

図 10.3　1-プロパノール

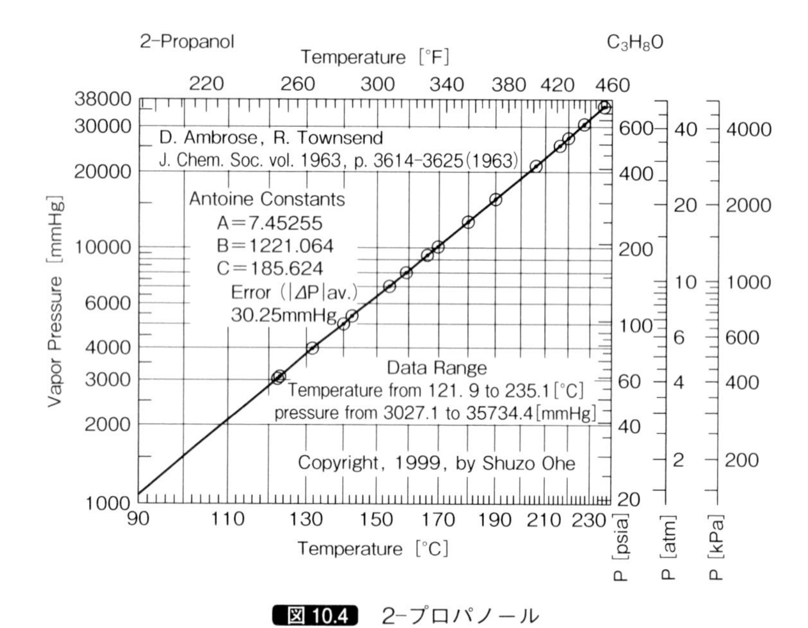

図 10.4 2-プロパノール

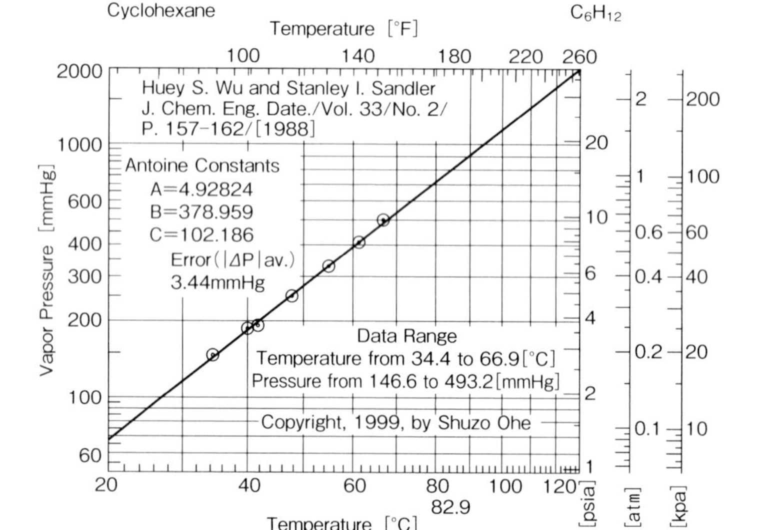

図 10.5 シクロヘキサン

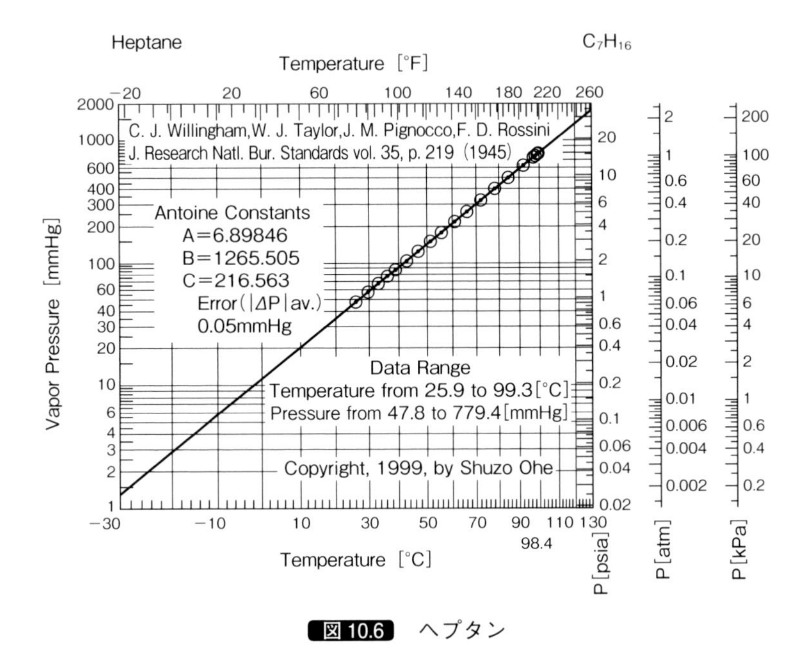

図 10.6　ヘプタン

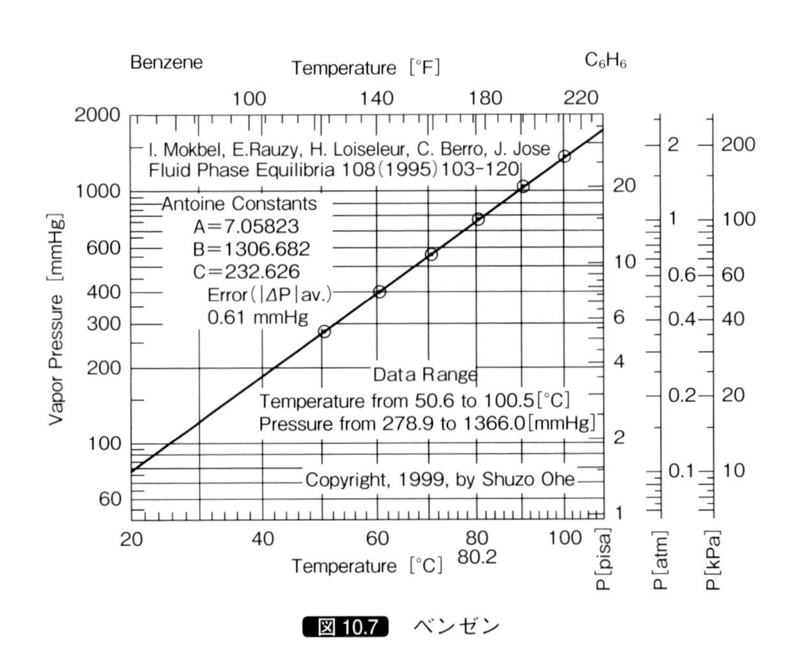

図 10.7　ベンゼン

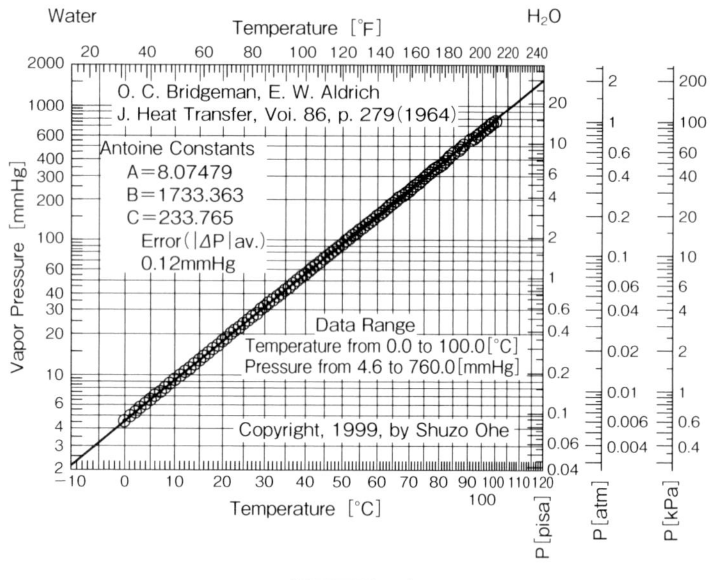

Water
H₂O
Temperature [°F]
O. C. Bridgeman, E. W. Aldrich
J. Heat Transfer, Voi. 86, p. 279(1964)
Antoine Constants
A=8.07479
B=1733.363
C=233.765
Error(|ΔP|av.)
0.12mmHg
Data Range
Temperature from 0.0 to 100.0[°C]
Pressure from 4.6 to 760.0[mmHg]
Copyright, 1999, by Shuzo Ohe
Vapor Pressure [mmHg]
Temperature [°C]
P[pisa]
P[atm]
P[kPa]

図 10.8　水

表 10.1　アントワン定数[a]

物質名	化学式	アントワン式の定数			測定範囲		平均誤差 (mmHg)
		A	B	C	温度(℃)	蒸気圧(mmHg)	
水	H_2O	8.02754	1705.616	231.405	25 ～ 100	23.75～ 760	0.006
メタン	CH_4	4.87763	125.819	224.327	-176.26 ～ -162.96	182.00～ 672.00	0.000
エタン	C_2H_6	6.81345	659.739	256.431	-137.41 ～ -73.24	18.62～ 1629.52	1.073
プロパン	C_3H_8	6.85802	819.296	248.733	-42.60 ～ 47.50	760.00～12160.00	43.155
ブタン	C_4H_{10}	7.23086	1175.581	271.079	-.49 ～ 152.00	760.00～28477.20	45.199
イソブタン	C_4H_{10}	6.81927	912.141	243.342	-85.09 ～ -11.61	11.37～ 763.44	0.227
イソペンタン	C_5H_{12}	6.81010	1030.476	234.403	16.29 ～ 28.59	500.74～ 779.48	0.012
ネオペンタン	C_5H_{12}	6.73883	950.318	236.821	-5.13 ～ 40.05	433.67～ 2025.33	0.066
ペンタン	C_5H_{12}	6.86430	1070.617	232.696	-4.40 ～ 68.22	149.51～ 2025.33	0.067
ヘキサン	C_6H_{14}	6.89122	1178.802	225.200	13.03 ～ 69.54	87.74～ 779.81	0.066
ヘプタン	C_7H_{16}	6.89798	1265.235	216.533	25.92 ～ 99.28	47.78～ 779.37	0.046
オクタン	C_8H_{18}	6.92010	1352.580	209.192	52.93 ～ 126.57	57.53～ 779.32	0.038
エチレン	C_2H_4	6.74771	584.146	254.843	-123.78 ～ -84.58	195.24～ 2074.73	0.166
プロピレン	C_3H_6	6.84998	795.819	248.266	-107.34 ～ -47.17	15.98～ 779.92	0.222
1,3-ブタジエン	C_4H_6	6.87308	941.662	240.397	-75.50 ～ -1.50	14.60～ 854.03	0.541
アセチレン	C_2H_2	7.07108	699.530	251.680	-80.56 ～ -66.85	961.58～ 1934.44	0.406
シクロペンタン	C_5H_{10}	6.90626	1134.481	232.565	15.71 ～ 50.03	217.19～ 779.47	0.039
シクロヘキサン	C_6H_{12}	6.85532	1209.299	223.527	19.91 ～ 81.58	77.28～ 779.49	0.042
ベンゼン	C_6H_6	6.89326	1203.828	219.921	60.30 ～ 100.30	397.00～ 1370.00	0.099
トルエン	C_7H_8	6.96554	1351.272	220.191	35.37 ～ 111.51	47.68～ 779.34	0.044
エチルベンゼン	C_8H_{10}	6.96257	1427.414	213.521	56.59 ～ 137.12	47.68～ 779.34	0.039
o-キシレン	C_8H_{10}	7.00438	1478.244	214.074	63.46 ～ 145.37	47.66～ 779.36	0.023
m-キシレン	C_8H_{10}	7.01117	1463.218	215.159	59.20 ～ 140.04	47.67～ 779.36	0.028
p-キシレン	C_8H_{10}	6.99112	1453.667	215.317	58.29 ～ 139.29	47.66～ 779.36	0.019
ビフェニル	$C_{12}H_{10}$	7.23195	1987.623	201.594	69.20 ～ 271.10	.78～ 1065.33	0.411
メタノール	CH_4O	8.07919	1581.341	239.650	14.90 ～ 83.68	73.62～ 1542.53	0.083
エタノール	C_2H_6O	8.12187	1598.673	226.726	19.62 ～ 93.48	42.95～ 1345.02	0.245
プロパノール	C_3H_8O	7.75111	1441.629	198.851	60.17 ～ 104.57	153.30～ 999.53	0.085
イソプロパノール	C_3H_8O	7.73610	1357.427	197.336	56.77 ～ 89.26	247.85～ 999.22	0.064
ブタノール	$C_4H_{10}O$	7.37903	1313.878	174.361	89.21 ～ 125.69	247.86～ 1000.00	0.060
酸化エチレン	C_2H_4O	8.72206	2022.830	335.806	.30 ～ 31.80	506.00～ 1654.00	2.275
ジエチルエーテル	C_3H_6O	7.27572	1260.453	180.562	149.49 ～ 274.56	2852.28～32213.36	32.299
アセトアルデヒド	C_2H_4O	8.06340	1637.083	295.467	-.20 ～ 34.40	332.00～ 1259.00	2.733
アセトン	C_3H_6O	7.29958	1312.253	240.705	-13.90 ～ 234.45	32.00～34975.37	47.216
メチルエチルケトン	C_4H_8O	6.86450	1150.207	209.246	41.40 ～ 97.40	188.70～ 1299.20	1.248
酢酸	$C_2H_4O_2$	7.55960	1644.048	233.524	17.11 ～ 117.86	10.00～ 760.00	0.009
酢酸エチル	$C_4H_8O_2$	7.10319	1245.702	217.961	15.58 ～ 75.83	58.79～ 729.60	0.055
メチルアミン	CH_5N	7.39500	1034.977	235.576	-83.09 ～ -6.23	4.06～ 761.55	0.290
エチルアミン	C_2H_7N	7.33096	1121.445	235.296	-82.30 ～ 16.60	1.00～ 760.00	0.965
アセトニトリル	C_2H_3N	7.15383	1355.374	235.297	15.10 ～ 89.20	55.20～ 935.90	1.792
メチルメルカプタン	CH_4S	7.22891	1122.494	251.402	6.80 ～ 185.00	760.00～45600.00	110.776
エチルメルカプタン	C_2H_6S	7.32093	1330.977	264.878	35.00 ～ 220.00	760.00～38000.00	92.284
クロロホルム	$CHCl_3$	7.08282	1233.129	232.197	-58.00 ～ 61.30	1.00～ 760.00	0.867
塩化エチル	C_2H_5Cl	7.03691	1052.821	241.072	-55.94 ～ 12.51	22.45～ 766.83	0.255
1,1-ジクロロエタン	$C_2H_4Cl_2$	7.06941	1215.342	232.890	-38.77 ～ 17.61	6.44～ 165.02	0.108
1,2-ジクロロエタン	$C_2H_4Cl_2$	7.46028	1521.789	248.480	-30.82 ～ 99.40	3.20～ 1208.60	2.846
クロロジフルオルメタン	$CHClF_2$	7.24077	947.577	258.186	-40.80 ～ 85.30	760.00～30400.00	53.846
ジクロロフルオルメタン	$CHCl_2F$	6.97575	996.267	234.172	-91.30 ～ 8.90	1.00～ 760.00	1.214
ジクロルジフルオルメタン	CCl_2F_2	6.68619	782.072	235.377	-118.50 ～ -29.80	1.00～ 760.00	0.392
アニリン	C_6H_7N	7.22051	1661.858	199.102	31.00 ～ 184.00	1.00～ 760.00	1.292
ピリジン	C_5H_5N	7.03782	1371.358	214.654	67.30 ～ 152.89	149.41～ 2026.00	0.104
クロロベンゼン	C_6H_5Cl	6.98593	1435.675	218.026	62.40 ～ 131.73	72.43～ 760.28	0.269

a　大江修造，電子計算機による蒸気圧データ，データブック出版社(1976)

▶ 10.1.2 気液平衡曲線（定圧 101.3 kPa）

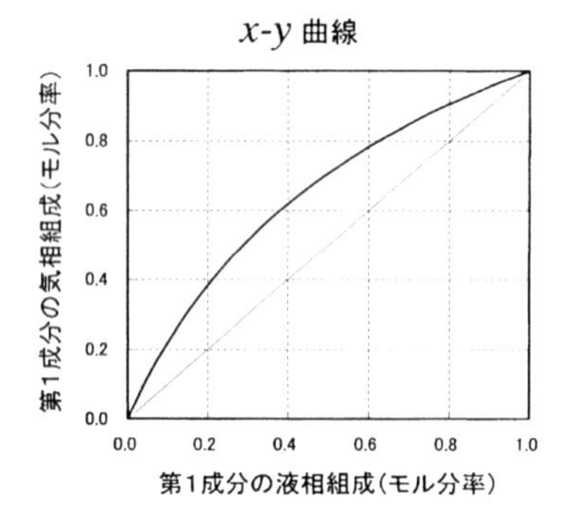

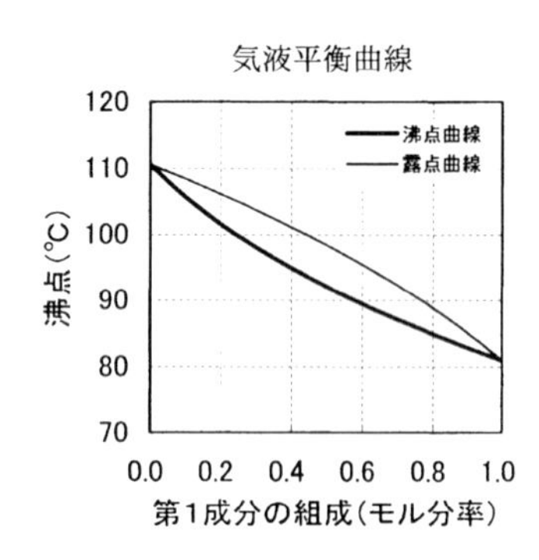

図 10.9 ベンゼン(1)—トルエン(2)

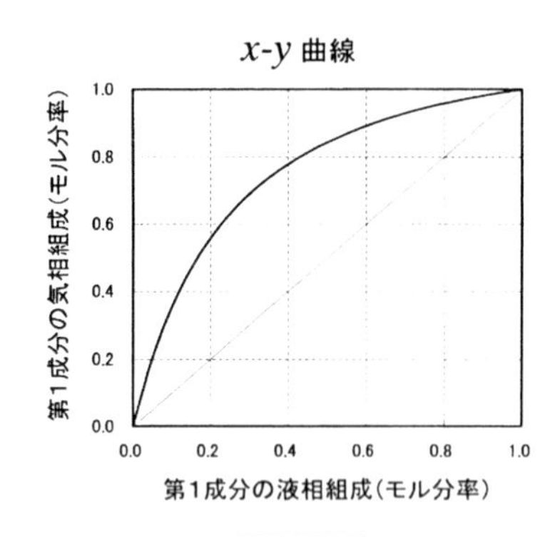

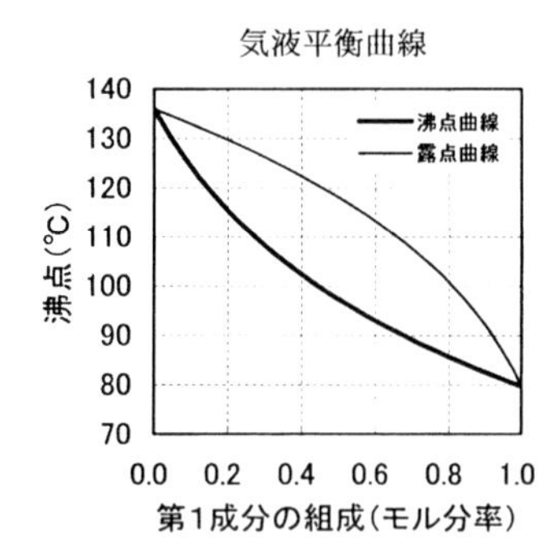

図 10.10 ベンゼン(1)—エチルベンゼン(2)

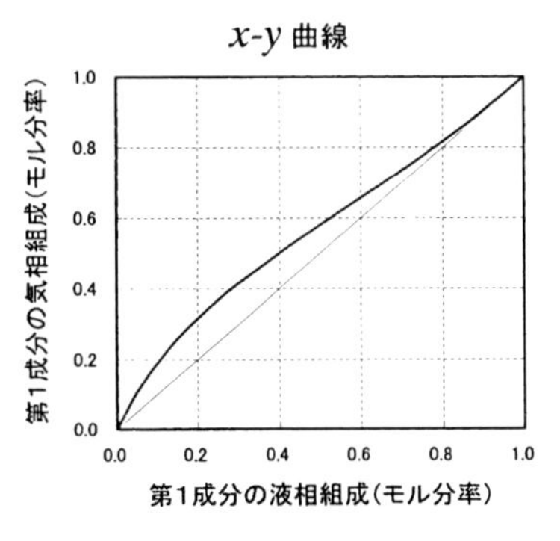

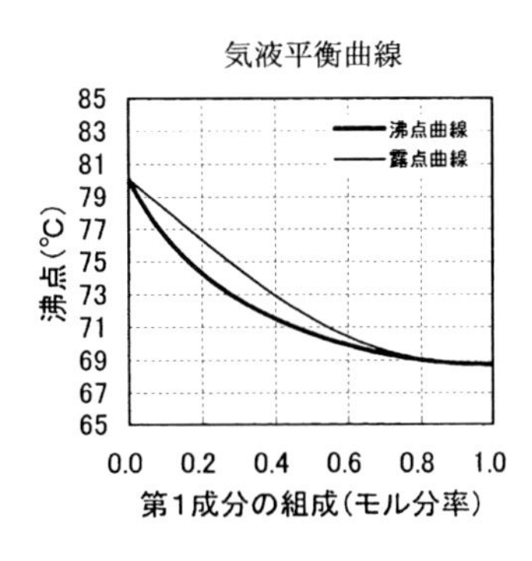

図 10.11　ヘキサン(1)—ベンゼン(2)

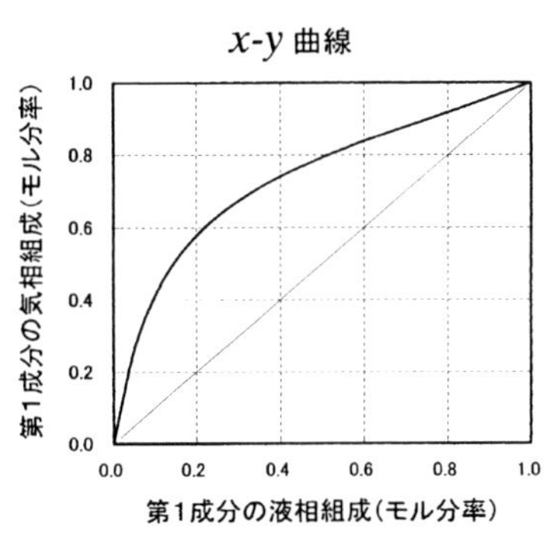

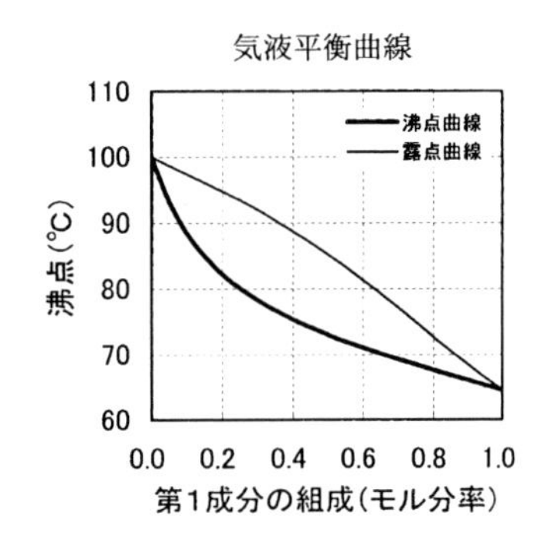

図 10.12　メタノール(1)—水(2)

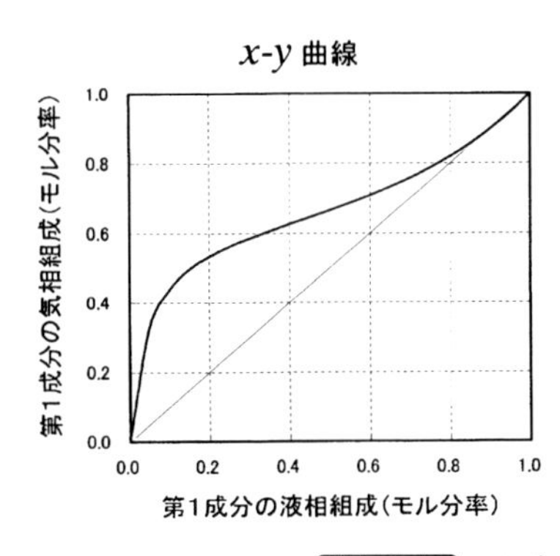

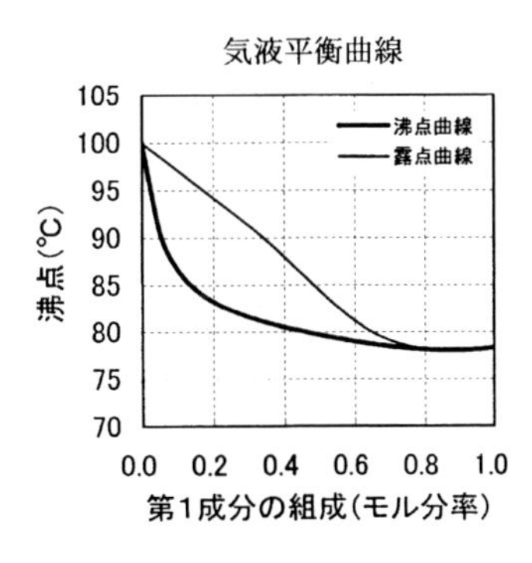

図 10.13　エタノール(1)—水(2)

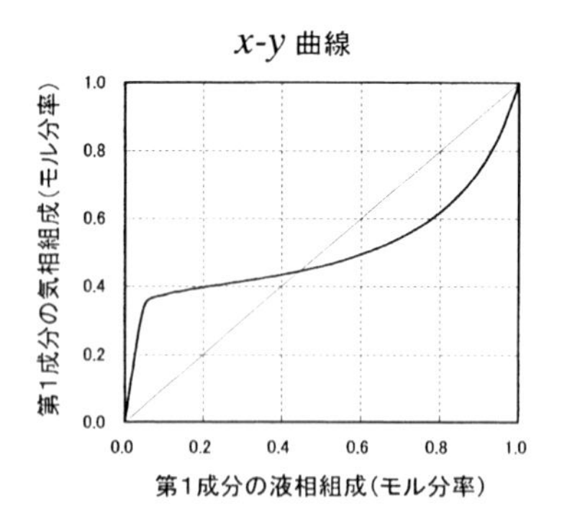

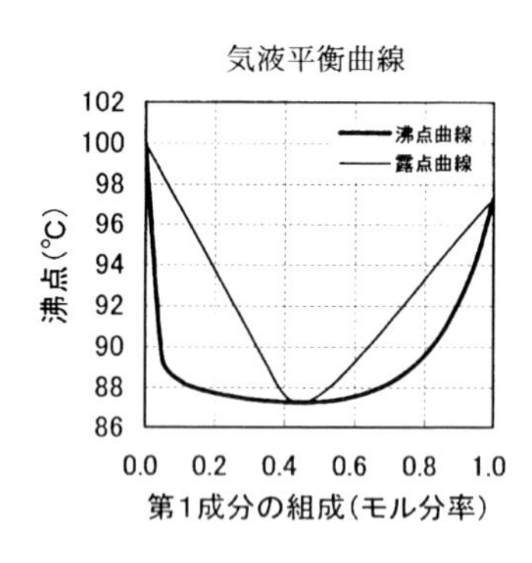

図 10.14 プロパノール(1)—水(2)

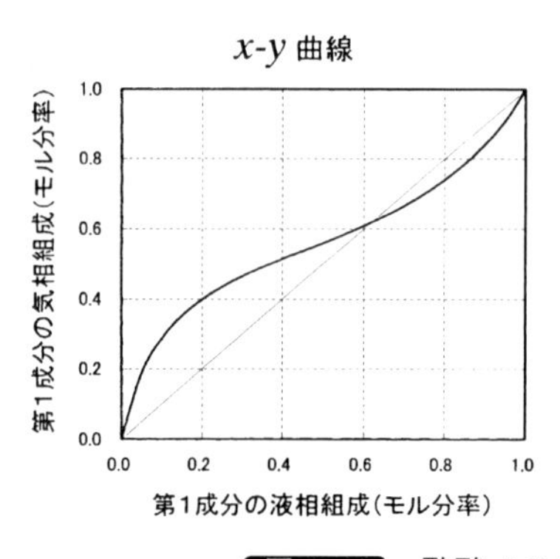

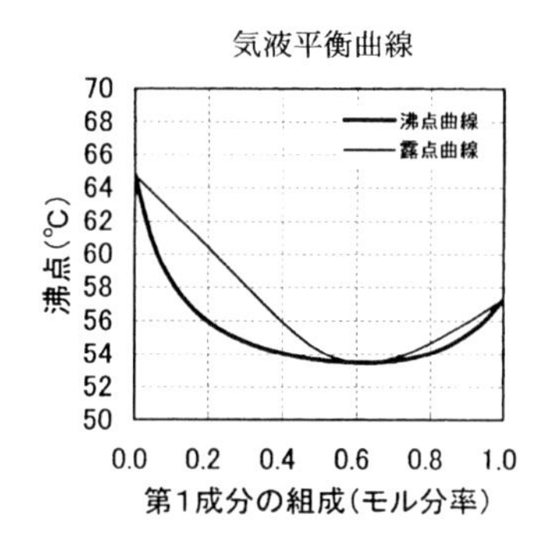

図 10.15 酢酸メチル(1)—メタノール(2)

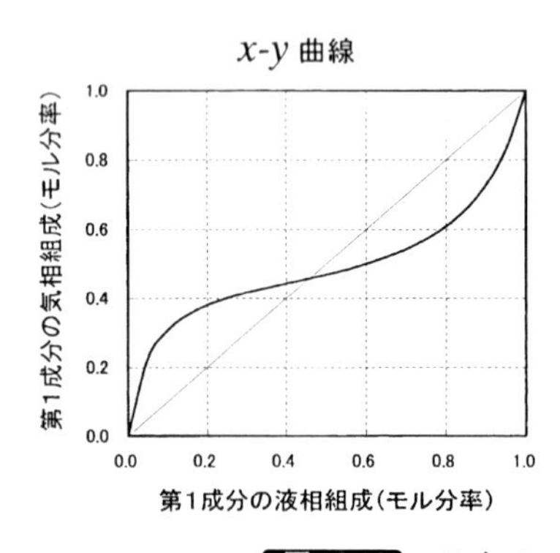

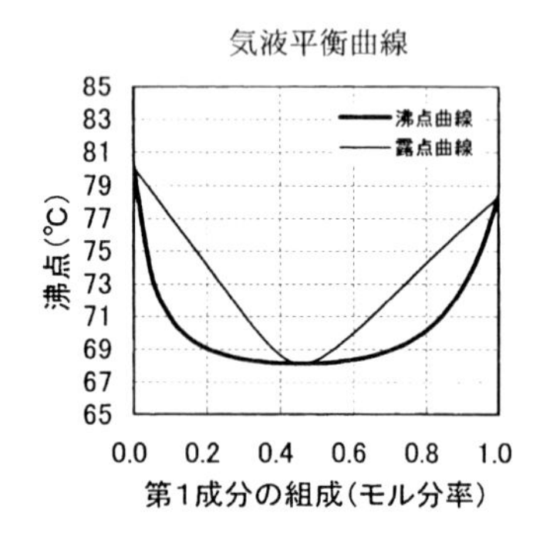

図 10.16 エタノール(1)—ベンゼン(2)

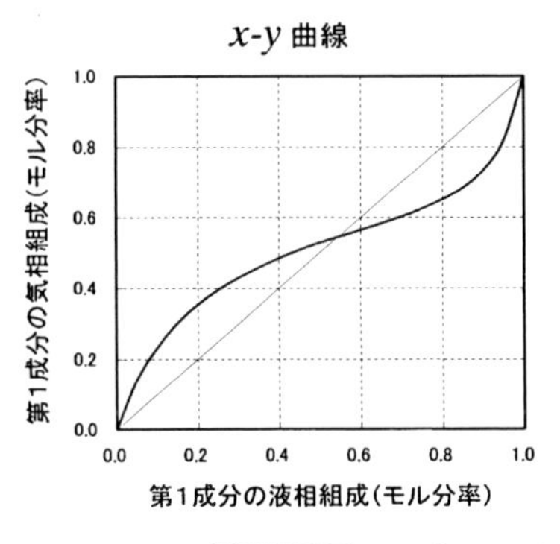

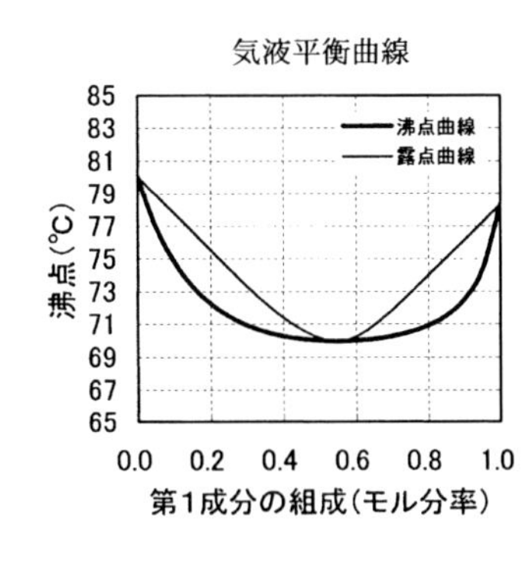

図 10.17　エタノール(1)—アセトニトリル(2)

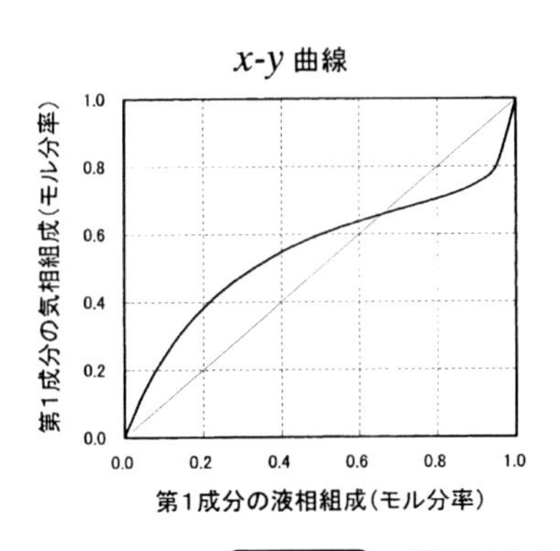

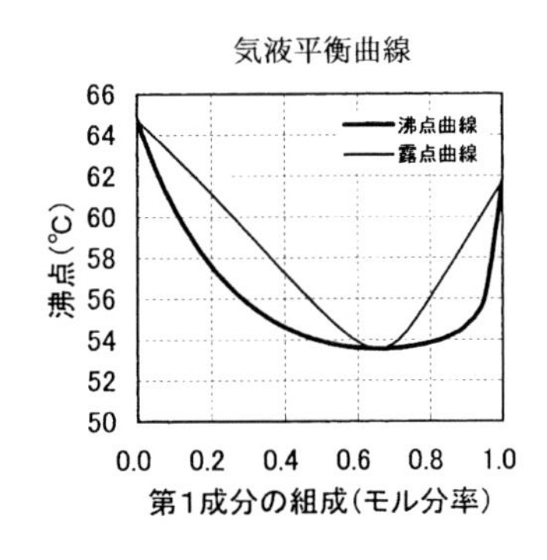

図 10.18　クロロホルム(1)—メタノール(2)

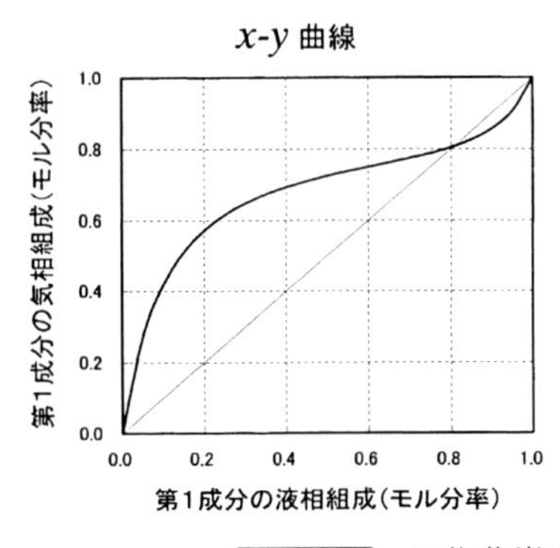

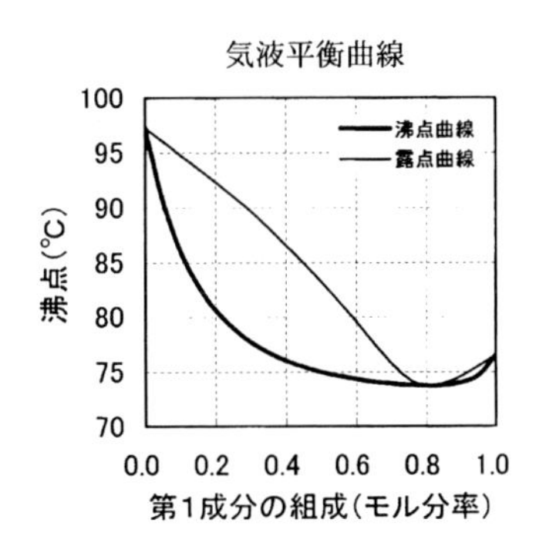

図 10.19　四塩化炭素(1)—プロパノール(2)

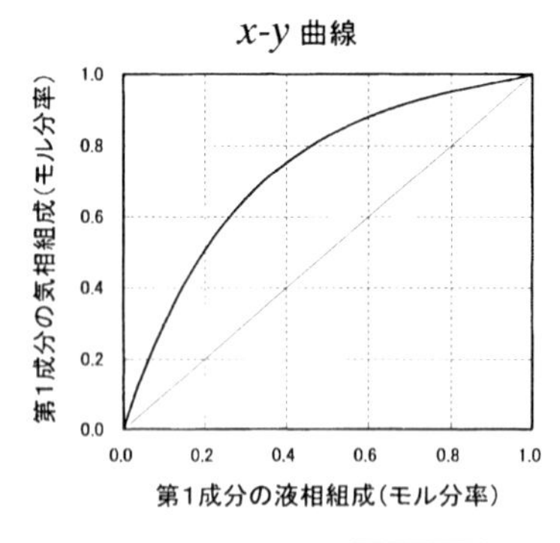

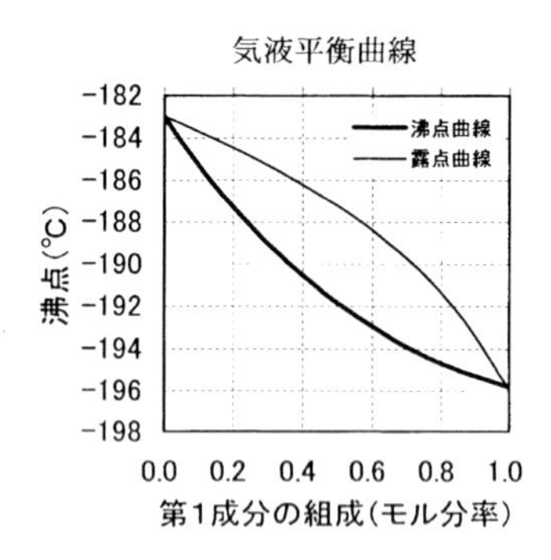

図 10.20 窒素(1)—酸素(2)

表10.2　ウィルソン定数（常圧付近）[a]

2成分系溶液		測定条件	ウィルソン定数	
化学式	物質名		Λ_{12}	Λ_{21}
CCl_4-C_2H_3N	四塩化炭素-アセトニトリル	45℃	0.39530	0.16666
CCl_4-C_2H_6O	四塩化炭素-エタノール	745 mmHg	0.62553	0.00951
CCl_4-C_3H_8O	四塩化炭素-1-プロパノール	760 mmHg	0.52459	0.24609
CCl_4-C_3H_8O	四塩化炭素-2-プロパノール	〃	0.58095	0.20746
CCl_4-$C_4H_{10}O$	四塩化炭素-1-ブタノール	50℃	0.92803	0.11501
CCl_4-C_5H_5N	四塩化炭素-ピリジン	50℃	0.59446	0.87081
CCl_4-C_5H_{10}	四塩化炭素-シクロペンタン	760 mmHg	1.11831	0.84562
CCl_4-C_6H_6	四塩化炭素-ベンゼン	〃	0.61532	1.34851
CCl_4-C_6H_{14}	四塩化炭素-2,2-ジメチルブタン	〃	1.10796	0.64592
CCl_4-C_7H_{14}	四塩化炭素-メチルシクロヘキサン	〃	0.97310	1.00754
CCl_4-C_7H_{16}	四塩化炭素-ヘプタン	〃	1.35885	0.59786
CCl_4-C_7H_{16}	四塩化炭素-2,4-ジメチルペンタン	〃	1.18701	0.67383
CCl_4-C_8H_{10}	四塩化炭素-エチルベンゼン	〃	1.17659	0.80742
CCl_4-C_8H_{10}	四塩化炭素-*o*-キシレン	〃	0.72450	1.17910
CCl_4-C_8H_{10}	四塩化炭素-*m*-キシレン	〃	1.11762	0.84161
CCl_4-C_8H_{10}	四塩化炭素-*p*-キシレン	〃	1.12161	0.84880
CCl_4-C_8H_{18}	四塩化炭素-オクタン	〃	0.98811	0.96412
CCl_4-C_8H_{18}	四塩化炭素-2,2,4-トリメチルペンタン	〃	0.85533	0.95051
$CHCl_3$-CH_4O	クロロホルム-メタノール	〃	0.88258	0.10219
$CHCl_3$-$C_4H_{10}O$	クロロホルム-1-ブタノール	〃	1.59462	0.11709
$CHCl_3$-C_6H_6	クロロホルム-ベンゼン	〃	2.59312	0.20302
$CHCl_3$-C_6H_{14}	クロロホルム-ヘキサン	〃	1.32199	0.37420
$CHCl_3$-C_7H_8	クロロホルム-トルエン	〃	1.02199	1.19094
CH_2Cl_2-CH_4O	ジクロロメタン-メタノール	750 mmHg	0.87649	0.07462
CH_2O_2-H_2O	ギ酸-水	50 mmHg	2.26520	1.68513
CH_4O-CCl_4	メタノール-四塩化炭素	760 mmHg	0.06869	0.34360
CH_4O-C_2Cl_4	メタノール-テトラクロロエチレン	〃	0.15600	0.13600
CH_4O-$C_2H_4Cl_2$	メタノール-1,2-ジクロロエタン	50℃	0.16866	0.48751
CH_4O-$C_4H_8O_2$	メタノール-酢酸エチル	760 mmHg	0.58781	0.53930
CH_4O-C_6H_6	メタノール-ベンゼン	〃	0.12633	0.37663
CH_4O-$C_6H_{12}O$	メタノール-イソブチルメチルケトン	〃	0.69072	0.42803
CH_4O-C_6H_{14}	メタノール-ヘキサン	45℃	0.07101	0.07038
CH_4O-H_2O	メタノール-水	760 mmHg	0.55148	0.89781
C_2H_3N-C_6H_6	アセトニトリル-ベンゼン	45℃	0.55530	0.57259
C_2H_3N-H_2O	アセトニトリル-水	150 mmHg	0.20121	0.20540
$C_2H_4O_2$-CH_4O	酢酸-メタノール	35℃	1.25110	1.56594
$C_2H_4O_2$-C_2H_6O	酢酸-エタノール	〃	1.25035	1.69265
C_2H_6O-C_4H_8O	エタノール-メチルエチルケトン	760 mmHg	0.61980	0.75615
C_2H_6O-$C_4H_8O_2$	エタノール-酢酸エチル	〃	0.50594	0.75578
C_2H_6O-H_2O	エタノール-水	〃	0.18165	0.78386
C_3H_6O-$CHCl_3$	アセトン-クロロホルム	〃	1.21457	1.50526
C_3H_6O-CH_4O	アセトン-メタノール	〃	0.65675	0.77204
C_3H_6O-H_2O	アセトン-水	〃	0.04675	0.51239
$C_3H_6O_2$-CH_4O	酢酸メチル-メタノール	〃	0.32735	0.71155
C_3H_8O-C_6H_{12}	1-プロパノール-シクロヘキサン	60℃	0.12930	0.37827
C_3H_8O-H_2O	1-プロパノール-水	〃	0.04793	0.61233
C_3H_8O-C_6H_6	2-プロパノール-ベンゼン	〃	0.34469	0.37321
C_3H_8O-H_2O	2-プロパノール-水	760 mmHg	0.04857	0.77714
$C_4H_8O_2$-C_2H_6O	酢酸エチル-エタノール	〃	0.62367	0.66736
$C_4H_{10}O$-H_2O	1-ブタノール-水	1485 mmHg	0.00197	0.62809
C_6H_6-C_6H_6O	ベンゼン-フェノール	70℃	0.71491	0.42694
C_6H_6-C_6H_{12}	ベンゼン-シクロヘキサン	760 mmHg	0.91215	0.74521
C_6H_6-C_7H_8	ベンゼン-トルエン	〃	1.74811	0.43034
C_6H_6-C_7H_{16}	ベンゼン-ヘプタン	〃	1.22171	0.49132
C_6H_{14}-C_2H_6O	ヘキサン-エタノール	〃	0.31670	0.05515
C_6H_{14}-C_6H_6	ヘキサン-ベンゼン	〃	0.53015	1.07005
C_7H_{14}-C_7H_8	メチルシクロヘキサン-トルエン	〃	0.97478	0.80200
C_7H_{16}-C_7H_8	ヘプタン-トルエン	〃	0.67523	1.06001
H_2O-$C_2H_4O_2$	水-酢酸	〃	0.23965	1.67589
H_2O-C_6H_6O	水-フェノール	56.3℃	0.70047	0.00317
N_2-O_2	窒素-酸素	−198℃	2.45521	0.12621

a　大江修造，気液平衡データ集，講談社（1988）

表 10.3 ペン-ロビンソン定数（高圧）[a]

2成分系溶液		測定温度（℃）	ペン-ロビンソン定数
化学式	物質名		
CH_4-CO_2	メタン-炭酸ガス	-63.4	0.1094
CH_4-C_2H_6	メタン-エタン	-87.06	0.0090
CH_4-C_3H_6	メタン-プロピレン	-93.15	0.0035
CH_4-C_3H_8	メタン-プロパン	-101.11	0.0164
CH_4-C_4H_{10}	メタン-ブタン	-106.7	0.0233
CH_4-C_4H_{10}	メタン-イソブタン	37.8	0.0279
CH_4-C_5H_{12}	メタン-ペンタン	-17.8	0.0151
CH_4-C_6H_6	メタン-ベンゼン	65.6	0.0283
CH_4-C_6H_{14}	メタン-ヘキサン	-50	0.0255
C_2H_4-C_2H_6	エチレン-エタン	-73.3	0.0190
C_2H_4-C_4H_{10}	エチレン-ブタン	48.9	0.0690
C_2H_4-C_6H_6	エチレン-ベンゼン	75	0.0231
C_2H_6-C_3H_6	エタン-プロピレン	-71.4	0.0088
C_2H_6-C_3H_8	エタン-プロパン	-40	0.0002
C_2H_6-C_4H_{10}	エタン-ブタン	65.5	0.0373
C_2H_6-C_4H_{10}	エタン-イソブタン	71.3	0.0009
C_2H_6-C_5H_{12}	エタン-ペンタン	37.8	0.0045
C_3H_8-C_4H_{10}	プロパン-ブタン	80	0.0089
C_3H_8-C_4H_{10}	プロパン-イソブタン	26.67	0.0142
C_3H_8-C_5H_{12}	プロパン-ペンタン	71.11	0.0240
C_3H_8-C_5H_{12}	プロパン-イソペンタン	75	0.0149
Ar-CH_4	アルゴン-メタン	-150.1	0.0353
Ar-O_2	アルゴン-酸素	-183.2	0.0113
CO-C_2H_6	一酸化炭素-エタン	-50	-0.0168
CO-C_3H_8	一酸化炭素-プロパン	-75	0.0385
CO-H_2S	一酸化炭素-硫化水素	-70	0.1433
CO_2-C_2H_4	炭酸ガス-エチレン	-20.2	0.0565
CO_2-C_2H_6	炭酸ガス-エタン	-51.11	0.1419
CO_2-C_3H_6	炭酸ガス-プロピレン	-20.2	0.0721
CO_2-C_4H_{10}	炭酸ガス-ブタン	-45.17	0.1324
CO_2-C_4H_{10}	炭酸ガス-イソブタン	0	0.1042
CO_2-C_5H_{12}	炭酸ガス-ペンタン	4.5	0.1127
CO_2-C_6H_6	炭酸ガス-ベンゼン	25	0.0797
CO_2-C_6H_{12}	炭酸ガス-シクロヘキサン	200	0.0735
CO_2-C_6H_{14}	炭酸ガス-ヘキサン	40	0.0934
CO_2-C_7H_8	炭酸ガス-トルエン	79.44	0.0789
CO_2-C_7H_{16}	炭酸ガス-ヘプタン	37.5	0.1073
CO_2-H_2O	炭酸ガス-水	325	0.1301
H_2-CH_4	水素-メタン	-150	0.0543
H_2-CO	水素-一酸化炭素	-173.15	0.0763
H_2-C_2H_4	水素-エチレン	-100	0.1676
H_2-C_2H_6	水素-エタン	-50	0.2022
H_2-C_3H_8	水素-プロパン	-50	0.1858
H_2-C_4H_{10}	水素-ブタン	54.5	0.2999
He-N_2	ヘリウム-窒素	-196	0.4846
NH_3-H_2O	アンモニア-水	80	-0.2626
N_2-Ar	窒素-アルゴン	-189.33	0.0004
N_2-CH_4	窒素-メタン	-159.44	0.0359
N_2-CO	窒素-一酸化炭素	-189.33	0.0071
N_2-C_2H_6	窒素-エタン	-13.15	0.0482
N_2-C_3H_6	窒素-プロピレン	16.85	0.0757
N_2-C_3H_8	窒素-プロパン	25	0.0616
N_2-C_4H_{10}	窒素-ブタン	37.8	0.0932
N_2-O_2	窒素-酸素	-158	0.0002

a　大江修造，高圧気液平衡データ集，講談社（1989）

10.2 棚段塔の効率

▶ 10.2.1　FRI（米国蒸留研究機関）の公開データ

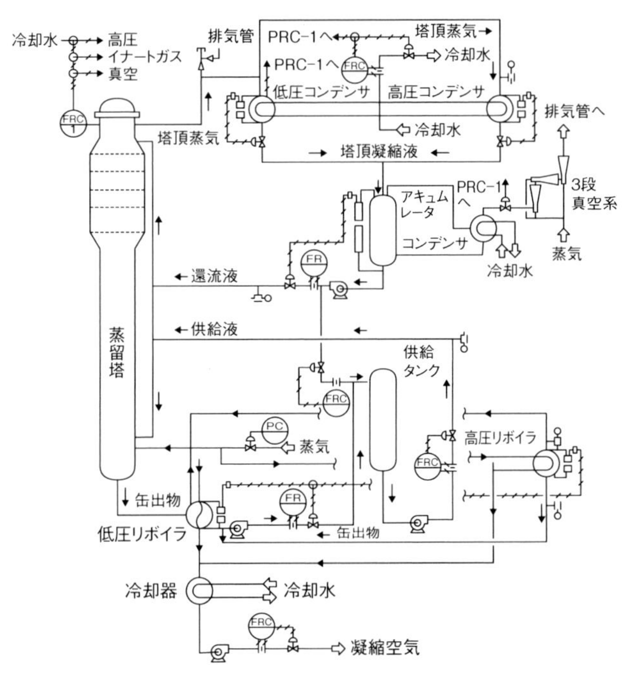

図10.21　低圧蒸留塔（塔径1.2 m）

図 10.22 蒸留塔全景（米国、オクラホマ）

▶ 10.2.2 シーブトレイ

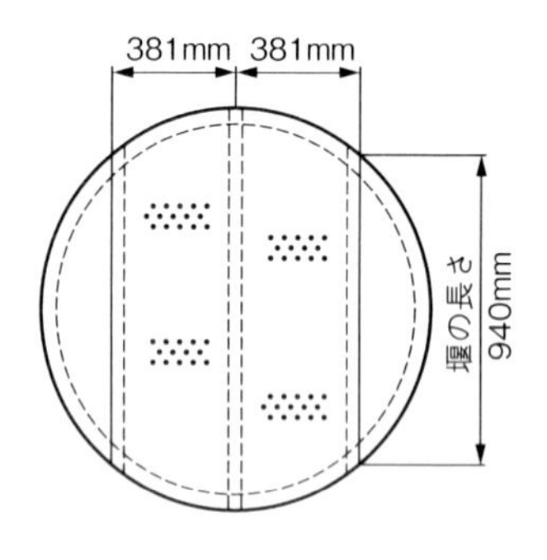

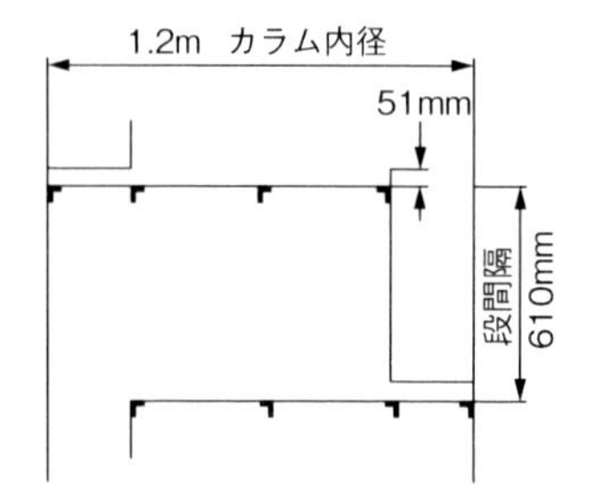

・シーブトレイデータ（1）

FRIの試験用多孔板トレイの詳細

塔　　径［m］	1.2
棚　間　隔［mm］	610
多孔板材質［米国規格］	316ss
多孔板板厚［mm］	1.5
蒸気に面した多孔板の形状	sharp
孔径とピッチ［mm×mm］	12.7×38.1
出口堰、高さ×長さ［mm×mm］	51×940
ダウンカマ下のクリアランス［mm］	38, 51
ダウンカマ面積［m^2］	0.14
有効接触面積［m^2］	0.859
孔　面　積［m^2］	0.0715

シクロヘキサン-*n*-ヘプタン

圧　　力［kPa］	34	165
蒸気密度［kg/m^3］	1.1	4.8
液　密　度［kg/m^3］	700	641
液　粘　度［mPa・s］	0.37	0.23
表面張力［mN/m］	18.5	13.5
相対揮発度	1.84	1.57

FRI における試験データ

（シクロヘキサン-*n*-ヘプタン系、165 kPa の場合）

実験番号	101	105	212	504
実験の種類*	A	B, C	D	E
棚段の位置	4	4	6	8
蒸気密度 [kg/m³]	4.77	4.31	4.92	4.65
液密度 [kg/m³]	646	673	654	647
蒸気流量 [kg/s]	4.78	5.75	5.29	1.44
液流量 [m³/h]	80.40	30.66	16.58	4.25
飛沫同伴量 [kg/s]	—	—	0.314	—
圧力損失 [kPa/段]	1.320	1.625	1.481	0.306
総括塔効率 [%]	—	89.4	—	—
泡沫層高 [mm]	610	610	—	152
[棚段の位置]	4	4	—	4

*A：フラッディング、B：全還流下の塔効率、C：圧力損失、D：飛沫同伴、E：ウィーピング点

出典：T. Yanagi, M. Sakata, Ind. Eng. Chem. Prosess Des. Dev. Vol. 21, No. 4, 1982 713

・シーブトレイデータ（2）（Fitz, Kunesh, Shariat, 1999）

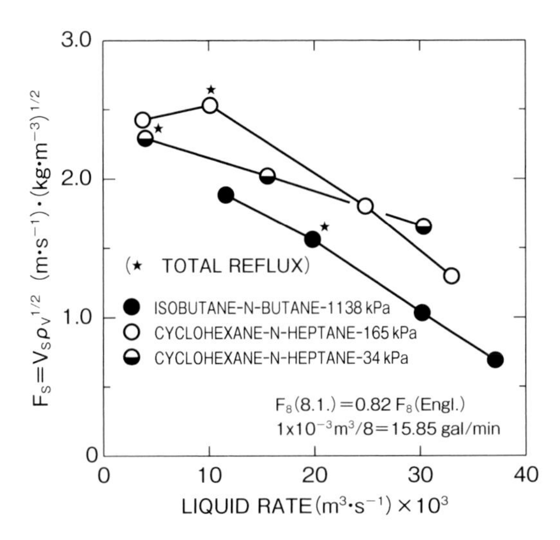

図 10.23　シーブトレイのフラッディングデータ（開孔率 14 %）

・シーブトレイデータ (2)

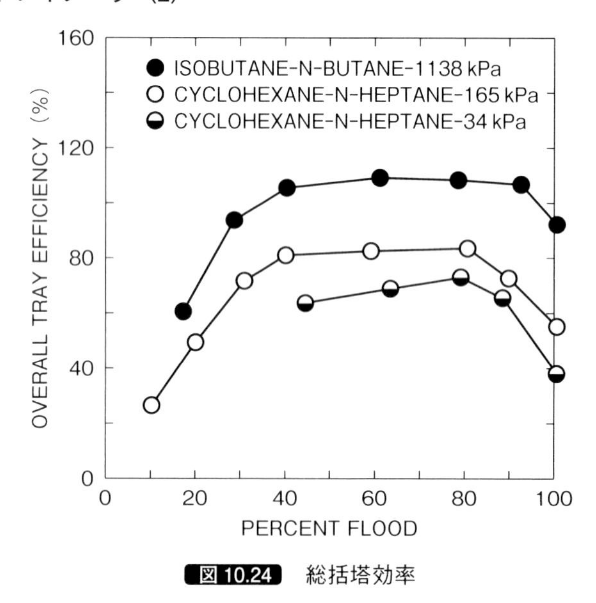

図 10.24 総括塔効率

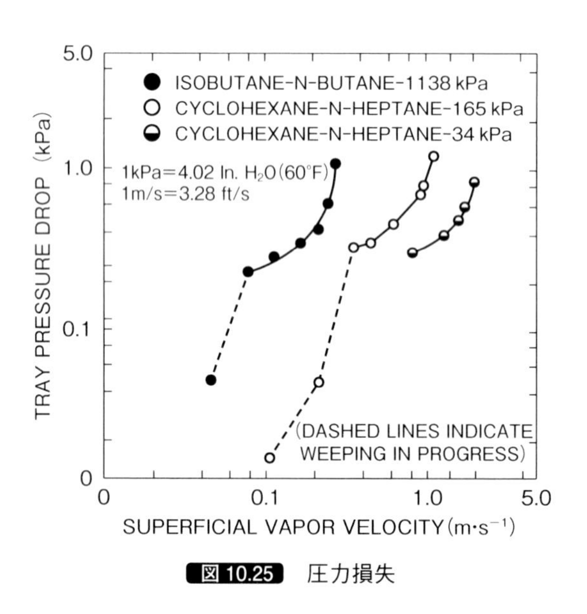

図 10.25 圧力損失

・シーブトレイデータ (2)

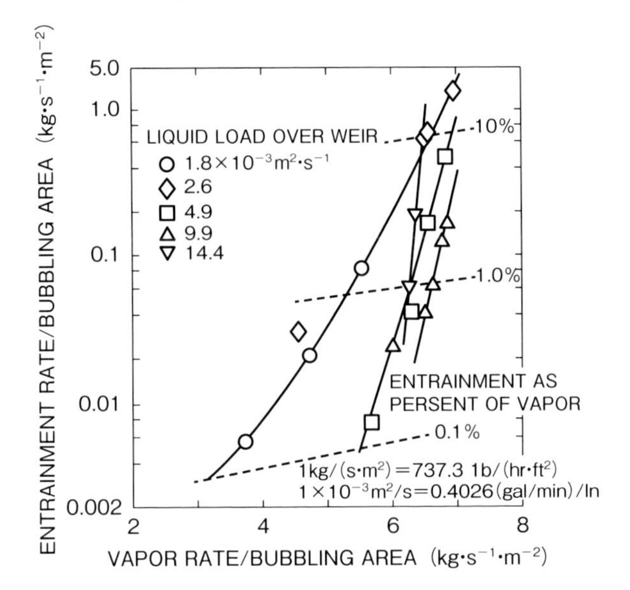

図 10.26　飛沫同伴量（シクロヘキサン-ヘプタン、165 kPa）

10.3

充填塔の HETP

・規則充填物のデータ（メラパック 250Y）

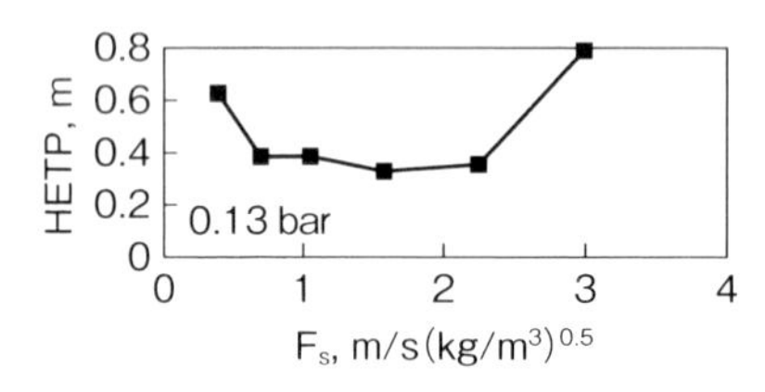

図 10.27 HETP
o-キシレン-p-キシレン
全環流

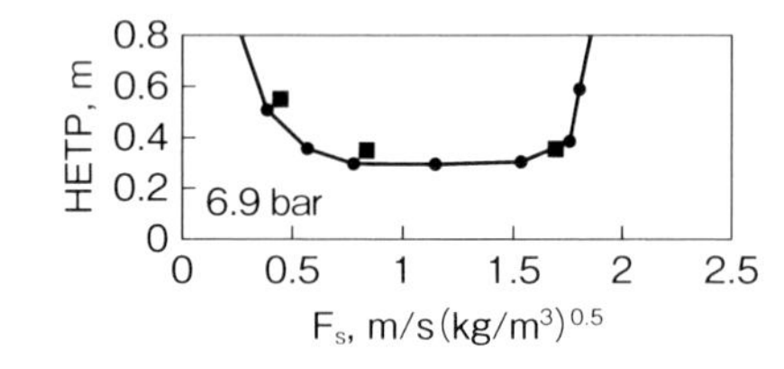

図 10.28 HETP
イソブタン-ブタン
全環流

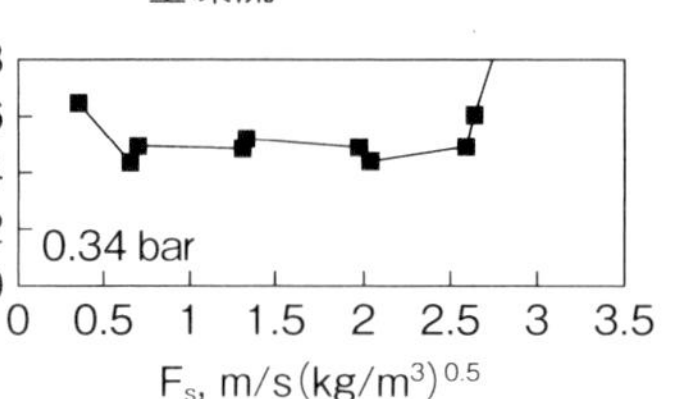

図 10.29 HETP
シクロヘキサン-ヘプタン
全環流

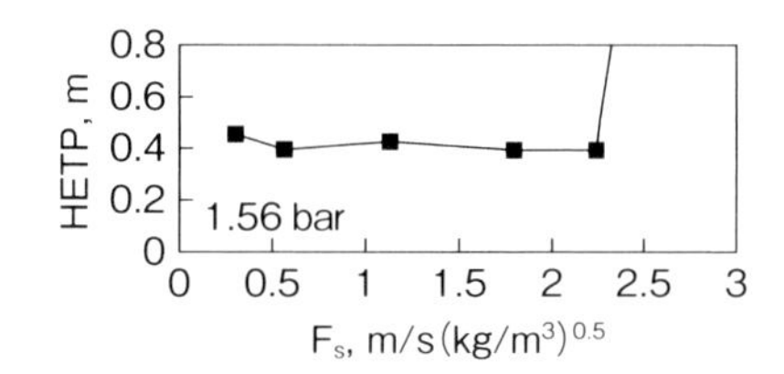

図 10.30 HETP
シクロヘキサン-ヘプタン
全環流

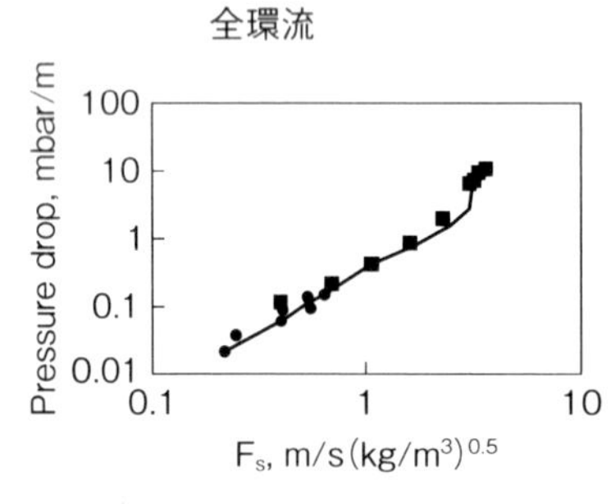

図 10.31 圧力損失
o-キシレン-p-キシレン
0.13 bar、全環流

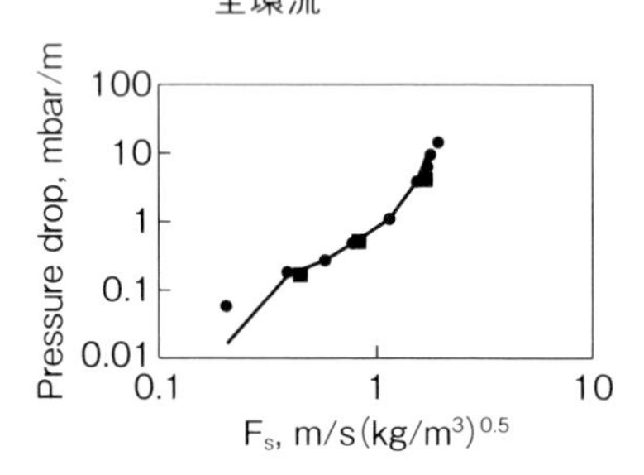

図 10.32 圧力損失
イソブタン-ブタン
6.9 bar、全環流

付　表
単位換算表

長　さ

m	in	ft
1	39.37	3.281
0.0254	1	0.08333
0.3048	12	1

1 mile＝1609 m、1 海里＝1852 m

面　積

m^2	in^2	ft^2
1	1550	10.76
6.452×10^{-4}	1	6.944×10^{-3}
0.0929	144	1

1 km^2＝100 ha＝10000 a≒247 エーカー

体　積

m^3（kl）	ft^3	gal（米）
1	35.31	264.2
0.02832	1	7.481
3.785×10^{-3}	0.1337	1

1 ft^3＝1728 in^3、1 in^3＝16.39 cm^3
1 石油バーレル＝42 米ガロン≒159 l

質　量

kg	lb（ポンド）	oz（オンス）
1	2.205	35.27
0.4536	1	16
0.02835	0.0625	1

1 t＝1000 kg、1 ton（米）＝907.2 kg
1 ton（英）＝1016 kg

力，重量

N	kgf（kgw）	lbf
1	0.10197	0.2248
9.80665	1	2.205
4.44822	0.4536	1

1 N＝1 kg・m/s^2＝105 dyn（ダイン）

速　度

m/s	km/h	ft/min
1	3.6	196.9
0.2778	1	54.68
5.080×10^{-3}	0.01829	1

1 mile/h＝1.609 km/h
1 ノット（knot，kn）＝1.852 km/h

仕事，エネルギー，熱量

J	kW・h	kgf・m	kcal	ft・lbf	Btu
1	2.778×10^{-7}	0.102	2.390×10^{-4}	0.7376	9.478×10^{-4}
3.6×10^{6}	1	3.671×10^{5}	860.4	2.655×10^{6}	3.412×10^{3}
9.807	2.724×10^{-6}	1	2.344×10^{-3}	7.233	9.295×10^{-3}
4.184×10^{3}	1.162×10^{-3}	426.6	1	3.086×10^{3}	3.966
1.356	3.766×10^{-7}	0.1383	3.240×10^{-4}	1	1.285×10^{-3}
1.055×10^{3}	2.931×10^{-4}	107.6	0.2522	778.2	1

1 J＝1 N・m＝1 W・s　　1 cal（国際蒸気表）＝4.1868 J　　1 erg＝10^{-7} J
1 cal（計量法）＝4.18605 J　　1 l・atm≒24.22 cal（熱化学）≒101.3 J

仕事率，工率，動力，電力

kW	kgf・m/s	PS	ft・lbf/s	kcal/h
1	102.0	1.360	737.6	860.4
9.807×10^{-3}	1	0.01333	7.233	8.438
0.7355	75	1	542.5	632.8
1.356×10^{-3}	0.1383	1.843×10^{-3}	1	1.167
1.162×10^{-3}	0.1185	1.580×10^{-3}	0.8572	1

1 kW＝860.0 kcal/h（計量法カロリー）＝859.8 kcal/h（蒸気表カロリー），1 W＝1 J/s

伝熱係数（熱伝達係数，熱貫流率）

W/(m²・K)	kcal/(m²・h・℃)	Btu/(ft²・h・°F)
1	0.8604	0.1761
1.162	1	0.2047
5.678	4.886	1

1 W/(m²・K)＝1 J/(m²・s・K)

密　　度

g/cm^3	g/ml	lb/in^3	lb/ft^3	lb/gal（米）
1	1.000028	0.036128	62.428	8.3455
0.99997	1	0.036126	62.427	8.3452
27.680	27.681	1	1,728	231
0.016018	0.016019	5.7870×10^{-4}	1	0.13368
0,11983	0.11983	4.3290×10^{-3}	7.4805	1

SI 単位への換算　　1 g/cm^3＝1000 kg/m^3　　1 lb/ft^3＝1.601846×10 kg/m^3

分　子　容

cm^3/g-mol	m^3/kg-mol（l/g-mol）	in^3/lb-mol	ft^3/lb-mol
1	10^{-3}	27.68	1.602×10^{-2}
10^3	1	2.768×10^4	16.02
3.613×10^{-2}	3.613×10^{-5}	1	5.787×10^{-4}
62.43	6.243×10^{-2}	1,728	1

圧　力

dyn/cm^2	bar	atm	kg/cm^2	mmHg (0 ℃)	inHg (32 °F)	lb/in^2
1	10^{-6}	0.98692×10^{-6}	1.0197×10^{-6}	7.5006×10^{-4}	2.9530×10^{-5}	1.4504×10^{-5}
10^6	1	0.98692	1.0197	750.06	29.530	14.504
1.0132×10^6	1.0132	1	1.0332	760	29.921	14.696
980,665	0.98067	0.96784	1	735.56	28.959	14.223
1,333.2	1.3332×10^{-3}	1.31579×10^{-3}	1.3595×10^{-3}	1	0.03937	0.019337
33,864	0.033864	0.033421	0.03453	25.400	1	0.49116
68.947	0.068947	0.068046	0.070307	51.715	2.0360	1

1 Torr＝1 mmHg　SI 単位への換算　1 atm＝1.013250×10^2 kPa ＝1.013250×10^{-1} MPa　1 mmHg＝1.333224×10^{-1} kPa　1 kPa＝7.50062 mmHg

蒸発潜熱

joule (int) /g	cal/g (kcal/kg)	Btu/lb	I.T. cal/g
1	0.23905	0.43000	0.23889
4.1833	1	1.7988	0.99935
2.3256	0.55592	1	0.55556

SI 単位への換算　1 cal/g＝4.184 kJ/kg　1 Btu/lb＝2.326000 kJ/kg

熱容量（比熱）

joule (int) /g・℃	cal/g・℃	I.T. cal/g・℃	Btu/lb・°F
1	0.23905	0.23889	0.23889
4.1833	1	0.99935	0.99935
4.1861	1.0007	1	1
4.1861	1.0007	1	1

SI 単位への換算　1 cal/g・℃＝4.184 kJ/kg・K ＝4.184 J/g・K　1 Btu/lb・°F＝4.1868 kJ/kg・K ＝4.1868 J/g・K

粘　度

Poise（g/cm・s）	cP（centi Poise）	kg/m・s	kg/m・h	lb/ft・s
1	100	0.1	360	6.72×10^{-2}
10^{-2}	1	10^{-3}	3.6	6.72×10^{-4}
10	1000	1	3.6×10^{3}	6.72×10^{-1}
2.78×10^{-3}	2.78×10^{-1}	2.78×10^{-4}	1	1.87×10^{-4}
1.488×10	1.488×10^{3}	1.488	5.357×10^{3}	1

SI 単位への換算　1 cP＝1.0×10^{-3} Pa・s　　1 lb/ft・s＝1.488164 Pa・s　　1 mPa＝0.001 kg/m・s
＝1.0×10^{-3} N・s/m^2　　＝1.488164 N・s/m^2

動 粘 度

Stokes（cm^2/s）	m^2/h	m^2/s	ft^2/s	ft^2/h
1	3.6×10^{-1}	10^{-4}	1.076×10^{-3}	3.875
2.778	1	2.778×10^{-4}	2.990×10^{-3}	10.76
10^4	3,600	1	10.7639	3.875×10^{4}
929	3.345×10^{-2}	9.29×10^{-2}	1	3,600
0.2581	9.290×10^{-1}	2.581×10^{-5}	2.778×10^{-4}	1

SI 単位への換算　　1 cSt＝1 mm^2/s　　1 ft^2/s＝9.290304 m^2/s

熱 伝 導 度

cal/cm・s・℃	kcal/m・h・℃	joule/cm・s・℃	Btu/ft・h・°F
1	360	4.18140	241.75
2.7778×10^{-3}	1	0.011622	0.67196
0.23915	86.044	1	57.780
4.1365×10^{-3}	1.48817	0.017307	1

SI 単位への換算　　1 cal/cm・s・℃＝418.4 W/m・K　　1 kcal/m・h・℃＝1.1622 W/m・K
1 Btu/ft・h・°F＝1.7307 W/m・k　　1 joule/cm・s・℃＝100 W/m・K

拡散係数

cm^2/s	cm^2/d	m^2/h	ft^2/h	in^2/s
1	86,400	0.360	3.875	0.1550
1.157×10^{-5}	1	4.167×10^{-6}	4.485×10^{-5}	1.794×10^{-6}
2.778	240,000	1	10.764	0.4306
0.2581	22,296	9.290×10^{-2}	1	0.040
6.452	557,420	2.323	25.00	1

SI 単位への換算　　1 $ft^2/h = 2.58064\times10^{-5}\ m^2/s$

表面張力

dyn/cm ［erg/cm^2］	g/cm	kg/m	lb/ft
1	1.020×10^{-3}	1.020×10^{-4}	6.854×10^{-4}
980.7	1	0.1	6.720×10^{-2}
9807	10	1	6.720×10^{-1}
14,592	14.88	1.488	1

SI 単位への換算　　1 dyn/cm＝1 mN/m

温　　度

℉→℃　　(℉－32)×5/9＝℃

℃→℉　　32＋℃×9/5＝℉

流　　量

m^3/s	m^3/h	gal（米）/m	ft^3/s
1	3600	15850.3	35.315
2.77778×10^{-4}	1	4.40288	9.80964×10^{-3}
6.30902×10^{-5}	0.227125	1	2.22801×10^{-3}
2.8316×10^{-2}	101.941	448.831	1

参考文献

Ambrose, D., C. H. S. Sprake, "Thermodynamic properties of organic oxygen compounds XXVJ Vapour pressures and normal boiling temperatures of aliphatic alcohols", J. Chem. Thermodynamics, 2, 631–645 (1970)

Antoine, C., "Tensions des vapeurs; nouvelle relation entre les tensions et les temperatures", Comptes Rendus 107: 681, 836 (1888)

Barnard, Hendri, "Use Thermography to Expose What's Hidden", CEP January 2017 21–27

Becker, H., et al, "Partitioned Distillation Columns? Why, When and How." Chem. Eng., 108 (1), pp. 68–74 (Jan. 2001).

Bennett, D. L., et al., Chem. Eng. Prog., 20, May, 2000

Berziane, M., et al., J. Chem. Eng. Data, 2013, 58, 492

Bonilla, J. A., Chem. Eng. Prog., 47–61, March, 1993

Bowman, J. D., Chem. Eng. Prog., 25. 31, Feb.: 1991

Bravo, J. L., Chem. Eng. Prog., 39–47, June, 1997

Butrow, A. B., James H. Buchanan, and David E. Tevault, "Vapor Pressure of Organophosphorus Nerve Agent Simulant Compounds", J. Chem. Eng. Data, 54, 1876–1883 (2009)

Calvar, N., et al., J. Chem. Eng. Data, 53, 820–825, 2008.

Carillo, F.; Martin, A.; Rosello, Chem. Eng. Technol., 2000, 23, 425.

Chen, C., Yuhua Song, "Generalized Electrolyte-NRTL Model for Mixed-Solvent Electrolyt Systems", AIChE J., Vol. 50, No.8, 2004, 1928–1941

Cox, E. R., "Pressure-Temperature Chart for Hydrocarbon Vapors", Ind. Eng. Chem., 15, 592–593 (1923)

Craig, A. D., Joseph V. Urenovitch, and Alan G. Macdiarmid, "104. The Preparation and Properties of New Chloride, Cyanide, and Oxygen Derivatives of Disilane", J. Chem. Soc., 1962, 548 (1962)

Deam, J. R., (1999) "Fractionation Research. Inc. Partnership With Industry". Asian Technical Meeting. 'Tokyo. Japan, September.

Distefano, G. P., AIChE14, 190 (1968)

Fair, J. R., Petro./Chem. Eng., 1961, 45; J. R. Fair, R. L. Matthews, Petrol. Refiner, 153 (1958)

Fitz, Jr. C. W., J. G. Kunesh, A. Shariat, Ind. Eng. Chem. Res., 1999, 38, 512–518

Fractionation Research Inc., "Structured Packing Experimental Data", 2007.

Furter, William F.: "Thermodynamic Behavior of Electrolytes in Mixed Solvents,

Advances in Chemistry Series 155, 157", American Chemical Society, 1976, 79.
Glinos, K., and M. F. Malone, "Optimality Regions for Complex Column Alternatives in Distillation Systems." Chem. Eng. Res. Des., 66, pp. 229–240 (1988).
Gmehling J. et al., Vapor–Liquid Equilibrium Data Collection, 1a, DECHEMA (1977)
Hasbrouck, J. F., et al., Chem. Eng. Prog., 63–72, March, 1993
Henry Z. Kister and Chuck Winfield, "Use Downcomer Gamma Scans to Troubleshoot Your Process", CEP January 2017 28–38
Herbert R. K. and S. I. Kreps, "Vapor Pressure of Primary n–Alkyl Chlorides and Alcohols", J. Chem. Eng. Data, 14, 98–102 (1969)
Herington, E. F. G., "Tests for Consistency of Experimental Isobaric Vapor Liquid Equilibrium Data", J. Inst. Petrol., 37, 457 (1951)
Hirata, M., Ohe, S., et al., "Computer aided databook of vapor–liquid equilibria", Elsevier, 1975. (3) Gmehling, J., et al., "Vapor–liquid data collection", DECHEMA, 1977.
Horsley, Lee H., "Azeotropic Data III", Advances in Chemistry Series 116, American Chemical Society, 1972.
Hovorka, F. L., H. P. Lankelma, J. C. Stanford, J. Am. Chem. Soc. 60, 820 (1938)
Humphrey, J. L., Distillation and Other Industrial Separations, AlChE. 1–11. 1997
Hutchinson, M. H., A. G. Buron, B. B. Miller, AIChE. Paper Los Angeles Meeting, 1949
Iliuta, Maria C., et al., J. Chem. Eng. Data, 41, 402–408, 1996.
Johnson, A. I., W. F. Furter, Can., J. Technol, 34, 413 (1957)
Kaibel, B. et al., "Unfixed wall: the key to a breakthrough in dividing wall column technology", Distillation topical conference, AIChE Spring National Meeting, 22–27 April, 2007, Houston, TX, USA
Kataoka, K., Hiroshi Yamaji, Hicleo Noda, Tadahiro Mukaida, Mampei Kaneda, Masaru Nakaiwa, "Compressor–Free Heat Integrated Distillation Column System for Dehydration of Fermented Mash In Production of Fuel Bio–Ethanol", DISTILLATION HONORS II, AIChE Annual Meeting & Cenntenial Celebration, Philadelphia, PA, November 16–21, 2008
Kister, H. Z., Distillation Operation, McGraw–Hill 1990
Kister, H. Z., D. R. Gill, Chem. Eng. Prog. 87 (2), p. 32, 1991
Kister, H. Z., "Distillatioin design", MacGraw–Hill, 1992

Kister, H. Z., Distillation Troubleshooting, Wiley, 2006
Kister, H. Z., et al., AlChE Spring National Meeting, 445–489, April. 2007
Kister, H. Z., Chem. Eng. Prog. 36–41. July, 2008
Kister, H. Z., Chuck Winfield, "Use Downcomer Gamma Scans to Troubleshoot Your Process", CEP January 2017 28–38
Lieberman, N. L., Proccess Design for Reliable Operations, Gulf Publishing, 1983
Lockett, M. J. Chem. Eng. Prog. 1998, 94, 60.
Lockett, M. J., Disttillation Tray Fundamentals, Cambridge University Press, 1986
Marcus, Yizhak, "Ion Solvation", John Wiley, 1985.
Marina V. O., Angelica V. Sharapova, Svetlana V. Blokhina, German L. Perlovich, and Alexey N. Proshin, "Vapor Pressures and Sublimation Thermodynamic Parameters for Novel Drug-Like Spiro-Derivatives", J. Chem. Eng. Data, 57, 3452–3457 (2012)
Marsh, K. N., Tony K. Morris, G. P. Peterson, Thomas J. Hughes, Quentin Ran, and James C. Holste, "Vapor Pressure of Dichlorosilane, Trichlorosilane, and Tetrachlorosilane from 300 K to 420 K", J. Chem. Eng. Data, 61, 2799–2804 (2016)
Matsuda, K., Kinpei Horiuchi, Koichi Iwakabe, Toshinari Nakanishi, "Evaluation of Economical and Environmental Performance for An Internally Heat-Integrated Distillation Column (HIDiC)", DISTILLATION HONORS II, AIChE Annual Meeting & Cenntenial Celebration, Philadelphia, PA, November 16–21, 2008
Mixon, W., et al., AIChE Spring National Meeting, April, 2005
Nalven, G. F., "Practical Engineering Perspectives Distillation and Other Industrial Separations", AIChE (1997) Nomograph for Estimating Physical Constants of Normal Paraffins and Isoparaffins", J. Chem. Eng. Data, 5, 212–219 (1960)
O'Connel, Trans. Amer. Inst. Chem. Eng., 42, 741 (1946)
Oldershaw, C. F., Ind. Eng. Chem. Anal. Ed., 13, 265 (1941)
Onda, K.; Takeuchi, H.; Okumoto, J Chem. Eng. Jpn. 1968, 1, 56. (2) Bravo, J. L.; Rocha, J. A.; Fair, J. R. Hydrocarbon Process. 1985, 64, 91.
Orchille A. Vicent, et al., J. Chem. Eng. Data, 52, 141–147, 2007.
Orchille A. Vicent, et al., J. Chem. Eng. Data, 52, 915–920, 2007.
Orchille A. Vicent, et al., J. Chem. Eng. Data, 52, 2325–2330, 2007.
Orchille A. Vicent, et al., J. Chem. Eng. Data, 53, 2426–2431 2426, 2008.
Orye, R. V., et al., IEC, 57, 19, 1965.

Otto Frank, "Chemical Engineering", 111-118, March 14, 1977, McGraw-Hill
Peng, Ding-Yu and Donald B. Robinson, "A New Two-Constant Equation of State", Ind. Eng. Chem. Fundam., Vol.15, No.1, 59-64, 1976.
Petlyuk, F. B., et al., "Thermodynamically Optimal Method for Separating Multicomponent Mixtures," Int. Chem. Eng., 5. pp. 555-561 (1965).
Pilling, M., et al., AIChE Annual Meeting, 64-69, 2001
Pilling, M., et al., AlChE Spring National Meeting 171-178 April, 2003
Pilling, M., et al., Chem. Eng. Prog., 44-50, September, 2009
Pinczewski, W. V., et al., Trans. Inst. Chem. Eng. (London), 52, 294, 1974
Pla-Franco, Jordi, Estela Lladosa, Sonia Loras, and Juan B. Monton, "Thermodynamic Analysis and Process Simulation of Ethanol Dehydration via Heterogeneous Azeotropic Distillation", Ind. Eng. Chem. Res. 2014, 53, 6084-6093
Pless, Lowell and Simon Xu, "A Deep-Knowledge Based EVOP Approach for Distillation Process Optimization", Presented in Topical 8: Distillation Topical - #56 - Distillation Honors: John Farone of the 2006 Spring A. I. Ch. E. Meeting, Orlando, FL, April 23-27, 2006
Poling, B. E., J. M. Prausnitz, J. P. O' Connell, "The properties of gases and liquids", fifth edition, McGraw-Hill (2001)
Prausnitz, J. M., R. N. Lichtenthaler, E. Azevedo," "Molecular Thermodynamics of Fluid-Phase Equilibria" 3rd edition, 1999
Renon, Henri and J. M. Prausnitz, "Local Compositions in Thermodynamic Excess Functions for Liquid Mixtures", AIChE Journal, Vol.14, No.1, 135-144, 1968.
Sakata, M., T. Yanagi, Distillation 3rd International Symposium, Fig.2 (1979)
Sakata, M., et al., AlChE Spring National Meeting, 319-347, April, 2007
Sloley, W., Chem. Eng. Prog., 23-35, 1999
Soave, Giorgio, "Equilibrium constants from a modified Redkh-Kwong equation of state", Chemical Engineering Science, Vol. 27, 1197-1203, 1972.
Stull, D. R., "Vapor Pressure of Pure Substances: Organic Compounds", Ind. Eng. Chem., 39, 517-540 (1947)
Sulzer, http://www.sulzer.com,
Treybal, Mass-transfer Operations, 140, (1955)
Tezuka, K., "Physical Properties (Japanese)", 52, Nikkan Kogyo Shimbunsha (1957)
Thomas, L. H. and R. Meatyard, et al., "Vapor Pressures and Molar Entropies of

Vaporization of Monohydric Alcohols", J. Chem. Eng. Data, 24, 159–161 (1979)
Triantafyllou, C., and R. Smith, "The Design and Optimisation of Fully Thermally Coupled Distillation Columns," Trans. IChcmE, 70, Part A, pp. 118–132 (Mar. 1992).
Van Ness, Hendrick C., "Thermodynamics in the treatment of vapor/liquid equilibrium (VLE) data", Pure & Appl. Chem., Vol. 67, No. 6, 859–872, 1995.
Vercher, Ernesto, A. Vicent Orchilles, Vicenta Gonzalex–Alfaro, Antoni Martinez – Andreu, "Isobaric vapor–liquid equilibria for 1–propanol + water+copper (II) chloride at 100 kPa", Fluid Phase Equilibria, 227, 239–244, 2005.
Wagner, W., "New vapour pressure measurements for argon and nitrogen and an new method for establishing rational vapour pressure equations", Cryogenics, 13 (8): 470–482 (1973)
Walas, S. M., "Phase Equilibria in Chemical Engineering", 232, 1985
Wang, J. C., G. E. Henke, Hydrocarbon Processing, 45, No. 8, p.155 (1966)
Wang, Y. S., N. Huang, B. Xu, B. Wang, and Z. Bai, "Measurement and Correlation of the Vapor Pressure of a Series of α? Pinene Derivatives", J. Chem. Eng. Data, 59, 494?498 (2014)
Weissberger, A., Technique of Org. Chem., IV, p. 205, John–Wiley & Sons (1951)
Wilson G. M., J. Am. Chem. Soc., 86, 127, 1964.
Wilson, G. M., et al., J. Chem. Eng. Data, 2014, 59, 1069.
Winter, J. R., Distillation and Other Industrial Separations, AlChE, 79–84, 1997
Wisz, M. W. et al., High performance trays and heat exchangers in heat pumped distillation columns, Proceedings from the third industrial energy technology conference, Houston, TX, April 26–29, 1981
Xu, Simon, X., William Mixon, "Diagnosing Maldistribution in Towers", CEP, 28–35, May, 2007
Yanagi, T.. Report of Tests of IHI Angle Tray (1974)
研究コンソーシアムのホームページ：http:www.fri.org/
佐藤一雄，"物性定数推算法"，丸善（1954）
橋谷元由，広瀬泰雄，平田光穂，化学工学，32，182（1968）
平田光穂，化学工学，19，44（1965）
平田光穂，「最新蒸留工学」，日刊工業新聞社（1971）
緑　静男，他，「垂直分割型抽出蒸留塔に関する解析」，化学工学論文集，26巻，5号，627（2000）

論　文

大江修造，平田光穂，2成分系気液平衡の性質と一推算法，化学工学　29巻　2号　94-101（1965）
大江修造，2成分系気液平衡の熱力学的考察，化学工学　31巻　3号　293-294（1967）
大江修造，横山公彦，中村正一，塩効果を利用した蒸留に関する研究，工業化学雑誌　72巻　1号　313-316　(1969)
大江修造，横山公彦，中村正一，気液平衡における塩効果，工業化学雑誌　73巻　7号　1647-1649　(1970)
大江修造，横山公彦，中村正一，2-プロパノール・水・塩系の気液平衡データ，化学工学　34巻　10号　1112-1115（1970）
大江修造，多成分系気液平衡は二成分系から推算できるか？　化学工学　56巻　12号　935　(1992)
大江修造，共沸混合物形成の予知は可能か？　化学工学　60巻　3号　202　(1996)
Ohe, Shuzo, Prediction of Salt Effect on Vapor-Liquid Equilibria by Preferential Solvation Fluid Phase Equilibria 144巻　119-129（1998）
大江修造，高松秀明，溶媒和モデルによる気液平衡における塩効果の推算，化学工学論文集　26巻　2号　275-229（2000）
Takamatsu, Hideaki and Shuzo Ohe, Modified Solvation Model for Salt Effect on Vapor-Liquid Equilibria , Fluid Phase Equilibria 194巻　701-705（2002）
大江修造，分離技術の研究開発状況を探る，化学工学　73巻2号　62-64（2009）
大江修造，化学工学における熱物性推算法の現状　熱測定　42巻3号　110-121（2015）

国際会議発表論文

Ohe, Shuzo, Prediction of Salt Effect on Vapor-Liquid Equilibrium: A Method Based on Solvation, Advances in Chemistry Series, No.155, 53-74（1976）
Ohe, Shuzo, Prediction of Salt Effect on Vapor-Liquid Equilibrium: A Method Based on Solvation II, Advances in Chemistry Series, No.177, 27-38（1979）
Ohe, Shuzo, Performance of Angle Tray and Its Commercial Applications, American Institute of Chemical Engineers Annual Meeting, Los Angeles, 1-8（1997）
Ohe, Shuzo, Entrainment Characteristics on Distillation Tray, American Institute of Chemical Engineers 2002 Annual Meeting
Ohe, Shuzo, Using the Solvation Model to Predict the Salt Effect on Vapor-Liquid

Equilibrium, American Institute of Chemical Engineers 2006 Spring National Meeting, 144b, 1-20
Ohe, Shuzo, Energy-Saving Distillation through Internal Heat Exchange (HIDiC): Overview of a Japanese National Project, American Institute of Chemical Engineers 2007 Spring National Meeting, Houston, 6a, 1-16

会社技報

大江修造, 横山公彦, 中村正一, アングルトレイの性能試験, 石川島播磨技報 12巻 461-465 (1972)
大江修造, 横山公彦, 中村正一, アングルトレイのスケールアップ試験, 石川島播磨技報 14巻 105-110 (1974)
Ohe, Shuzo, Scaled-up Tests of the Angle Tray and its Application to the Tower in Commercial Use Shuzo Ohe, IHI Review 7, No.3, p.11-17 (1974)

特許など

大江修造, 気液接触装置用トレイ, 発明者, 実用新案登録第1,073,077号 (1975)
大江修造, 片開きバルブトレイ, 発明者, 実用新案登録第1,073,078号 (1975)
大江修造, 気液接触装置用トレイ, 発明者, 実用新案登録第1,076,220号 (1975)
大江修造, 気液接触装置用棚段, 発明者, 実用新案登録第1,190,612号 (1977)
大江修造, 気液接触装置用棚段, 発明者, 実用新案登録第1,190,613号 (1977)

著　書

M. Hirata, Shuzo Ohe, K. Nagahama, "Computer Aided Data Book of Vapor-liquid Equilibria" Elsevier, (1976)
平田光穂, 大江修造, 長浜邦雄 「電子計算機による気液平衡データ」, 講談社 (1975)
大江修造, 「電子計算機による蒸気圧データ」データブック出版社 (1976)
大江修造, 「気液平衡データ集」, 講談社 (1988)
大江修造, 「高圧気液平衡データ集」, 講談社 (1989)
大江修造, 「気液平衡データ集 (塩効果編)」, 講談社 (1991)
大江修造, 「分離のための相平衡の理論と計算」, 講談社 (2012)
大江修造, 「物性推算法」データブック出版社 (2002)
大江修造, 「絵とき　蒸留技術　基礎のきそ」, 日刊工業新聞社 (2008)
大江修造, 「絵とき続　蒸留技術　基礎のきそ—演習編—」, 日刊工業新聞社 (2013)
大江修造, 「トコトンやさしい　蒸留の本」, 日刊工業新聞社 (2015)

索　　引（五十音順）

●あ行●

アークダウンカマー……232
アセトン−メタノール系……186
圧縮係数……85
圧力損失……202, 215, 236, 242, 330
アングルトレイ……197, 211, 315
アングルトレイの開発……333
安全操作範囲……253
アンダーウッドの方法……111
アントワン式……24
イオン溶媒和数……62
板厚……219
移動単位数……245
移動単位高さ……245
ウィーピング（チャンネリング）……202
ウィーピングの相関……220
ウィープ点……330
ウィルソン式（2成分系）……39
ウィルソン式（多成分系）……39
ウィルソン定数……40
ウィルソン定数の温度依存性……40
ウィルソン定数の温度変化……42
不溶解系の気液平衡……70
エアレーションファクタ……216
液降下部……199, 200
液再分配器……234
液滞留量……221
液分配器ディストリビュータ……234
塩効果……52
塩効果蒸留法……187
塩効果の原因……55
エタノール＋水＋$CaCl_2$系……189
大江モデル……59
オールダショウ型多孔板蒸留塔……307
オールダショウ型多孔板塔の仕様……309
オスマー型平衡……19
オスマー型平衡蒸留器……300
オコンネルの相関……226

●か行●

回収部……102
回分蒸留……137, 147, 154, 156, 170, 171
回分蒸留計算の結果……152
回分蒸留計算……168
回分蒸留における最小理論段数……158
回分単蒸留……138
価格精算……11
活量係数……36
活量係数式……38
乾き圧力損失……215, 216, 316
缶残量……146
ガンマスキャンによる診断技術……285
ガンマスキャン……284
ガンマスキャンによる飛沫同伴の診断……287
ガンマスキャンの原理……284
ガンマスキャンの実行……286
還流比……101
還流比一定における回分蒸留計算……149
ガンマスキャンによるフラッディングの診断……285
気液接触機構……209
気液の接触状態……208
気液平衡……29
気液平衡計算式選定の基準……91
気液平衡測定法……300, 305
気相濃度基準の総括物質移動係数……244
規則充填物……197
共沸温度……73
共沸混合物……51
共沸混合物の形成……51
共沸蒸留法……180, 182
共沸組成……73
局所組成モデル……67
極性物質……92
ギリランドの相関……112
空気−水系トレイシミュレータ……314
クラウジウス・クラペィロン式……24

フラッディングポイント……206
クラペイロン・クラウジウス式、アントワン式……21
経験則……109
研究コンソーシアム……322
原子団寄与法……17
検収……12
原単位……11
高圧における気液平衡……79
工業規模の試験用蒸留塔の組立図……319
向流接触……199
国家プロジェクト……275
混合溶媒の活量係数……65
コンセプトレイ……231

●さ行●

サーモグラフィーによる診断……296
サーモグラフィーによる充填塔におけるチャンネリングの診断……297
最小理論段数……225
最適還流比……109, 110
サウダース・ブラウン式……204
残渣曲線……181
参照物質……28
シーブトレイ……197, 206
試運転……12
ジエチレングリコール……341
試行錯誤法……118
自社試験……318, 333
実証試験……276
実験室規模の蒸留塔……307
実用化試験　パイロットプラント……318
自動振動周波数……295
充填層高さ……243
充填塔……294
充填塔の効率……243
充填塔の性能向上策……249
充填培の圧力損失……235
充填物の選択……252
充填物の性能……242
純物質のフガシティー……84
省エネルギー蒸留技術……188
蒸気圧……20
商業用プラント……276
状態方程式……84
蒸発結晶缶……188
蒸留研究機関……322
蒸留塔の挙動……201, 202
蒸留塔の計装制御……253
蒸留塔の効率……225
蒸留塔の受注……341
蒸留塔の種類……196
蒸留塔の制御……255
蒸留塔の選定基準……251
蒸留塔の付属機器……321
蒸留塔のフローシート……254
蒸留に適した混合物……8
蒸留の原理……99
初期値……126
蒸気再圧縮法……258
処理能力……204, 330
処理能力倍増……343
処理量の増大策……228
振動による破損……294
シンプソンの公式……142
水蒸気蒸留……98
スウェプトバックダウンカマー……232
ステップ数……103
スプレイ……209
スプレイ域の機構……210
性能向上策……228
精留の原理……100
赤外線（IR）熱画像カメラ……296
接触面積……246
設置上の許容精度……256
全還流……225
選択的溶媒和数……57
選択的溶媒和と誘電率……58
選択的溶媒和モデル……55
全還流……158
ソアヴェ・レドリッヒ・クォンの式……84
操作線の式……101, 102
相対揮発度……33, 34

●た行●

対応状態原理……16
大気圧の測定……305
滞留時間……215

ダウンカマ……199, 200
ダウンカマ内……221
多孔板塔……207
他社試験……336
他社試験　FRI……322
多成分系……160
多成分系気液平衡……45
多成分系回分蒸留における経時計算……167
多成分系の蒸留……110
多成分系回分蒸留（定還流）……162
多成分系への拡張……44
棚段上の液勾配……222
棚段シミュレータ……315
棚段の取付け許容精度……256
ダルトンの法則……31
段間隔の取付け許容精度……256
段上の液による圧力損失……216
単蒸留……138, 141, 144, 145
単蒸留の計算結果……142
チャンネリング……234
中間域……209
抽出剤……184
抽出蒸留法……184
定圧気液平衡関係……30
定温気液平衡関係……30
ディステファノの方法……172
電解質 NRTL 式……68
電解質 NRTL 式の問題点……67
塔高……10
等モル……101
塔効率……225
塔効率測定データ……227
塔効率に対する圧力の影響……332
同族物質のアントワン定数……26
同族物質の蒸気圧……25
塔頂組成（還流比変化）を一定とした回分蒸留計算……151
塔頂部のユニット……321
塔本体の垂直度……256
塔本体の水平度……256
塔本体のユニット……321
トラブル対処法……281
トラブル対処法―トラブル・シューティング―……280
トリダイアゴナル・マトリックス法……114, 125, 128, 130, 132, 134, 136
トリダイアゴナル・マトリックス法の計算例……120
トレイの選択……252

●な行●

内部熱交換型蒸留塔……273
ナッターリング……197
日本ブチル……344
熱収支関数……116
熱力学的健全性……74, 77
濃縮部……102

●は行●

パーフォーマンスチャート……253
パッキング・ファクター……240
パッキング・ファクターFp……241
ハッチンソンによる相関……216
バブリイ……209
バブリイ域の機構……210
バブルキャップトレイ……197
バルブトレイ……197
ハリソン……245
ハンプ……244
非線形最小二乗法……40
飛沫同伴……74, 209
飛沫同伴量……212, 213, 214, 332
非溶接型に変更……271
非理想溶液……35
比率制御器（RC）による還流比の制御……255
ファン・ラール式……38
フェンスケの式……111
フォルタン型水銀指示気圧計……305
フガシティー……81
フガシティー係数……81, 83, 85
不規則充填物……197
物質移動係数……246
物質収支関数……116
物性推算法……16
物性値の調査……9
沸石……304
沸点曲線……31
沸点計算……31

沸点データのみからの蒸気圧の推算法……23
フラッシュ蒸留……96
フラッディング……203, 209, 237
フラッディング限界……204
フラッディング現象……201
フラッディング点……236
フラッディング限界式……238
フラッディングの兆候……288
フラッディングの伝播……290
フラッディングの発見……291
フラッディング領域……244
フランシスの式……217
フローパラメータ……206, 240, 252
分割型蒸留塔……260
分割端部……266
分縮……74
ペトリューク蒸留塔……261
ヘリパック……312
ヘリパック型充填塔……312
ベルサドル……197
偏流による効率低下……282
ペン・ロビンソン式……87
ペン・ロビンソン式の2成分定数……89
泡沫層高……339
ホールドアップ量を考慮した
　多成分系回分蒸留計算……172
ポールリング……197

●ま行●

マーギュラス式……38
マーチ……245
マーフリーによる段効率……227
マグネチックスターラー……304
マッケーブ・シール法……101
水力学的性能試験……313
脈動……295
無限希釈における活量係数……39, 45
無限希釈活量係数……51
メラパック……250
目的関数……49

●や行●

有効接触面積……205
溶媒和数……60, 66
溶媒和モデル……59

●ら行●

ラウールの法則……29
ラシヒリング……197
理想段……115
理想溶液……29, 34
理想溶液と非理想溶液との関係……52
留出量……146
留出液用サンプリング器……310
流路長と効率……229, 230
理論段数……103, 243
理論段数の決定……107
ルンゲ・クッタ法……142
レイノルズ数……224
レイリーの式……138
レイリーの式の図積分……140
レバの式の定数……242
ローディング点……236
ローディング領域……244
露点曲線……31
露点計算……32

●英・数●

2重境膜説……245
3成分系の気液平衡……180
4成分混合物へのDWCの応用……272
ASOG法……51
Boiling point……31
Bubbling point……31
Capacity Parameter……239
CATスキャン……292
DECHEMA……42
DWC……260
Fファクター……204
Flow parameter……239
FRIにおける試験結果……326
GPDC……239
Heringtonの方法……76
HETP……243, 245
HETP（規則充填物）の推算式……245, 246
HIDiC……273
HTU……245
Ideal solution……34

Mella pak……241
MESH……114
MVGT トレイ……231
NEDO……276
NRTL 原式……70
NRTL 式……46
NRTL 定数の比較……50
NRTL 定数α_{12}の推奨値……48
Nutter Ring……241
Pall Ring……241
q 値……104
q 線の式……103
q 値と原料の熱的状態……104
q 値の算出方法……105
salt free basis……54
SRK 式……84
Stokes 半径……63
UNIFAC 法……51
van Ness……78
VRC……258

◎著者略歴

大江　修造（おおえ　しゅうぞう）

昭和37年東京理科大学卒業後ただちに、石川島播磨重工業㈱（現IHI）入社。気液平衡の研究に従事。翌年、東京都立大学大学院の平田光穂教授の研究室に国内留学。昭和50年石川島播磨重工業㈱技術研究所・課長。この間、新機種開発提案募集で300件の応募から首位に選ばれて開発に従事。昭和48年米国蒸留研究機関（FRI）にて実証試験に従事、同年1号機の受注。昭和57年東海大学教授を経て、平成3年東京理科大学教授（東京都立大学大学院工学博士）。米国蒸留研究機関（FRI）顧問。

●主要表彰

米国化学工学会（AIChE）Honoree、平成20年10月（蒸留部会　大江セッションの開催）
化学工学会　国際功労賞（日米における蒸留分野の技術研究開発の国際協力に対する貢献／平成23年度）
文部科学大臣　科学技術賞（インターネット技術による化学技術の理解増進／平成17年度）

●主要著書

「トコトンやさしい蒸留の本」（日刊工業新聞社、2015年）
「絵とき続「蒸留技術」基礎のきそ―演習編―」（日刊工業新聞社、2013年）
「絵とき「蒸留技術」基礎のきそ」（日刊工業新聞社、2008年）
「コンピュータ利用工学」（日刊工業新聞社、1994年）
「設計者のための物性定数推算法」（日刊工業新聞社、1985年）
「蒸留工学―実験室からプラント規模まで―」（講談社、1990年）
「パソコンによるケミカル・エンジニアリング・デザイン」（講談社、1985年）
「明治維新のカギは奄美の砂糖にあり」アスキー新書（アスキー・メディアワークス、2010年）

技術大全シリーズ
蒸留技術大全　NDC 571

2017年12月25日　初版1刷発行
2025年 3 月25日　初版5刷発行
（定価はカバーに表示してあります）

© 著　者　大江 修造
発行者　井水 治博
発行所　日刊工業新聞社
〒103-8548　東京都中央区日本橋小網町14-1
電　話　書籍編集部　03（5644）7490
販売・管理部　03（5644）7403
ＦＡＸ　03（5644）7400
振替口座　00190-2-186076
ＵＲＬ　https://pub.nikkan.co.jp/
e-mail　info_shuppan@nikkan.tech
印刷·製本　美研プリンティング㈱（4）

落丁・乱丁本はお取り替えいたします。
2017 Printed in Japan
ISBN 978-4-526-07782-1